電機學

顏吉永、林志鴻　編著

全華圖書股份有限公司

作者簡介

顏吉永

學歷：

台灣科技大學電機系學士

清華大學工程與系統科學系博士生

主修電機工程與控制系統設計

研究興趣與專長：

電動機伺服驅動控制

超音波馬達設計與可變結構控制

現職：

國立聯合大學電機工程學系副教授

Email:bill@nuu.edu.tw

林志鴻

學歷：

台灣科技大學電機系學士、碩士

中原大學電機博士

主修：電動機伺服驅動與智慧型控制

研究興趣與專長：

電力電子轉換器與類神經網路

現職：

國立聯合大學電機工程學系副教授

Email:jhlin@nuu.edu.tw

電機學

序言

  本書作者任教於國立聯合大學電機工程學系，教授電機工程相關課程 20 多年，匯集多年的教學經驗與參考各界的意見，去蕪存菁，編成此書。本書就電機基本原理加以剖析，使學生易於瞭解、吸收，對非電機系學生而言，可說是進入電機領域最佳的入門書。

  本書內容深入淺出，共計十章，第一章至第六章為基本電學部份，以加強對電磁基本概念與交、直流電路的瞭解；第七章至第十章為電機機械、電力電子元件及驅動電路部份，以增強對旋轉、線型電機(含直流機及交流機)及變壓器的結構、基本原理瞭解，並說明如何以電力電子之驅動元件及功率元件來控制旋轉及線型電機的轉動，以達到學習的目的。本書各章節之例題，係針對該節的重要定理及公式加以應用，以加強學生的瞭解、吸收。此外，亦於每章節之後附有習題，提供學生更多的練習機會，以提高學習效果。本書講授時，可視實際的教學時間及學生程度，斟酌取捨。

  本書編寫皆利用課餘時間，雖經多次校稿及修正，但仍恐有疏漏、尚請先進、專家惠予指正，使本書內容更臻詳盡，在此致謝。

顏吉永 謹識
林志鴻

電

機

學

編輯部序

　　「系統編輯」是我們的編輯方針，我們所提供給您的，絕不只是一本書，而是關於這門學問的所有知識，它們由淺入深，循序漸進。

　　本書是作者多年教授『電機學』的心血結晶，全書共分十章，第一章到第六章在敘述基本電學的部份，第六章到第十章則著重電機機械的部份，除了說明重要定理、公式外，還有其應用，加深學生的學習印象，並詳細解說電機設備的結構、原理、特性、應用、控制方法……等等，每章末的習題還可幫助學生自我測驗、提升實力，是一本相當不錯的教學用書，適合私大、科大機械系『電機學』課程使用。

　　同時，爲了使您能有系統且循序漸進研習相關方面的叢書，我們以流程圖方式，列出各有關圖書的閱讀順序，以減少您研習此門學問的摸索時間，並能對這門學問有完整的知識。若您在這方面有任何問題，歡迎來函連繫，我們將竭誠爲您服務。

電 機 學

相關叢書介紹

書號：0614502
書名：電機學(第三版)
編著：范盛祺、張琨璋、 盧添源
16K/416 頁/420 元

書號：0629602
書名：專題製作－電子電路及 Arduino
　　　應用
編著：張榮洲、張宥凱
16K/232 頁/370 元

書號：06052037
書名：電腦輔助電路設計-
　　　活用 PSpice A/D
　　　-基礎與應用(第四版)
　　　(附試用版與範例光碟)
編著：陳淳杰
16K/384 頁/420 元

書號：0643871
書名：應用電子學(第二版)(精裝本)
編著：楊善國
20K/496 頁/540 元

書號：0621176
書名：電機學(第七版)(精裝本)
編著：楊善國
16K/248 頁/320 元

書號：0070606
書名：電子學實驗(第七版)
編著：蔡朝洋
16K/576 頁/500 元

書號：0597704
書名：太陽電池技術入門(第五版)
編著：林明獻
16K/282 頁/420 元

◎上列書價若有變動，請以
最新定價為準。

流程圖

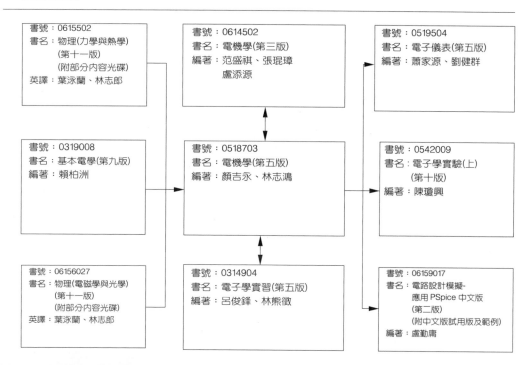

書號：0615502
書名：物理(力學與熱學)
　　　(第十一版)
　　　(附部分內容光碟)
英譯：葉泳蘭、林志郎

書號：0614502
書名：電機學(第三版)
編著：范盛祺、張琨璋
　　　盧添源

書號：0519504
書名：電子儀表(第五版)
編著：蕭家源、劉健群

書號：0319008
書名：基本電學(第九版)
編著：賴柏洲

書號：0518703
書名：電機學(第五版)
編著：顏吉永、林志鴻

書號：0542009
書名：電子學實驗(上)
　　　(第十版)
編著：陳瓊興

書號：06156027
書名：物理(電磁學與光學)
　　　(第十一版)
　　　(附部分內容光碟)
英譯：葉泳蘭、林志郎

書號：0314904
書名：電子學實習(第五版)
編著：呂俊鋒、林熊徵

書號：06159017
書名：電路設計模擬-
　　　應用 PSpice 中文版
　　　(第二版)
　　　(附中文版試用版及範例)
編著：盧勤庸

目 錄
CONTENTS

ELECTROMECHANICS

第一章　電的基本概念 1-1

1-1　電的現象及成因　　　　　　　　　　　1-2

1-2　庫侖靜電定律　　　　　　　　　　　　1-5

1-3　電場強度　　　　　　　　　　　　　　1-9

1-4　電位與電位差　　　　　　　　　　　1-14

1-5　電　流　　　　　　　　　　　　　　1-17

1-6　電阻與電導　　　　　　　　　　　　1-18

1-7　歐姆定律　　　　　　　　　　　　　1-22

1-8　電能與電功率　　　　　　　　　　　1-23

1-9　損失與效率　　　　　　　　　　　　1-26

1-10　單位與因次　　　　　　　　　　　　1-27

習 題　　　　　　　　　　　　　　　　　1-30

第二章　直流電路 2-1

2-1　電路的組成要件　　　　　　　　　　　2-2

2-1-1　電　源　　　　　　　　　　　　2-2

2-1-2　電　感　　　　　　　　　　　　2-5

2-1-3　電　容　　　　　　　　　　　　2-6

2-2　克希荷夫定律　　　　　　　　　　　　2-6

2-2-1　克希荷夫電流定律

　　　　(Kirchhoff's current law，簡稱 KCL)　2-7

2-2-2　克希荷夫電壓定律

　　　　(Kirchhoff's voltage law，簡稱 KVL)　2-10

電
機
學

2-3 　串並聯電路 　　　　　　　　　　　　　　2-11

　　2-3-1 　串聯電路與分壓法則 　　　　　　　2-11

　　2-3-2 　並聯電路與分流法則 　　　　　　　2-13

　　2-3-3 　串並聯電路 　　　　　　　　　　　2-15

2-4 　Y-△變換 　　　　　　　　　　　　　　　2-20

2-5 　支路電流法 　　　　　　　　　　　　　　2-24

2-6 　迴路電流法 　　　　　　　　　　　　　　2-26

2-7 　節點電壓法 　　　　　　　　　　　　　　2-28

2-8 　重疊定理 　　　　　　　　　　　　　　　2-31

2-9 　戴維寧與諾頓定理 　　　　　　　　　　　2-33

2-10 最大功率轉移定理 　　　　　　　　　　　2-38

習 題 　　　　　　　　　　　　　　　　　　　2-40

第三章　磁的基本概念 **3-1**

3-1 　磁場和磁力線 　　　　　　　　　　　　　3-2

3-2 　通電導體周圍的磁場 　　　　　　　　　　3-4

3-3 　庫侖磁力定律 　　　　　　　　　　　　　3-6

3-4 　磁場強度 　　　　　　　　　　　　　　　3-8

3-5 　磁通密度 　　　　　　　　　　　　　　　3-11

3-6 　導磁係數 　　　　　　　　　　　　　　　3-12

3-7 　磁化曲線及磁滯曲線 　　　　　　　　　　3-13

3-8 　磁動勢與磁位降 　　　　　　　　　　　　3-16

3-9 　安培定律 　　　　　　　　　　　　　　　3-16

3-10 磁路的歐姆定律 　　　　　　　　　　　　3-18

3-11 磁路計算 　　　　　　　　　　　　　　　3-21

習 題 　　　　　　　　　　　　　　　　　　　3-26

第四章　電磁效應 **4-1**

4-1 　法拉第電磁感應定律 　　　　　　　　　　4-2

4-2	楞次定律	4-4
4-3	佛萊明右手與左手定則	4-6
	4-3-1　佛萊明右手定則(發電機原理)	4-6
	4-3-2　佛萊明左手定則(電動機原理)	4-9
4-4	自感與互感	4-11
	4-4-1　自　感	4-11
	4-4-2　互　感	4-17
4-5	渦流與渦流損失	4-23
	習 題	4-24

第五章　交流的基本概念 5-1

5-1	交變電勢的產生與正弦波	5-3
	5-1-1　交變電勢的產生	5-3
	5-1-2　正弦波	5-5
5-2	瞬時值、平均值、有效值與最大值	5-10
5-3	複數與相量	5-15
	習 題	5-19

第六章　交流電路 6-1

6-1	純電阻、純電感與純電容電路	6-2
	6-1-1　純電阻電路	6-2
	6-1-2　純電感電路	6-3
	6-1-3　純電容電路	6-5
6-2	電阻、電感與電容的串聯電路	6-9
6-3	電阻、電感、電容的並聯電路	6-14
6-4	諧振電路	6-19
	6-4-1　串聯諧振電路	6-19
	6-4-2　並聯諧振電路	6-22
6-5	單相電功率	6-27
6-6	改善功率因數	6-30

6-7 交流最大功率轉移 6-32

6-8 交流平衡三相電路 6-37

　6-8-1 平衡三相電壓 6-38

　6-8-2 三相電壓源 6-40

　6-8-3 Y-Y 電路 6-43

　6-8-4 Y-△ 電路 6-49

　6-8-5 △-Y 電路 6-52

　6-8-6 △-△ 電路 6-55

6-9 平衡三相電路的功率 6-56

　6-9-1 平衡 Y 形負載的功率 6-56

　6-9-2 平衡 △ 形負載的功率 6-58

6-10 三相電路功率的量測 6-61

6-11 交流電路分析 6-65

習 題 6-69

第七章 電動機 7-1

7-1 直流電動機 7-2

　7-1-1 直流電動機的分類 7-2

　7-1-2 直流電動機的特性 7-3

　7-1-3 直流電動機的工作原理 7-6

7-2 三相感應電動機 7-9

　7-2-1 三相感應電動機的構造 7-9

　7-2-2 三相感應電動機的工作原理 7-11

　7-2-3 三相感應電動機之等效電路 7-16

7-3 單相交流電動機 7-26

　7-3-1 單相交流電動機的種類 7-27

　7-3-2 分相式感應電動機 7-27

　7-3-3 電容式感應電動機 7-28

　7-3-4 單相推斥式電動機 7-30

　7-3-5 蔽極式電動機 7-31

　7-3-6 單相串激式電動機 7-33

7-4　同步電動機　　　　　　　　　　　　　7-34

　　7-4-1　同步電動機的構造　　　　　　　7-34

　　7-4-2　同步電動機之工作原理　　　　　7-35

　　7-4-3　同步電動機的特性　　　　　　　7-38

　　7-4-4　其他同步電動機　　　　　　　　7-40

7-5　步進電動機　　　　　　　　　　　　　7-44

　　7-5-1　步進電動機的種類　　　　　　　7-45

　　7-5-2　步進電動機的特性　　　　　　　7-48

　　7-5-3　步進電動激的激磁方式　　　　　7-49

7-6　線型電動機　　　　　　　　　　　　　7-53

　　7-6-1　線型電動機的特性　　　　　　　7-53

　　7-6-2　線型電動機的種類　　　　　　　7-54

　　7-6-3　線型同步電動機　　　　　　　　7-54

　　7-6-4　線型感應電動機　　　　　　　　7-58

　　7-6-5　線型直流電動機　　　　　　　　7-59

　　7-6-6　線型脈波電動機　　　　　　　　7-60

7-7　伺服電動機　　　　　　　　　　　　　7-62

　　7-7-1　直流伺服電動機　　　　　　　　7-62

　　7-7-2　感應型伺服電動機　　　　　　　7-63

　　7-7-3　同步型伺服電動機　　　　　　　7-65

　　7-7-4　伺服電機之特性比較　　　　　　7-66

　　7-7-5　自動變速電動機(VS 電動機)　　　7-67

習 題　　　　　　　　　　　　　　　　　　7-70

第八章　電動機控制用的驅動元件與功率元件　　8-1

8-1　功率元件的種類　　　　　　　　　　　8-2

8-2　矽控整流器(SCR)　　　　　　　　　　8-2

8-3　雙向矽控整流器(TRIAC)　　　　　　　8-8

8-4　功率電晶體　　　　　　　　　　　　　8-13

8-5　金氧半場效電晶體(MOSFET)　　　　　8-22

8-6　絕緣閘極雙極電晶體(IGBT)　　　　　　8-27

8-7　SCR 之驅動元件及控制電路 8-31

8-8　TRIAC 之觸發元件及控制電路 8-46

8-9　功率電晶體之驅動元件及控制電路 8-56

8-10 MOSFET 驅動元件及控制電路 8-61

8-11 IGBT 之驅動元件及控制電路 8-66

習 題 8-68

第九章　電動機的驅動電路及控制 9-1

9-1　前　言 9-2

9-2　直流電動機之控制 9-2

9-2-1　單相轉換器之控制 9-3

9-2-2　三相電源轉換器 9-14

9-2-3　對偶轉換器 9-18

9-2-4　直流截波器 9-22

9-3　三相感應電動機之控制 9-36

9-4　單相感應電動機的控制 9-63

9-5　同步電動機的控制 9-70

9-6　步進電動機的控制 9-74

9-7　伺服電動機的控制 9-81

9-7-1　直流伺服電動機的控制 9-85

9-7-2　直流伺服電動機之轉速控制 9-90

9-7-3　直流伺服電動機的位置控制 9-92

9-7-4　同步伺服電動機的控制 9-94

9-7-5　感應伺服電動機的控制 9-99

9-7-6　二相伺服電動機的控制 9-101

習 題 9-102

第十章　變壓器 10-1

10-1　變壓器的原理和構造 10-2

10-1-1　變壓器的原理 10-2

10-1-2　變壓器的構造　　　　　　　　　　　　　10-3

10-1-3　變壓器之工作原理　　　　　　　　　　　10-6

10-2　變壓器的等效電路　　　　　　　　　　　　10-14

10-3　變壓器的特性　　　　　　　　　　　　　　10-20

10-3-1　變壓器之直流電阻測定　　　　　　　　　10-20

10-3-2　變壓器之開路試驗　　　　　　　　　　　10-21

10-3-3　變壓器短路試驗　　　　　　　　　　　　10-22

10-3-4　變壓器的損失、效率及全日效率　　　　　10-23

10-3-5　變壓器的電壓調整率　　　　　　　　　　10-25

10-4　變壓器的繞組連接　　　　　　　　　　　　10-30

10-4-1　變壓器的極性試驗　　　　　　　　　　　10-30

10-4-2　單相繞組器的連接　　　　　　　　　　　10-33

10-4-3　三相變壓器的連接　　　　　　　　　　　10-34

10-5　特殊變壓器　　　　　　　　　　　　　　　10-44

10-5-1　自耦變壓器　　　　　　　　　　　　　　10-44

10-5-2　三繞組變壓器　　　　　　　　　　　　　10-47

10-5-3　比壓器　　　　　　　　　　　　　　　　10-48

10-5-4　比流器　　　　　　　　　　　　　　　　10-50

習　題　　　　　　　　　　　　　　　　　　　　10-55

參考文獻...參-1

1

電的基本概念

1-1　電的現象及成因

1-2　庫侖靜電定律

1-3　電場強度

1-4　電位與電位差

1-5　電　流

1-6　電阻與電導

1-7　歐姆定律

1-8　電能與電功率

1-9　損失與效率

1-10　單位與因次

在人類的生活過程中，能量扮演著極爲重要的角色，沒有能量，一切活動都將停止。而在所有能量中，又以電能的用途最廣，主要是其效率高，傳輸容易，乾淨且可靠，能以極便捷之方式轉換爲機械能(如電動機)、熱能(如電熱器)、化學能(如電鍍)、光能(如電燈)、聲能(如揚聲器)、磁能(如電磁鐵)等能量，因此，電已成爲社會進化、科學發展、以及生活安樂的原動力。

遠在西元前 600 年，希臘人達理斯(Thales)發現用琥珀棒與毛皮摩擦後，會產生一種吸附其他輕微物體的能力，雖然當時無法解釋此現象，但他們稱呼此種未知又不可見之力量爲 "Elektron"–希臘文之 "琥珀"，此字流傳下來而成爲靜電基本粒子之名稱–電子(Electron)。

另一方面中國在皇帝時代發現磁石，是人類最早發現磁的現象，當時，皇帝還利用磁石製做成指南針以辨別方向，打敗蚩尤，是中國歷史上著名的戰爭之一。西方於西元前三百年在希臘的美格納西(Magnesia)地方發現一種礦石有吸引鐵的能力，今天英文中的磁(Magnetism)字即來自希臘的美格納西(Magnesia)之地名。

之後，電學與磁學的現象與知識，亦隨著年代的不斷演進與累積，至十八世紀中葉，一些西方各國的碩學俊彥，對於電學與磁學開始有計劃而循序漸進地研究，其成果甚爲輝煌。隨著電能的開發，人類的生活環境徹底改變，電器用品給人們帶來的方便與舒適，已是觸目可見。因此，吾人生於斯時斯地，有必要對電學作適度的認識，而在自動化日益殷切須求下，學工程的人，更應進一步瞭解電學的原理及其應用。

1-1　電的現象及成因

將一被絹布摩擦過之玻璃棒端靠近紙屑，則紙屑即被吸引而移附玻璃棒，此具有吸引輕微物體特性之玻璃棒，即爲一帶有電荷(charge)的物體，簡稱帶電體(electrified body)，若將此帶電之玻璃棒用長細線懸空吊起，再用另一玻璃棒同樣以絹布摩擦過之玻璃棒端向其靠近時，發現兩根玻璃棒互相排斥，如圖 1-1 所示。若再將絹布摩擦過之玻璃棒懸空吊起，並以毛皮摩擦過的塑膠棒靠近時，兩者互相吸引，如圖 1-2 所示。由以上兩個簡單的實驗，可證明兩種不同的物體摩擦會生電，而摩擦生電則有正電與負電之分，玻璃棒用絹布摩擦後會帶正電，塑膠棒以毛皮摩擦後會帶負電，此種摩擦生電是靜電(不會流動的電)的一種現象。故物體所產生靜電的種類或大小，視摩擦對象之性質而異。如果將各種物質因摩擦所產生正電的容易程度，依順序排列可得圖 1-3 所示的結果，這個順序稱為靜電序列。由圖中可看出兩種物體互相摩擦時，在靜電序列左側的物體會帶正電，較靠近右側的物體則會帶負電。又在靜電序列中距離較遠的兩物體，其因摩擦而生靜電也越強。如毛皮摩擦硬橡膠棒所產生的靜電就較絹布摩擦塑膠棒所產生的靜電來得強。

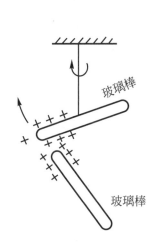

圖 1-1 　用絹布摩擦兩根玻璃棒，將互相排斥　圖 1-2 　絹布摩擦過的玻璃棒與毛皮摩擦過的塑膠棒相互吸引

圖 1-3 　靜電序列

經由以上的實驗，吾人可得到以下簡單的結論：
1. 用不同的物體相互摩擦會生電，我們稱為 "摩擦生電"。
2. 摩擦生電有正負之分，玻璃棒經絹布摩擦後產生的電稱為正電，而塑膠棒經毛皮摩擦後產生的電稱為負電。有帶電的物體則稱為帶電體。
3. 帶有同性電的兩帶電體會互相排斥。
4. 帶有異性電的兩帶電體會互相吸引。

至於摩擦生電的原因可由電子結構來分析，我們知道所有的物質均由原子所組成，而原子則由以質子與中子所構成的原子核，及外圍由許多有規律地在原子核外循某一特定軌道旋轉的電子所構成，原子核中包括有帶正電的質子和不帶電的中子，所以原子核的電性為正。帶負電的電子數量依不同的元素而異，這些電子在原子核外的分佈可分成數個軌道來看，分別為 K、L、M、N、O、P、Q、等層，而各層所能容納的電子數目最多不得超過 $2n^2$（n 為層次），如圖 1-4 及表 1-1 所示。

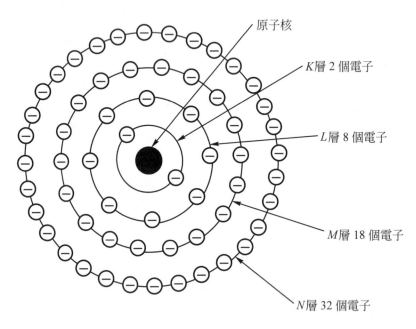

圖 1-4　電子排列圖形

表 1-1　各軌道的電子數量

原子名	記號	電子數	K殼	L殼	M殼	N殼	O殼	P殼	Q殼
氫	H	1	1						
氧	O	8	2	6					
鋁	Al	13	2	8	3				
矽	Si	14	2	8	4				
鐵	Fe	26	2	8	14	2			
銅	Cu	29	2	8	18	1			
鍺	Ge	32	2	8	18	4			
砷	As	33	2	8	18	5			
銀	Ag	47	2	8	18	18	1		
銦	In	49	2	8	18	18	3		
金	Au	79	2	8	18	32	18	1	
鈾 U	U	92	2	8	18	32	18	12	2

電子由內往外層分佈排列，在最外側軌道的電子叫做"價電子"。而原子核中之質子數目與電子相同，帶電量相同但性質相反，有關的特性如表 1-2 所示。

表 1-2

	重量	帶電量	直徑
電子	9.11×10^{-31}kg	-1.60×10^{-19}庫侖	2.8×10^{-15}公尺
質子	1.67×10^{-27}kg	$+1.60 \times 10^{-19}$庫侖	原子核10^{-14}公尺
中子	1.67×10^{-27}kg	不帶電	原子10^{-10}公尺

電子與原子核間即因庫侖靜電力之維繫而在軌道上旋轉，離原子核愈遠的電子，其靜電力愈弱，若受外部有更強的正電吸引，而超過向原子核的靜電力，則可能脫離軌道而離開原來的原子結構成為"自由電子"。換言之，自由電子愈多或愈容易產生自由電子的物體，即為"導體"；而自由電子較少或較不易產生自由電子的物體即為"絕緣體"，至於介於兩者之間者稱為"半導體"。

各種物質在原子核中帶正電的質子數與帶負電的電子數相等，故原子呈現中性。當絹布摩擦玻璃棒時，玻璃棒上之價電子因摩擦生熱而增加能量，克服了它與原子核間靜電力的束縛而成為自由電子，並越過空間而至絹布，於是絹布因多得一些自由電子而帶負電，玻璃棒因失去一些自由電子而帶正電，通常此正負電，我們稱之為"電荷"。

1-2 庫侖靜電定律

前述兩帶電體之間的吸引力與排斥力，於西元 1785 年，經法國科學家庫侖 (Charies Augstin de Coulomb)利用扭秤精密測定兩帶電體間之作用力，獲得結論如下：

若兩帶電體之直徑大小 d 遠較其間距 r 為小時，則其相互間之作用力與兩帶電體所帶電量 Q 之乘積成正比，與其間距離 r 之平方成反比。稱為庫侖靜電定律。即

$$F = K\frac{Q_1 Q_2}{r^2} = \frac{Q_1 Q_2}{4\pi\varepsilon r^2} \tag{1-1}$$

式中，Q_1與Q_2為兩帶電體所帶電量(庫侖)，r為兩帶電體間之距離(公尺)，F為其相互作用力(牛頓)，若$F>0$，是為相斥力，若$F<0$是為相吸力。$K=\dfrac{1}{4\pi\varepsilon}$為一常數，其大小與電荷所在及其附近之介質有關，在真空或空氣中，$K=\dfrac{1}{4\pi\varepsilon_0}=9\times10^9$牛頓–公尺^2／庫侖^2，$\varepsilon$為介質之介電係數(permittivity)，在真空或空氣中，其值為$\varepsilon_0=\dfrac{1}{36\pi\times10^9}=8.852\times10^{-12}$庫侖^2／牛頓–公尺^2。

若以ε_0為基準，各種介質之ε與ε_0之比值，稱為該介質的相對介電係數(relative permittivity)，或稱為介質常數(dielectric constant)，以ε_r表示，即

$$\varepsilon_r=\frac{\varepsilon}{\varepsilon_0} \tag{1-2}$$

設兩帶電體在真空中之作用力為F_0，在介質中之作用力為F，但其距離不變，則

$$\frac{F_0}{F}=\frac{Q_1Q_2/4\pi\varepsilon_0 r^2}{Q_1Q_2/4\pi\varepsilon r^2}=\frac{\varepsilon}{\varepsilon_0}=\varepsilon_r$$

故ε_r亦可定為兩帶電體在真空中與其在某介質中作用力之比值，表1-3為一般常用介質之介質常數。

表 1-3

物質	相對介電係數(介質常數)
空氣(大氣壓力，溫度℃)	1.00058
石蠟	1.9 至 2.3
乾紙	2.0 至 3.5
松香	2.5
蟲膠	2.7 至 3.7
木材	3.0
浸漬紙	3 至 4
雲母	4 至 8
玻璃	4 至 10
瓷	4 至 9
石英	4.6 至 4.7
蒸餾水	80 至 81.5

例題 1-1

在眞空中相距 10 公分之兩帶電金屬球,其帶電量分別爲3×10^{-5}庫侖及 -4×10^{-6}庫侖,試求兩球間之作用力。

解

$$F = K\frac{Q_1 Q_2}{r^2} = 9 \times 10^9 \times \frac{(3 \times 10^{-5})(-4 \times 10^{-6})}{(0.1)^2} = -108 \text{ 牛頓}$$

因$F < 0$,故兩球間有 108 牛頓之相互吸引力。

例題 1-2

兩電荷相距 50 公分時,其相互作用力爲 0.2 牛頓,若帶電量不變,改爲相距 25 公分時,則相互作用力變爲若干?

解

因帶電量不變,故作用力僅與距離之平方成反比,即$\dfrac{F_2}{F_1} = \dfrac{r_1^2}{r_2^2}$,故$F_2 = \dfrac{r_1^2}{r_2^2}F_1$

$$= \frac{(0.5)^2}{(0.25)^2} \times 0.2 = 0.8 \text{ 牛頓}$$

例題 1-3

已知三電荷所帶電量分別爲Q_1爲 2×10^{-6}庫侖,Q_2爲 3×10^{-6}庫侖,Q_3爲 -4×10^{-6}庫侖,三者由左至右排列的順序分別爲Q_1、Q_2、Q_3,且同在一直線上,Q_1與Q_2之距離爲 0.2 公尺,Q_2與Q_3之距離爲 0.3 公尺,試求Q_2所受之力大小爲若干?方向爲何?

解

Q_1與Q_2之間的互斥力F_{12}爲

$$F_{12} = 9 \times 10^9 \times \frac{(2 \times 10^{-6})(3 \times 10^{-6})}{(0.2)^2} = 1.35 \text{ 牛頓}$$

Q_2與Q_3之間的互吸力F_{23}爲

$$F_{23} = 9 \times 10^9 \times \frac{(3 \times 10^{-6})(-4 \times 10^{-6})}{(0.3)^2} = -1.2 \text{ 牛頓}$$

由於Q_2所受Q_1的斥力F_{12}與Q_2所受
Q_3的引力F_{23}的方向相同，因此Q_2
所受之合力F為兩力之和。

$F = F_{12} + F_{23} = 1.35 + 1.2$
　　$= 2.55$ 牛頓

方向向右，如圖 1.5 所示。

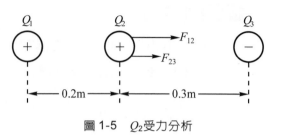

圖 1-5　Q_2受力分析

例題 1-4

如圖 1-6(a)所示之正三角形，若$Q = 10^{-2}$庫侖，$\varepsilon_r = 1000$，$r = 10$ 公尺，求
$-Q$所受之力為若干？

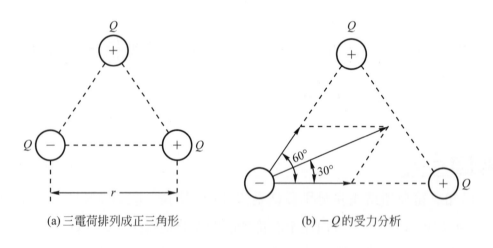

(a) 三電荷排列成正三角形　　　　　　(b) $-Q$的受力分析

圖 1-6

解　每一電荷所受之分力為

$$F = 9 \times 10^9 \frac{(10^{-2})(10^{-2})}{1000 \times 10^2} = 9 \text{ 牛頓}$$

則$-Q$之合力如圖 1-6(b)所示。

$\because 9\angle 0° + 9\angle 60° = 9\sqrt{3}\angle 30°$

故$-Q$所受之力為$9\sqrt{3}$牛頓

1-3 電場強度

在一帶電體之周圍，其靜電力影響所及的範圍，稱爲靜電場，簡稱 "電場" (electric field)。在一電場中，任何其他帶電體均將受到力之作用，故電場乃爲一向量場(vector field)，欲測定一空間某處是否有電場存在，可在該處置一單位正電荷，稱爲試驗電荷，若該試驗電荷受到力的作用，即表示該處有電場存在，其受力之方向即表示電場的方向。圖 1-7 所示爲帶電體周圍之電場情況，圖中各帶有箭頭之曲線係表示若該處置有正試驗電荷而任其自由移動，則該試驗電荷將沿箭頭方向移動，此試驗電荷自由移動之軌跡稱爲電力線(electric field line)，由試驗顯示，可發現電力線具有下列性質：

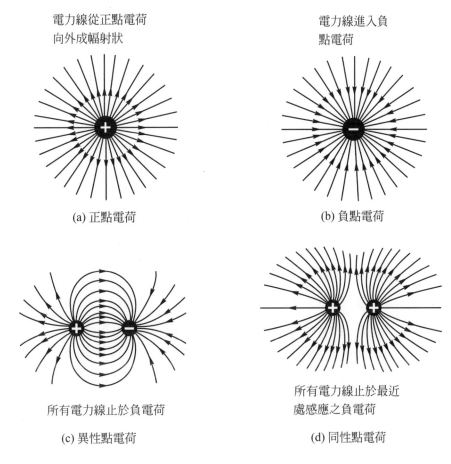

電力線從正點電荷向外成輻射狀

電力線進入負點電荷

(a) 正點電荷

(b) 負點電荷

所有電力線止於負電荷

(c) 異性點電荷

所有電力線止於最近處感應之負電荷

(d) 同性點電荷

圖 1-7　電力線分佈

1. 電力線由正電荷出發，而終止於負電荷。

2. 電力線絕不相交，即經過電場中任一點，只有一根電力線。其上任一點切線的方向，即代表該點電場之方向，而且其電力線無論出發或終止均與導體表面垂直。

3. 電場強度較大之處，電力線亦較密。

4. 電力線有向旁排斥鄰近電力線之特性。

5. 同一電力線之起點與終點，不能同時存在於同一導體上，因此帶正電之物體，必有若干電力線出發，而終止於鄰近導體上的負電荷。即電力線為非封閉曲線。

電力線之總數稱為電通量(elelctric flux)，常以ψ表示，一帶電體發出之總電通量與所帶電荷成正比，為方便計，在 MKS 制中即以庫侖作為電通量之單位，亦即一帶電體所發出電通量數為本身所帶電荷之庫侖數，即

$$\psi(庫侖) = Q(庫侖) \tag{1-3}$$

空間中，每單位面積所垂直通過之電通量數稱為電通密度(electric flux density)，以D表示，即

$$D = \frac{\psi}{A} = \frac{Q}{A} \tag{1-4}$$

因半徑為r之球面積為$4\pi r^2$，故在距離電荷Q附近r處，由Q所形成之電通密度為

$$D = \frac{Q}{4\pi r^2} \tag{1-5}$$

由庫侖靜電定律知，兩帶電體間之作用力與所帶電量之乘積成正比，若一帶電體帶電量為零，即相互間無作用力產生，換言之，一帶電體之所以受力必須附近有其他帶電體存在，亦即帶電體須置於其他帶電體所形成之電場中，才有作用力存在，而受力之大小與本身帶之電量及所形成電場之電荷分佈有關。依定義，在電場中某處，單位正電荷所受之作用力，稱為該處之電場強度(electric intensity)，設在電場內某處q單位電荷所受之作用力為F，則該處之電場強度為

$$E = \frac{F}{q} \tag{1-6}$$

若電場係由點電荷Q所形成者，則距離Q附近r處之電場強度為

$$E = \frac{F}{q} = \frac{KQ}{r^2} = \frac{Q}{4\pi\varepsilon r^2}\text{牛頓／庫侖} \tag{1-7}$$

　　電場強度為一向量，其方向為正電荷之受力方向，若空間中有若干個帶電體分佈，則在空間中某處所形成之總電場強度為各個帶電體單獨作用時所產生電場強度之向量和，即

$$E = E_1 + E_2 + \cdots\cdots + E_n = \sum_{i=1}^{n} E_i$$

將(1-5)式除以(1-7)式，可得D與E之比值為ε，則

$$\varepsilon = \frac{D}{E} \tag{1-8}$$

　　由上式可知，空間中某處之電通密度與該處之電場強度成正比，在同一介質中，其比值為一定值，稱為介電係數。

例題 1-5

　　假設於空氣中，有一獨立球體，球面上共有電荷Q庫侖，球體之半徑為r米，試求：

(1)自球體發出之電力線數

(2)球體表面之電通密度

(3)電場強度

(4)球體表面對單位電荷所施之力

解　(1)自球體發出之電力線數由(1-3)式為

$\psi = Q$(庫侖)

(2)球體表面之電通密度由(1-4)式為

$$D = \frac{\psi}{A} = \frac{Q}{4\pi r^2}\text{庫侖／米}^2$$

(3)電場強度由第(1-8)式為

$$E = \frac{D}{\varepsilon} = \frac{Q}{4\pi\varepsilon r^2}\text{牛頓／庫侖}$$

(4)球體表面對單位電荷所施之力相當於電場強度為

$$F = \frac{Q}{4\pi\varepsilon r^2} \text{牛頓}$$

例題 1-6

在空氣中有一點電荷，帶電量為 40×10^{-6} 庫侖，試求：

(1)此點電荷所發出之電通量 ψ

(2)離此點電荷 0.1 米處之電通密度 D

(3)離此點電荷 0.1 米處之電場強度 E

解　(1) $\psi = Q = 40 \times 10^{-6}$ 庫侖

(2) $D = \dfrac{\psi}{A} = \dfrac{40 \times 10^{-6}}{4\pi \times (0.1)^2} = 3.18 \times 10^{-4}$ 庫侖／米^2

(3)因 $\varepsilon_0 = 8.852 \times 10^{-12}$ 庫侖^2／牛頓–米，$\varepsilon_r = 1$

$$E = \frac{D}{\varepsilon} = \frac{D}{\varepsilon_r \varepsilon_0} = \frac{3.18 \times 10^{-4}}{1 \times 8.852 \times 10^{-12}} = 3.6 \times 10^7 \text{牛頓／庫侖}$$

例題 1-7

有二帶電體 Q_1 及 Q_2，相距 6 公尺，$Q_1 = 25 \times 10^{-8}$ 庫侖，$Q_2 = -25 \times 10^{-8}$ 庫侖，如圖 1-8(a)所示，試求 A、B、C 各點之電場強度。

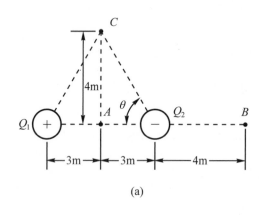

(a)

圖 1-8

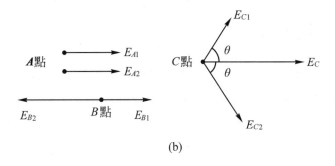

(b)

圖 1-8 （續）

解 在 A、B、C 各點之電場如圖 1-8(b)所示。

(1)在 A 點的電場強度

$$E_{A1} = K \cdot \frac{Q_1}{r^2} = 9 \times 10^9 \times \frac{25 \times 10^{-8}}{3^2} = 250 \text{ 牛頓／庫侖(向右)}$$

$$E_{A2} = 9 \times 10^9 \times \frac{25 \times 10^{-8}}{3^2} = 250 \text{ 牛頓／庫侖(向右)}$$

$$\therefore E_A = E_{A1} + E_{A2} = 500 \text{ 牛頓／庫侖(向右)}$$

(1)在 B 點的電場強度

$$E_{B1} = 9 \times 10^9 \times \frac{25 \times 10^{-8}}{10^2} = 22.5 \text{ 牛頓／庫侖(向右)}$$

$$E_{B2} = 9 \times 10^9 \times \frac{25 \times 10^{-8}}{4^2} = 140.6 \text{ 牛頓／庫侖(向左)}$$

$$\therefore E_B = E_{B1} + E_{B2} = 22.5(向右) + 140.6(向左)$$

$$= 118.1 \text{ 牛頓／庫侖(向左)}$$

(1)在 C 點的電場強度

$$E_{C1} = 9 \times 10^9 \times \frac{25 \times 10^{-8}}{5^2} = 90 \text{ 牛頓／庫侖(右上}\theta\text{角)}$$

$$E_{C2} = 9 \times 10^9 \times \frac{25 \times 10^{-8}}{5^2} = 90 \text{ 牛頓／庫侖(右下}\theta\text{角)}$$

因 E_{C1} 及 E_{C2} 的垂直分量剛好抵消，故

$$E_C = E_{C1} + E_{C2} = 90\cos\theta + 90\cos\theta = 180 \times \cos\theta$$

$$= 180 \times \frac{3}{5} = 108 \text{ 牛頓／庫侖(向右)}$$

1-4 電位與電位差

在重力場中，物體受重力作用，欲將物體移向高處，必須對物體施力，來反抗重力，因此必須作功，此功即轉為該物體之位能(potential energy)，物體之位置愈高，位能亦愈大，若將高處物體任其自由下落，則位能可轉變為動能，下落之高度差愈大，則所獲得的動能亦愈大。顯然，位能之大小為物體所在位置之函數。同理，欲將一正電荷在靜電場中逆電場方向移動，必須對此電荷作功，此電荷所獲得外加之功以電位能(electrical potential energy)之形態存放於該電荷中。其所得的電位能之大小與電荷之多寡及起迄兩點間之電位差(或電壓)成正比。使正電荷逆電場方向移動，猶如舉物至高處，其電位能增加，若任正電荷順電場方向移動，猶如物體自由下落，其位能減少而動能增加。

為應用之方便，假設無窮遠處(或大地)之電位為零，將單位正電荷從無窮遠處(或大地)移至電場內某點因反抗電場所作之功，稱為該點的電位，而兩點間電位之差，稱為該兩點間之電位差(potential difference)或電壓(voltage)，換言之，某點之電位為該點與無窮遠(或大地)間之電位差。設將 q 單位電荷從無窮遠處分別移至電場內的 a 點與 b 點所作的功分別為 W_a 與 W_b，則 a 點與 b 點之電位分別為

$$V_a = V_{a\infty} = \frac{W_a}{q} \text{ , } V_b = V_{b\infty} = \frac{W_b}{q}$$

則 a 點與 b 點間之電位差為

$$V_{ab} = V_a - V_b = \frac{W_a - W_b}{q} = \frac{W_{ab}}{q} \tag{1-9}$$

上式中，W_{ab} 為將 q 單位電荷由 b 點移至 a 點所作之功。

當正電荷逆著電場方向移動，此時外界對電荷作功，電荷的能量增加，故電位能增加，電位升高，稱為電位升，反之，若順著電場方向移動，此時該電荷釋放能量至外界，電荷的能量減少，故電位能減少，電位下降，稱為電位降。因此，將一電荷從 a 點移至 b 點，或從 b 點移至 a 點，則所作功剛好相反，故

$$V_{ab} = -V_{ba} \tag{1-10}$$

再者，為了進一步分析，可由力學中功之方程式得知

$$W = \int F \cdot ds \qquad (1\text{-}11)$$

因此，若欲將點電荷 q，由 a 點移至 b 點，則必須施力 $-qE$ 於此電荷上，於是，由 (1-9)式可得知 a 點與 b 點之電位差可改寫為

$$V_{ba} = V_b - V_a = \frac{W_b - W_a}{q} = \frac{W_{ba}}{q} = \frac{\int F ds}{q} \bigg|_{F = -qE} = -\int_a^b E ds$$

考慮圖 1-9 中所示的點電荷 q，因 $ds = dr$，故其電位差為

$$V_{ba} = V_b - V_a = -\int_{r_A}^{r_B} E dr \;,\; E = \frac{q}{4\pi\varepsilon r^2}$$

$$= \frac{-q}{4\pi\varepsilon} \int_{r_A}^{r_B} \frac{dr}{r^2} = \frac{q}{4\pi\varepsilon}\left(\frac{1}{r_B} - \frac{1}{r_A}\right) \qquad (1\text{-}12)$$

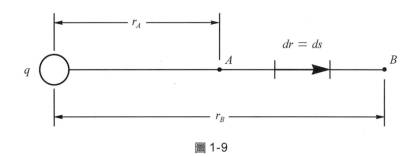

圖 1-9

若空間中有多個帶電體分佈，其中任一點距離電荷 Q_1、Q_2……及 Q_n 之距離分別為 r_1、r_2、……及 r_n，則該點之電位為

$$V = V_1 + V_2 + \cdots\cdots + V_n$$

$$= \frac{Q_1}{4\pi\varepsilon r_1} + \frac{Q_2}{4\pi\varepsilon r_2} + \cdots\cdots + \frac{Q_n}{4\pi\varepsilon r_n}$$

$$= \frac{1}{4\pi\varepsilon}\left(\frac{Q_1}{r_1} + \frac{Q_2}{r_2} + \cdots\cdots + \frac{Q_n}{r_n}\right) \qquad (1\text{-}13)$$

電位及電位差(電壓)的單位為伏特(volt)，而所謂 1 伏特之電壓由(1-9)式知 1 庫侖電荷作 1 焦耳功所需要的電位。

例題 1-8

將 5 庫侖電荷由 A 點移至 B 點，需 30 焦耳的功，求 A 點與 B 點之電位差。

解 $V_{BA} = \dfrac{W_{BA}}{q} = \dfrac{30}{5} = 6(伏特)$

例題 1-9

有一電量 $Q = 20 \times 10^{-9}$ 庫侖之點電荷，A 與 B 兩點分別距離 Q 為 4 公尺及 9 公尺，試求

(1) A 點之電位

(2) B 點之電位

(3) A 點與 B 點之電位差

解 (1) $V_A = \dfrac{Q}{4\pi\varepsilon r_a} = K \cdot \dfrac{Q}{r_a} = 9 \times 10^9 \times \dfrac{20 \times 10^{-9}}{4} = 45(\text{V})$

(2) $V_B = \dfrac{Q}{4\pi\varepsilon r_b} = K \cdot \dfrac{Q}{r_b} = 9 \times 10^9 \times \dfrac{20 \times 10^{-9}}{9} = 20(\text{V})$

(3) $V_{AB} = V_A - V_B = 45 - 20 = 25(\text{V})$

例題 1-10

求圖 1-10 中的 V_A、V_B 及 V_{BA}。

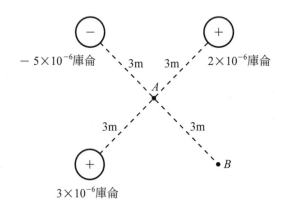

圖 1-10

解　由(1-13)式，可得

$$V_A = \frac{1}{4\pi\varepsilon}\left(\frac{2\times10^{-6}}{3} + \frac{3\times10^{-6}}{3} + \frac{-5\times10^{-6}}{3}\right) = 0(\mathrm{V})$$

$$V_B = \frac{1}{4\pi\varepsilon}\left(\frac{2\times10^{-6}}{3\sqrt{2}} + \frac{3\times10^{-6}}{3\sqrt{2}} + \frac{-5\times10^{-6}}{6}\right) = 3106(\mathrm{V})$$

$$V_{BA} = 3106(\mathrm{V})$$

1-5　電　流

　　電流(current)乃電荷之流動所形成，如圖1-11所示，在單位時間t內流過導體上任一定橫截面上之所有電荷量Q，即

$$I = \frac{Q}{t} \tag{1-14}$$

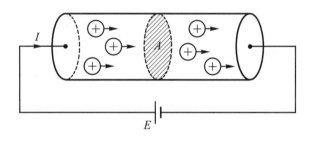

圖 1-11

　　若電荷量之流動率隨時間變化時，其電流值亦將隨之改變，於是在電路中之瞬時電流i(交流值，將於第五章詳細介紹)，將類似(1-14)式為

$$i = \frac{dq}{dt}(安培)$$

或　　　$$q = \int idt(庫侖)$$

其中：　I稱為電流，以安培(A)為單位

　　　　t稱為時間，以秒(sec)為單位

　　　　Q稱為電荷，以庫侖(C)為單位

例題 1-11

某導體於 5 秒內通過 1 庫侖之電荷時，求其所流動的電流。

解　$I = \dfrac{Q}{t} = \dfrac{1}{5} = 0.2(\text{A})$

例題 1-12

一橫截面積為 0.02cm^2 之導線，通過電流 0.2A，則每分鐘流過之電子數為若干？

解　因 1 庫侖 = 6.24×10^{18} 電子，且由(1-14)式可得

$Q = It = 0.2 \times 60 = 12$ 庫侖

$\qquad\quad = 12 \times 6.24 \times 10^{18}$ 電子

$\qquad\quad = 7.488 \times 10^{19}$ 電子

1-6　電阻與電導

電阻(resistance)是導體對其流動的電流所產生的阻力，這種阻力以熱或光的形式來阻止電荷的流動稱為電阻，其符號為 R，單位為歐姆(Ω)，因導體的材質不同，其電阻的大小亦不同，此種因材質的差異稱為電阻係數，通常影響電阻的因素主要是由：(1)導體的電阻係數 ρ；(2)導體的長度 l；(3)導體的截面積 A；(4)溫度等因素所構成，在室溫下其關係為

$$R = \rho \frac{l}{A} \tag{1-15}$$

其中：　ρ：電阻係數以 Ω-m 表示，在 20℃ 時各種材料之電阻係數如表 1-4 所示。

$\qquad$ l：導體長度以 m 表示。

$\qquad$ A：導體截面積以 m^2 表示。

表 1-4

材料名稱	電阻係數(Ω-m，20℃)
鋁	2.8×10^{-8}
銅	1.7×10^{-8}
黃銅	6.2×10^{-8}
錳銅	4.4×10^{-7}
碳(非晶形)	3.5×10^{-5}
鐵	1.0×10^{-7}
金	2.4×10^{-8}
銀	1.6×10^{-8}
鉛	2.1×10^{-7}
鋼	1.8×10^{-7}
鎳	7.8×10^{-8}
鎢	5.6×10^{-8}

電阻之倒數稱為電導(conductance)，以符號G表示，其單位為姆歐(℧)，即

$$G = \frac{1}{R} = R^{-1} \tag{1-16}$$

通常電導之數值愈大，表示導體之導電性愈佳。

　　一般材料的電阻會受到溫度的影響，對一般金屬而言，當溫度升高時，其電阻值隨之增加，此類材料具有"正溫度係數"，反之有些材料如半導體，當溫度升高時，其電阻值隨之降低，稱為具有"負溫度係數"。圖 1-12 所示為銅的電阻–溫度曲線，一般正常工作溫度範圍(−30℃至 100℃)內該曲線幾乎成一直線(線性)，若不是在此溫度範圍內，則曲線將是非線性。今若將溫度往低溫方向增加，則圖中實線所示曲線在絕對零度−273℃時與橫軸相交，虛線表示近似直線在−T℃時與橫軸相交，此T之溫度稱為推測零電阻溫度，其值將隨材料而異，如表 1-5 所示。

　　圖 1-12 中，R_1與R_2各代表相對應之兩不同溫度t_1與t_2時之電阻，由相似三角形的對邊成比例關係知：

$$\frac{234.5 + t_1}{R_1} = \frac{234.5 + t_2}{R_2}$$

或　　　　$$\frac{R_2}{R_1} = \frac{234.5 + t_2}{234.5 + t_1} \tag{1-17}$$

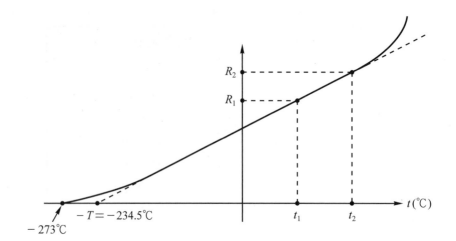

圖 1-12　銅之電阻與溫度關係

表 1-5　電阻溫度係數及推測零電阻溫度

材料名稱	電阻溫度係數(20℃) / ℃	推測零電阻溫度(攝氏零下)
銀	0.0038	243
銅	0.00393	234.5
鋁	0.0039	236
鐵	0.005	180
鉛	0.0041	224
鎳	0.006	147
鉑	0.003	310
錫	0.0042	218
鎢	0.0045	200

若以T代入上式，可得

$$\frac{R_2}{R_1} = \frac{T + t_2}{T + t_1} = \frac{(T + t_1) + (t_2 - t_1)}{T + t_1}$$

或　　　$\dfrac{R_2}{R_1} = 1 + \dfrac{t_2 - t_1}{T + t_1}$

若以$\alpha_1 = \dfrac{1}{T + t_1}$作為溫度$t_1$時電阻的溫度係數(temperature cofficient)則得

$$R_2 = R_1[1 + \alpha_1(t_2 - t_1)] \tag{1-18}$$

上式中，不同材料之溫度係數α值亦不同，如表1-5所示。

・・ 例題 **1-13** ・・・・・・・・・・・・・・・・・・・・・・・・・・・・・・・

有一銅質導體長2m，截面積為1cm^2，求其在20℃時的電阻為若干？

解 銅在20℃時的電阻係數可查表1-5得知$\rho = 1.7 \times 10^{-8}$(Ω-m)

由$R = \rho \cdot \dfrac{l}{A} = 1.7 \times 10^{-8}$(Ω-m)$\times \dfrac{2}{1 \times 10^{-4}}\left(\dfrac{m}{m^2}\right)$

$= 3.4 \times 10^{-4}$(Ω)

・・ 例題 **1-14** ・・・・・・・・・・・・・・・・・・・・・・・・・・・・・・・

一銅線圈在20℃時電阻為2.21Ω，若電流10A流過2小時後，電阻升高為2.59Ω，試求溫升。

解 由(1-17)式得知$t_2 = \dfrac{R_2}{R_1}(234.5 + t_1) - 234.5$

$t_2 = \dfrac{2.59}{2.21}(234.5 + 20) - 234.5 = 63.8$℃

溫升$t_2 - t_1 = 63.8$℃$- 20$℃$= 43.8$℃

・・ 例題 **1-15** ・・・・・・・・・・・・・・・・・・・・・・・・・・・・・・・

若一線圈在20℃時的電阻為49.122Ω，當溫度升高至65℃時，其電阻為50Ω，試求其電阻的溫度係數α。

解 由(1-18)式，$R_2 = R_1[1 + \alpha_1(t_2 - t_1)]$知：

$\alpha = \dfrac{R_2 - R_1}{R_1(t_2 - t_1)} = \dfrac{50 - 49.122}{49.122(65 - 20)} = 0.0004$

1-7 歐姆定律

德國科學家歐姆(George Simon Ohm)於1827年由實驗中發現，當電路中有電流通過時，其電流之大小與作用在電路兩端的電壓成正比，而與電路之總電阻成反比，這是有名的"歐姆定律"。今以公式表示如下：

$$I = \frac{E}{R} \tag{1-19}$$

式中：　I：電路中的電流，其單位為安培(A)

　　　　E：電路中的兩端電壓，其單位為伏特(V)

　　　　R：電路中的總電阻，其單位為歐姆(Ω)

電路中的三個量中，即電流、電壓及電阻，若已知其中二者，則利用(1-19)式的歐姆定律，可求得第三者，如

$$R = \frac{E}{I} \quad 及 \quad E = IR \tag{1-20}$$

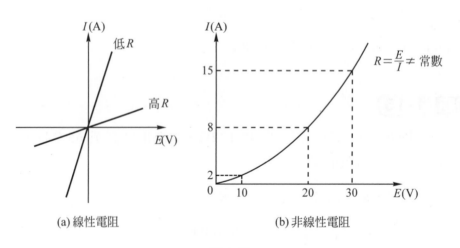

(a) 線性電阻　　　　　　　(b) 非線性電阻

圖 1-13

由金屬材料製作成的電路元件之電阻，在一定範圍的工作溫度下，其電阻值為定值，故其電流與電壓間成為直線變化關係，如圖1-13(a)所示，此種電阻稱為"線性電阻"(linear resistance)。至於非金屬材料如碳、碳化矽等製作成的電路元件，其電阻在一定範圍的溫度下，並非定值，即其電阻值將隨溫度增加而改變，故其電

流與電壓間不呈直線變化關係，如圖 1-13(b)所示，具此性質的電阻，稱爲非線性電阻(non-linear resistance)，則

$$R = \frac{dv}{di}$$

以上式利用微分求函數的斜率(slope)即可求電阻之大小。

・・ 例題 **1-16** ・・

一吹風機內之電阻絲之電阻爲 22 歐姆，當接於 110 伏特之電壓源時，求吹風機內之電流大小。

解 由(1-19)式知
$$I = \frac{E}{R} = \frac{110}{22} = 5(A)$$

1-8 電能與電功率

設在一電路中某兩點間之電位差爲V伏特，當有Q庫侖之電量通過時，由(1-9)式知，其所作的功或所消耗之電能爲

$$W = Q \cdot V 焦耳 \tag{1-21}$$

若此電量在t秒內通過，將$Q = It$代入上式，則電能

$$W = It \cdot V 焦耳 \tag{1-22}$$

依定義，每單位時間內所作的功或所消耗之電能稱爲功率(power)，故此電路之電功率爲

$$P = \frac{W}{t} = \frac{ItV}{t} = VI \tag{1-23}$$

若將歐姆定律之關係代入上式，可得電功率之另二種表示式，即

$$P = I^2R = \frac{V^2}{R}(\text{瓦})\tag{1-24}$$

由上式可看出，電路之功率與通過之電流平方或電路兩端電壓之平方成正比。

　　電功率之實用單位爲瓦特(watt，W)，1 瓦特爲每秒作 1 焦耳之功，較大之功率則以仟瓦(kilo-watt，kW)爲單位。表 1-6 爲家庭常用電器的標準瓦特定額。

表 1-6　家用電器標準瓦特定額

電器	瓦特定額	電器	瓦特定額
電鐘	2	空氣調節器	高至 2,080
洗衣機	400	常速乾燥衣機	5,600
咖啡壺	高至 1,000	高速乾燥衣	8,400
洗碟機	1,400	高傳眞度設備	230
手提電扇	160	電熨斗	1,000
窗式電扇	210	電唱機	75
加熱器	高至 1,650	電影機	高至 1,280
收音機	30	黑白電視	205
電冰箱	320	彩色電視	420
電鬍刀	11	移動電竈	高至 16,000
錄音機	60	固定電竈	8,000
烤麵包機	1,200	加溫設備	320

　　電力公司對用電元件所消耗的功是以能量來作爲計量之標準，其定義爲 1 仟瓦–小時(kWH)爲 1 度電，即電功率爲 1kW 的用電負載，使用時間 1 小時即爲 1 度電。電動機的輸出功率以馬力(HP)來表示，其爲力學的功率單位，可與電學的功率互爲轉換，其定義爲

　　1 馬力＝ 746 瓦

例題 1-17

比較 220(V)、100(W) 與 110(V)、200(W) 之兩燈泡串接於 220(V) 之電源，則那一燈泡較亮，爲什麼？

 解　　由(1-24)式，得 $R = \dfrac{V^2}{P}$

故 220(V)、100(W)之燈泡內阻 $= \dfrac{220^2}{100} = 484(\Omega)$

110(V)、200(W)之燈泡內阻 $= \dfrac{110^2}{200} = 60.5(\Omega)$

因串聯電路電流相同，而燈泡之明暗，視其實際消耗功率之多少而定，故由 $P = I^2R$ 知，220(V)、100(W)之燈泡較亮。

例題 1-18

有一載流電路之電流為 2(A)，現需一個 100 歐姆的電阻器，下列三種不同規格的電阻器，應選擇何者才恰當？

100 歐姆　300 瓦特

100 歐姆　400 瓦特

100 歐姆　500 瓦特

解 2(A)、100(Ω)之電阻器其所消耗之功率為

$P = I^2R = 2^2 \times 100 = 400(W)$

故應選 500 瓦特的電阻器才可避免因過熱而被燒毀。

例題 1-19

某家庭用戶電鍋為 1000 瓦，平均每日使用 45 分鐘，電燈合計 300 瓦，每日使用 5 小時，電冰箱 240 瓦，每日使用 24 小時，電視機 300 瓦，每日使用 3 小時，馬達 400 瓦，每日使用 1 小時，若每月以 30 日計算，設電費每度 2 元，則該用戶每月應付電費若干？

解

電鍋每月用電：$\dfrac{1000 \times \frac{45}{60} \times 30}{1000} = 22.5$ 度

電燈每月用電：$\dfrac{300 \times 5 \times 30}{1000} = 45$ 度

電冰箱每月用電：$\dfrac{240 \times 24 \times 30}{1000} = 172.8$ 度

電視機每月用電：$\dfrac{300 \times 3 \times 30}{1000} = 27$ 度

馬達每月用電：$\dfrac{400 \times 1 \times 30}{1000} = 12$ 度

每月用電總電度 $= 22.5 + 45 + 172.8 + 27 + 12 = 279.3$ 度

每月應付電費 $= 279.3 \times 2 = 558.6$ 元

1-9 損失與效率

　　在自然界中，不同型式能量間的轉換往往會有能量的損耗。如電動機將電能轉變成機械能，由於轉動時所受到空氣與機械間之阻力，及繞阻線圈、鐵心之發熱，使能量有所損失，因此輸出之能量必小於輸入之能量。

　　描述一種裝置之好壞，常以效率(efficiency)來評估，而效率定義為輸出能量與輸入能量的比值，再乘上百分比，即

$$\eta = \frac{輸出能量}{輸入能量} \times 100\,\% \tag{1-25}$$

$$= \frac{輸出功率}{輸入功率} \times 100\,\% \tag{1-26}$$

$$= \frac{輸出功率}{輸出功率 + 損失} \times 100\,\% \tag{1-27}$$

　　若一大系統是由數個副系統串接而成，每個副系統之效率分別為 η_1、η_2、η_3、……，則系統之總效率為所有副系統效率之乘積。即

$$\eta_T = \prod_{i=1}^{n} \eta_i = \eta_1 \times \eta_2 \times \cdots\cdots \times \eta_n$$

例題 1-20

一電動機能產生 2 匹馬力的功率，其效率為 75 %，使用在 110 伏特的電源，求須要多少電流？

解　輸出功率 2 馬力 $= 2 \times 746(\text{W}) = 1492(\text{W})$

$\because \eta = 75\,\% = \dfrac{3}{4}$

$$\therefore 輸入功率 = 1492 \times \frac{1}{\eta} = 1492 \times \frac{4}{3} = 1989.3(\text{W})$$

$$I = \frac{P}{E} = \frac{1989.3}{110} = 18.08(\text{A})$$

例題 1-21

10 馬力、220 伏特的直流電動機,其效率為 85 %,求

(1)滿載時的輸入功率

(2)所須之電流

解 (1)所謂滿載表示此電動機所產生之功率為最大時,即輸出功率為 10 馬力時,此時輸入功率為

$$P = 10 \times \frac{1}{\eta} = 10 \times \frac{100}{85} = \frac{1000}{85} 馬力 = \frac{1000}{85} \times 746 = 8776.5(\text{W})$$

$$(2)I = \frac{P}{E} = \frac{8776.5}{220} = 39.9(\text{A})$$

例題 1-22

若一大系統是由數個副系統串接而成,每個副系統之效率分別為 $\eta_1 = 0.8$,$\eta_2 = 0.3$,$\eta_3 = 0.6$,$\eta_4 = 0.8$,則系統之總效率為何?

解 $\eta_T = \eta_1 \times \eta_2 \times \eta_3 \times \eta_4$

$= 0.8 \times 0.3 \times 0.6 \times 0.8$

$= 0.1152$

$= 11.52\%$

1-10 單位與因次

欲說明一個物理量,必須定義此物理量之單位及大小。而單位為量度此一物理量時作為參考比較的基本定量。例如測量桌面長度為 90 公分,公分就是長度亦即

此物理量的單位，90 是代表以單位為標準所獲得的倍數之大小。因此，一個物理量，若無說明單位，只有數字大小，則顯得毫無意義。

工程上常用之單位可分為兩類，即基本單位及導出單位。基本單位是具有獨立物理特性的單位，其物理特性無法從其他的物理特性所推演而得的，例如長度、質量、時間等。而導出單位則是非獨立物理特性的單位，它可以由基本單位推演而來，如面積、速度等。

基本單位又可分成主基本單位與輔助基本單位，主基本單位為物理學中力學的主要單位，係指長度、質量、時間三者之單位，為其他科學領域所共用，可分成三種系統，即(1)MKS制，分別為公尺、公斤及秒；(2)CGS制，分別為公分、公克及秒；(3)FPS制，分別為呎、磅及秒。輔助基本單位為熱力學、光學及電學所用者，如凱氏溫度(°K)、燭光(candle)及安培(A)等。

導出單位係由基本單位組合或換算而成之單位，故又稱組合單位。通常可用因次(dimension)予以識別，例如長度用L，質量用M，時間用T，則面積之單位因次即L^2，體積之單位因次為L^3，速度之單位因次為LT^{-1}，密度之單位因次為ML^{-3}。

表 1-7　各種常見物理量

物理量	單位	因次
長度	公尺(m)	$[L]$
質量	公斤(仟克，kg)	$[M]$
時間	秒(sec)	$[T]$
電流	安培	$[I]$
溫度	凱氏溫度(°K)	$[\theta]$
光度	燭光(cd)	
面積	平方公尺(m^2)	$[L]^2$
重力加速度	公尺／秒^2 (m/sec^2)	$[L][T]^{-2}$
力	牛頓(N)	$[L][M][T]^{-2}$
頻率	赫(Hz)	$[T]^{-1}$
功(能)	焦耳(J = N-m)	$[L]^2[M][T]^{-2}$
功率	瓦特(W = J/S)	$[L]^2[M][T]^{-3}$
電阻	歐姆(Ω)	$[L]^2[M][T]^{-3}[I]^{-2}$
電容	法拉(F)	$[L]^{-2}[M]^{-1}[T]^4[I]^2$
電感	亨利(H)	$[L]^2[M][T]^{-2}[I]^{-2}$
電壓	伏特(V)	$[L]^2[M][T]^{-3}[I]^{-1}$
電場強度	牛頓／庫侖(伏特／公尺)	$[L][M][T]^{-3}[I]^{-1}$
磁通	韋伯(Wb)	$[L]^2[M][T]^{-2}[I]^{-1}$
磁通密度	特斯拉(Wb/m^2)	$[M][T]^{-2}[I]^{-1}$

表 1-8 產生 SI 單位之倍數與約數的字首

倍數	指數形式	字首	SI 符號
1,000,000,000,000,000,000	10^{18}	百萬兆	E
1,000,000,000,000,000	10^{15}	千兆	P
1,000,000,000,000	10^{12}	兆	T
1,000,000,000	10^9	十億	G
1,000,000	10^6	百萬	M
1,000	10^3	千	k
100	10^2	百	h
10	10^1	十	da
0.1	10^{-1}	十分之一	d
0.01	10^{-2}	百分之一	c
0.001	10^{-3}	毫	m
0.000,001	10^{-6}	微	μ
0.000,000,001	10^{-9}	奈	n
0.000,000,000,001	10^{-12}	漠或微微	p
0.000,000,000,000,001	10^{-15}	毫漠	f
0.000,000,000,000,000,001	10^{-18}	微漠	a

而各種常見的物理量其單位與因次如表 1-7 所示。有時為了要表示更大或更小單位會在各種單位冠上字首的倍率，一般均採用十進制，如 $1k\Omega = 10^3\Omega$，$1M\Omega = 10^6\Omega$ 等，這些倍率的名稱及符號如表 1-8 所示。

一般常用之電量的單位與符號如表 1-9 所示。而在 MKS 實用單位制中，電荷的單位是庫侖，電流的單位是安培、電動勢、電壓或電位差的單位是伏特，電阻的單位是歐姆，這些都是電學中常用的單位，而由這些單位所推演出來的其他電學單位之定義如下：

表 1-9

量	符號	單位
電阻	R	歐姆
電流	I	安培
電位	V、E	伏特
電荷	Q	庫侖
電功能	P	瓦特
能量	W	焦耳

1. **牛頓(Newton)**：推動 1 公斤質量使產生每秒 1 米之加速度所須的力，定義為 1 牛頓($kg\text{-}m/sec^2$)。

2. **庫侖(Coulomb)**：1 安培的電流在 1 秒鐘內所累積之電荷為 1 庫侖(A-sec)。

3. **法拉(Farad)**：在 1 庫侖電荷的電容器，其兩極板間的電位差為 1 伏特時，其電容量為 1 法拉(C/V)。

4. **亨利(Henry)**：在閉合迴路內，每秒有 1 安培的均勻變化電流流過時，產生 1 伏特的電動勢，稱此電路之電感為 1 亨利(V/(A/sec))。

5. **赫茲(Hertz)**：每秒有一週期的變化稱為赫茲，是頻率的單位。

6. **焦耳(Joules)**：1 牛頓的力推動 1 米的位移所作的功為 1 焦耳(N-m)。

7. **歐姆(Ohm)**：有 1 伏特的電位差加於某一導體的兩端，產生 1 安培的電流通過此兩端，稱此兩端點間之阻力為 1 歐姆(V/A)。

8. **西門子(Siemens)**：為電導的單位，即歐姆的倒數(A/V)，或稱為姆歐。

9. **特斯拉(Tesla)**：為磁通密度的單位，為韋伯／平方米。

10. **伏特(Volt)**：載 1 安培電流的導體，若在兩點間所消耗的功率為 1 瓦特時，此兩點間的電位差為 1 伏特(W/A)。

11. **瓦特(Watt)**：每秒鐘消耗 1 焦耳能量的功率稱為 1 瓦特(J/sec)。

12. **韋伯(Weber)**：為磁通量的單位，在 1 秒鐘內，單一匝線圈上交鏈之磁通自某磁通變為 0 時，於此線圈感應 1 伏特的電動勢，稱此磁通量為 1 韋伯(V-sec)。

習 題

1. 何謂自由電子、電荷與電中性？

2. 如何決定物體帶電為正電荷或負電荷？

3. 何謂庫侖靜電定律？

4. 何謂電場強度？

5. 何謂電位與電位差？

6. 何謂電流？

7. 何謂電阻？

8. 電阻與溫度有何關係？

9. 何謂歐姆定律？

10. 何謂電能與電功率？

11. 何謂效率？

12. 何謂基本單位與導出單位？

13. 有二電荷相距 2 公尺，Q_1 在左，Q_2 在右，$Q_1 = 5 \times 10^{-8}$ 庫侖，$Q_2 = -3 \times 10^{-8}$ 庫侖，試求兩電荷連線上

    (1) 距兩點電荷各 1 公尺處之電場強度爲多少？

    (2) 距 Q_1 爲 3 公尺而距 Q_2 爲 1 公尺處之電場強度爲多少？

    (3) 距 Q_1 爲 1 公尺而距 Q_2 爲 3 公尺處之電場強度爲多少？

14. 設有 A、B 及 C 三電荷，同在空中的一直線上。A 的電荷爲 2×10^{-6} 庫侖，B 爲 5×10^{-6} 庫侖，C 爲 3×10^{-6} 庫侖。

    (1) 若 A 位於 B 與 C 之間，A 至 B 的距離爲 2 公尺，A 至 C 的距離爲 1 公尺，試問 A 所受力的大小及方向爲何？

    (2) 若 C 位於 A 與 B 之間，C 至 A、B 的距離均爲 1 公尺，則 C 所受力的大小及方向又如何？

15. 設電荷 $Q_1 = 5 \times 10^{-7}$ 庫侖，$Q_2 = 5 \times 10^{-7}$ 庫侖，$Q_3 = -5 \times 10^{-7}$ 庫侖，分別位於邊長爲 10 公尺之等邊三角形 a、b、c 上，試求

    (1) a、b、c 三點之電場強度

    (2) a、b、c 三點電位

    (3) 若將一帶電體 $q = 4 \times 10^{-8}$ 庫侖置於 a、b、c 上，試求其電位能。

16. 有相同材料製作成的 A、B 兩導線，若 A 長度爲 B 之兩倍，A 的直徑爲 B 之一半，而 A 電阻爲 120 歐姆，則 B 電阻爲多少？

17. 若電路中電流爲時間之函數，即

    $$i(t) = 9t^2 + 4t + 1 , \quad t \geq 0$$

    試求電路上某點在 10 分鐘內所通過的總電荷爲多少？

18. 有 A、B 兩點之電位分別爲 30 及 50 伏特，今將一帶 $+2$ 庫侖之電荷

    (1) 由無窮遠處移至 A 點

    (2) 由無窮遠處移至 B 點

    (3) 由 A 點移至 B 點

    求移動該電荷所須做之功

19. 如圖 1-14 所示，在空氣中，$Q_1 = 8 \times 10^{-9}$ 庫侖，$Q_2 = -10 \times 10^{-9}$ 庫侖，求 A、B 兩點的電位爲何？

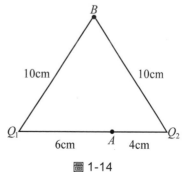

圖 1-14

20. 一長爲 50m，截面積爲 2mm²的導線，其電阻爲 0.56Ω，另一同樣材料，長爲 100m的導線，在同溫度之下，其電阻值爲 2Ω，則此導線的直徑爲多少？

21. 在圖 1-15 中，A、B兩導體之性質及尺寸均相同，而電流的方向如圖所示，則A、B兩導體之電阻何者較大？

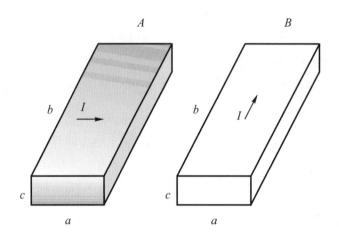

圖 1-15

22. 某一銅電纜線在 20℃時，其電阻值爲 12mΩ，當此電纜線在正常負載電流之下，溫度升至 80℃時，電纜線的電阻爲何？若將溫度冷卻至−60℃，則電阻值爲若干？

23. 兩相同的電熱器，並聯使用時，消耗功率爲 1200 瓦特，若改爲串聯後，仍接至原電壓，則消耗功率爲多少？

24. 110V、75W 的鎢製白熾燈，在室溫 20℃時的電阻爲 22.22Ω，當其在額定電壓工作時，其電阻爲 222.22Ω，求此燈絲之工作溫度？(α_{20} ＝ 0.0045)

2

直流電路

2-1 電路的組成要件

2-2 克希荷夫定律

2-3 串並聯電路

2-4 Y-△變換

2-5 支路電流法

2-6 迴路電流法

2-7 節點電壓法

2-8 重疊定理

2-9 戴維寧與諾頓定理

2-10 最大功率轉移定理

　　一般日常生活中使用的電器設備，有直流電源與交流電源兩種系統。所謂直流(direct current，dc)，即電流的流向係由某一點恆定流向另一點，其方向永遠不變，但大小可以改變者。圖2-1(a)所示為直流的電流對時間函數的圖形。所謂交流(alternating current，ac)，即電流的方向和大小循一固定週期而交互變化者。圖2-1(b)所示為交流的電流隨時間改變之圖形。本章中將先介紹電路之組成要件，然後討論直流電路的分析技巧以求解各元件的電流、電壓與功率。

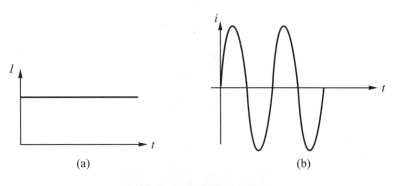

(a)　　　　　　　　　　　　(b)

圖 2-1　　直流與交流圖形

2-1　電路的組成要件

　　以能量傳遞的觀點來看，電機系統包含了提供(產生)能量與吸收能量兩部份，而提供能量部份，稱之為主動元件，如電源、電晶體、放大器等；吸收能量部份，稱之為被動元件，如電阻(已於1-6節分析)、電感與電容等。為了分析方便起見，首先將電機系統中的各部份組成要件以電學符號來表示，再藉助數學運算以瞭解電路中各組成要件所產生的反應。

2-1-1　電　源

　　電源可分兩種型態，即電壓源與電流源，分別提供電壓或電流給負載。理想情況下，在電源與負載間不再有其他能量損耗，故理想電壓源 ideal voltage source)係無論其中的電流多大，都能維持兩端電壓為定值的電路元件；而理想電流源(ideal current source)是無論兩端電壓多大，都能維持端子內電流為定值的電路元件。亦即兩者均不受負載電流或電壓變化之影響，其符號表示如圖2-2與圖2-3所示。

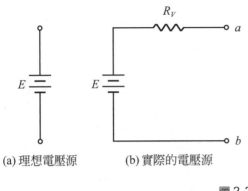
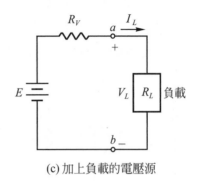

(a) 理想電壓源　　　(b) 實際的電壓源　　　　　(c) 加上負載的電壓源

圖 2-2

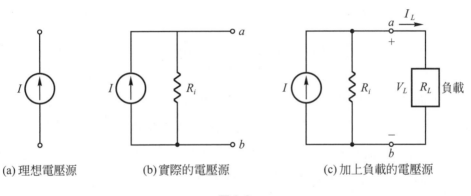

(a) 理想電壓源　　　(b) 實際的電壓源　　　　　(c) 加上負載的電壓源

圖 2-3

在實際電路系統中，由於(1)導線必有電阻，所以有能量損失；(2)無限大的電流或電壓表示有無限大的能量來源，事實上無法存在。因此，電源會受負載影響而略為降低，實際的電壓與電流源表示法如圖 2-2(b)與圖 2-3(b)所示。其中R_v與R_i分別為電壓源與電流源之內阻。

在圖 2-2(c)與圖 2-3(c)中，負載兩端電壓V_L與流經負載之電流I_L之關係可分別如(2-1)式及(2-2)式所示：

$$V_L = E - I_L R_V \tag{2-1}$$

$$I_L = I - \frac{V_L}{R_i} \tag{2-2}$$

將(2-2)式移項後，整理得

$$V_L = I \cdot R_V - I_L R_i \tag{2-3}$$

比較(2-1)式及(2-3)式，若 $R = R_v = R_i$ 及 $E = I \cdot R_i = I \cdot R$，則圖 2-2(c)可用圖 2-3(c)來代替，即電壓源可用電流源來代替。因此對於圖 2-4(a)之電路可用圖 2-4(b)之電路來代替，或以圖 2-5(b)之電路來替代圖 2-5(a)。

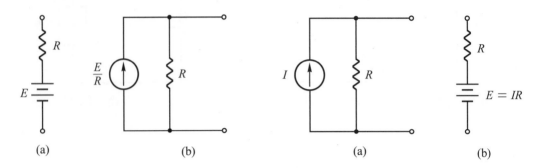

圖 2-4　電壓源轉換為電流源　　　　　圖 2-5　電流源轉換為電壓源

在圖 2-6(a)中，電動勢 E 之兩端先並接一電阻 R_1，後再串接至電路上，在 ab 兩點上之電壓，不論 R_1 有否存在，均存在電動勢 E，因此圖(a)之並聯電阻可忽略，如圖(b)所示，而不會對 V_L 及 I_L 有所影響，這說明並聯於電壓源之電阻器並不影響電路之電壓與電流特性。在圖 2-7(a)中，電流源先與電阻 R_1 串聯，再連接至電路上，而經 R_1 流至 a 點之電流為 I，此與圖(b)無串聯 R_1 時之情況相同，故對電流源而言，與其串聯之電阻可忽略之，亦不影響 V_L 及 I_L 的特性。

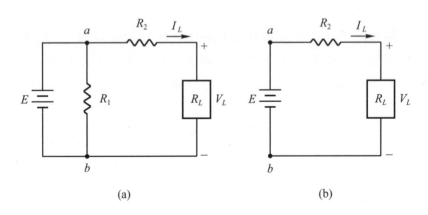

圖 2-6　電壓源並接-電阻

由以上推論得知

1. 任何元件，包括電流源在內，若與電壓源相並聯，則一律視為開路。
2. 任何元件，包括電壓源在內，若與電流源相串聯，則一律視為短路。

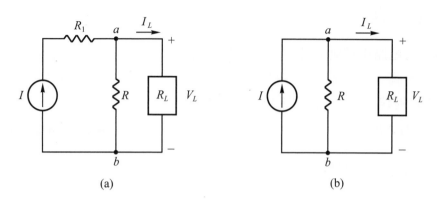

圖 2-7　電流源串接-電阻

2-1-2　電　感

　　電感為電路中被動元件之一，可用
以儲存磁場之能量，圖 2-8 所示為電感符
號之表示法。其中 i_L 為流經電感之電流，
v_L 為電感兩端之電壓。其關係如(2-4)式
所示：

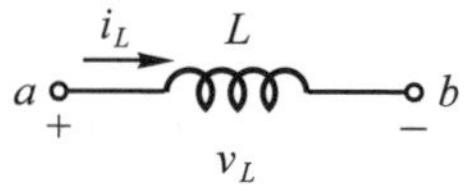

圖 2-8　電感的符號

$$v_L(t) = L \cdot \frac{di_L(t)}{dt} \tag{2-4}$$

亦即表示電感兩端之電壓與流經電感上之電流變率成正比。式中 L 稱為自感(self-
inductance)，以亨利(Henry，簡寫為 H)為單位。若電感上兩端之電壓 v_L，則(2-4)
可改寫為

$$i_L = \frac{1}{L} \int_o^t v_L(\tau) d\tau \tag{2-5}$$

在許多應用中，須要得知開關的瞬間動作(稱為 $t = 0$ 時)以前的電感電流，則(2-5)
式可再改寫如下形式

$$i_L(t) = \frac{1}{L} \int_0^t v_L(\tau) d\tau + i_L(0^-) \tag{2-6}$$

其中 $i_L(0^-)$ 是發生在開關瞬間動作之前流經電感之電流。

2-1-3　電　容

電容亦為電路中被動元件之一，可用以儲存
電場之能量，圖 2-9 所示為電容符號之表示法。
其中v_C為電容兩端之電壓，i_C為流經電容之電流。
其關係如(2-7)式所示：

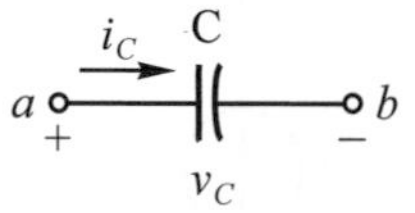

圖 2-9　電容的符號

$$i_C(t) = C \cdot \frac{dv_C(t)}{dt} \tag{2-7}$$

亦即表示流經電容之電流與電容兩端電壓之時變率成正比。式中C稱為電容
(capacitance)，以法拉(Farad，簡寫為 F)為單位，因為法拉單位太大，實用上C常
以微法拉(10^{-6}F，簡稱為μF)或以微微法拉(10^{-12}F，簡稱為 pF)表示。

若已知流經電容之電流i_C，則(2-7)式改寫為

$$v_C(t) = \frac{1}{C} \int_0^t i_C(\tau)d\tau \tag{2-8}$$

如同前述，(2-8)式可再改寫如下形式

$$v_C(t) = \frac{1}{C} \int_0^t i_C(\tau)d\tau + v_C(0^-) \tag{2-9}$$

其中$v_C(0^-)$是發生在開關瞬間動作前電容兩端之電壓。

2-2　克希荷夫定律

克希荷夫定律(Kirchhoff's Law)可分為⑴克希荷夫電流定律及⑵克希荷夫電壓
定律兩種，是電路分析的重要定律之一。一般簡單電路中，電路元件之電流與電壓
的關係可直接由歐姆定律求出。但在較複雜電路(有時候稱為網路，network)，欲
計算各支路上的電流，或各元件上之電壓，應用克希荷夫定律可簡化其計算過程。

在應用克希荷夫定律時，以下兩個專有名詞須先了解：

1.　節點(node)：為電路上任一點，於此點有 3 個(含 3 個)以上之電路元件(不論
　　電源或電阻、電感、電容)在此連接稱之。若僅有 2 個元件接在一起則稱為
　　連接點(junction)。

2. 迴路或網目(loop 或 mesh)：爲任一電流之閉合路徑，其通過任一節點不超過一次的一系列電路元件。

2-2-1　克希荷夫電流定律(Kirchhoff's current law，簡稱KCL)

在任何時刻，流入網路中任一節點的電流，與自該節點流出的電流相等。亦即任一節點之電流代數和爲零。以數學式表示爲：

$$\sum_{i=1}^{n} I_i = I_1 + I_2 + \cdots\cdots + I_n = 0 \tag{2-10}$$

或

$$\sum_{j=1}^{m} I_j (流入) = \sum_{K=1}^{l} I_K (流出) \tag{2-11}$$

如圖 2-10 電路中節點A，有六個支路與其連接，其電流分別爲I_1、I_2、$\cdots\cdots I_6$。在任何時刻，定義流入之電流爲正，流出爲負，所以流節點A的電流I_1、I_2、I_3、I_4必等於流出節點A的電流I_5、I_6。亦即

$$I_1 + I_2 + I_3 + I_4 + (-I_5) + (-I_6) = 0$$

或

$$I_1 + I_2 + I_3 + I_4 = I_5 + I_6$$

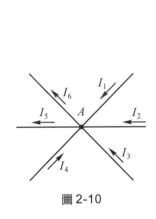

圖 2-10

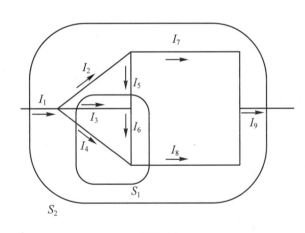

圖 2-11

一般應用克希荷夫電流定律解電路時，事先若無法確定電流的方向，可先行假設電流方向，待電流值解出後，若所得電流值爲正，表示假設電流方向與實際電流方向相同，若爲負，則表示與假設方向相反。

KCL 推廣：流入網路中之某一"閉合曲面"(又稱超節點)之電流和必等於自此超節點所流出之電流和。亦即超節點可視爲一節點。

如圖 2-11 電路中，S_1 與 S_2 兩曲面可視為兩超節點，其 KCL 關係式為：

對曲面 S_1 而言：

$$I_3 + I_4 + I_5 = I_8$$

對曲面 S_2 而言：

$$I_1 = I_9$$

例題 2-1

圖 2-12 所示之電路，試用 KCL 寫出所有節點之電流方程式。

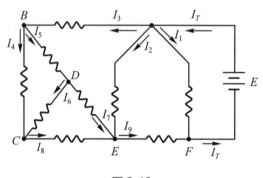

圖 2-12

解　節點 A：$I_T = I_1 + I_2 + I_3$

節點 B：$I_3 = I_4 + I_5$

節點 C：$I_8 = I_4 + I_6$

節點 D：$I_5 = I_6 + I_7$

節點 E：$I_9 = I_2 + I_7 + I_8$

節點 F：$I_T = I_1 + I_9$

例題 2-2

圖 2-13 中，假設 $v_1 = 10e^{-2t}(\text{V})$，$v_2 = 2e^{-2t}(\text{V})$，$i_3 = 6e^{-2t}(\text{A})$，求 $v_4 = ?$

解　$i_1 = \dfrac{10e^{-2t}}{5} = 2e^{-2t}(\text{A})$

$$i_2 = 2\frac{d}{dt}(2e^{-2t}) = -8e^{-2t}(A)$$

由 KCL 得：$i_1 - i_2 + i_3 - i_4 - 10i_1 = 0$

故 $i_4 = i_1 - i_2 + i_3 - 10i_1$

$$= 2e^{-2t} + 8e^{-2t} + 6e^{-2t} - 20e^{-2t}$$

$$= -4e^{-2t}(A)$$

$$v_4 = \frac{1}{2}\frac{d}{dt}(-4e^{-2t}) = 4e^{-2t}(V)$$

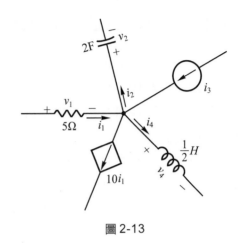

圖 2-13

例題 2-3

圖 2-14(a)(b)電路中，I_1 及 I_2 各為多少？

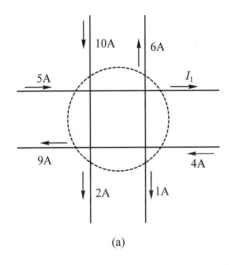

(a)

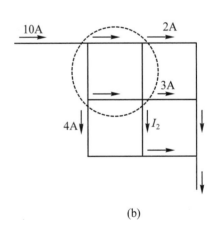

(b)

圖 2-14

解 以超節點(虛線部份)列出兩電路之 KCL 如下：

(1) $6 + I_1 + 1 + 2 + 9 = 4 + 5 + 10$

$\therefore I_1 = 1(A)$

(2) $2 + 3 + I_2 + 4 = 10$

$\therefore I_2 = 1(A)$

2-2-2 克希荷夫電壓定律(Kirchhoff's voltage law，簡稱KVL)

在任一閉合路徑內，沿著某一指定的方向環繞一圈，則其電壓降的代數和為零。亦即在網路中，任一封閉迴路，所有的電壓升之和等於各電壓降之和。克希荷夫電壓定律是從能量守恆定律演變而來，在電力場中，單位正電荷從電位較低之點移至電位較高之點時，必須獲得一定之能量，當移回原處時，又須釋放原先所獲得之能量，所以電荷環繞一閉合迴路後，單位電荷所獲得之淨能量為零。克希荷夫電壓定律以數學式表示為：

$$\sum_{i=1}^{n} V_i = V_1 + V_2 + \cdots\cdots + V_n = 0 \tag{2-12}$$

或

$$\sum_{j=1}^{m} V_j(\text{電壓升}) = \sum_{K=1}^{l} V_K(\text{電壓降}) \tag{2-13}$$

值得一提的是，當應用KVL於閉合電路時，可依下列規則決定電壓升或電壓降：

1. 順著電流方向繞循，電流在被動元件(電阻、電感、電容)所產生之端電壓為電壓降，反之，則為電壓升。
2. 對電源而言，若繞循由電源負端逐至正端，則為電壓升，若由正端至負端，則為電壓降。

⦿ ⦿ ⦿ **例題 2-4** ⦿ ⦿ ⦿ ⦿ ⦿ ⦿ ⦿ ⦿ ⦿ ⦿ ⦿ ⦿ ⦿ ⦿ ⦿

求圖 2-15 電路中的迴路電流I及V_{ab}。

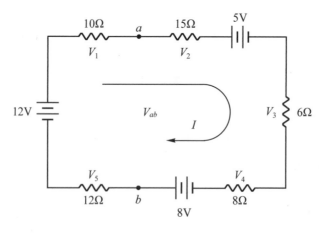

圖 2-15

解 Σ電壓升$= 12 + 8$

Σ電壓降$= V_1 + V_2 + 5 + V_3 + V_4 + V_5$

$\because \Sigma$電壓升$= \Sigma$電壓降

$\therefore 12 + 8 = V_1 + V_2 + 5 + V_3 + V_4 + V_5$

$12 + 8 = 10I + 15I + 5 + 6I + 8I + 12I$

$I = \dfrac{5}{17}$(A)

$V_1 = 10I = \dfrac{50}{17}$(V)

$V_2 = 15I = \dfrac{75}{17}$(V)

$V_3 = 6I = \dfrac{30}{17}$(V)

$V_4 = 8I = \dfrac{40}{17}$(V)

$V_5 = 12I = \dfrac{60}{17}$(V)

$V_{ab} = V_2 + 5 + V_3 + V_4 + (-8) = \dfrac{75}{17} + 5 + \dfrac{30}{17} + \dfrac{40}{17} - 8 = 5.53$(V)

2-3 串並聯電路

2-3-1 串聯電路與分壓法則

將n個電阻串接在一起，如圖 2-16(a)所示，由於每個電阻均流過相同的電流I，因此

$$V_1 = IR_1 , V_2 = IR_2 , V_3 = IR_3 , \cdots\cdots V_n = IR_n$$

由 KVL 可得

$$V = V_1 + V_2 + V_3 + \cdots\cdots + V_n = IR_1 + IR_2 + IR_3 + \cdots\cdots + IR_n$$

$$= I(R_1 + R_2 + R_3 + \cdots\cdots + R_n) = IR_{eq}$$

其中
$$R_{eq} = R_1 + R_2 + R_3 + \cdots\cdots + R_n = \sum_{i=1}^{n} R_i \tag{2-14}$$

由此可知串聯電路之等效電阻(equivalent resistance)R_{eq}，為各電阻之總和，其等效電路如圖 2-16(b)所示。

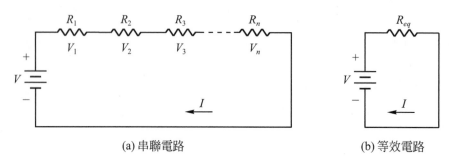

(a) 串聯電路　　　　　　　　　　(b) 等效電路

圖 2-16

在圖 2-16 所示的串聯電路中，欲求某一電阻R_x兩端之電壓V_x，可先利用(2-14)式求其等效電阻R_{eq}，再求電流

$$I = \frac{V}{R_{eq}}$$

$$V_x = IR_x = \frac{V}{R_{eq}} R_x = \frac{R_x}{\sum_{i=1}^{n} R_i} V \tag{2-15}$$

由上式知，在串聯電路中某一電阻R_x兩端之電壓等於"該電阻與等效電阻之比"乘以電源電壓，此一敘述稱為分壓法則。

在只有三個電阻串聯的情況下，如圖 2-17 所示，則電壓之分配為：

$$V_{R_1} = IR_1 = \frac{R_1}{R_1 + R_2 + R_3} \times V$$

$$V_{R_2} = IR_2 = \frac{R_2}{R_1 + R_2 + R_3} \times V$$

$$V_{R_3} = IR_3 = \frac{R_3}{R_1 + R_2 + R_3} \times V$$

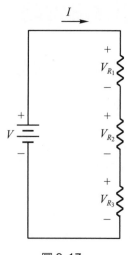

圖 2-17

串聯電路一般具有下列特性：

1. 電阻串聯後之等效電阻為各個電阻之和。

2. 流經各個串聯電阻之電流相等。

3. 整組串聯電路兩端之電壓等於每一電阻兩端電壓之總和。

2-3-2 並聯電路與分流法則

將 n 個電阻平行相連，且具有同一電壓者，此連接方式稱為並聯，如圖 2-18(a) 所示。因每一電阻兩端之電壓均相同，故流過每一電阻的電流分別為

$$I_1 = \frac{V}{R_1} \, , \, I_2 = \frac{V}{R_2} \, , \, I_3 = \frac{V}{R_3} \, , \, \cdots\cdots \, I_n = \frac{V}{R_n}$$

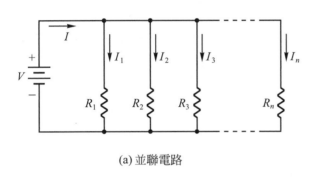

(a) 並聯電路

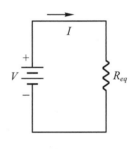

(b) 等效電路

圖 2-18

由 KCL 可得

$$
\begin{aligned}
I &= I_1 + I_2 + I_3 + \cdots + I_n \\
&= \frac{V}{R_1} + \frac{V}{R_2} + \frac{V}{R_3} + \cdots \frac{V}{R_n} \\
&= V\left(\frac{1}{R_1} + \frac{1}{R_2} + \frac{1}{R_3} + \cdots \frac{1}{R_n}\right) \\
&= V\left(\frac{1}{R_{eq}}\right)
\end{aligned}
$$

其中
$$\frac{1}{R_{eq}} = \frac{1}{R_1} + \frac{1}{R_2} + \frac{1}{R_3} + \cdots \frac{1}{R_n} = \sum_{i=1}^{n} \frac{1}{R_i} \tag{2-16}$$

或
$$R_{eq} = \frac{1}{\dfrac{1}{R_1} + \dfrac{1}{R_2} + \dfrac{1}{R_3} + \cdots \dfrac{1}{R_n}} = \frac{1}{\displaystyle\sum_{i=1}^{n} \frac{1}{R_i}} \tag{2-17}$$

由上式知，並聯電路知等效電阻為各個電阻倒數和之倒數。一般在並聯電路通常以電導來表示較為方便，因此將(2-16)式改寫為：

$$G_{eq} = G_1 + G_2 + G_3 + \cdots + G_n = \sum_{i=1}^{n} G_i \tag{2-18}$$

當只有 2 個電阻並聯時，即(2-17)式中之 $n=2$，則

$$R_{eq} = \left(\frac{1}{R_1} + \frac{1}{R_2} \right)^{-1} = \frac{R_1 R_2}{R_1 + R_2} \tag{2-19}$$

當只有 3 個電阻並聯時，即(2-17)式中之 $n=3$，則

$$R_{eq} = \left(\frac{1}{R_1} + \frac{1}{R_2} + \frac{1}{R_3} \right)^{-1} = \frac{R_1 R_2 R_3}{R_1 R_2 + R_2 R_3 + R_3 R_1} \tag{2-20}$$

在圖 2-18 所示電路中，欲求某一分支電阻的電流，可先利用(2-17)式求其電效電阻，再求總電流

$$I = \frac{V}{R_{eq}} = \frac{V}{\left(\dfrac{1}{R_1} + \dfrac{1}{R_2} + \dfrac{1}{R_3} + \cdots \dfrac{1}{R_n} \right)^{-1}}$$

或

$$V = \frac{I}{\dfrac{1}{R_1} + \dfrac{1}{R_2} + \dfrac{1}{R_3} + \cdots \dfrac{1}{R_n}}$$

則某一分支的電流為

$$I_x = \frac{V}{R_x} = \frac{\dfrac{1}{R_x} I}{\dfrac{1}{R_1} + \dfrac{1}{R_2} + \dfrac{1}{R_3} + \cdots \dfrac{1}{R_n}} \tag{2-21}$$

若以電導來表示，則

$$I_x = \frac{G_x}{G_1 + G_2 + G_3 + \cdots G_n} I = \frac{G_x}{\sum\limits_{i=1}^{n} G_i} I = \frac{G_x}{G_{eq}} I \tag{2-22}$$

由上式知，在並聯電路中，某一分支電阻 R_x 之電流等於"該電導與等效電導之比"乘以總電流，此一敘述稱為分流法則。

在只有 2 個電阻並聯的情況下，如圖 2-19 所示，則電流之分配為

$$I_1 = \frac{G_1}{G_1 + G_2}I = \frac{\dfrac{1}{R_1}}{\dfrac{1}{R_1} + \dfrac{1}{R_2}}I = \frac{R_2}{R_1 + R_2}I$$

$$I_2 = \frac{G_2}{G_1 + G_2}I = \frac{\dfrac{1}{R_2}}{\dfrac{1}{R_1} + \dfrac{1}{R_2}}I = \frac{R_1}{R_1 + R_2}I$$

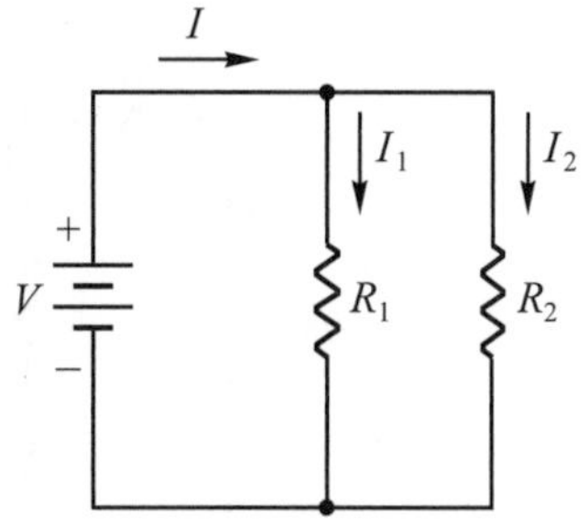

圖 2-19

並聯電路一般具有下列特性：

1.　電阻並聯後之等效電阻等於各個電阻倒數和之倒數。

2.　並聯之各電阻端電壓均相等。

3.　並聯電阻之總電流等於流經各支路電阻之電流和。

2-3-3　串並聯電路

許多實際電路中，常同時包含有串聯與並聯電路，而形成了串並聯電路，在求此類電路之等效電阻時，可先求出各並聯分路的等效電阻，再與電路中其他串聯電阻串聯，即可求出整個電路的等效電阻了。本節將以例題來說明較複雜串並聯電路的解法。

例題 2-5

試求圖 2-20(a)電路的等效電阻，V_1、V_2 及各電流。

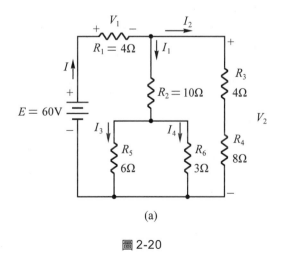

(a)

圖 2-20

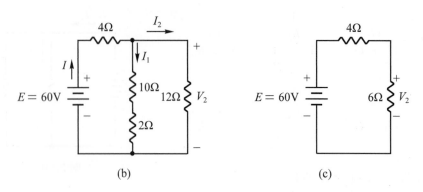

(b)　　　　　　　　(c)

圖 2-20　（續）

解　$R_{56} = \dfrac{R_5 \times R_6}{R_5 + R_6} = \dfrac{6 \times 3}{6 + 3} = 2\Omega$

$R_{34} = R_3 + R_4 = 12\Omega$

將電路改劃為(b)圖所示。

$R_{256} = R_2 + R_{56} = 10 + 2 = 12\Omega$

R_{256}再與R_{34}並聯，其等效電阻為

$\dfrac{12 \times 12}{12 + 12} = 6\Omega$

將電路再改劃為(c)圖所示，其等效總電阻為

$R_{eq} = 4 + 6 = 10\Omega$

電路總電流為

$I = \dfrac{60}{10} = 6A$

由分流法則

$I_1 = I_2 = \dfrac{I}{2} = \dfrac{6}{2} = 3A$

$I_3 = \dfrac{3}{6 + 3} \times 3 = 1A$

$I_4 = \dfrac{6}{6 + 3} \times 3 = 2A$

$V_1 = IR_1 = 6 \times 4 = 24V$

$V_2 = I_2 \cdot R_{34} = 3 \times 12 = 36V$

●・・ 例題 2-6 ・・・・・・・・・・・・・・・・・・・・・・・・・

圖 2-21 所示電路稱爲 "階梯電路" (ladder circuit)，若已知 $I_1 = 3A$，求電源側 gh 兩點間之端電壓。

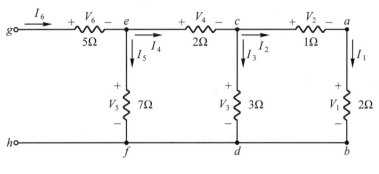

圖 2-21

解　此題應先從距電源最遠處之端電壓逐步往前求解。

$V_{ab} = V_1 = 2 \times I_1 = 2 \times 3 = 6V$

$V_{ca} = V_2 = 1 \times I_1 = 1 \times 3 = 3V$

$V_{cd} = V_3 = V_{cb} = V_{ca} + V_{ab} = 3 + 6 = 9V$

$I_3 = \dfrac{V_{cd}}{3} = \dfrac{9}{3} = 3A$

$I_4 = I_3 + I_2 = 3 + 3 = 6A$

$V_{ec} = V_4 = 2 \times I_4 = 2 \times 6 = 12V$

$V_{ef} = V_5 = V_{ec} + V_{cd} = V_4 + V_3 = 12 + 9 = 21V$

$I_5 = \dfrac{V_{ef}}{7} = \dfrac{V_5}{7} = \dfrac{21}{7} = 3A$

$I_6 = I_4 + I_5 = 6 + 3 = 9A$

$V_6 = V_{ge} = 5 \times I_6 = 5 \times 9 = 45V$

$\therefore V_{gh} = V_6 + V_5 = 45 + 21 = 66V$

・・・ **例題 2-7** ・・・・・・・・・・・・・・・・・・・・・・・・・・・・

如圖 2-22 所示為一無窮多級階梯型網路，求此網路之輸入電阻 R_i。

解 因為此網路為無窮多級，所以由下一級看入之電阻仍為 R_i，所以可由圖(b) 來等效圖(a)之電路。故

$$R_i = 2R + \frac{RR_i}{R + R_i}$$

$$R_i^2 - 2RR_i - 2R^2 = 0$$

$$R_i = R \pm \sqrt{R^2 + 2R^2} = R \pm \sqrt{3}R \quad 因輸入電阻不可能為負值$$

故 $R_i = (1 + \sqrt{3})R$

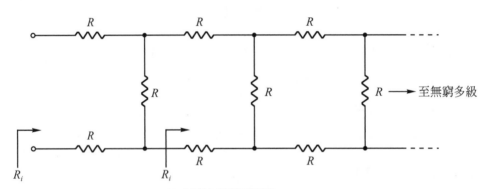

(a) 無窮多級階梯網路

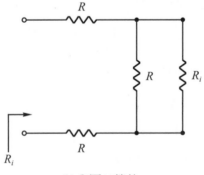

(b) 與圖(a)等效

圖 2-22

例題 2-8

圖 2-23 所示為一立體式電阻網路，設每邊之電阻皆為 6Ω，試求 A、B 間之等效電阻。

解 此題網路為一特殊結構，無法用串並聯之方法求解。此一網路具有對稱性，故假設 1A 之電流自 A 端流入，而由 B 端流出，則 R_1、R_2、R_3、R_{10}、R_{11} 及 R_{12} 之電流均為 $\frac{1}{3}$A，而 R_4、R_5、R_6、R_7、R_8 及 R_9 之電流均為 $\frac{1}{6}$A，若由 A 取 R_1、R_4、R_{10} 之路徑到 B，則 AB 間之電壓 V_{AB} 為

$$V_{AB} = 6 \times \frac{1}{3} + 6 \times \frac{1}{3} + 6 \times \frac{1}{6} = 5\text{V}$$

無論由 A 至 B 之間各電阻之電流如何分配，其總電流 1A 是不變，因此

$$R_{AB} = \frac{V_{AB}}{I_{AB}} = \frac{5}{1} = 5\,\Omega$$

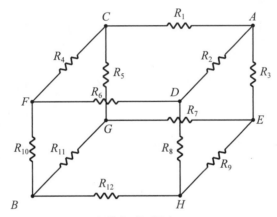

(a) 立體式電阻網路

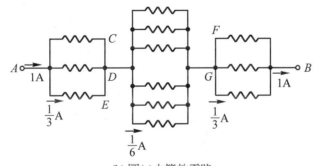

(b) 圖(a)之等效電路

圖 2-23

2-4　Y-△變換

　　在實際的電路中，亦常遇到三端網路(Y形或△形)，此時，若仍用串並聯化簡法將不易求解，但若以 Y-△形等效變換方法，則可迎刃而解。此法是將星形電路(Y 形)以三角形電路(△形)取代，或以星形電路取代三角形電路。經過此種變換處理後，可將原來複雜的電路簡化，成為一般串並聯形式，如此則易於求解。

　　如圖 2-24(a)及(b)所示，分別為Y形與△形電路，若此兩者互為等效電路，則(a)(b)圖中相對應兩端之等效電阻相等，利用此一特性，即可求出Y-△變換的公式。

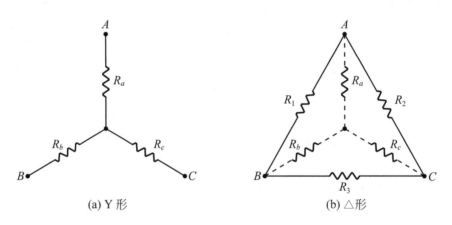

(a) Y 形　　　　　　　　　　　(b) △形

圖 2-24

1.　△→Y 變換

　　在 Y 形電路：

$$R_{AC} = R_a + R_c$$
$$R_{AB} = R_a + R_b$$
$$R_{BC} = R_b + R_c$$

　　在△形電路：

$$R_{AC} = (R_1 + R_3) /\!/ R_2 = \frac{(R_1 + R_3)R_2}{R_1 + R_2 + R_3}$$

$$R_{AB} = (R_2 + R_3) /\!/ R_1 = \frac{(R_2 + R_3)R_1}{R_1 + R_2 + R_3}$$

$$R_{BC} = (R_1 + R_2)/\!/R_3 = \frac{(R_1 + R_2)R_3}{R_1 + R_2 + R_3}$$

上式中符號 "$/\!/$" 爲並聯

因爲 Y 形與 △ 形電路等效，所以

$$R_a + R_c = \frac{(R_1 + R_3)R_2}{R_1 + R_2 + R_3} \cdots\cdots ①$$

$$R_a + R_b = \frac{(R_2 + R_3)R_1}{R_1 + R_2 + R_3} \cdots\cdots ②$$

$$R_b + R_c = \frac{(R_1 + R_2)R_3}{R_1 + R_2 + R_3} \cdots\cdots ③$$

將 ① ＋ ② ＋ ③ 得：

$$2(R_a + R_b + R_c) = \frac{2(R_1 R_2 + R_2 R_3 + R_3 R_1)}{R_1 + R_2 + R_3}$$

$$R_a + R_b + R_c = \frac{R_1 R_2 + R_2 R_3 + R_3 R_1}{R_1 + R_2 + R_3} \cdots\cdots ④$$

將 ④ － ③ 得

$$R_a = \frac{R_1 R_2}{R_1 + R_2 + R_3} \cdots\cdots ⑤$$

將 ④ － ① 得

$$R_b = \frac{R_1 R_3}{R_1 + R_2 + R_3} \cdots\cdots ⑥$$

將 ④ － ② 得

$$R_c = \frac{R_2 R_3}{R_1 + R_2 + R_3} \cdots\cdots ⑦$$

2. Y → △ 變換

將 ⑤ × ⑥ ＋ ⑥ × ⑦ ＋ ⑦ × ⑤ 可得

$$R_a R_b + R_b R_c + R_c R_a = \frac{R_1 R_2 R_3 (R_1 + R_2 + R_3)}{(R_1 + R_2 + R_3)^2}$$

$$R_aR_b + R_bR_c + R_cR_a = \frac{R_1R_2R_3}{R_1 + R_2 + R_3} \cdots\cdots ⑧$$

將$\dfrac{⑧}{⑦}$得：

$$R_1 = \frac{R_aR_b + R_bR_c + R_cR_a}{R_c}$$

將$\dfrac{⑧}{⑥}$得：

$$R_2 = \frac{R_aR_b + R_bR_c + R_cR_a}{R_b}$$

將$\dfrac{⑧}{⑤}$得：

$$R_3 = \frac{R_aR_b + R_bR_c + R_cR_a}{R_a}$$

例題 2-9

圖 2-25(a)所示為格子網路(Lattice network)，求R_{AB}。

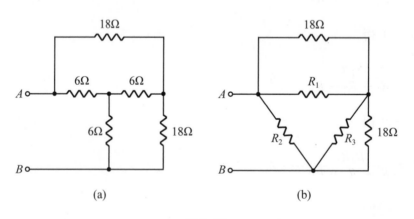

(a)　　　　　　(b)

圖 2-25

解　首先將由三個 6Ω 所構成之 Y 形連接改為 △ 形連接，如(b)圖所示，由於三個
電阻均相同，由 Y→△ 變換得

$$R_1 = R_2 = R_3 = \frac{(6\times6)+(6\times6)+(6\times6)}{6} = 18(\Omega)$$

$$R_{AB} = [(R_1//18)+(R_3//18)]//R_2$$

$$= [(18//18)+(18//18)]//18$$

$$= 9(\Omega)$$

・・・ 例題 **2-10** ・・・・・・・・・・・・・・・

圖 2-26(a)所示為惠斯登電橋網路，求R_{AB}。

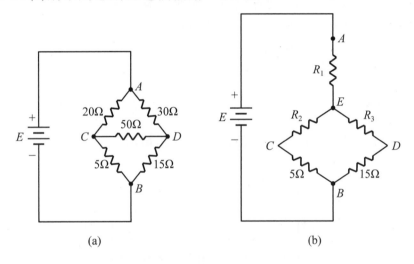

(a)　　　　　　　　　　　　(b)

圖 2-26

解　首先將圖(a)ACD之△形連接改為Y形連接，如(b)圖所示。則由△→Y變換
可得：

$$R_1 = \frac{20\times30}{20+30+50} = 6(\Omega)$$

$$R_2 = \frac{20\times50}{20+30+50} = 10(\Omega)$$

$$R_3 = \frac{30\times50}{20+30+50} = 15(\Omega)$$

$$R_{AB} = R_1 + [(R_2+5)//(R_3+15)]$$

$$= 6 + [15//30] = 6 + 10 = 16(\Omega)$$

2-5　支路電流法

　　網路若是屬於多迴路或多節點且連接若干電流源或電壓源時，則形成較為複雜的電路，求解此類型電路時，可用 KCL 及 KVL 寫出適當數目的方程式，聯立後可解得各未知的支路電流，此法稱為 "支路電流法" (branch current method)，其分析步驟如下：

1. 在網路中每一支路定出一電流及方向。
2. 應用 KVL，於每一獨立迴路建立一電壓方程式。
3. 應用 KCL，於每一節點建立一電流方程式。
4. 將各項電壓及電流方程式聯立以求解。

・・・ 例題 **2-11** ・・・・・・・・・・・・・・・・・・・・・・・・

　　圖 2-27 所示電路，以支路電流法求各支路電流。

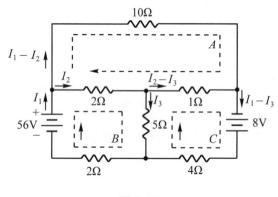

圖 2-27

解　(1)首先於網路中每一支路定出電流方向，如圖中 I_1、I_2、I_3 所示。

　　(2)應用 KVL，於三個迴路中建立電壓方程式。

　　　由 loop$A$：$10(I_1 - I_2) - 1(I_2 - I_3) - 2I_2 = 0$

　　　　　　$10I_1 - 13I_2 + I_3 = 0$……①

　　　由 loop$B$：$2I_2 + 5I_3 + 2I_1 - 56 = 0$

　　　　　　$2I_1 + 2I_2 + 5I_3 = 56$……②

　　　由 loop$C$：$1(I_2 - I_3) - 8 + 4(I_1 - I_3) - 5I_3 = 0$

$$4I_1 + I_2 - 10I_3 = 8 \cdots\cdots ③$$

應用行列式法，解得$I_1 = 10(A)$，$I_2 = 8(A)$，$I_3 = 4(A)$

求出的電流均爲正值，故假設方向與實際方向相同

通過10Ω支路電流爲$I_1 - I_2 = 2(A)$

通過1Ω支路電流爲$I_2 - I_3 = 4(A)$

通過4Ω支路電流爲$I_1 - I_3 = 6(A)$

例題 2-12

利用支路電流法，求圖2-28中流過R之電流及電流源兩端之電壓。

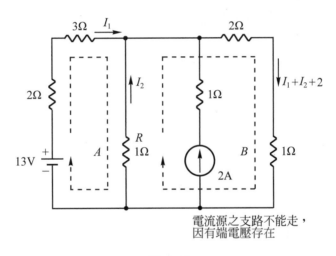

圖 2-28

解 (1)設各支路上之電流方向及兩個迴路電流方向，如圖中所示。

(2)應用 KVL 於 2 個迴路中建立電壓方程式。

由 loop$A$：$2I_1 + 3I_1 - I_2 = 13$

$$5I_1 - I_2 = 13 \cdots\cdots ①$$

由 loop$B$：$I_2 + (2+1)(2+I_1+I_2) = 0$

$$3I_1 + 4I_2 = -6 \cdots\cdots ②$$

聯立①②式後可得$I_1 = 2$，$I_2 = -3$(負號表示實際電流方向與假設方向相反)，故流過R之電流爲$3A$(向下)

電流源兩端之電壓$= 2\times1 + (2+1)(I_1+I_2+2) = 2 + 3\times1 = 5(V)$

例題 2-13

利用支路電流法，求解圖 2-29 電路中 I_1、I_2、I_3 之值。

解　應用 KVL 於 2 個迴路中建立電壓方程式。

由 loop A：$4 - 0.5I_1 - 3I_2 - 2 - I_1 = 0$

$$1.5I_1 + 3I_2 = 2 \cdots\cdots ①$$

由 loop B：$-3 - I_3 + 3I_2 + 2 = 0$

$$3I_2 - I_3 = 1 \cdots\cdots ②$$

應用 KCL 於節點 a 得電流方程式

$$I_1 = I_2 + I_3 \cdots\cdots ③$$

聯立 ①②③ 可得 $I_1 = \dfrac{5}{9}$ A，$I_2 = \dfrac{7}{18}$ A，

$I_3 = \dfrac{1}{6}$ A

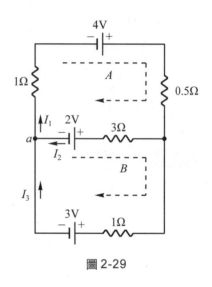

圖 2-29

2-6　迴路電流法

迴路電流法(loop current method)為網路分析常用方法之一，本法係以前述支路電流法之觀念為基礎。但較靈活方便，其分析步驟如下：

1. 先假設各迴路電流及其方向。
2. 應用 KVL 於每一迴路，依所假設之迴路方向，列出各迴路的電壓方程式。
   (1) 網路中，若一電阻有相鄰之兩個迴路電流通過時，其總電流為相鄰迴路電流之代數和，但須以一迴路電流方向為準，二迴路電流同向時相加，反向時相減。
   (2) 電壓源之極性不受通過電流方向之影響，但依迴路電流方向決定其電壓升或電壓降。
   (3) 若網路中有電流源，可將之變換為電壓源。

3. 聯立求解各迴路的電壓方程式，求出各迴路電流。若解得之迴路電流爲負值，表示所假設之迴路電流方向與實際迴路電流方向相反。

迴路電流法其優點爲可省略各節點之電流方程式，若網路內有m個迴路，僅須m個迴路之電壓方程式，其演算較支路電流法簡便。迴路電壓方程式整理後可得一般式如下：

$$R_{11}I_1 + R_{12}I_2 + \cdots + R_{1n}I_n = \Sigma E_1$$
$$R_{21}I_1 + R_{22}I_2 + \cdots + R_{2n}I_n = \Sigma E_2$$
$$\vdots$$
$$R_{n1}I_1 + R_{n2}I_2 + \cdots + R_{nn}I_n = \Sigma E_n \qquad\qquad (2\text{-}23)$$

式中　　I_K $(K = 1，2，\cdots，n)$爲迴路K之迴路電流。

R_{KK}：爲迴路K之各電阻和，皆爲正值，稱爲自電阻(self-resistance)。

$R_{jK}(j \neq K)$：爲迴路j與迴路K之公共電阻和，稱爲互電阻(mutual-resistance)。一般而言，$R_{jK} = R_{Kj}$，若I_j與I_K在R_{jK}上爲同方向，則R_{jK}爲正值，否則爲負值。

ΣE_K：爲迴路K之電壓源代數和，順著迴路電流方向，電壓升之電壓源爲正值，電壓降之電壓源爲負值。

例題 2-14

寫出圖 2-30 電路的迴路方程式，並求解I_1、I_2、I_3之值。

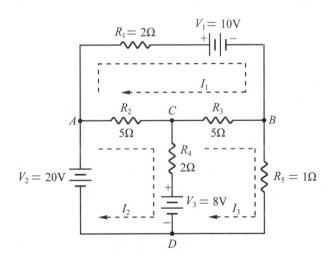

圖 2-30

解　應用 KVL 至各迴路，可得三個迴路方程式如下：

$$I_1(R_1 + R_2 + R_3) - I_2 R_2 - I_3 R_3 = -V_1$$

$$-I_1 R_2 + I_2(R_2 + R_4) - I_3 R_4 = V_2 - V_3$$

$$-I_1 R_3 - I_2 R_4 + I_3(R_3 + R_4 + R_5) = V_3$$

將已知各值代入以上和式得：

$$12I_1 - 5I_2 - 5I_3 = -10$$

$$-5I_1 + 7I_2 - 2I_3 = 12$$

$$-5I_1 - 2I_2 + 8I_3 = 8$$

利用一般行列式解，可得：

$$I_1 = 2.95(A)，I_2 = 5(A)，I_3 = 4.1(A)$$

2-7 節點電壓法

　　節點電壓法(node voltage method)與迴路電流法是對偶的，迴路電流法是應用 KVL，沿一迴路求其電壓和，而節點電壓法是應用 KCL，在節點上求其電流代數和。

　　假設網路中有 N 個節點，選某一適當節點(通常為元件連接最多處)為參考點或接地點(令其電位為零)，而其他 $(N-1)$ 個節點皆假設一電位存在(與參考點之相對電位)。則可應用 KCL 寫出 $(N-1)$ 個電流方程式，解出各節點電壓，進而求出各支路電流。而 $(N-1)$ 個節點電流方程式其一般式可整理成如下所示：

$$G_{11}V_1 - G_{12}V_2 - G_{13}V_3 - \cdots - G_{1(N-1)}V_{N-1} = \Sigma I_1 \tag{2-24}$$

$$-G_{21}V_1 - G_{22}V_2 - G_{23}V_3 - \cdots - G_{2(N-1)}V_{N-1} = \Sigma I_2$$

$$\vdots$$

$$-G_{(N-1)1}V_1 - G_{(N-1)2}V_2 - G_{(N-1)3}V_3 - \cdots + G_{(N-1)(N-1)}V_{N-1} = \Sigma I_{N-1}$$

式中　　$V_K (K = 1，2，\cdots N-1)$ 為網路中各節點 K 與參考點間之電壓。

　　　　G_{KK}：為與節點 K 相連接支路之各電導和，稱為節點 K 的自電導(self-condictance)。

　　　　$G_{jK} = G_{Kj} (j \neq K)$：為連接節點 j 與節點 K 間各支路之電導和，稱為互電導(mutual conductance)。

ΣI_K：為與節點K相連之電流源代數和，流入節點K之電流源為正值，流出者為負值。

一般應用節點電壓法時步驟如下：

1. 任意選擇一參考節點，此節點以連接較多支路之節點較佳，可得較為簡易之方程式。

2. 標示出其他節點對參考節點之電壓變數，如節點A之電壓為V_A，節點B之電壓為V_B等。

3. 遇有電壓源將其轉化為電流源。熟悉者，此步驟可省略。

4. 除參考節點外，應用 KCL 對每一節點寫出電流方程式。

5. 求解聯立方程式之各節點電壓。

例題 2-15

寫出圖 2-31 網路中的節點方程式，並求經過 4Ω 電阻之電流。

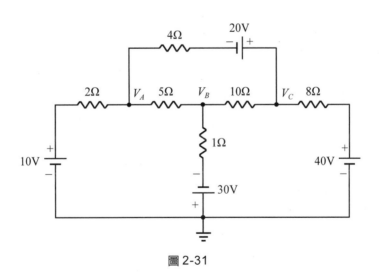

圖 2-31

解 圖中有 4 個節點，故可寫出 3 個節點方程式如下：

$$\left(\frac{1}{2} + \frac{1}{4} + \frac{1}{5}\right)V_A - \frac{1}{5}V_B - \frac{1}{4}V_C = \frac{10}{2} - \frac{20}{4}$$

$$-\frac{1}{5}V_A + \left(\frac{1}{1} + \frac{1}{5} + \frac{1}{10}\right)V_B - \frac{1}{10}V_C = -\frac{30}{1}$$

$$-\frac{1}{4}V_A - \frac{1}{10}V_B + \left(\frac{1}{4} + \frac{1}{8} + \frac{1}{10}\right)V_C = \frac{20}{4} + \frac{40}{8}$$

整理得：

$$0.95V_A - 0.2V_B - 0.25V_C = 0$$

$$-0.2V_A + 1.3V_B - 0.1V_C = -30$$

$$-0.25V_A - 0.1V_B + 0.475V_C = 10$$

利用行列式法求出 $V_A = -0.321(\text{V})$

$$V_B = -21.874(\text{V})$$

$$V_C = 16.274(\text{V})$$

故流經 4Ω電阻之電流為 I

$$-0.321 + 20 - 16.274 = 4I$$

$$\therefore I = 0.851(\text{A})$$

例題 2-16

試求圖 2-32 中各節點電壓。

解　3個節點方程式為：

$$\left(\frac{1}{1} + \frac{1}{1} + \frac{1}{2}\right)V_1 - \left(\frac{1}{1}\right)V_2 - \left(\frac{1}{2}\right)V_3 = 3$$

$$-\left(\frac{1}{1}\right)V_1 + \left(\frac{1}{1} + \frac{1}{3} + \frac{1}{5}\right)V_2 - \left(\frac{1}{5}\right)V_3 = 0$$

$$-\left(\frac{1}{2}\right)V_1 - \left(\frac{1}{5}\right)V_2 + \left(\frac{1}{2} + \frac{1}{4} + \frac{1}{5}\right)V_3 = 0$$

整理得：

$$\frac{5}{2}V_1 - V_2 - \frac{1}{2}V_3 = 3$$

$$-V_1 + \frac{23}{15}V_2 - \frac{1}{5}V_3 = 0$$

$$-\frac{1}{2}V_1 - \frac{1}{5}V_2 + \frac{19}{20}V_3 = 0$$

利用行列式法，解得：

$$V_1 = \frac{510}{241}\text{V}, \quad V_2 = \frac{378}{241}\text{V}, \quad V_3 = \frac{348}{241}\text{V}$$

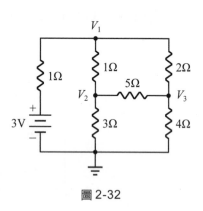

圖 2-32

2-8 重疊定理

　　重疊定理(superposition theorem)為求解線性多電源網路的一種方法，此定理乃線性元件中電壓與電流成正比所產生之結果。它說明在一有限數個電源同時作用之線性網路中，流經網路任一支路之電流或跨於任意兩節點間之電壓，等於各個電源單獨作用時分別所產生於該支路或該兩節點間電壓之代數和。當單獨考慮某一電源的作用時，其他電源必須視為零，亦即指不產生作用之電壓源視為短路，不產生作用之電流源視為斷路，但網路中各電阻依然保留。

　　重疊定理只適用於線性運算，如電壓或電流之計算，但不適用於非線性的功率計算。因 $P = I^2 R$，即 P 與 I 呈線性的平方關係。此情況將在例 2-18 中說明。

例題 2-17

以重疊定理求圖 2-33(a)中流經 2Ω電阻之電流I。

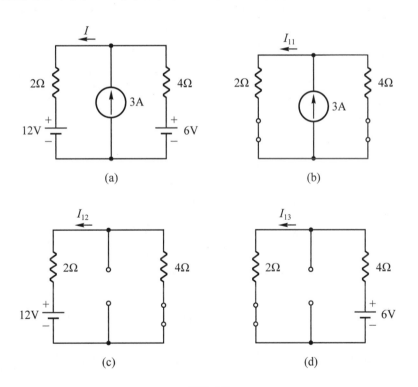

圖 2-33

解 (1) 3 A 電流源單獨作用時，將 6 V 及 12 V 的電壓源短路，如圖(b)所示

$$I_{11} = \frac{4}{4+2} \times 3 = 2\text{A}$$

(2) 12 V 電壓源單獨作用時，3 A 電流源斷路，6 V 電壓源短路，如圖(c)所示

$$I_{12} = -\frac{12}{4+2} = -2\text{A}$$

(3) 6 V 電壓源單獨作用時，3 A 電流源斷路，12 V 電壓源短路，如圖(d)所示

$$I_{13} = \frac{6}{4+2} = 1\text{A}$$

依重疊定理，$I = I_{11} + I_{12} + I_{13} = 2 + (-2) + 1 = 1(\text{A})$

例題 2-18

試求圖 2-34(a)電路中 6Ω電阻之電流I及其所消耗之功率。

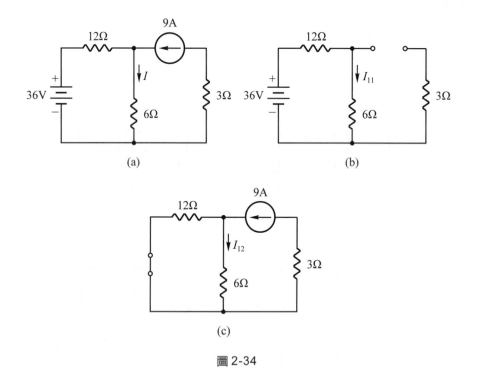

(a)　　　　　(b)

(c)

圖 2-34

解 (1) 36 V 電壓源單獨作用時，9 A 電流源斷路，如圖(b)所示

$$I_{11} = \frac{36}{12+6} = 2(\text{A})$$

(2) 9A 電流源單獨作用時，36V 電壓源短路，如圖(c)所示

$$I_{12} = \frac{12}{6+12} \times 9 = 6(A)$$

依重疊定理 $I = I_{11} + I_{12} = 8(A)$

所消耗功率 $P = I^2 R = 8^2 \times 6 = 384(W)$

若以重疊定理來計算功率，則

$$P_1 = I_1^2 R = 2^2 \times 6 = 24(W)$$

$$P_2 = I_2^2 R = 6^2 \times 6 = 216(W)$$

而 $P^1 = P_1 + P_2 = 24 + 216 = 240W \neq 384W$

因實際上消耗功率為

$$P = I^2 R = (I_1 + I_2)^2 R = I_1^2 R + I_2^2 R + 2I_1 I_2 R$$

與 $P^1 = (I_1^2 R + I_2^2 R)$ 相差 $2I_1 I_2 R$ 的大小，

而 $2I_1 I_2 R = 2 \times 2 \times 6 \times 6 = 144$

亦即 P 與 P^1 之差 $= 384 - 240 = 144(W)$

2-9　戴維寧與諾頓定理

　　在實際應用上，往往須要從網路中找出某一特定支路電流，隨著該支路電阻的變化而變化之關係，但網路中其餘部份，不論電源或其他電路元件均維持不變。如圖 2-35 的電路，其中 R 為可變電阻，此時若用前述各種方法(Y-△變換，網目電流法，節點電壓法)來求解此一電路時，對於一個 R 值就得求解一次，若 R 的值作一百次變化，則亦將須求解一百次，使求解工作變得十分複雜。此時若使用戴維寧定理(Thevein's theorem)或諾頓定理(Norton's theorem)則可使問題隨之簡化。

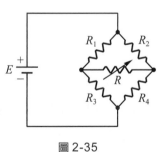

圖 2-35

戴維寧定理是指任一包括電源(電流源或電壓源)的網路，如圖 2-36(a)所示，若從其中任何兩端看進去網路時，均能以一電壓源E_{th}與一串聯電阻R_{th}之等效網路來替代，如圖 2-36(b)所示，此電壓源之大小等於兩端間之開路電壓，而串聯電阻等於當所有電源均為零(電壓源短路，電流源斷路)時，由此兩端看入網路之等效電阻，如圖 2-37(a)(b)所示。

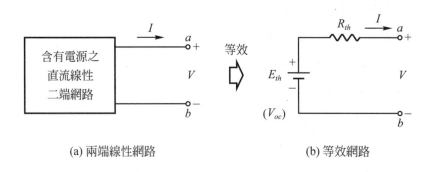

(a) 兩端線性網路　　　　　　　　　　　(b) 等效網路

圖 2-36　戴維寧定理

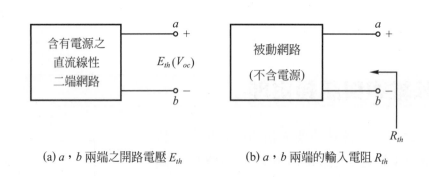

(a) a，b 兩端之開路電壓 E_{th}　　　　　(b) a，b 兩端的輸入電阻 R_{th}

圖 2-37　戴維寧定理中E_{th}(或V_{DC})與R_{th}之求法

諾頓定理為戴維寧定理的對偶(dual)關係，戴維寧定理所求的是等效電壓源與電阻之串聯，而諾頓定理是將網路以一電流源I_{sc}與一電阻器R_{th}並聯的等效網路來替代。如圖 2-38(a)(b)所示。此電流源之大小等於將兩端短路時所通過短路支路之短路電流，而並聯電阻的求法與戴維寧的等效電阻的求法相同。事實上，將戴維寧等效網路電壓源與電流源互換原則，加以互換，即得諾頓等效網路，如圖 2-39(a)(b)所示，其中E_{th}、I_{sc}、R_{th}三者關係為$E_{th} = I_{sc} R_{th}$。

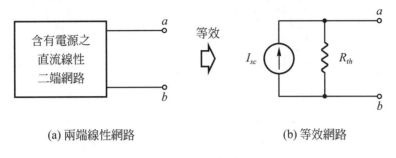

(a) 兩端線性網路　　　　　　(b) 等效網路

圖 2-38　諾頓定理

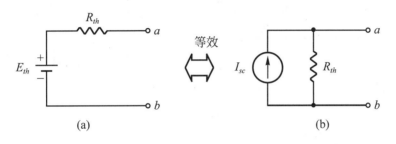

(a)　　　　　　　　　　(b)

圖 2-39　戴維寧等效網路與諾頓等效網路之互換

　　戴維寧等效網路之求法步驟如下：

1. 將欲求的支路從網路中移去，其留下之二端以 a、b 做記號。

2. 將網路中電壓源短路，電流源斷路，求兩端間之等效電阻 R_{th}。

3. 將電壓源及電流源回復原位，再計算 a、b 兩端之開路電壓 E_{th}。

4. 畫出戴維寧等效網路並將 1. 中移去之支路接回 a、b 端。

　　諾頓等效網路之求法步驟如下：

1. 將欲求的支路從網路中移去，並做 a、b 兩端符號。

2. 將網路中電壓源短路，電流源斷路，求兩端間之等效電阻 R_{th}。

3. 將電壓源及電流源回復原位，計算 a、b 兩端短路時之電流 I_{sc}。

4. 畫出諾頓等效電路，並將 1. 中移去的支路接回 a、b 端。

例題 2-19

　　利用戴維寧定理求圖 2-40(a) 中當可變電阻 $R = 1$，2，3，4，5，6Ω 時，流經 R 之電流 I 及其消耗之功率 P。

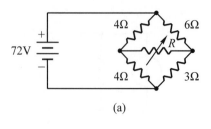

(a)

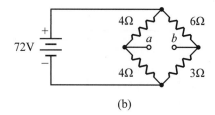

(b)

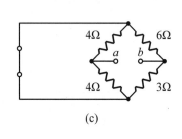

(c)

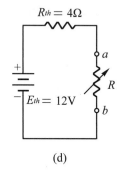

(d)

圖 2-40

解 (1)先移去 R 之支路，如圖(b)所示，求開路電壓 E_{th}

$$E_{th} = \frac{4}{4+4} \times 72 - \frac{3}{6+3} \times 72$$

$$= 12(V)$$

(2)將 12V 電壓源短路，如圖(c)所示，求等效電阻 R_{th}

$$R_{th} = (4//4) + (6//3) = 4(\Omega)$$

(3)畫出戴維寧等效電路，並接回 R 之支路，如圖(d)所示

當 $R = 1$，$I = \dfrac{12}{4+1} = 2.4(A)$，$P = I^2 R = (2.4)^2 \times 1 = 5.76(W)$

當 $R = 2$，$I = \dfrac{12}{4+2} = 2(A)$，$P = I^2 R = (2)^2 \times 2 = 8(W)$

當 $R = 3$，$I = \dfrac{12}{4+3} = 1.72(A)$，$P = I^2 R = (1.72)^2 \times 3 = 8.87(W)$

當 $R = 4$，$I = \dfrac{12}{4+4} = 1.5(A)$，$P = I^2 R = (1.5)^2 \times 4 = 9(W)$

當 $R = 5$，$I = \dfrac{12}{4+5} = 1.33(A)$，$P = I^2 R = (1.33)^2 \times 5 = 8.85(W)$

當 $R = 6$，$I = \dfrac{12}{4+6} = 1.2(A)$，$P = I^2 R = (1.2)^2 \times 6 = 8.64(W)$

例題 2-20

利用諾頓定理，求圖 2-41(a)中流經 R_L 的電流 I_L。

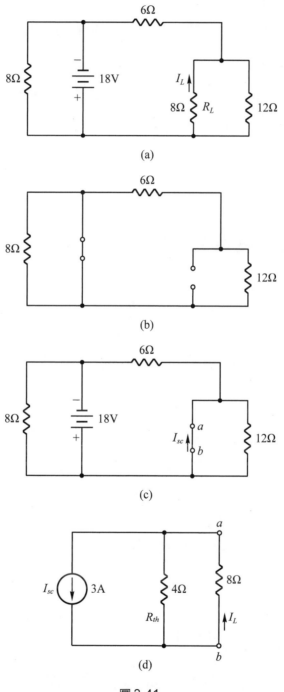

(a)

(b)

(c)

(d)

圖 2-41

解　(1)先將 $R_L = 8\Omega$ 支路移去並將電壓源短路，如圖(b)，其中 8Ω 電阻因被短路，失去作用，不予考慮。則

$$R_{th} = 6 // 12 = 4(\Omega)$$

(2)將電壓源回復原位，並將 ab 端短路，如圖(c)，則

$$I_{sc} = \frac{18}{6} = 3(A)$$

(3)畫諾頓等效電路，並將 $R_L = 8(\Omega)$ 接回 ab 端，計算 I_L

$$I_L = \frac{4}{4+8} \times 3 = 1(A)(自 b 流向 a)$$

2-10 最大功率轉移定理

　　當一電源將功率供應給負載時，在理想狀況下電源之功率應全部轉移至負載，但在實際情形裡，因電源有內阻會消耗部份功率，所以電源轉移至負載功率之大小得視其內阻及負載大小而定。如圖 2-42 所示，一定值電動勢 V_s 的電源，流經一固定的串聯電阻 R_S (包括電源本身的內阻)，供給負載電阻 R_L。若負載電阻 R_L 為可調。當 R_L 調至零時，在 R_L 上的功率為零。當 R_L 調至無窮大時，流經 R_L 上的電流為零，R_L 上的功率亦為零。所以，調變 R_L，必可得一值使 R_L 上的功率為最大。圖 2-42 電路中的電流 I 及負載消耗功率 P 為

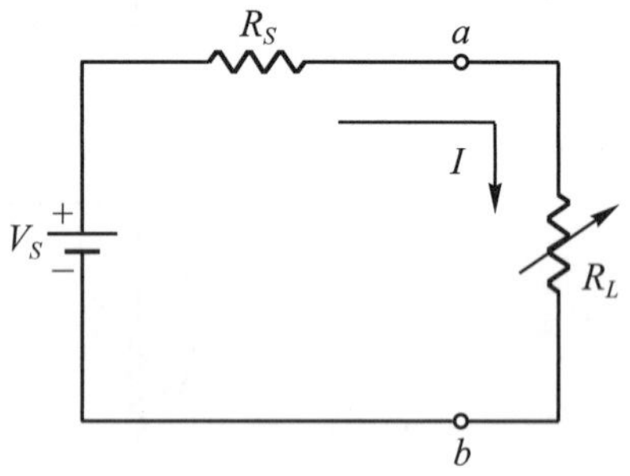

圖 2-42

$$I = \frac{V_s}{R_s + R_L}(A)$$

$$P = I^2 R_L = \frac{V_s^2}{(R_s + R_L)^2} R_L (W) \tag{2-25}$$

由微積分知，最大(小)值時，斜率 dP/dR_L 必等於零。即

$$\frac{dP}{dR_L} = \frac{d}{dR_L}\left[\frac{V_s^2 R_L}{(R_s + R_L)^2}\right]$$

$$= V_s^2\left[\frac{(R_s + R_L)^2 - R_L(2)(R_s + R_L)}{(R_s + R_L)^4}\right]$$

$$= 0$$

或 $\qquad R_s^2 + 2R_s R_L + R_L^2 - 2R_s R_L - 2R_L^2 = 0$

由 $\frac{dP}{dR_L} = 0$，可得 $R_L = R_s$，將 $R_L = R_s$ 代入(2-25)式，可得最大功率 $P_{\max}$。

$$P_{\max} = \frac{V_s^2}{4R_s} = \frac{V_s^2}{4R_L} \tag{2-26}$$

若 R_L 改爲交流阻抗 Z_L 時，則負載阻抗 $Z_L = Z_s^*$ 時，可得最大功率。(*表共軛複數，而 Z_s 爲電路中戴維寧等效阻抗)。

　　若欲求網路中某支路之未知電阻 R 爲何值時能吸收最大功率，則先利用戴維寧定理求出 E_{th} 與 R_{th} 後，再將此未知電阻 R 接回戴維寧等效電路即可。亦即先將網路畫成如圖 2-42 所示型式之電路，再依 $R = R_{th}$ 時，可得最大功率 $P_{\max} = \frac{E_{th}^2}{4R_{th}}$。

例題 2-21

　　如圖 2-43(a)中，求輸出至 R 之最大功率及電阻 R 值。

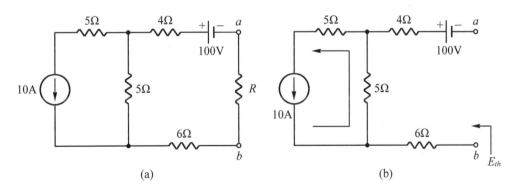

圖 2-43

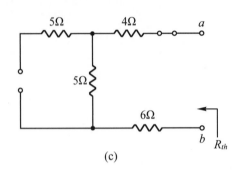 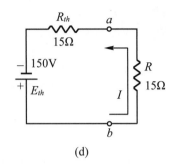

圖 2-43　（續）

 (1)先將 R 支路移去,如圖(b)

$E_{th} = -100 - (10 \times 5) = -150(\text{V})$

(2)將電壓源短路,電流源斷路,如圖(c)

$R_{th} = 15(\Omega)$

(3)畫戴維寧等效電路,並將 R 接回原位。當 $R = R_{th} = 15(\Omega)$ 時,可得最大功率 $P_{\max}$

$$P_{\max} = I^2 R = \left(\frac{150}{15 + 15}\right)^2 \times 15 = 375(\text{W})$$

$$或 P_{\max} = \frac{E_{th}^2}{4R_{th}} = \frac{150^2}{4 \times 15} = 375(\text{W})$$

習 題

1.　何謂克希荷夫定律?

2.　何謂節點?

3.　何謂迴路?

4.　何謂重疊定理?

5.　何謂戴維寧定理?

6.　何謂諾頓定理?

7.　求圖 2-44 中 R_A 和 R_B 之電流值及其方向?

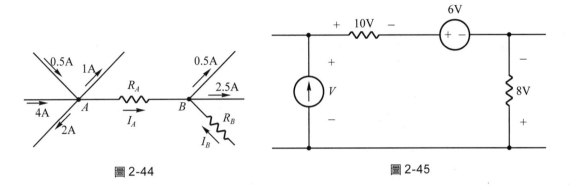

圖 2-44　　　　　　　　　　　　　　圖 2-45

8.　求圖 2-45 中 V 為多少伏特？

9.　求圖 2-46 中 i_1、i_2 與 V_1、V_2 值？

10.　求圖 2-47 中 AB 端間的等效(總)電阻。

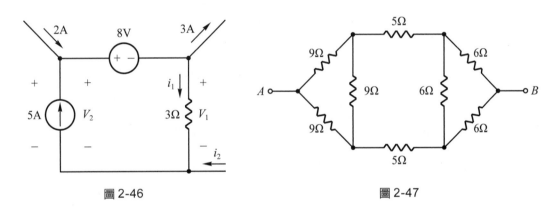

圖 2-46　　　　　　　　　　　　　　圖 2-47

11.　求圖 2-48 中的 V、I_1 與 I_2 值。

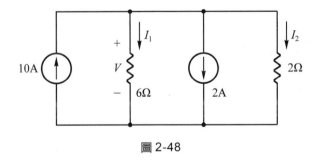

圖 2-48

12. 求圖 2-49 中 ab 端的等效電阻。

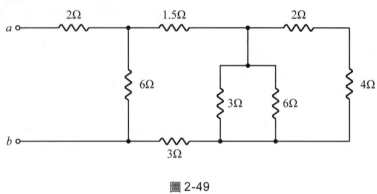

圖 2-49

13. 求圖 2-50 中的 V 值。

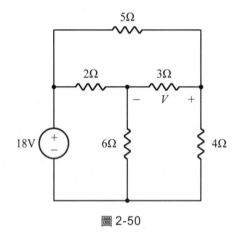

圖 2-50

14. 求圖 2-51 中的 I_R 之電流。

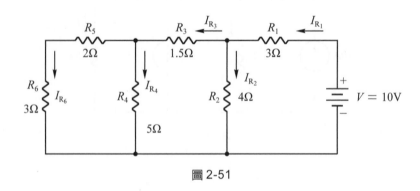

圖 2-51

15. 試求圖2-52，由*ab*端與由*ad*端看進去之等效電阻為何？

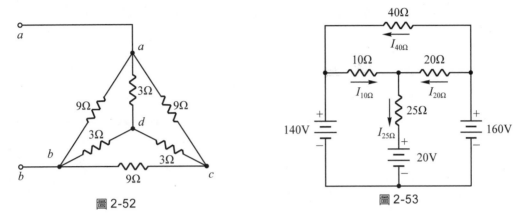

圖 2-52 　　　　　　　　　　　　　　圖 2-53

16. 求圖 2-53 中各支路電流 $I_{10\Omega}$ 、 $I_{20\Omega}$ 、 $I_{25\Omega}$ 與 $I_{40\Omega}$ 。

17. 求圖 2-54 及圖 2-55 的迴路電流 I_1 、 I_2 與 I_3 。

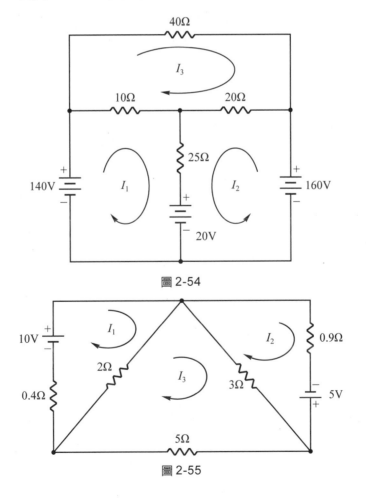

圖 2-54

圖 2-55

18. 如圖 2-56 所示，求節點電壓 V_1 與 V_2，並求支路電流 I。

19. 如圖 2-57 所示，使用節點電壓法求 V(若 X 為 12V 之電壓源正端在上)。

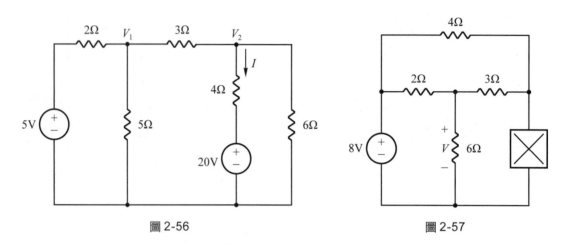

圖 2-56   圖 2-57

20. 同圖 2-57 所示求 V(若 X 為 12Ω 的電阻器)。

21. 同圖 2-57 所示求 V(若 X 為 8A 的電流源方向向上)。

22. 使用重疊定理，求圖 2-58 中的 V。

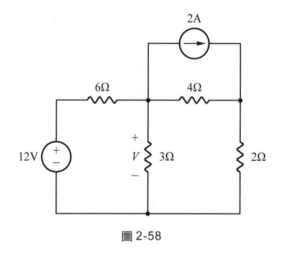

圖 2-58

23. 利用重疊定理，求圖2-59中流經15Ω電阻的電流。

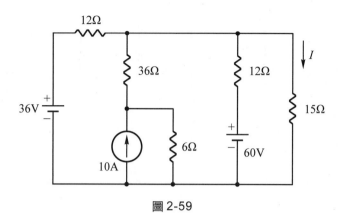

圖 2-59

24. 圖2-60中，求a、b兩端的戴維寧等效電路R_{th}和E_{th}，並求出V_L。

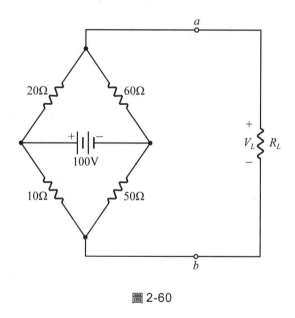

圖 2-60

25. 使用戴維寧定理，求圖2-61中流經3Ω電阻的電流。

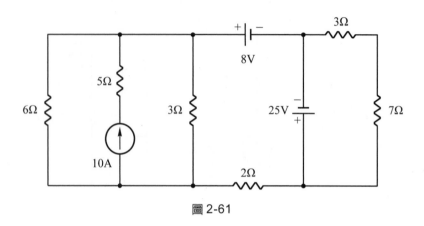

圖 2-61

26. 使用諾頓定理重做第24題。

27. 使用諾頓定理重做第25題。

28. 求圖2-62中，輸出至*R*的最大功率及*R*值。

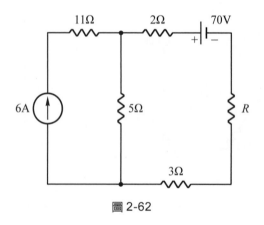

圖 2-62

3

磁的基本概念

3-1　　磁場和磁力線

3-2　　通電導體周圍的磁場

3-3　　庫侖磁力定律

3-4　　磁場強度

3-5　　磁通密度

3-6　　導磁係數

3-7　　磁化曲線及磁滯曲線

3-8　　磁動勢與磁位降

3-9　　安培定律

3-10　　磁路的歐姆定律

3-11　　磁路計算

　　人類最早有磁的觀念，及磁字之由來已於第一章敘述，至於將磁現象科學化的研究則是在西元 1820 年，由丹麥科學家奧斯特首先在做實驗時，發現當磁針接近載流之導線周圍時會產生偏轉現象，由此說明了電與磁之間有密切的關係。同年法國物理學家安培更以實驗證明導線通過電流，其周圍必有磁場，因此建立了安培定律。之後再經英國科學家法拉第於 1831 年證明了變化的磁場，會在電路中感應出電壓，亦即電磁感應。至此，才奠定了電磁學的基礎與觀念。

3-1　磁場和磁力線

　　凡是具有吸引鐵的特性，稱為磁性(magnetism)，具有磁性的物質稱為磁鐵(magnet)，而磁鐵依形成方式，可分維天然磁鐵(natural magnet)與人造磁鐵(artifical magnet)。天然磁鐵主要的成份是四氧化三鐵(Fe_3O_4)，人造磁鐵是由特殊之合金製成，(如 Al、Ni、CO 之合金)。

　　使鐵、鋼或合金產生磁性之過程稱為磁化(magnetization)，經磁化過的鐵能保留其磁性者，稱為永久磁鐵(permanent magnet)，而磁化時具有磁性，但磁化作用移去後，即失去磁性或僅餘甚小磁性者，稱為暫時磁鐵(temporary magnet)。永久磁鐵常以硬鋼製成，而暫時磁鐵則以軟鋼或軟鐵製成。

　　磁鐵依形狀之不同可分為細針形者，如圖 3-1(a)稱為磁針。U 形狀者，如圖 3-1(b)稱為馬蹄形磁鐵。條形狀者，如圖 3-1(c)稱為條形磁鐵。

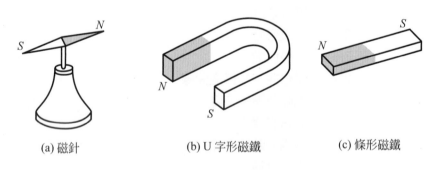

(a) 磁針　　　　　　　　(b) U 字形磁鐵　　　　　　(c) 條形磁鐵

圖 3-1　各種形狀的磁鐵

　　磁鐵之兩端稱為磁極(magnetic pole)，兩磁極間之連線稱為磁軸(magnetic axis)，磁鐵之兩磁極具有相異極性，即南極(S)與北極(N)，也是磁性最強的部位。

　　磁鐵的兩級有互相吸引或互相排斥之作用力，這些力均稱為磁力，在磁極的周圍，其磁力能到達的範圍，稱為磁場(magnetic field)。磁場之分佈情況可由小磁針在磁鐵周圍運動時，其指針的指向來判定，如圖 3-2(a)所示。通常用磁力線(magnetic lines of force)來表示磁場，如圖 3-2(b)所示。

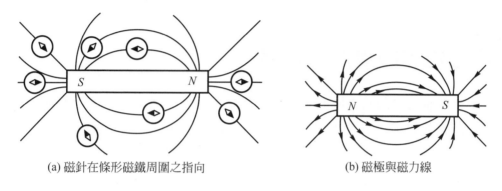

(a) 磁針在條形磁鐵周圍之指向　　　　　　　　(b) 磁極與磁力線

圖 3-2

　　磁力線是用以表示磁場分佈情形的一種假想的線，其主要特性如下：

1. 磁力線本身具有伸縮之特性，磁力線之間彼此相斥，互不相交，即經過磁場中任一點，只有一根磁力線。

2. 磁力線為封閉曲線，由N極出發，經由空間回至S極，然後在磁鐵本身內部由S極回至N極而完成封閉回路，如圖 3-3(a)所示。

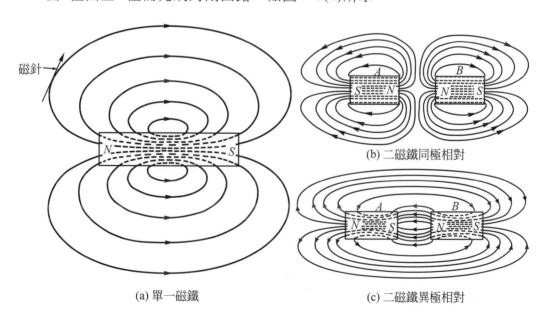

(a) 單一磁鐵　　　　　　　　　　(c) 二磁鐵異極相對

圖 3-3　磁力線之分佈

3. 磁力線離開或進入磁鐵時，必垂直於磁鐵表面。

4. 磁力線的疏密，表示磁場之大小。而在兩極的地方，磁力線最為密集。

5. 磁力線上某點之切線方向，表示該點磁場之方向。

磁鐵磁力線之各種分佈情形如圖 3-3(a)、(b)、(c)所示。

3-2　通電導體周圍的磁場

一載有電流之導體其周圍的區域會有磁場產生，而此磁場的強度係隨電流大小而改變。因此該電流的作用有如一磁動勢(magnetomotive force)，而所生的磁場稱為電磁場(electromagnetic field)。若此載有電流的直長導體與其他載流導體及磁性物質相距甚遠，或將其他磁場遮蔽，則電磁場的磁力線將形成以導體為中心的無數同心圓，如圖 3-4(a)需線索示。此種電流與磁場中心軸之關係，可用實驗證明之。以一載流直長導體垂直穿過一硬紙片，在紙片上散佈細鐵粉，將紙片輕輕彈動，則細鐵粉自行排列成圓形，如同圖 3-4(a)中虛線所示，電流的方向與所產生的電磁場磁力線方向，其間有相互關係，可用小磁針在導體周圍測試之，所得的方向結果如圖 3-4(b)所示。當電流反向時，則磁力線方向亦相反。

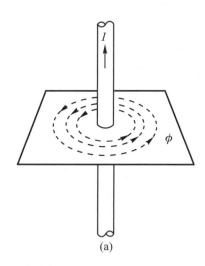

(a)

圖 3-4　磁場與電流之關係

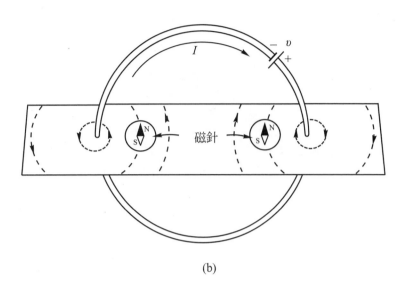

(b)

圖 3-4　磁場與電流之關係(續)

　　為便於記憶磁場方向與電流方向的關係，可依下述簡單定則判定之：

1.　安培右手定則：以右手握住導體，拇指指向電流方向，則環繞導體之其他各指所指之方向，即為磁力線之方向，如圖 3-5(a)所示。若導體為線圈狀型(螺線管)，則除拇指外右手之其他各指指向電流之方向並環繞載有電流線圈時，拇指所指之方向即為線圈所產生之磁力線方向，如圖 3-5(b)所示。

2.　右螺旋定則：設右螺旋的軸與導體平行，則螺旋之進行方向表示電流方向時，其旋轉方向表示此導體所產生的磁力線方向。若導體為線圈狀型(螺線管)，則將螺旋置於線圈之軸向，再使螺旋向電流方向旋轉，那麼螺旋進行之方向就是此線圈所產生的磁力線方向。

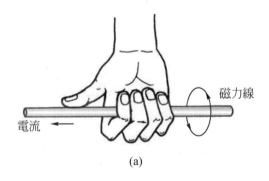

(a)

圖 3-5　安培右手定則與右螺旋定則

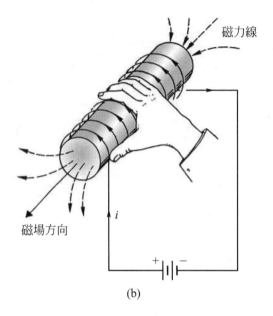

磁力線

磁場方向

i

+ −

(b)

圖 3-5　安培右手定則與右螺旋定則(續)

3-3　庫侖磁力定律

　　西元 1785 年法國科學家庫侖利用扭秤精密測定兩磁極間之作用力,獲得結論如下:

　　兩磁極間之作用力與兩磁極強度之乘積成正比,而與兩磁極間距離之平方成反比,稱為庫侖磁力定律,即

$$F = K\frac{m_1 m_2}{r^2} \tag{3-1}$$

式中,F為兩極間之作用力,其值為正時,表示排斥力,為負時,表示吸引力。K為比例常數,其值視使用的單位及磁極所存在的介質之特性而定。m_1、m_2為兩磁極之磁極強度。r為兩磁極間之距離。在 CGS 制中,m_1 與 m_2 用靜磁單位(emu),r 以公分(cm)為單位,F 以達因(dyne)為單位,而 $K = 1$。在 MKS 制中,m_1 與 m_2 以韋伯(Wb)為單位,r 以公尺(m)為單位,F 以牛頓(nt)為單位,而 $K = \dfrac{1}{4\pi\mu}$,μ 為導磁係數

(permeability)，它可表示爲$\mu = \mu_o \mu_r$，其中$\mu_o = 4\pi \times 10^{-7}$亨利／公尺，爲眞空或空氣中之導磁係數，而$\mu_r$爲介質相對於眞空或空氣之導磁係數，稱爲相對導磁係數(relative permeability)，爲一無單位的量。若$\mu_r > 1$ 的材料稱爲順磁性材料，如鉑、錳、錫、鉛、鈉、鉀、氧等，$\mu_r \gg 1$ 者爲鐵磁性材料，如鐵、鈷、鎳等，$\mu_r < 1$ 者爲反磁性材料，如銀、鋅、銻、氫、銅、硫、鉛等。如同第一章中的ε_r一樣，它可定義爲兩相隔距離不變之磁極，置於眞空中及其他介質中作用力之比。設在眞空中之作用力爲F_0，在介質中之作用力爲F，則

$$\mu_r = \frac{F_0}{F} = \frac{m_1 m_2 / 4\pi \mu_o r^2}{m_1 m_2 / 4\pi \mu_o \mu_r r^2}$$

CGS 制與 MKS 制的單位換算如下：

$$1\,\text{emu} = 4\pi\,\text{maxwell} = 4\pi\,\text{line}$$

$$1\,\text{Wb} = 10^8\,\text{maxwell} = 10^8\,\text{line}$$

$$1\,\text{Wb} = \frac{1}{4\pi} \times 10^8\,\text{emu}$$

$$1\,\text{nt} = 10^5\,\text{dyne}$$

例題 3-1

有兩個磁極強度分別爲 80 及 100emu 之磁極，在空氣中相隔 20cm，試求其間之作用力爲多少牛頓？

解 由(3-1)式得：

$$F = 1 \times \frac{80 \times 100}{(20)^2} = 20\,\text{達因} = 20 \times 10^{-5}\,\text{牛頓}$$

$$\text{或}\, F = \frac{1}{4\pi} \times \frac{1}{4\pi \times 10^{-7}} \times \frac{80 \times \left(\frac{4\pi}{10^8}\right) \times 100 \times \left(\frac{4\pi}{10^8}\right)}{(0.2)^2}$$

$$= 20 \times 10^{-5}\,\text{牛頓}$$

例題 3-2

試求圖3-6中兩磁鐵間之作用力。設二磁鐵之磁極強度分別為$m_1 = 0.016\pi$毫韋伯，$m_2 = 0.02\pi$毫韋伯。

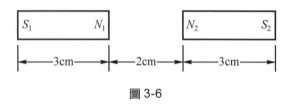

圖 3-6

解

$$F_{N_1 N_2} = \frac{0.016\pi \times 0.02\pi \times 10^{-6}}{4\pi \times 4\pi \times 10^{-7} \times (2 \times 10^{-2})^2} = \frac{1}{2} \text{牛頓(排斥)}$$

$$F_{S_1 S_2} = \frac{0.016\pi \times 0.02\pi \times 10^{-6}}{4\pi \times 4\pi \times 10^{-7} \times (8 \times 10^{-2})^2} = \frac{1}{32} \text{牛頓(排斥)}$$

$$F_{S_1 N_2} = F_{N_1 S_2} = \frac{-0.016\pi \times 0.02\pi \times 10^{-6}}{4\pi \times 4\pi \times 10^{-7} \times (5 \times 10^{-2})^2} = -\frac{2}{25} \text{牛頓(吸引)}$$

兩磁鐵間之總作用力為

$$F = F_{N_1 N_2} + F_{S_1 S_2} + F_{S_1 N_2} + F_{N_1 S_2}$$

$$= \frac{1}{2} + \frac{1}{32} - \frac{2}{25} \times 2$$

$$= \frac{297}{800} \text{牛頓(排斥)}$$

3-4 磁場強度

凡磁性物質其周圍必有一無形的力場存在，且與其他的磁性物質之間會產生排斥力與吸引力的現象。而此無形力場稱之為磁場。該磁場中所表現無形力的大小的程度，可以用磁場強度來表示。在一磁場中的某位置上，每一靜磁單位的磁極所受之力(不論吸引力或排斥力)，即稱為該位置的磁場強度(或稱磁化力)。可以下式表示：

$$H = \frac{F}{m} \tag{3-2}$$

上式中：H：磁場強度，為一向量，指向磁力作用之方向，單位為「奧斯特」 (Oersted)，若作用於一靜磁單位的磁極上之力為一達因，則所須之磁場強度為一奧斯特。

F：作用力的大小，單位為「達因」。

m：磁極強度，使用靜磁單位(emu)。

設磁場由磁極強度為m_1與m_2的兩磁極在空氣中所構成，其間的作用力為

$$F = \frac{m_1 m_2}{d^2}$$

亦即，作用於兩磁極的力為F達因，對磁極強度為m_2的磁極而言，則每一靜磁單位的磁極所受的力(磁場強度)可由(3-2)式得

$$H = \frac{m_1 m_2}{d^2} \times \frac{1}{m_2} = \frac{m_1}{d^2}$$

上式即為由磁極強度為m_1的磁極所建立的磁場中，距此磁極d處的磁場強度。同理，距磁極強度為m_2的磁極d處所建立的磁場強度為

$$H = \frac{m_1 m_2}{d^2} \times \frac{1}{m_1} = \frac{m_2}{d^2}$$

因此將上述予以歸納得：距某磁極強度為m的磁極r處所建立的磁場強度為

$$H = \frac{m}{r^2} \tag{3-3}$$

若磁場由數個磁極所建立，則於磁場中某一點的磁場強度，等於由各個磁極所建立磁場強度的向量和。

例題 3-3

如圖 3-7 所示，有一SN為 6cm 的條形磁鐵，其磁極強度為 2000 個靜磁單位，若A為磁軸延長線上一點，距N極為 4cm，而B為磁軸中垂直線上之一點，距軸亦為 4cm。求A、B兩點的磁場強度。

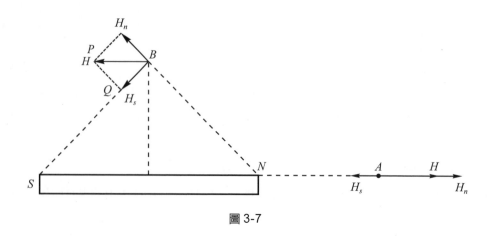

圖 3-7

解 設在A點，B點分別放置一靜磁單位的磁極(獨立N極)

(1)在A點：受條形磁鐵N極排斥的磁場強度H_n為沿磁軸向右，其值為：

$$H_n = \frac{m}{r^2} = \frac{2000}{4^2} = 125(奧斯特)$$

受S極吸引的磁場強度H_s為沿磁軸向左，其值為：

$$H_s = \frac{m}{r^2} = \frac{2000}{(6+4)^2} = 20(奧斯特)$$

而H_n與H_s方向相反，磁場強度的淨值為：

$$H = 125 - 20 = 105(奧斯特)沿磁軸向右$$

(2)在B點：如圖所示，H_n與H_s之值相等，但方向不同，故

$$H_n = H_s = \frac{m}{r^2} = \frac{2000}{(\sqrt{3^2+4^2})^2} = \frac{2000}{25} = 80(奧斯特)$$

由相似三角形($\triangle PQB \backsim \triangle SNB$)的關係得

$$\frac{H}{80} = \frac{6}{\sqrt{3^2+4^2}}，則 H = \frac{6}{5} \times 80 = 96(奧斯特)平行於磁軸向左$$

⋯⋯⋯⋯⋯⋯⋯⋯⋯⋯⋯⋯⋯⋯⋯⋯⋯⋯⋯⋯⋯⋯

　　以上所述為在CGS制時的單位，若在MKS制中，則m的單位為韋伯(Weber)，F之單位為牛頓，則H之單位為安匝／公尺(ampere-turn/meter)，或牛頓／韋伯。因在MKS制，由(3-1)式知，$K \neq 1$，而是等於$\frac{1}{4\pi\mu}$，因此磁場強度H的公式應修正為：

$$H = K\frac{m}{r^2} = \frac{1}{4\pi\mu}\times\frac{m}{r^2} \tag{3-4}$$

例題 3-4

如圖 3-8 所示，在空氣中磁極強度為 10^{-4} 韋伯，求 P 點之磁場強度。

解 因 P 點與 N、S 極均相距為 10cm，故由 N、S 所產生之磁場強度 H_n 與 H_s 均相同，而因在空氣的介質中，故 $\mu = \mu_o = 4\pi\times10^{-7}$ 亨利／公尺，由(3-4)式，得

$$H_n = H_s = \frac{1}{4\pi\mu_o}\times\frac{m}{r^2}$$

$$= \frac{1}{4\pi\times4\pi\times10^{-7}}\times\frac{10^{-4}}{(10\times10^{-2})^2}$$

$$= 633 \text{ 牛頓／韋伯}$$

又由圖中之磁場強度合成分析得知，H_n 與 H_s 之夾角為 $120°$，故 P 點之磁場強度 H 為

$$H = H_n = H_s = 633 \text{ 牛頓／韋伯}$$

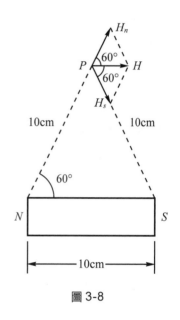

圖 3-8

3-5 磁通密度

磁路內的磁力線總數稱為磁通(magnetic flux)，通常以 ϕ 來表示，其單位在 CGS 制可用馬克斯威爾(Maxwell)，或線(line)，在 MKS 制可用韋伯(Weber)來表示，

　　1 韋伯＝ 10^8 馬克斯威爾

而在空間中，我們稱垂直穿過每單位面積之磁力線數為磁通密度(magnetic flux density)，亦就是垂直穿過每單位面積之磁通量。磁通密度通常以 B 表示，設截面積 A 之空間所垂直通過之磁通為 ϕ，則

$$B = \frac{\phi}{A} \qquad\qquad (3\text{-}5)$$

在 CGS 制中，磁通密度之單位為高斯(Gauss)，1 高斯相當於每平方公分有 1 根磁力線，在 MKS 制中，磁通密度之單位為特斯拉(Tesla)，相當於每平方公尺有 1 韋伯的磁通，故

$$1 \text{特斯拉} = 1 \text{韋伯／平方公尺} = \frac{10^8 \text{線}}{10^4 \text{平方公分}} = 10^4 \text{高斯}$$

例題 3-5

磁通為 6×10^{-5} 韋伯通過 1.2 平方公尺之截面積，試求

(1)磁通之線數

(2)磁通密度

分別以韋伯／平方公尺及高斯為單位。

解

$(1)\phi = 6 \times 10^{-5} \text{Wb} \times \frac{10^8 \text{line}}{\text{Wb}} = 6 \times 10^3 \text{line}$

$(2)B = \frac{\phi}{A} = \frac{6 \times 10^{-5} \text{Wb}}{1.2 \text{m}^2} = 5 \times 10^{-5} \text{Wb/m}^2$

或 $B = \frac{\phi}{A} = \frac{6 \times 10^3 \text{line}}{1.2 \times 10^4 \text{cm}^2} = 0.5 \text{line/cm}^2 = 0.5 \text{Gauss}$

3-6 導磁係數

磁通密度與磁場強度之比值，稱為導磁係數(permeability)，通常以 μ 表示，即

$$\mu = \frac{B}{H} \text{ 或 } B = \mu H \qquad\qquad (3\text{-}6)$$

在真空中，導磁係數為 μ_0，在 CGS 制中，$\mu_0 = 1$，在 MKS 制中，$\mu_0 = 4\pi \times 10^{-7}$ 韋伯／安培–米。至於 μ_r 可參考 3-3 節所述。

從(3-6)式中知，在磁路中，如果介質的導磁係數愈大，則在相同的磁場強度(磁化力)H之下，將會產生較大的磁通密度，亦就是說，磁力線的數目會較多，磁力亦較大，這也就是電磁鐵須使用導磁係數較大的材料之緣故。

例題 3-6

有一繞以線圈之鐵環，截面積為1cm²，平均週長為30cm，當通以電流後，鐵環中之磁通為2×10^{-6}韋伯，磁場強度為32牛頓／韋伯，試求

(1)環中之磁通密度

(2)導磁係數

(3)相對導磁係數

解

(1)$B=\dfrac{\phi}{A}=\dfrac{2\times10^{-6}}{10^{-4}}=2\times10^{-2}$韋伯／米²

(2)$\mu=\dfrac{B}{H}=\dfrac{2\times10^{-2}}{32}=6250\times10^{-7}$韋伯²／牛頓–米²

(3)$\mu_r=\dfrac{\mu}{\mu_o}=\dfrac{6250\times10^{-7}}{4\pi\times10^{-7}}=498$

3-7　磁化曲線及磁滯曲線

　　物質的磁通密度與磁化力之關係曲線，稱為磁化曲線(magnetization curve)，簡稱B–H曲線(B-H curve)。如圖 3-9 所示，將線圈繞在鐵心上，並通以電流，這就相當於在鐵心中加上了磁化力，如果電流慢慢地增加，則磁化力亦隨之慢慢增加，此時，若利用儀器測出磁通密度之大小，並繪出 B 與 H 關係，即可得到如圖 3-10 所示的各種物質的磁化曲線。一般常用的磁化材料所構成的磁路中，其磁通密度B與磁化力H並非為恆定值，亦即B與H為非線性之關係，當H值較小時，B幾乎與H成直線變化，依據磁分子學說，磁性材料未經磁化前，磁分子均任意排列，必須施以甚大之磁化力。但當H增加至某值後，H若繼續增加，但B之增加變為緩慢而呈稍彎曲之情況，此乃因磁性材料內所有磁分子之排列，幾乎與磁化力之方向

一致，故雖再繼續增大磁化力，亦不能使更多磁分子順磁化力之方向而排列，在此情況下，彎曲以後的部份，稱為飽和(saturation)。

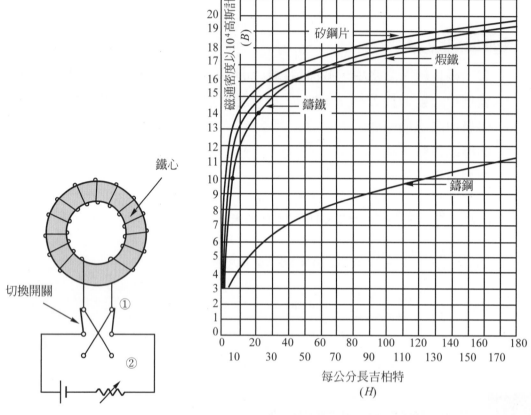

圖 3-9　磁化曲線的測量回路　　　　　圖 3-10　磁化曲線

　　上述的磁化曲線只表示 B 隨 H 增加所繪得的曲線。一未經磁化之磁性物質，在外加磁化力為零時，該磁性物質之磁通密度應為零，當磁化力由零漸增時，磁性物質的磁通密度亦漸增，如圖 3-11 中曲線①所示。當磁化力 H 增至 H_m 時，磁通密度 B 增至 B_m。當磁化力由 H_m 逐漸減少時，磁通密度並非沿原來增加時之曲線①而減少，而是沿另一曲線②下降。當 H 降為零時，磁通密度 B 並不同時降為零而呈 B_r 值，將 B_r 乘以磁路的截面積，即等於剩留之磁通或稱剩磁(residual magnetism)。當外加之磁化力愈大時，剩磁現象愈顯著；反之亦然。此種磁通密度變化較磁化力變化落後之現象，稱為磁滯(hystersis)。

　　在圖 3-12 中，磁通密度在 b 點位置時，亦即圖 3-11 中之 B_r 位置，即表示當圖 3-9 之激磁線圈中之電流為零時，鐵心中所呈現的剩磁，欲消去剩磁時，必須在激磁線圈通以反向之電流，當反向之磁化力增至Oc值，鐵心中之磁通密度才降為零，此一反向的磁化力稱為矯頑磁力(coercive force)。該磁性材料的磁化既已完全消除之後，若繼續增加此反向磁化力至Oh值，則磁通密度沿曲線增至d點。當反向磁化力由Oh降至零時，鐵心中之磁通密度並不降為零，而呈Oe值，此即為反向的剩磁。倘欲消除此剩磁，必須將激磁線圈中之電流方向又反過來，即加一正向之矯頑磁力Of。若再繼續增加此正向之磁化力至Og，則磁通密度即沿fa曲線增至a，此時鐵心中之磁通密度為Oi值。上述歷經一次磁化循環所得到的曲線，如圖 3-12 中之$abcdefa$所示，稱為磁滯迴路(hystersis loop)或稱磁滯曲線。

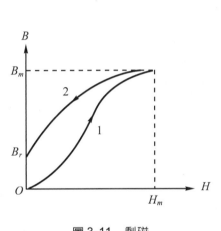

圖 3-11　剩磁

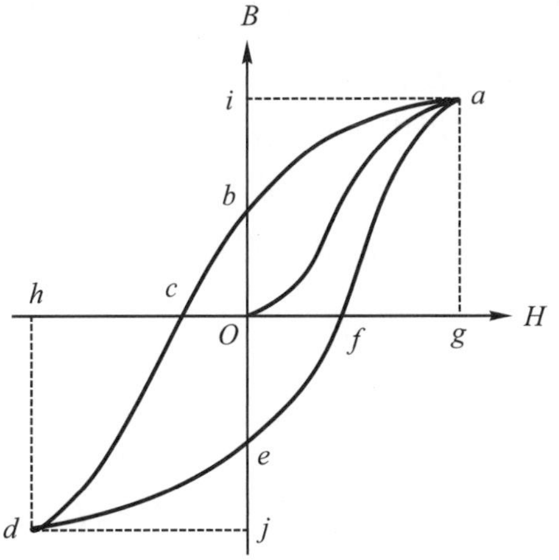

圖 3-12　磁滯曲線

　　鐵心每經一次磁化的循環，必有相當的能量損失，這種損失稱為磁滯損失(hystersis loss)，其損失之大小可由磁滯迴路所含之面積來計算之。

　　一般材料，其剩磁較大者，適於製造永久磁鐵，其剩磁較小者，適於作為暫時磁鐵，實際上欲完全消除鐵心中之剩磁，僅靠矯頑磁力並不能完成，因矯頑磁力除去後，剩磁又將回復，欲徹底消除時，可反覆轉換H之方向，並逐漸減少H值，使磁滯迴線逐漸縮小，最後回至零點，如圖 3-13 所示。可將一振幅逐漸減小之交流電源加於激磁線圈中，即可得到完全去磁所須之磁化力。

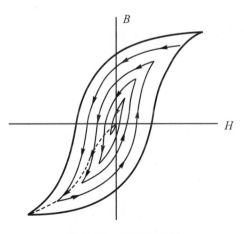

圖 3-13　剩磁之消除

3-8 磁動勢與磁位降

磁通之源或使磁通存在之能力稱為磁動勢(magneto-motive force，簡稱為 mmF)，以F表示，因線圈產生之磁通與通過線圈之電流與匝數成正比，在MKS制中，磁動勢之大小可以線圈電流I與匝數N之乘積來表示，即

$$F = NI \text{安匝}$$ (3-7)

磁動勢在磁路中之情形，與電動勢在電路中之情形相似，當電流在閉合電路流通時，其產生之電位降總和等於閉合電路之電動勢。同理，在與NI交連之閉合磁路中，其磁位降之總和亦等於其產生磁場之磁動勢。

在電場中，單位電荷所作的功為電位降。同理，在磁場中，一靜磁單位的磁極所作的功稱為磁位降，以u表示。設有m韋伯之磁極，在磁場中受到f牛頓之作用力，將此m靜磁單位的磁極沿磁場方向移動dl公尺，則所作之功為

$$dw = f \cdot dl$$

而一靜磁單位的磁極所作之功(即磁位降)為

$$du = \frac{dw}{m} = \frac{f}{m} \cdot dl = H \cdot dl \text{安匝}$$

在CGS制中，磁動勢或磁位降的單位為吉伯特(gibbert)。

$$1 \text{安匝} = 0.4\pi \text{吉伯特}$$

3-9 安培定律

設有一導線垂直於紙面，其電流方向若流出紙面，依右手定則，產生之磁力線為環繞導線反時針轉向的同心圓，在距離導線同距離處之磁場強度皆相等，如圖3-14所示。設距導線r處之磁場強度為H_r，通過導線電流為I安培，則一靜磁單位的磁極環繞該導體一周所作的功產生之磁位降為

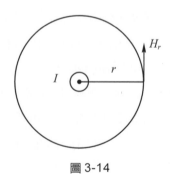

圖3-14

$$u = \oint H \cdot dl = H_r \int_0^{2\pi r} dl$$

$$= H_r \cdot 2\pi r$$

$$= NI$$

$$= I(N = 1) \qquad\qquad (3\text{-}8)$$

故　　　　$H_r = \dfrac{1}{2\pi r}$ 安匝／公尺 $\qquad\qquad (3\text{-}9)$

　　由第(3-8)式知，一靜磁單位的磁極環繞一周，所產生之磁位降等於所環繞之電流值。若環繞一周時，繞過 I_1，I_2，I_3，……及 I_n，則產生於該環路之總磁位降(或所作的功)爲

$$u = \oint H \cdot dl = I_1 + I_2 + I_3 + \cdots\cdots + I_n = \Sigma\, I \text{焦耳}$$

　　若長爲 l 之閉合磁路，其磁場強度爲定值，則由(3-9)式可得

$$H = \frac{F}{l} = \frac{NI}{l} \qquad\qquad (3\text{-}10)$$

上式爲磁化力之另一定義，即磁化力爲單位長度之安匝數。

· · · **例題 3-7** · · · · · · · · · · · · · · · · · ·

　　圖 3-15 中之螺線管平均環長爲 20 公分，試求管中之磁場強度。

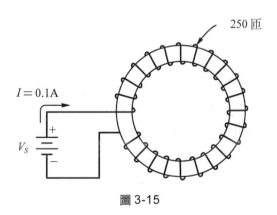

$I = 0.1\text{A}$

V_s

250 匝

圖 3-15

解　將一靜磁單位的磁極在螺線管中環繞一周所產生之磁位降爲
$$u = F = Hl = NI$$

$$\therefore H = \frac{NI}{l} = \frac{250 \times 0.1}{0.2} = 125 \text{ 安匝／米}$$

3-10 磁路的歐姆定律

　　凡有磁通所通過的路徑，稱為磁路(magnetic circuit)，而磁通存在的能力稱為磁動勢，在磁路中阻止磁通通過的特性，稱為該磁路的磁阻(reluctance)。磁通、磁動勢，及磁阻三者的關係由洛蘭(Rowland)測定，其公式與電路中的歐姆定律甚為相似，稱為洛蘭定律(Rowland's law)。

　　設鐵心上環繞有N匝線圈，鐵心磁路的平均圓周長度為l，線圈內通過的電流為I，而鐵心中所通過的磁通為ϕ，磁通密度為B，鐵心的截面積為A，導磁係數為μ，磁動勢為F，則

$$F = NI = Hl = \frac{B}{\mu}l = \frac{l}{\mu}B = \frac{l}{\mu A}\phi \tag{3-11}$$

將上式改寫成：

$$F = R\phi \text{ 或 } \phi = \frac{F}{R} \tag{3-12}$$

上式中，R為鐵心磁路的磁阻，比較(3-11)與(3-12)式，得

$$R = \frac{l}{\mu A} \tag{3-13}$$

　　若將磁路中的磁通ϕ與電路中的電流I相比擬，則(3-12)式稱為磁路的歐姆定律，或稱洛蘭定律，與(1-20)式所示電路的歐姆定律相類似。若磁路中的磁動勢為定值，則磁通與磁阻成反比。而磁阻與磁路的長度成正比，與鐵心材料之導磁係數及鐵心的截面積成反比。

　　根據以上所述，磁路與電路中的對偶性如表3-1所示。

表 3-1

磁路	電路
①磁動勢$F = NI$	①電動勢E
②磁動勢F在磁路中產生磁通ϕ	②電動勢E在電路中產生電流I
③磁路中磁阻為R $R = \dfrac{l}{\mu A}$	③電路中電阻為R $R = \rho \dfrac{l}{A}$
④磁通密度$B = \dfrac{\phi}{A}$	④電流密度$J = \dfrac{I}{A}$
⑤導磁係數μ	⑤導電係數$r = \dfrac{1}{\rho}$
⑥洛蘭定律 $\phi = \dfrac{F}{R}$ $F = \phi R$ 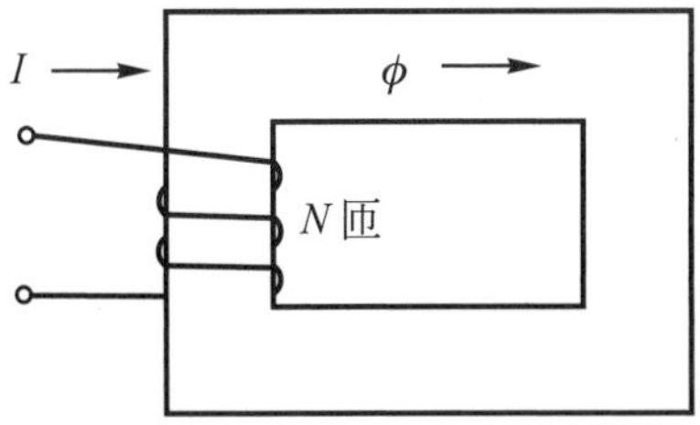	⑥歐姆定律 $I = \dfrac{E}{R}$ $E = IR$ 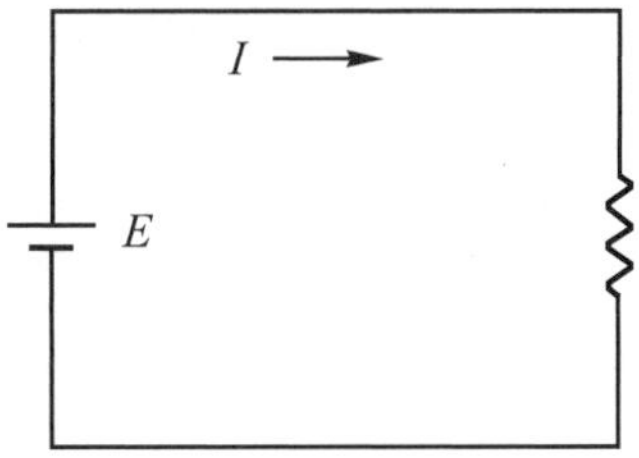
⑦磁路定律 $\Sigma U = \Sigma El$	⑦歐姆定律 $\Sigma E = \Sigma IR$
⑧一韋伯磁極沿磁路繞行一週所作之功為F焦耳。	⑧一庫侖電量沿電路繞行一週所作之功為E焦耳。

例題 **3-8**

如圖 3-16 所示之鐵環,其截面積為 1 平方公分,平均圓周長為 30 公分,將 $N = 120$ 匝的線圈繞於其上,當流經線圈中之電流為 0.5 安培,環中的磁通為 5×10^{-6} 韋伯,試求:

(1)磁動勢之大小

(2)鐵心的磁阻

(3)環中的磁通密度

(4)磁場強度

(5)導磁係數

(6)相對導磁係數

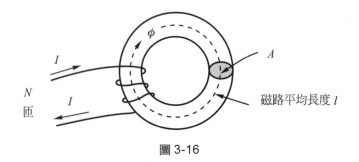

圖 3-16

解

(1)$F = NI = 120 \times 0.5 = 60$ 安匝

(2)$R = \dfrac{F}{\phi} = \dfrac{60}{5 \times 10^{-6}} = 1.2 \times 10^7$ 安匝／韋伯

(3)$B = \dfrac{\phi}{A} = \dfrac{5 \times 10^{-6}}{10^{-4}} = 5 \times 10^{-2}$ 韋伯／平方公尺

(4)$H = \dfrac{F}{l} = \dfrac{60}{30 \times 10^{-2}} = 2 \times 10^2$ 安匝／公尺

(5)$\mu = \dfrac{B}{H} = \dfrac{5 \times 10^{-2}}{2 \times 10^2} = 2.5 \times 10^{-4}$ 韋伯／安培–公尺

(6)因 $\mu = \mu_o \mu_r$，故 $\mu_r = \dfrac{\mu}{\mu_o} = \dfrac{2.5 \times 10^{-4}}{4\pi \times 10^{-7}} = 199$

例題 3-9

如圖 3-16 所示之線圈 $N = 200$ 匝，電流 $I = 3\text{A}$，鐵心導磁係數 $\mu = 5 \times 10^{-5}$ Wb/A-m，磁路平均長度 $l = 2\text{m}$，截面積 $A = 0.008\text{m}^2$，求其磁通 ϕ

解

因 $R = \dfrac{l}{\mu A} = \dfrac{2}{(5 \times 10^{-5})(8 \times 10^{-3})} = 5 \times 10^6 \text{AT/Wb}$

且 $F = NI = 200 \times 3 = 600 \text{AT}$

$\therefore \phi = \dfrac{F}{R} = \dfrac{600}{5 \times 10^6} = 120 \times 10^{-6} \text{Wb}$

3-11 磁路計算

如圖 3-17 所示為三種磁性物質的串聯磁路，各段磁路的平均長度各為l_1、l_2、l_3；其導磁係數為μ_1，μ_2，μ_3；其截面積為A_1、A_2、A_3。因該三種磁性物質為串聯相接，其總磁阻為各磁阻的和，即

$$R = R_1 + R_2 + R_3 = \frac{l_1}{\mu_1 A_1} + \frac{l_2}{\mu_2 A_2} + \frac{l_3}{\mu_3 A_3} \tag{3-14}$$

經過迴路的磁通為：

$$\phi = \frac{F}{R} = \frac{F}{\dfrac{l_1}{\mu_1 A_1} + \dfrac{l_2}{\mu_1 A_2} + \dfrac{l_3}{\mu_1 A_3}} \tag{3-15}$$

(3-15)式亦可改寫成總磁動勢F為

$$\begin{aligned} F = NI &= \frac{l_1 \phi}{\mu_1 A_1} + \frac{l_2 \phi}{\mu_2 A_2} + \frac{l_3 \phi}{\mu_3 A_3} \\ &= \frac{l_1 B_1}{\mu_1} + \frac{l_2 B_2}{\mu_2} + \frac{l_3 B_3}{\mu_3} \\ &= l_1 H_1 + l_2 H_2 + l_3 H_3 \end{aligned} \tag{3-16}$$

上式表示在串聯磁路中總磁動勢為各分磁動勢之和。

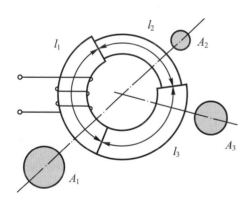

圖 3-17　串聯磁路

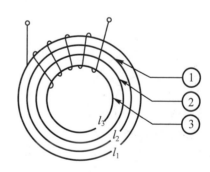

圖 3-18　並聯磁路

磁路除串聯外，尚有並聯連接，如圖 3-18 所示為並聯的環繞磁路，其平均長度各為l_1、l_2、l_3；截面積為A_1、A_2、A_3；導磁係數μ_1，μ_2，μ_3等三部分所組成，而線圈的磁動勢F若為已知，其各部份的磁阻及總磁阻之關係如下：

由(3-13)式知，各部份的磁阻分別為：

$$R_1 = \frac{l_1}{\mu_1 A_1} \; ; \; R_2 = \frac{l_2}{\mu_2 A_2} \; ; \; R_3 = \frac{l_3}{\mu_3 A_3}$$

而經過各部份的磁通為：

$$\phi_1 = \frac{F}{R_1} \; ; \; \phi_2 = \frac{F}{R_2} \; ; \; \phi_3 = \frac{F}{R_3}$$

因此，經過此環路的總磁通為：

$$\phi = \phi_1 + \phi_2 + \phi_3$$
$$= F\left(\frac{1}{R_1} + \frac{1}{R_2} + \frac{1}{R_3}\right) \tag{3-17}$$

由(3-12)式，可得該環路的總磁阻為

$$R = \frac{F}{\phi} = \frac{1}{\dfrac{1}{R_1} + \dfrac{1}{R_2} + \dfrac{1}{R_3}} \tag{3-18}$$

例題 3-10

於圖 3-19(a)(b)中，若 $I_1 = 4A$，$N_1 = 200T$，$N_2 = 300T$，$l = 0.5m$，$A = 0.1$ m^2，若在磁路中產生 $\phi = 10^{-2}$ Wb 時，求 I_2 與 R。

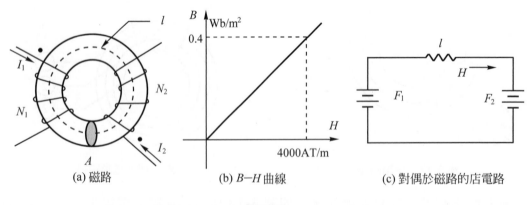

(a) 磁路　　　　　(b) $B-H$ 曲線　　　　　(c) 對偶於磁路的店電路

圖 3-19

解 $A = 0.1\mathrm{m}^2$，$\phi = 10^{-2}\mathrm{Wb}$，$B = 0.1\mathrm{Wb/m}^2$，由圖(b)之$B-H$曲線知：

$H = 1000\mathrm{AT/m}$；$F_1 = N_1 I_1 = 800\mathrm{AT}$，$F_2 = N_2 I_2 = 300I_2\mathrm{AT}$

由(c)圖知，$\Sigma F = F_1 - F_2 = Hl(\mathrm{AT})$

$\therefore 800 - 300I_2 = 1000 \times 0.5 = 500\mathrm{AT}$

故$I_2 = 1(\mathrm{A})$

而$R = \dfrac{F}{\phi} = \dfrac{500}{10^{-2}} = 5 \times 10^4 \mathrm{AT/Wb}$

例題 3-11

圖 3-20(a)(b)中，若$A = 0.01\mathrm{m}^2$，試求空氣隙之磁通量。

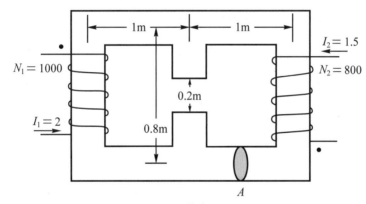

(a) 磁路

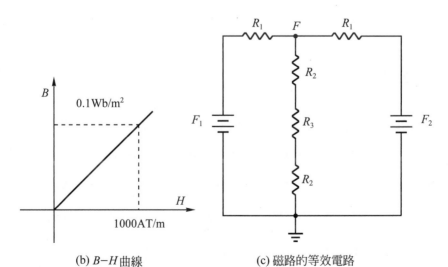

(b) $B-H$曲線   (c) 磁路的等效電路

圖 3-20

解 (a)圖以磁阻之觀念解之

$F_1 = N_1 I_1 = 2000\text{AT}$；$F_2 = N_2 I_2 = 1200\text{AT}$

$l_1 = 1 + 1 + 0.8 = 2.8\text{m}$，$l_2 = \dfrac{1}{2}(0.8 - 0.2) = 0.3\text{m}$，$l_3 = 0.2\text{m}$

$\because B = \mu H \therefore \mu = \dfrac{B}{H} = \dfrac{0.1}{1000} = 10^{-4}\text{Wb/AT-m}$

$\therefore R_1 = \dfrac{l_1}{\mu A} = \dfrac{2.8}{10^{-4} \times 0.01} = 2.8 \times 10^6$

$R_2 = \dfrac{l_2}{\mu A} = \dfrac{0.3}{10^{-4} \times 0.01} = 3 \times 10^5$

$R_3 = \dfrac{l_3}{\mu_o A} = \dfrac{0.2}{4\pi \times 10^{-7} \times 0.01} = 1.592 \times 10^7$

等效圖如(c)圖所示，可以節點法解之，

$F\left(\dfrac{1}{R_1} + \dfrac{1}{R_1} + \dfrac{1}{R_2 + R_3 + R_2}\right) = \dfrac{F_1}{R_1} + \dfrac{F_2}{R_1}$

解得$F = 1475\text{AT}$，故

$\phi = \dfrac{1475}{R_2 + R_3 + R_2} = 8.93 \times 10^{-5}\text{Wb}$

· · **例題 3-12** ·

圖 3-21 所示為一具有氣隙的簡單磁路，其中磁路的平均路徑與截面積示於圖中。若欲在氣隙中產生磁通密度B_g為 1 韋伯／公尺^{2}時，試求激磁線圈所須之匝數。設線圈可容許通過的最大電流為 10 安培，而矽鋼片的$B-H$曲線如圖 3-22 所示。

解 氣隙磁阻$R_g = \dfrac{l_g}{\mu_o A_g} = \dfrac{0.2 \times 10^{-2}}{4\pi \times 10^{-7} \times 25 \times 10^{-4}} = 6.36 \times 10^5\text{AT/Wb}$

通過氣隙之磁通量$\phi = B_g A_g = 1 \times 25 \times 10^{-4} = 2.5 \times 10^{-3}\text{Wb}$

氣隙的磁動勢$F_g = R_g \times \phi = 6.36 \times 10^5 \times 2.5 \times 10^{-3} = 1590\text{AT}$

由圖 3-22 中知，當$B_{C_1} = \dfrac{\phi}{A_1} = \dfrac{2.5 \times 10^{-3}}{25 \times 10^{-4}} = 1\text{Wb/m}^2$，可查得$H_{C_1} = 200\text{AT/}$

m，而平均路徑為$(25 + 25)$cm，故所須的磁動勢F_{C_1}為

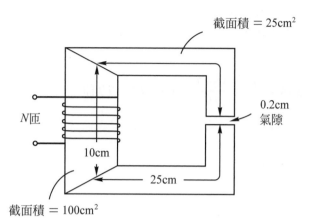

圖 3-21　具有氣隙之磁路

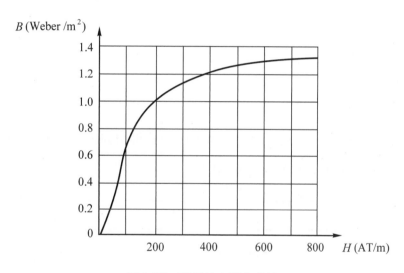

圖 3-22　矽鋼片之磁化曲線

$$F_{C_1} = H_{C_1} l_1 = 200 \times 0.5 = 100\text{AT}$$

平均路徑10cm處的磁通密度B_{C_1}為

$$B_{C_1} = \frac{\phi}{A_2} = \frac{2.5 \times 10^{-3}}{100 \times 10^{-4}} = 0.25\text{Wb/m}^2$$

由圖3-22中查表，當$B_{C_2} = 0.25\text{Wb/m}^2$，得$H_{C_2} = 70\text{AT/m}$，故其所須之磁動勢$F_{C_2}$為

$$F_{C_2 2} = H_{C_2} l_2 = 70 \times 0.1 = 7\text{AT}$$

故磁路知總磁動勢F為

$$F = F_{C_1} + F_{C_2} + F_g$$
$$= 100 + 7 + 1590$$
$$= 1697 \text{AT}$$

又 $F = NI$，故 $N = \dfrac{F}{I} = \dfrac{1697}{10} = 169.7 \fallingdotseq 170$ 匝

習 題

1.　何謂安培右手定則？

2.　何謂庫侖磁力定律？

3.　何謂磁場強度？

4.　何謂磁通密度？

5.　何謂磁滯曲線？

6.　何謂磁路的歐姆定律？

7.　若二磁鐵的長度分別為 $\dfrac{1}{4}$m、$\dfrac{1}{2}$m，磁極強度分別為 2Wb 及 3Wb，放置如圖 3-23 所示，求其相互間之作用力。

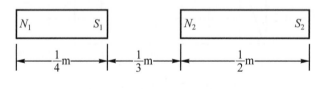

圖 3-23

8.　若有一條磁鐵長為 6cm，其磁極強度為 1000 靜磁單位，求在圖 3-24 中，A、B 點磁場強度各為何？（設 $\mu_r = 1$）

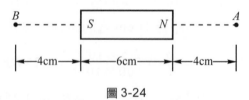

圖 3-24

9.　某磁路長度 $l = 0.2$m，鐵心的相對導磁係數 $\mu_r = 100$，若線圈匝數 $N = 100$，電流 $I = 4$A，試求磁通密度 B。

10.　同上題的磁路，若電流增為 8A，μ_r 降為 80，試求此時的磁通密度 B。

11. 如圖 3-25 所示，若材料*A*與*B*的導磁係數分別爲 25 與 50，磁路長度分別爲 100 與 150mm，空氣隙長度爲 3mm，磁路截面積爲 $2 \times 10^{-4} \text{m}^2$，試求該磁路的等效磁阻。

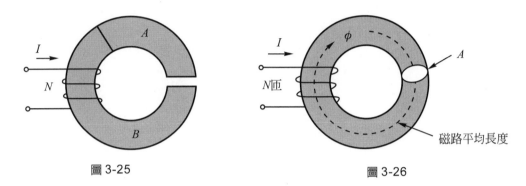

圖 3-25   圖 3-26

12. 同上題，若 $N = 100$ 匝，$I = 5$A，試求磁通量 ϕ。

13. 如圖 3-26 所示，若 $A = 2 \times 10^{-4} \text{m}^2$，$l = 10$cm，$N = 200$ 匝，$I = 3$A，$\mu_r = 120$，試求磁路的磁阻 R 與磁通量 ϕ。

14. 如圖 3-26 所示，若內圓與外圓的半徑分別爲 10cm 與 14cm，$A = 2 \times 10^{-4} \text{m}^2$，$N = 150$ 匝，$I = 3$A，$\mu_r = 1500$，試求 ϕ？

15. 如圖 3-27 所示的磁路，若 $N = 100$ 匝，$I = 2$A，$R_1 = 10$AT/Wb，$R_2 = 6$AT/Wb，$R_3 = 4$AT/Wb，求(1)總磁阻 R；(2)總磁動勢 F；(3)流經 R_3 的磁通 ϕ。

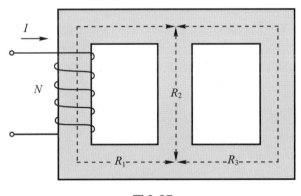

圖 3-27

4

電磁效應

4-1　法拉第電磁感應定律

4-2　楞次定律

4-3　佛萊明右手與左手定則

4-4　自感與互感

4-5　渦流與渦流損失

電與磁之間有著密不可分的關係，而所有電機的工作原理，幾乎都與電磁間的效應有關。如發電機之原理，就是因磁通切割導線或導線切割磁通，在導線迴路中產生感應電勢。而電動機的原理，則是因帶電流的導線在磁場中，導線會受力而轉動。由此可知，電磁效應是一切電機之理論基礎。

本章的主要目的乃是探討幾個很實用的電磁效應之定律與法則，如法拉第感應定律，楞次定律，佛萊明右手及左手定則，最後亦將介紹自感及互感。

4-1　法拉第電磁感應定律

法拉第在西元一八三一年做實驗時，發現可以由磁場得到感應電壓，若將此感應電壓接於檢流計，可以使之產生偏轉，若接上電阻，會有電流產生，接上燈泡，燈泡亦會亮。如圖 4-1(a)所示，當一根永久磁鐵進入 N 匝的線圈時，在線圈兩端會有感應電壓產生，致使檢流計偏轉，進入的速度愈快，則偏轉的幅度愈大，進入後若靜止不動，則檢流計的指針將回到零位，此時，表示無感應電壓。若再將永久磁鐵快速地由線圈中抽出，可發現檢流計的指針又向另一方向作大幅度的偏轉，而抽出的速度愈慢，則指針偏轉的幅度亦愈小。

另外，將永久磁鐵用一根螺線管來取代如圖 4-1(b)所示。當開關閉合之瞬間，螺線管的線圈有電流通過而產生磁通，此磁通是由零增至一定值而不再變化(因 V 為一定)，但此磁通將通過原線圈，故其磁通的變化將在原線圈兩端產生感應電勢，而使檢流計指針產生偏轉，但隨時間的過去，指針慢慢回到零位，若再將開關斷路，指針可得反方向偏轉，而後再回到零位。

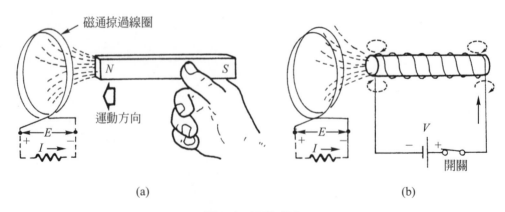

(a) (b)

圖 4-1　電磁感應

　　法拉第從上面的兩個實驗得到一個結論，當磁鐵與線圈有一相對運動，或線圈周圍的磁場發生變化時，均會在線圈上產生感應電勢。換言之，當與線圈交鏈的磁通(稱爲磁交鏈* flux linkage)發生變化時，即會在線圈上感應電壓，此電壓與磁通的變化率及線圈的匝數成正比，此即稱爲法拉第感應定律。而這種由磁而感應出電壓的效應稱爲電磁感應(electromegentic induction)。感應電勢e可以下式表示：

$$e = \frac{d(N\phi)}{dt} = N\frac{d\phi}{dt}(伏特)(MKS\ 制)$$

$$= N\frac{d\phi}{dt} \times 10^{-8}(伏特)(CGS\ 制) \tag{4-1}$$

由上式顯而易見，若磁鐵與線圈保持相對靜止，則與線圈交鏈的磁通固定不變，其變化率爲零，故無法產生感應電壓。若以較快的速度改變磁鐵與線圈的位置，則磁通變化率較大，感應電壓亦較大。

・・ **例題 4-1** ・・・・・・・・・・・・・・・・・・・・・・

　　有一 100 匝的線置放置在某一磁場內，設該磁場的磁阻爲

(1) $20t$ 線，則感應電壓爲若干伏特。

(2) $20\sin20t$ 線，試求 $t = 0.2$ 秒的感應電壓。

試求 $t = 0.2$ 秒的感應電壓。

解　(1) $\phi = 20t$

$$e = N\frac{d\phi}{dt} = 100 \cdot \frac{d}{dt}(20t) = 2000 = 2 \times 10^{-5}(伏特)$$

(2) $\phi = 20\sin20t$

$$e = N\frac{d\phi}{dt}\bigg|_{t=0.2} = 100 \times (20\cos20t) \times 20 \,|_{t=0.2} = -26145$$

$$= -0.26 \times 10^{-3}(伏特)$$

・・・・・・・・・・・・・・・・・・・・・・・・・・・・・・ ◗

---

*磁交鏈：係指線圈匝數與穿過該線圈磁通之乘積以λ表示，亦即λ＝Nφ。

楞次定律

　　西元一八三四年，楞次提出感應電壓極性的看法，以補足法拉第感應定律之不足。圖4-1中，楞次作實驗時發現，當磁鐵要進入線圈時，感受到有一磁力阻止磁鐵之進入。而當要將磁鐵自線圈中抽出時，又感受到有一磁力阻止磁鐵被拉出。前者，當N極磁鐵進入時受到阻力，顯然線圈的感應電壓所形成之電流自行建立一磁場，而其N極面對磁鐵之N極而形成阻力。後者，當N極要離開時，顯然感應電流建立之磁場的S極面對磁鐵之N極形成吸力，而反對磁鐵被抽出。

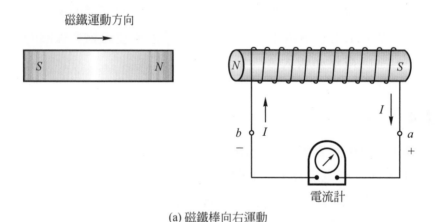

(a) 磁鐵棒向右運動

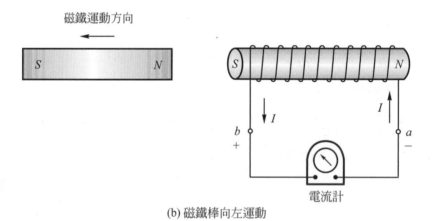

(b) 磁鐵棒向左運動

圖4-2　楞次定律的使用

　　根據安培右手定則，可以由上述之感應電流所形成的磁場來定出電流與電壓的方向，而其方向係反抗磁通變化之方向。如圖 4-2(a)(b)所示，當磁鐵棒左右運動時，在螺線管線圈兩端之感應電勢所生之感應電流將產生一磁場以反抗磁交鏈之變化，若磁交鏈增加時，線圈之電流即產生反方向之磁場以反抗磁交鏈之增加，反之，若磁交鏈減少時，線圈之電流將產生同方向之磁場，以阻止磁交鏈的減少，此即楞次定律，(Lenz's Law)，以公式表示為

$$e = -N \times \frac{d\phi}{dt}(\text{伏特})(\text{MKS 制})$$

$$= -N \times \frac{d\phi}{dt} \times 10^{-8}(\text{伏特})(\text{CGS 制}) \tag{4-2}$$

式中負號之意義是指感應電勢所產生的感應電流，有反對感應作用產生之效應，亦即反對原有磁通變化之方向。

・・ 例題 4-2 ・・・・・・・・・・・・・・・・・・・・・・

　　一線圈有 600 匝，穿過其間的磁通為 8×10^{-5} 韋伯，若磁通在 0.015 秒內降為 3×10^{-5} 韋伯，試求平均感應電勢為何？

 $E_{avg} = -N \times \frac{d\phi}{dt} = -600 \times \frac{(3-8) \times 10^{-5}\text{韋伯}}{0.015\text{ 秒}} = 2\text{ 伏特}$

(公式中負號表示反對磁通減少)

若磁通改由 3×10^{-5} 韋伯，增為 8×10^{-5} 韋伯，則平均感應電勢為

$E_{avg} = -N \times \frac{d\phi}{dt} = -600 \times \frac{(8-3) \times 10^{-5}\text{韋伯}}{0.015\text{ 秒}} = -2\text{ 伏特}$

(公式中負號表示反對磁通增加)

・・・・・・・・・・・・・・・・・・・・・・・・・・・・・・

4-3　佛萊明右手與左手定則

4-3-1　佛萊明右手定則(發電機原理)

　　如圖 4-3(a)(b)所示，將一導體垂直放在永久磁鐵所建立的均勻磁場B中，並使此導體以v的速度運動，則在導體兩端將產生感應電勢(感應電流)，此即發電機(generator)原理。設磁場的磁通密度為B，導體實際切割到磁通的有效長度為l。若在dt秒內，導體移動一段dx的距離，則在dt時間內切割之磁通量為：

$$d\phi = BdA = Bldx$$

由法拉第感應定律得知，導體所產生的感應電勢為：

$$e = N\frac{d\phi}{dt} = NBl\frac{dx}{dt}$$

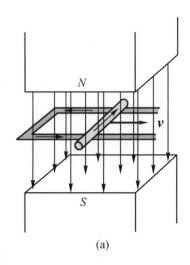

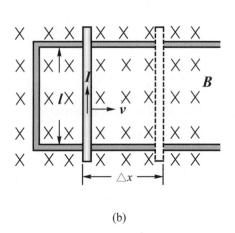

(a)　　　　　　　　　　　　　　(b)

圖 4-3

上式中，因B、l都是常數，故

$$e = NBl\frac{dx}{dt} = NBlv(導體為N匝)$$

$$= Blv(導體為l匝) \tag{4-3}$$

式中　$\dfrac{dx}{dt}$ 是導體的位移速度 v。

　　e：導體的感應電勢(伏特)

　　B：磁通密度(Tesla)

　　l：導體有效(實際切割)長度(米)

　　v：導體運動速度(磁場靜止時)(米／秒)

　　由以上所述，導體與磁場作相對運動，將產生感應電勢，換言之，導體切割磁力線或磁力線切割導體，均能產生感應電勢，如(4-3)式，若將此導體兩端連接至外部電路，則會有電流流通。其中 e、B、v 三者互成90°，其方向可以圖4-4的佛萊明右手定則(Fleming's right-hand rule)來決定。其中右手之大拇指、食指及中指，彼此須互相垂直，以拇指表示導體運動方向，食指表示磁場方向，中指表示感應電流方向。

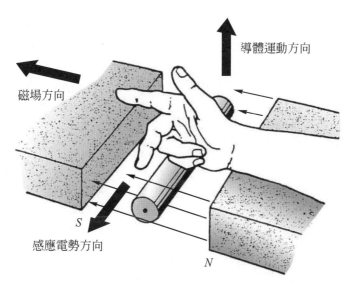

導體運動方向

磁場方向

S

感應電勢方向

N

圖4-4　佛萊明右手定則

若 B 與 v 兩者並非呈90°，亦即導體對磁場有一夾角 θ 時，那感應電勢應修正為：

$$e = NBlv\sin\theta(導體為N匝)$$
$$= Blv\sin\theta(導體為 1 匝) \tag{4-4}$$

例題 4-3

一導體長 30 公分，運動於 0.3 韋伯／公尺^{2}之均勻磁場內，在磁場內之導體長度為 25 公分，導體運動速度為 16 公尺／秒，求(1)導體運動方向垂直於磁場；及(2)導體運動方向與磁場成60°時所產生之感應電勢。

 解

(1)$e = Blv = 0.3 \times 0.25 \times 16 = 1.2$ 伏特

(2)$e = Blv\sin\theta = 0.3 \times 0.25 \times 16 \times \sin60° = 1.04$ 伏特

例題 4-4

如圖 4-5 中，長 30cm 的導體，在 0.2Wb/m^{2}的均勻磁場中，以

(1)與 X 軸成60°的方向

(2)X 軸的方向

(3)Y 軸的方向

60m/s的速度運動，求感應電勢各為何？

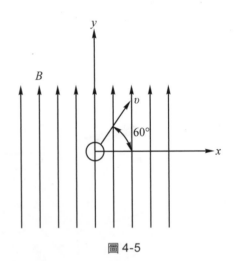

圖 4-5

解　由公式$e = NBlv\sin\theta$，且題意$N = 1$，而θ為B與V的夾角

(1)$\theta = 90° - 60° = 30°$

$\therefore e = Blv\sin\theta$

$= 0.2 \times 0.3 \times 60 \times \sin30°$

$= 1.8$ 伏特

(2)$\theta = 90°$

$\therefore e = Blv\sin\theta = 0.2 \times 0.3 \times 60 \times \sin90° = 3.6$ 伏特

(3)$\theta = 0°$

$\therefore e = Blv\sin\theta = 0.2 \times 0.3 \times 60 \times \sin0° = 0$ 伏特

在(3)中，由於導體沿磁場方向運動，此時導體與磁場沒有作相對運動，故其感應電勢為零。

例題 **4-5**

若有一磁通量為 2×10^7 line 貫穿 $N = 100$ 匝的線圈，在 0.2 秒內，其磁通量均勻下降至零，則此線圈所感應之電勢為何？

解

$N = 100$

$\Delta\phi = 0 - 2 \times 10^7 (\text{line}) = 0 - 0.2 (\text{Wb}) = -0.2 (\text{Wb})$

由 $e = -N\dfrac{d\phi}{dt} = -N\dfrac{\Delta\phi}{\Delta t} = -100 \times \dfrac{-0.2}{0.2} = 100 (\text{V})$

4-3-2　佛萊明左手定則(電動機原理)

如前所述，導體通以電流時，會產生磁場，若將此一導體置於一原來已經存在的磁場內，則導體所產生的磁場與原來的磁場會產生相互作用。圖 4-6(a)所示為一均勻的磁場，以及一導體通以電流 I 時在其周圍所形成的環形磁場。若將此兩磁場組合在一起，如圖 4-6(b)所示，在導體上方，兩磁場方向相同，合成磁通較為緊密，則合成磁場較強；而在導體的下方，兩磁場方向相反，合成磁通較為稀疏，則合成磁場較弱。磁力線如同拉緊的橡皮筋，有伸直之**趨勢**，將產生一作用力推動導體移向磁通較疏的下方，如圖 4-6(b)所示。而此作用力之大小與導體存在於磁場的有效長度及均勻磁場的磁通密度、導體內所流通電流之大小均成正比，即

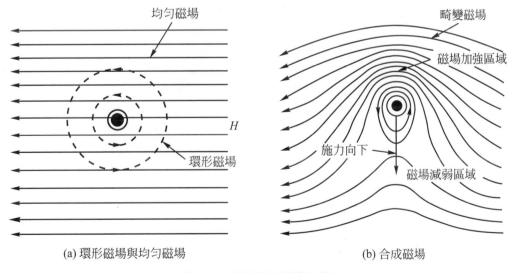

(a) 環形磁場與均勻磁場　　　　　　(b) 合成磁場

圖 4-6　通有電流導體之受力

$$F = KBIl(牛頓) \tag{4-5}$$

在 MKS 制中，$K = 1$，若導體與磁力線成 θ 角，則

$$F = BIl\sin\theta(牛頓) \tag{4-6}$$

式中　　F：導體所受的作用力(牛頓)

　　　　B：均勻磁場的磁通密度(Tesla)

　　　　I：導體中流通的電流(安培)

　　　　l：導體在磁場的有效長度(公尺)

　　(4-6)式所示為通有電流之導體，受均勻磁場的作用而產生作用力的情形，此亦即電動機(motor)的原理。而此作用力的方向可用佛萊明左手定則(Fleming's left-hand rule)來判斷；將左手的大拇指、食指及中指伸直，並使彼此垂直，以食指表示磁場方向，中指表示電流方向，則大拇指所指的方向就是導體受力作用的方向，如圖 4-7 所示。

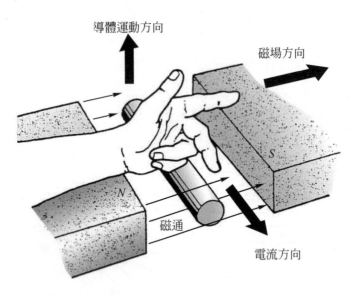

圖 4-7　佛萊明左手定則

例題 4-6

一導線長 20cm 的導線，通以 15A 的電流，將其放在磁通密度為 0.7Wb/m² 的均勻磁場中，若導體與磁場方向

(1)90°(垂直)

(2)45°

(3)0°(平行)時

導體受力為何？

解

(1)90°時

$F = BIl\sin\theta = 0.7 \times 15 \times 0.2 \times \sin90° = 2.1$(牛頓)

(2)45°時

$F = BIl\sin\theta = 0.7 \times 15 \times 0.2 \times \sin45° = 1.48$(牛頓)

(3)0°時

$F = BIl\sin\theta = 0.7 \times 15 \times 0.2 \times \sin0° = 0$(牛頓)

由(3)可知，若導體與磁場方向平行時，則導體沒有受力。

4-4 自感與互感

4-4-1 自 感

當直流電流 I 通過線圈時，該線圈產生磁場如圖 4-8 所示，此時磁場為固定磁場，即上端為 N 極，下端為 S 極。若將電流改為交流電流 i，磁場將為交變磁場。假設 i 由 O 點增加到 a 點時，其磁交鏈 $\lambda = N\phi$ 亦必隨之加大，線圈遂立即感應一電勢以反抗磁交鏈的增加，其作用與反對電流之增加相同，有如電阻在直流電路中反對電流增加一樣。換言之，當電流增加時，反被其自己所產生之感應電勢所阻止，故線圈中之電流不能立即增加，此種由同一電路中之電流變化所生之電勢，稱自感電勢。

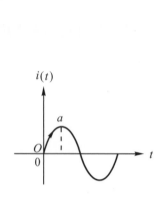
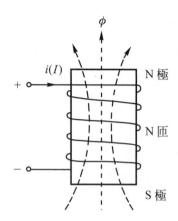

圖 4-8

由以上所述可知，當通過線圈之電流發生變化，而使線圈本身之磁交鏈發生變化，線圈即感應電勢，若所產生感應電勢之磁交鏈變化，係由線圈本身電流所引起，則此線圈具有自感(self-inductance)。設有一N匝之線圈，通有電流$i(t)$，所產生之磁通量為$\phi(t)$，由楞次定律可知，此線圈的自感電勢為

$$e = -N\frac{d\phi}{dt} = -N\frac{d\phi}{di} \times \frac{di}{dt} = -L\frac{di}{dt}(伏特) \tag{4-6}$$

其中L稱為線圈之自感量或電感(inductance)，可寫為：

$$L = N\frac{d\phi}{di} = \frac{-e}{di/dt}(亨利) \tag{4-7}$$

上式中，負號表示e反對di/dt之變化，而自感的單位為亨利(henry，以H來表示)。若以磁的單位來表示，即 1 亨利等於 1 韋伯–匝／安，同時由(4-7)式可知，亨利亦可定義為單位電流變化率所感應之伏特數。

由磁路的歐姆定律(3-12)式知

$$\phi = \frac{F}{R} = \frac{Ni}{\dfrac{l}{\mu A}} = \frac{\mu A Ni}{l}$$

再由法拉第電磁感應定律知

$$e = -N\frac{d\phi}{dt} = -N\frac{d}{dt}\left(\frac{\mu A Ni}{l}\right)$$
$$= -\frac{\mu N^2 A}{l}\frac{di}{dt} = -L\frac{di}{dt}$$

式中
$$L = \frac{\mu N^2 A}{l}$$
(4-8)

其中　　　N表示線圈之匝數

　　　　　μ為磁性材料之導磁係數

　　　　　A為截面積

　　　　　l為磁路長度

　　若電路中有電感存在時,由楞次定律知,當電路的電流增加,則自感應電勢反對電流增加,其方向與電流方向相反。若電路之電流減少,自感應電勢反對電流減少,其方向與電流同方向。因此,電感效應具有反對電流變化之性質。而其電感性質之元件稱為電感器(inductor),常用的電感器,如圖 4-9(a)所示,而其符號如圖4-9(b)所示。

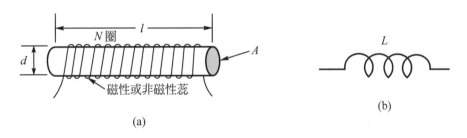

圖 4-9

　　電路中,有電感的串、並聯組合,而其計算方式,若不考慮它們之間的互感時,則計算方式與電阻相類似。

　　如圖4-10所示,為電感串聯情形。當外加電壓V時,流經電感的電流i均相同,應用 KVL,則

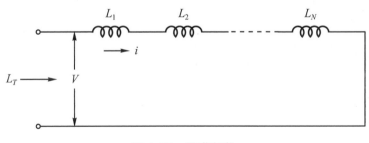

圖 4-10　電感串聯

$$V = V_1 + V_2 + \cdots + V_N$$

$$= L_1\frac{di}{dt} + L_2\frac{di}{dt} + \cdots + L_N\frac{di}{dt}$$

$$= (L_1 + L_2 + \cdots + L_N)\frac{di}{dt} = L_T\frac{di}{dt}$$

故串聯的等效電感L_T為

$$L_T = L_1 + L_2 + \cdots + L_N \tag{4-9}$$

如圖 4-11 所示，為電感並聯情形。當外加電壓V時，每個電感有各自的電流，而其電壓均相同。因此

$$V = L_1\frac{di_1}{dt} = L_2\frac{di_2}{dt} = \cdots = L_N\frac{di_N}{dt}$$

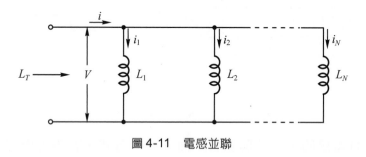

圖 4-11　電感並聯

應用 KCL，即總電流為各支路電流的和，所以

$$\frac{di}{dt} = \frac{di_1}{dt} + \frac{di_2}{dt} + \cdots \frac{di_N}{dt}$$

$$= \frac{V}{L_1} + \frac{V}{L_2} + \cdots \frac{V}{L_N}$$

$$= V\left(\frac{1}{L_1} + \frac{1}{L_2} + \cdots \frac{1}{L_N}\right) = V\left(\frac{1}{L_T}\right)$$

故並聯的等效電感L_T為

$$\frac{1}{L_T} = \frac{1}{L_1} + \frac{1}{L_2} + \cdots \frac{1}{L_N} \tag{4-10}$$

若只有兩個電感並聯，其等效電感為

$$L_T = \frac{1}{\frac{1}{L_1} + \frac{1}{L_2}} = \frac{L_1 L_2}{L_1 + L_2} \tag{4-11}$$

· · **例題 4-7** ·

一線圈之匝數為 400 匝，流過電流為 5 安培時，其磁通量為 5×10^{-2} 韋伯時，試求

(1)線圈的自感

(2)若線圈之電流在 0.5 秒裡降為零，則其感應電勢為若干？

解 (1)由公式 $L = N \dfrac{d\phi}{di}$，因 ϕ 與 i 為定值，故

$$L = N \frac{\phi}{I} = 400 \times \frac{5 \times 10^{-2}}{5} = 4 (亨利)$$

(2)由感應電勢公式 $e = -N \dfrac{d\phi}{dt} = -L \dfrac{di}{dt}$，故

$$e = -N \frac{d\phi}{dt} = -400 \times \frac{0 - (5 \times 10^{-2})}{0.5} = 40 (伏特)$$

$$或 e = -L \frac{di}{dt} = -4 \times \frac{0 - 5}{0.5} = 40 (伏特)$$

· · **例題 4-8** ·

有一線圈為 500 匝，當流過電流為 5 安培時，其磁通為 6×10^{-4} 韋伯，當流過電流為 6 安培時，其磁通為 8×10^{-4} 韋伯，當流過電流為 10 安培時，其磁通為 10×10^{-4} 韋伯，試求電流的變化範圍在 5 至 6 安培之間，及 6 至 10 安培之間的平均電感？

解 (1)電流在 5 至 6A 之間時

$$L_1 = N \frac{d\phi_1}{di_1} = 500 \times \frac{(8 - 6) \times 10^{-4}}{6 - 5} = 0.1 (H)$$

(2)電流在 6 至 10A 之間時

$$L_2 = N \frac{d\phi_2}{di_2} = 500 \times \frac{(10 - 8) \times 10^{-4}}{10 - 6} = 0.025 (H)$$

例題 4-9

線圈的電感為 0.5H，若通過線圈的電流為 $i(t) = 5t^2 + 10t + 15$ 安培，求在 $t = 2$ 秒時，該線圈之感應電勢。(只計算大小，不考慮方向)

解

$e(t) = L\dfrac{di(t)}{dt} = 0.5 \times \dfrac{d}{dt}(5t^2 + 10t + 15) = 5t + 5$

而 $t = 2$ 秒時，則

$e(2) = 5 \times 2 + 5 = 15$(伏特)

例題 4-10

設有一線圈為 100 匝，其長度為 0.08 公尺，直徑為 0.004 公尺，試求：

(1)線圈內部為空氣時之電感量。

(2)若改為 $\mu_r = 200$ 之鐵蕊，則電感量又為何？

解

(1)因 $\mu = \mu_o\mu_r = \mu_o$ $(\mu_r = 1)$，故

$$L = \frac{N^2\mu_o A}{l} = \frac{100^2 \times (4\pi \times 10^{-7})[\pi(0.004)^2/4]}{0.08}$$

$$= 19.8 \times 10^{-7}\text{H} = 1.98\mu\text{H}$$

(2)因 $\mu = \mu_o\mu_r = \mu_o \times 200$

$$L = \frac{N^2\mu A}{l} = \frac{N^2\mu_o\mu_r A}{l} = \mu_r\left(\frac{N^2\mu_o A}{l}\right) = 200 \times 1.98 \times 10^{-6}$$

$$= 3.96 \times 10^{-4} = 0.396\text{mH}$$

例題 4-11

如圖 4-12 所示的圓條形鐵心，繞上 100 匝的線圈，鐵心的直徑為 0.4cm，平均長度為 8cm，設鐵心的相對導磁係數為 200，求

(1)線圈的電感；

(2)若欲使其電感量減半，則線圈須減少幾匝？

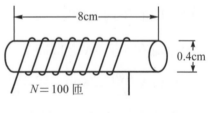

圖 4-12

解 (1)$L = \dfrac{N^2 \mu A}{l} = \dfrac{(100)^2 (4\pi \times 10^{-7} \times 200) \times [\pi(0.4 \times 10^{-2})^2/4]}{8 \times 10^{-2}} = 0.395 \text{mH}$

(2)由 $L = \dfrac{N^2 \mu A}{l}$ 的公式知，若 μ、A、l 均不變，則 L 與 N^2 成正比

$\dfrac{L_2}{L_1} = \left(\dfrac{N_2}{N_1}\right)^2 = \dfrac{1}{2}$，即 $N_2 = N_1 \times \dfrac{1}{\sqrt{2}} = 100 \times \dfrac{1}{\sqrt{2}} \doteqdot 70$ 匝

故線圈須減少 $\Delta N = N_1 - N_2 = 100 - 70 = 30$ 匝

例題 4-12

求圖 4-13 所示電路的總電感量。

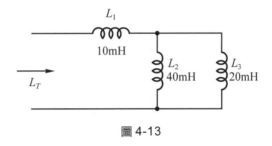

圖 4-13

解 $L'_T = \dfrac{L_2 L_3}{L_2 + L_3} = \dfrac{(40 \times 10^{-3})(20 \times 10^{-3})}{40 \times 10^{-3} + 20 \times 10^{-3}} = 1.33 \times 10^{-2} \text{H} = 13.3 \text{mH}$

$L_T = L_1 + L'_T = 10 \text{mH} + 13.3 \text{mH} = 23.3 \text{mH}$

4-4-2 互 感

若將兩線圈 I、II 繞在同一鐵心磁路上，如圖 4-14 所示。在圖(a)中線圈 I 通過交流 i_1 時，產生 $\phi_1 = \phi_{11} + \phi_{12}$ 磁力線。其中 ϕ_{11} 僅與線圈 I 本身交鏈，稱爲漏磁，而 ϕ_{12} 則與線圈 II 交鏈，稱爲互磁。當 i_1 變化時，ϕ_{12} 在線圈 II 中亦變化，依法拉第感應定律，線圈 II 必能產生感應電勢，此感應電勢稱爲互感電勢。在線圈 II 所生之互感電勢爲：

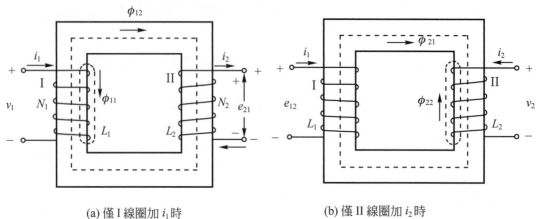

(a) 僅 I 線圈加 i_1 時　　　　　　　　　　(b) 僅 II 線圈加 i_2 時

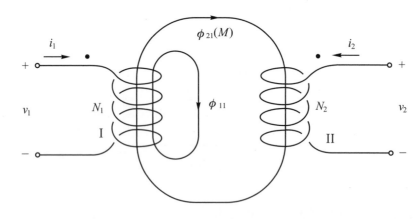

(c) M 之正、負判別法：當 i_1、i_2 同時由"‧"黑點進入，或流出時，取正；否則取負

圖 4-14　互感現象之說明

$$e_{21} = -N_2 \frac{d\phi_{12}}{dt} = -N_2 \frac{d\phi_{12}}{di_1} \times \frac{di_1}{dt}$$

$$= -M_{21} \frac{di_1}{dt} (伏特) \tag{4-12}$$

令　　　$$M_{21} = N_2 \times \frac{d\phi_{12}}{di_1} (亨利) \tag{4-13}$$

式中 M_{21} 稱為線圈 I 對線圈 II 之互感(mutual inductance)，單位亦為亨利(Henry)。

在圖(b)中，線圈 II 有 i_2 電流通過時，產生 $\phi_2 = \phi_{22} + \phi_{21}$ 磁力線，其中 ϕ_{21} 與線圈 I 交鏈，故 i_2 變化時，ϕ_{21} 在線圈 I 中亦變化，則感應互感電勢為

$$e_{12} = -N_1 \frac{d\phi_{21}}{dt} = -N_1 \frac{d\phi_{21}}{di_2} \times \frac{di_2}{dt}$$

$$= -M_{12} \frac{di_2}{dt} (伏特) \tag{4-14}$$

令　　　$$M_{12} = N_1 \times \frac{d\phi_{21}}{di_2} (亨利) \tag{4-15}$$

式中M_{12}稱爲線圈II對線圈 I 之互感。

　　而互感M之正負判別法，如圖(c)之說明：當i_1、i_2同時由圖中"‧"黑點進入或流出時，M取正。反之一進一出時，M取負。而圖(c)，M應取正。

　　在圖4-14中，設磁路的磁阻爲R，且爲定值，則當電流i_1單獨流經線圈 I 時，互磁ϕ_{12}及互感M_{21}爲

$$\phi_{12} = \frac{F_1}{R} = \frac{N_1 i_1}{R} 韋伯 ; M_{21} = \frac{N_2 \phi_{12}}{i_1} = \frac{N_1 N_2}{R} 亨利$$

同理，當電流i_2單獨流經線圈II時，互磁ϕ_{21}及互感M_{12}爲

$$\phi_{21} = \frac{F_2}{R} = \frac{N_2 i_2}{R} 亨利 ; M_{12} = \frac{N_1 \phi_{21}}{i_2} = \frac{N_1 N_2}{R} 亨利$$

故　　　$$M_{21} = M_{12} = M 亨利 \tag{4-16}$$

亦即在同一磁路中，兩線圈之互感相等。

　　今令兩線圈之匝數比爲$a = \frac{N_1}{N_2}$，線圈 I 之漏磁係數爲$\sigma_1 = \frac{\phi_{11}}{\phi_1}$，耦合係數$K_1 = \frac{\phi_{12}}{\phi_1}$，線圈II之漏磁係數$\sigma_2 = \frac{\phi_{22}}{\phi_2}$，耦合係數爲$K_2 = \frac{\phi_{21}}{\phi_2}$，則

$$L_1 = \frac{N_1 \phi_1}{i_1} = \frac{N_1 (\phi_{11} + \phi_{12})}{i_1} = \frac{N_1 \sigma_1 \phi_1}{i_1} + \frac{N_1 \phi_{12}}{i_1}$$

$$= \sigma_1 \frac{N_1 \phi_1}{i_1} + \frac{N_1}{N_2} \times \frac{N_2 \phi_{12}}{i_1}$$

$$= \sigma_1 L_1 + aM$$

$$\therefore aM = L_1 (1 - \sigma_1) \tag{4-17}$$

同理

$$L_2 = \frac{N_2 \phi_2}{i_2} = \frac{N_2(\phi_{22} + \phi_{21})}{i_2} = \frac{N_2 \sigma_2 \phi_2}{i_2} + \frac{N_2 \phi_{21}}{i_2}$$

$$= \sigma_2 \frac{N_2 \phi_2}{i_2} + \frac{N_2}{N_1} \times \frac{N_1 \phi_{21}}{i_2}$$

$$= \sigma_2 L_2 + \frac{1}{a} M$$

$$\therefore \frac{1}{a} M = L_2(1 - \sigma_2) \tag{4-18}$$

由第(4-17)式及第(4-18)式可得

$$M^2 = L_1 L_2 (1 - \sigma_1)(1 - \sigma_2)$$

$$M = \sqrt{L_1 L_2} \sqrt{(1 - \sigma_1)(1 - \sigma_2)}$$

$$= \sqrt{L_1 L_2} \sqrt{K_1 K_2}$$

因同在一磁路中，故 $K = K_1 = K_2$，故

$$M = K\sqrt{L_1 L_2} \text{或} K = M/\sqrt{L_1 L_2} = \sqrt{(1 - \sigma_1)(1 - \sigma_2)} \tag{4-19}$$

上式中，K 為線圈 I 與線圈 II 間之耦合係數(cofficient of coupling)。

在沒有漏磁之情況下，則一次側線圈可完全耦合至二次側，則

$$M = \sqrt{L_1 L_2} \ (K = 1)$$

若有漏磁，則

$$M = K\sqrt{L_1 L_2} \ (K \le 1)$$

・・・ **例題 4-13** ・・・・・・・・・・・・・・・・・・・・・・・・・・・

設 $N_1 = 50$ 匝，$N_2 = 500$ 匝的兩線圈相鄰置放在同一鐵心磁路上，若 N_1 線圈通過 3A 電流時，產生 6×10^{-5} Wb 的磁通，其中有 5.5×10^{-5} Wb 與 N_2 交鏈，而當 N_2 線圈通過 3A 電流時，產生 6×10^{-4} Wb 的磁通，其中有 5.5×10^{-4} Wb 與 N_1 交鏈，求耦合係數 K 值。

解 由題意知：

$N_1 = 50$ 匝，$I_1 = 3\text{A}$，$\phi_1 = 6 \times 10^{-5}\text{Wb}$，$\phi_{12} = 5.5 \times 10^{-5}\text{Wb}$

$N_2 = 500$ 匝，$I_2 = 3\text{A}$，$\phi_2 = 6 \times 10^{-4}\text{Wb}$，$\phi_{21} = 5.5 \times 10^{-4}\text{Wb}$

則 $L_1 = \dfrac{N_1 \phi_1}{I_1} = \dfrac{50 \times 6 \times 10^{-5}}{3} = 10^{-3}\text{H}$

$L_2 = \dfrac{N_2 \phi_2}{I_2} = \dfrac{500 \times 6 \times 10^{-4}}{3} = 0.1\text{H}$

$M = M_{12} = M_{21} = \dfrac{N_1 \phi_{21}}{I_2} = \dfrac{N_2 \phi_{12}}{I_1} = 9.167 \times 10^{-3}\text{H}$

$K = M/\sqrt{L_1 L_2} = 9.167 \times 10^{-3}/\sqrt{(10^{-3}) \times 0.1} = 0.9167$

或 $K = \dfrac{\phi_{12}}{\phi_1} = \dfrac{\phi_{21}}{\phi_2} = \dfrac{5.5 \times 10^{-5}}{6 \times 10^{-5}} = \dfrac{5.5 \times 10^{-4}}{6 \times 10^{-4}} = 0.9167$

· · **例題 4-14** · · · · · · · · · · · · · · ·

有二線圈同放在同一鐵心上，若 $N_1 = 50$ 匝，$N_2 = 500$ 匝，若各通以 2A 電流，其產生磁通為 $\phi_1 = 6000\text{line}$，$\phi_{12} = 5500\text{line}$；$\phi_2 = 60000\text{line}$，$\phi_{21} = 55000\text{line}$。試求

(1)各線圈之自感 L_1 及 L_2

(2)各線圈的漏磁係數

(3)兩線圈之耦合係數

(4)互感

解 (1) $L_1 = \dfrac{N_1 \phi_1}{I_1} = \dfrac{50 \times 6000 \times 10^{-8}}{2} = 0.0015\text{H}$

$L_2 = \dfrac{N_2 \phi_2}{I_2} = \dfrac{500 \times 60000 \times 10^{-8}}{2} = 0.15\text{H}$

(2) $\sigma_1 = \dfrac{\phi_{11}}{\phi_1} = \dfrac{\phi_1 - \phi_{12}}{\phi_1} = \dfrac{6000 - 5500}{6000} = 0.08333$

$\sigma_2 = \dfrac{\phi_{22}}{\phi_2} = \dfrac{\phi_2 - \phi_{21}}{\phi_2} = \dfrac{60000 - 55000}{60000} = 0.08333$

(3) $K = \sqrt{(1 - \sigma_1)(1 - \sigma_2)} = 0.9167$

或 $K = \dfrac{\phi_{12}}{\phi_1} = \dfrac{\phi_{21}}{\phi_2} = \dfrac{5500}{6000} = \dfrac{55000}{60000} = 0.9167$

(4) $M = K\sqrt{L_1 L_2} = 0.9167\sqrt{0.0015 \times 0.15} = 0.0138H$

$\cdots$ **例題 4-15** $\cdots \cdots \cdots \cdots \cdots \cdots \cdots \cdots \cdots \cdots \cdots \cdots \cdots \cdots$

設有兩線圈，其自感量及匝數分別為 $L_1 = 200mH$，$L_2 = 400mH$，$N_1 = 50$ 匝，$N_2 = 100$ 匝。若兩線圈的耦合係數 $K = 0.6$，求：

(1)互感量 M

(2)若 $\dfrac{d\phi_1}{dt} = \dfrac{450 \times 10^{-3}Wb}{秒}$，求感應電壓 e_1 及 e_2

(3)若 $\dfrac{di_1}{dt} = \dfrac{2A}{秒}$，求感應電壓 e_1 及 e_2

解　(1) $M = K\sqrt{L_1 L_2} = 0.6\sqrt{(200 \times 10^{-3})(400 \times 10^{-3})} = 170 \times 10^{-3}H$
$= 170(mH)$

(2) $e_1 = -N_1 \dfrac{d\phi_1}{dt} = -50 \times 450 \times 10^{-3} = -22.5(V)$

$e_2 = -N_2 \dfrac{d\phi_2}{dt} = -N_2 \dfrac{d(K\phi_1)}{dt} = -KN_2 \dfrac{d\phi_1}{dt}$

$= -0.6 \times 100 \times 450 \times 10^{-3} = -27(V)$

$\because KN_2 > N_1 \Rightarrow \therefore |e_1| < |e_2|$

(3) $e_1 = -L_1 \dfrac{di_1}{dt} = -200 \times 10^{-3} \times 2 = -400 \times 10^{-3} = -0.4(V)$

$e_2 = -M \dfrac{di_1}{dt} = -170 \times 10^{-3} \times 2 = -340 \times 10^{-3} = -0.34(V)$

$\because L_1 > M = K\sqrt{L_1 L_2} \Rightarrow \therefore |e_1| > |e_2|$

$\cdots$ **例題 4-16** $\cdots \cdots \cdots \cdots \cdots \cdots \cdots \cdots \cdots \cdots \cdots \cdots \cdots \cdots$

在圖 4-14(c)中，設 $L_1 = 2H$，$L_2 = 8H$，$K = 0.75$ 外加電流變化率為 $di_1/dt = 20A/sec$，及 $di_2/dt = -6A/sec$，求外加電壓 V_1 與 V_2。

解　$M = K\sqrt{L_1 L_2} = 0.75\sqrt{2 \times 8} = 3(H)$

因 i_1 與 i_2 同時由 " · " 進入，故 M 取正，由第(4-6)式與第(4-14)式知

$$V_1 = L_1\frac{di_1}{dt} + M\frac{di_2}{dt} = 2\times(20) + 3\times(-6) = 22(\text{V})$$

由第(4-6)式與第(4-12)式知

$$V_2 = L_2\frac{di_2}{dt} + M\frac{di_1}{dt} = 8\times(-6) + 3\times(20) = 12(\text{V})$$

例題 4-17

有三線圈串聯，如圖 4-15 所示，其各電感分別為 $L_1 = 10\text{H}$，$L_2 = 20\text{H}$，$L_3 = 15\text{H}$，$M_{12} = 6\text{H}$，$M_{23} = 8\text{H}$，$M_{13} = 5\text{H}$，求 AB 間之總電感。

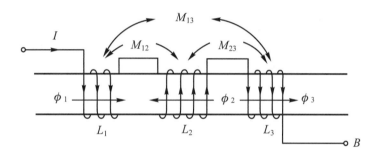

圖 4-15

解　電流 I 從 A 點流入，產生的磁通為 ϕ_1，ϕ_2，ϕ_3，依圖示，知 M_{12} 與 M_{23} 均為負值，M_{13} 為正值，故總電感

$$
\begin{aligned}
L_{AB} &= (L_1 - M_{12} + M_{13}) + (L_2 - M_{12} - M_{23}) + (L_3 - M_{23} + M_{13}) \\
&= (10 - 6 + 5) + (20 - 8 - 6) + (15 - 8 + 5) \\
&= 27\text{H}
\end{aligned}
$$

4-5　渦流與渦流損失

磁路中的鐵心，本身亦是良導體，由於導體可視為許多線圈的組合，故若將其置放在變化的磁場中，根據法拉第–楞次定律，將會產生感應電勢，而在鐵心上產生有如水渦漩狀的環流，而此電流，稱之為渦流(eddy current)。這些在鐵心的渦

流，通過鐵心上的電阻，會產生I^2R的功率損失，使得鐵心產生熱量，此熱量為一種能量損耗，稱之為渦流損失(eddy current loss)。在 3-7 中的磁滯損失與渦流損失之和，稱之為磁路的鐵損。

在一般電機設備裡，渦流損失愈小愈好，如果太大，則溫度很容易升高，甚至將電機燒毀。而減少渦流損失的方法，可以如圖 4-16 所示，將鐵心改為薄片(約0.05 至 0.15mm)，一般都採用矽鋼片，而每片之間再以絕緣油保護，如此，雖增加了磁路的磁阻，但卻大大的降低了渦流損失。

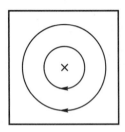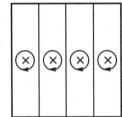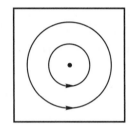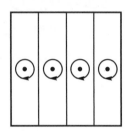

(a) 磁場為進入紙面　　　　　　　　　　(b) 磁場為離開紙面

圖 4-16

習題

1. 何謂電磁感應？

2. 何謂楞次定律？

3. 試述佛萊明右手與左手定則。

4. 何謂自感、互感、耦合係數？此三者之關係為何？

5. 何謂渦流損失？如何減少渦流損失？

6. 一導體以 5 公尺／秒的速率切割一均勻磁場，所得到的電動勢為 3 伏特，試求以下各狀況下的感應電動勢。

   (1)　速度增加 30 %

   (2)　磁通密度減少 30 %

   (3)　磁通密度增加 30 %，速度減少 30 %

7. 圖 4-17 中，在下列各情況下，說明電阻 R_2 的電流之方向：

   (1)　當繞組 *A* 移近繞組 *B* 時

(2) 開關S打開時

(3) 當R_1的電阻減少時

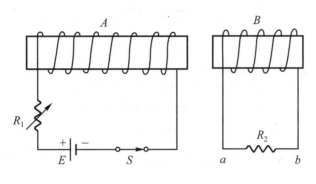

圖 4-17

8. 某空心線圈，匝數為300匝，平均長度為0.3公尺，截面積為0.1平方公尺，求

  (1) 此線圈的電感

  (2) 若將此線圈套入相對導磁係數為1200的鐵心上，則此時的電感為何？

9. 圖 4-18 中，已知L_1與L_2間的耦合係數為0.5，試求：

  (1) 若$b-d$兩端點連接，則L_{ac}為多少？

  (2) 若$b-c$兩端點連接，則L_{ad}為多少？

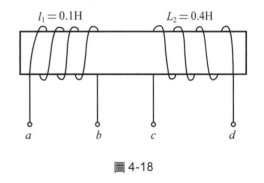

圖 4-18

10. 有一隨時間變化的磁通$\phi = 0.5 - 3t + 5t^2$(Wb)，與$N = 200$匝的線圈相交鏈，試求在$t = 3$秒時，該線圈的感應電勢。

11. 有一自感為2H的A線圈，當電流變化時產生5V的感應電勢，同時亦使相鄰的B線圈產生2V的感應電勢，則AB兩線圈間的互感為多少？

12. 圖 4-19 中，面積$A_1 > A_2$，在A_1及A_2處的吸力分別為F_1及F_2，試判斷F_1與F_2何者較大？為什麼？

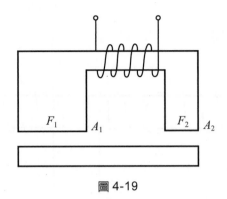

圖 4-19

13. 圖 4-20 所示為流經 2mH 線圈上的電流波形,試求該線圈上的電壓波形。

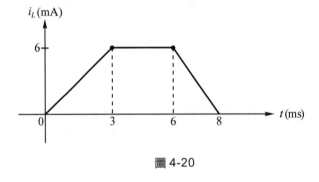

圖 4-20

5

交流的基本概念

5-1　　交變電勢的產生與正弦波
5-2　　瞬時值、平均值、有效值與最大值
5-3　　複數與相量

　　在第二章所討論的電路其電源為一種電壓極性固定，電流自電源的正端流出，經外電路而流回電源的負端之直流電(direct current)，如圖5-1所示，其中5-1(a)所示的直流電其大小雖隨時間改變，但其方向恆定不變，稱為脈動直流。習慣上直流電以大寫的*V*或*I*來表示。而圖5-2所示是一種大小與方向均隨時間作週期性變化的交流電(alternating current)，因交流電的大小非定值，而是時間的函數，一般以小寫的*v*(*t*)或*i*(*t*)來表示。

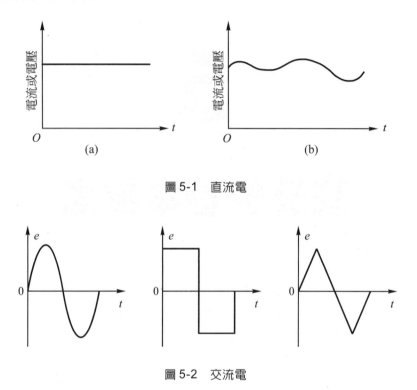

圖5-1　直流電

圖5-2　交流電

　　就實用上而言，交流較直流普遍，主要原因為交流電可發射電磁波，適於作長距離傳輸，可利用變壓器作電壓的變換，輸電設備投資費用較低，而且電力公司僅提供交流電。直流電雖不普遍，但亦有其特殊應用的場合，如電解的化學工廠、蓄電池、乾電池等，況且直流馬達的速度控制又遠較感應馬達來得穩定而有效(電聯車即為一例)。故目前由於事實上的需要，常將交流電流整流成直流後，供應直流負載。整流的方式早期是用旋轉整流機，但受限於碳刷火花及容量，致效果不佳，近年來採用閘流體(thyristor)來整流，無論控制或特性均遠勝於旋轉整流機，已廣泛地應用於工業界。

近年來應用變壓器升壓後再以閘流體大功率的整流後取直流高壓輸電(HVDC)，而於負載集中處再使用反相器(inverter)將高壓直流變回高壓交流，再經變壓器降壓後供用戶使用。經多方面研究結果顯示，對于長距離的輸電系統而言，其輸電能力，投資的設備費用，效率等方面，均交流系統為優。故許多大陸性國家已逐漸採用 HVDC 來建立輸電系統，但台灣地區因距離較短，目前尚不適用 HVDC。

5-1 交變電勢的產生與正弦波

5-1-1 交變電勢的產生

在第四章中我們已討論過在一均勻磁場B中，若導體以v的速度運動，則在導體兩端會感應出電壓，其值為$e = NBlv\sin\theta$。在圖 5-3 中，可從導體 1 及 2 感應出電壓，且可利用佛萊明右手定則來判斷出導體 1 及 2 的感應電壓係朝同一方向而形成串聯相加，而自滑環取出的電壓為個別導體上的兩倍。此二導體所構成的線圈在均勻磁場中轉動時，其運動方向可以由旋轉的切線方向作為導體的運動方向。該線圈的兩端接牢於兩個獨立的滑環上，滑環再經由電刷之接觸而與外部電路相連接，則不同瞬間下線圈之感應電勢如圖 5-4 所示。

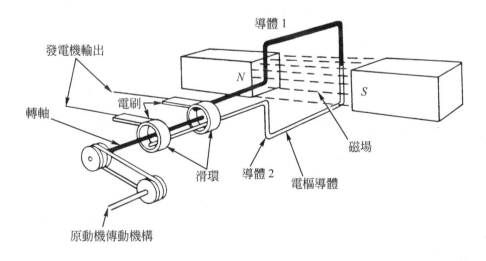

圖 5-3 交流電壓的產生，二串聯導線在磁場中旋轉

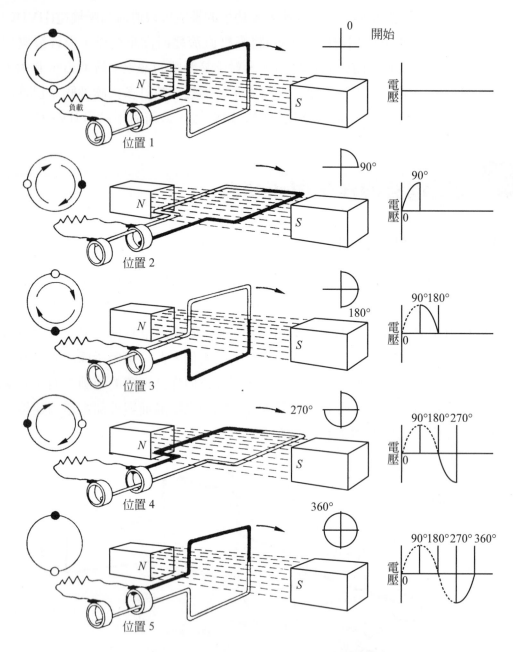

圖 5-4 由二導線在磁場中旋轉而產生電壓

位置 1 時，運動切線方向與磁場方向平行，感應電勢為 0。

位置 2 時，運動切線方向與磁場方向正交，感應電勢為正值最大。

位置 3 時，感應電勢為 0。

位置 4 時，感應電勢為負值最大。

位置 5 時，導線回到位置 1，感應電勢為零。

由以上的過程，可以得知，當線圈旋轉一圈時，其感應電勢也循著正弦波的波形而變化一個週期，得到一週的 2π 弳度之正弦波感應電壓。此即交變電動勢產生的基本原理。

5-1-2 正弦波

正弦波(sine wave)是由於線圈呈等速圓周運動而產生，線圈每轉一圈(360°)即等於一個週期，圖 5-5 乃由線圈的等速運動得到對應的電壓值。圖中以電壓的最大值 E_m 為半徑畫一圓，再等分圓周為 12 等分，且通過圓心水平線 t(時間軸)，在時間軸 t 上取某線段作 12 等分，每一等分線作垂線。此外，在圖上依序把各點之值作水平投影於右邊對應之垂直線上，即可得出 12 個交點，將此交點連接起來，即為一週期之電壓正弦波。

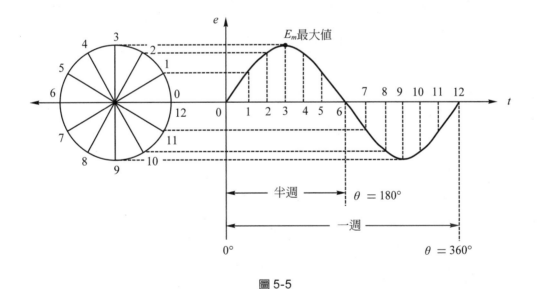

圖 5-5

決定一正弦波的因素有三：波幅(amptitude)即大小、頻率(frequency)及相角(phase angle)。一個電壓的正弦波可以表示為

$$e(t) = E_m \sin(\theta + \theta_0) \tag{5-1}$$

$$= E_m \sin(\omega t + \theta_0) \tag{5-2}$$

$$= E_m \sin(2\pi f t + \theta_0) \tag{5-3}$$

$$= E_m \sin\left(\frac{2\pi t}{T} + \theta_0\right) \tag{5-4}$$

其中$e(t)$表示電壓在時間t時之瞬間大小，E_m稱爲此正弦波的峰值(maximum value)，ω爲角速度(angular velocity)，f爲頻率(frequency)，T爲週期(period)，θ_0爲初始相角(initial phase angle)。

　　比較(5-1)式至(5-4)式可知，正弦波可用時間軸[(5-2)、(5-3)、(5-4)]或角度軸[(5-1)]來表示。其中，

$$\theta = \omega t = 2\pi f t = \frac{2\pi}{T}t \tag{5-5}$$

若以角度軸來表示，角度變化2π徑度(radian)，或 360 度(degree)時，波形完成一週期的變化，而0°至180°稱爲正半週，180°至360°稱爲負半週，如圖 5-6 所示。而徑度與角度之間的關係可表示爲

$$徑度(rad) = \left(\frac{\pi}{180°}\right) \times 角度 \tag{5-6}$$

$$角度(degree) = \left(\frac{180°}{\pi}\right) \times 徑度量 \tag{5-7}$$

而(5-6)及(5-7)式的關係可以圖 5-7 來表示。

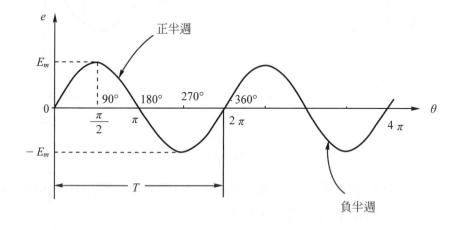

圖 5-6

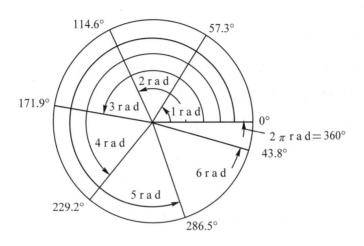

圖 5-7　徑度與角度的關係

　　以時間軸來表示，則歷經一週期 *T* 的時間，波形完成一週(cycle)的變化，如圖 5-8 所示。圖 5-8(a)的週期為 1 秒，而圖 5-8(b)的週期為 $\frac{1}{2}$ 秒，因此，圖 5-8(b)波形的變化較圖 5-8(a)的波形為快，亦即圖 5-8(b)的波形頻率較圖 5-8(a)的波形為大。所謂頻率(以 *f* 來表示)，是指每秒內波形變化週(次)數，其單位為週／秒(c/s)，常以赫茲(Hertz)來表示。如圖 5-8(a)其波形每秒變化一次，因此其頻率為 1Hz，而圖 5-8(b)其波形每秒變化兩次，因此其頻率為 2Hz。由以上兩圖的關係得知，週期愈小，頻率愈大，亦即兩者互為導數關係，可表示為

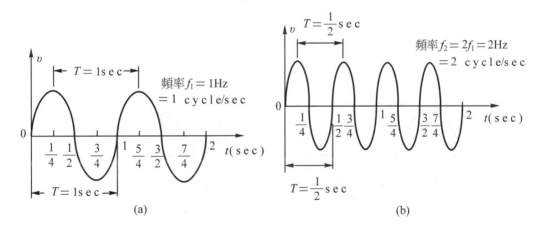

圖 5-8

$$T = \frac{1}{f} \text{ 或 } f = \frac{1}{T} \tag{5-8}$$

由以上討論可知,在一週期裡波形完成2π(rad)或$360°$之變化,若在任何瞬間t時,則所對應的旋轉角度(角位移)為θ,即

$$\frac{T}{t} = \frac{2\pi}{\theta}$$

或

$$\theta = \frac{2\pi t}{T} = 2\pi f t \tag{5-9}$$

而角速度ω為單位時間之位移量(rad/sec),即

$$\omega = \frac{\theta}{t} = \frac{2\pi f t}{t} = 2\pi f \tag{5-10}$$

圖5-6及圖5-8所示的波形,其起點在$t = 0$的位置,也就是說這些波形的初始相角為零,以公式表示為$v(t) = V_m \sin\omega t$,但有些波形其起點並不在$t = 0$的位置,它可能$t < 0$,如圖5-9(a)所示,也可能在$t > 0$的位置,如圖5-9(b)所示。此二波形可分別表示為

$$v(t) = V_m \sin(\omega t + \theta_0)$$
$$V(t) = V_m \sin(\omega t - \theta_0)$$

若將此二圖形同時描繪在同一圖上,即可明顯觀察到波形之間的相角關係。

以圖 5-10(a)為例,i落後(lag)v為$90°$,亦即v超前(lead)i為$90°$。而圖 5-10(b)v超前(lead)i為$210°$或i落後(lag)v為$210°$。

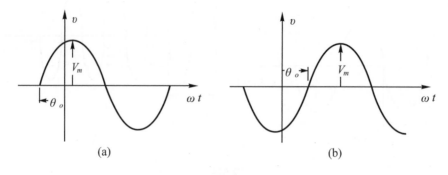

圖 5-9

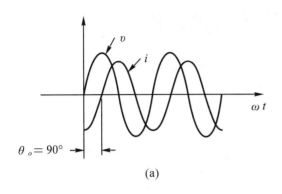

(a)

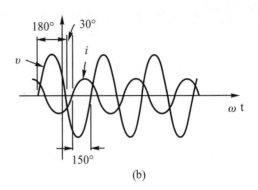

(b)

圖 5-10　相角關係

　　相角關係不僅存在於電壓與電流之間，也存在於電壓與電壓間，電流與電流間，只要頻率相同，就會有相位角關係。若兩正弦波之相位角為零，即二者之波形在某一瞬間，其振幅之大小值同時為零，且於正、負半週時均朝同向增加，則此二波形可稱為同相(in phase)。若二者間存有不為零之相位角 θ_0，則稱此二波形為異相(out of phase)或不同相。

· · · **例題 5-1** ·

　　設有一正弦波，它完成 5 週次需要 $4\mu s$ 的時間，試求其週期、頻率、角速度，及在 $0.5\mu s$ 時它所經過的角度(角位移)為多少？

解

$$T = \frac{1}{5}(4\mu s) = 0.8\mu S$$

$$f = \frac{1}{T} = \frac{1}{0.8 \times 10^{-6}} = 1.25 \times 10^6 Hz = 1.25 MHz$$

$$\omega = 2\pi f = 2\pi \times 1.25 \times 10^6 = 7.854 \times 10^6 rad/sec$$

$$\theta = \omega t = 7.854 \times 10^6 \times 0.5 \times 10^{-6} = 3.93 rad$$

· ·

5-2　瞬時值、平均值、有效值與最大值

任一週期函數$f(t)$在某一特定時間t_1至t_2之平均值(average value)定義為

$$F_{av} = \frac{1}{t_2 - t_1} \int_{t_1}^{t_2} f(t)dt \tag{5-11}$$

式中，$f(t)$可視為交流之瞬時值(instantaneous value)。當$f(t)$的週期為T時，則$f(t)$之平均值為

$$F_{av} = \frac{1}{T} \int_0^T f(t)dt = \frac{1}{2\pi} \int_0^{2\pi} f(\theta)d\theta = \frac{\omega}{2\pi} \int_0^{\frac{2\pi}{\omega}} f(t)dt \tag{5-12}$$

上式表示某一函數的平均值，是該函數曲線一週期所包含面積除以其週期。對正弦波函數而言，其平均值為

$$F_{av} = \frac{1}{2\pi} \int_0^{2\pi} F_m \sin(\omega t \pm \theta_0) d\omega t$$

$$= \frac{1}{2\pi} \int_0^{2\pi} F_m \sin(\theta \pm \theta_0) d\theta$$

$$= \frac{F_m}{2\pi} \left[-\cos(\theta - \theta_0) \right] \Big|_{\theta = 0}^{2\pi}$$

$$= \frac{F_m}{2\pi} \left[-\cos(2\pi - \theta_0) + \cos(-\theta_0) \right]$$

$$= 0$$

因此，正弦函數在一週內之平均值為零。此乃因其正半週面積與負半週面積相等，故其總面積為零。

一般在交流正弦波的平均值是指其正半週或負半週之平均值，即

$$F_{av} = \frac{1}{\pi} \int_{\theta_0}^{\pi + \theta_0} F_m \sin(\theta - \theta_0) d\theta$$

$$= \frac{F_m}{\pi} \left[-\cos(\theta - \theta_0) \right] \Big|_{\theta = \theta_0}^{\theta = \pi + \theta_0}$$

$$= \frac{F_m}{\pi} \left[-\cos(\pi) + \cos 0 \right]$$

$$= \frac{2}{\pi} F_m = 0.636 F_m$$

或 $\qquad F_m = \dfrac{\pi}{2} F_{\mathrm{av}}$ (5-13)

由(5-13)式知，正弦波的平均值 F_{av} 爲其最大值 F_m 的 $\dfrac{2}{\pi}(0.636)$ 倍。

在相同時間下，若交流電流通過某電阻所產生的熱效應與直流電流通過該電阻時所產生的熱效應相等時，則此直流電流 I 爲此交流電流 $i(t)$ 之有效值(effective value)，以 I_{eff} 來表示。若交流電流在一週期裡通過電阻所產生的熱量爲 W_1，即

$$W_1 = \int_0^T i^2(t) R \, dt$$

而直流電流在相同時間通過此電阻產生的熱量爲 W_2，即

$$W_2 = I_{\mathrm{eff}}^2 R T$$

由定義知，$W_1 = W_2$，故

$$I_{\mathrm{eff}}^2 R T = \int_0^T i^2(t) R \, dt$$

$$I_{\mathrm{eff}}^2 = \frac{1}{T} \int_0^T i^2(t) \, dt$$

或 $\qquad I_{\mathrm{eff}} = \left[\dfrac{1}{T} \int_0^T i^2(t) \, dt \right]^{\frac{1}{2}}$ (5-14)

由(5-14)式知，$i(t)$ 之有效值爲瞬時電流平方之平均值的平方根，依其運算過程，有效值亦稱爲均方根值(root-mean-square value)，簡稱 rms 值，以 I_{rms} 來表示。

對正弦波 $i(t) = I_m \sin \omega t$ 而言，將之代入(5-14)式可得

$$
\begin{aligned}
I_{\mathrm{eff}}^2 &= \frac{1}{T} \int_0^T (I_m \sin \omega t)^2 \, dt \\
&= \frac{I_m^2}{T} \int_0^T \sin^2 \omega t \, dt \\
&= \frac{I_m^2}{T} \int_0^T \left(\frac{1}{2} - \frac{1}{2} \cos 2\omega t \right) dt \\
&= \frac{I_m^2}{T} \int_0^T \frac{1}{2} \, dt - \int_0^T \frac{1}{2} \cos 2\left(\frac{2\pi}{T} \right) t \, dt \\
&= \frac{I_m^2}{T} \left[\frac{1}{2} t \,\Big|_{t=0}^{t=T} - \frac{1}{2} \times \frac{T}{2\pi} \times \frac{1}{2} \sin 2\left(\frac{2\pi}{T} \right) t \,\Big|_{t=0}^{t=T} \right] \\
&= \frac{I_m^2}{T} \left[\frac{T}{2} - 0 \right] = \frac{I_m^2}{2}
\end{aligned}
$$

所以
$$I_{\mathrm{eff}} = \sqrt{\frac{I_m^2}{2}} = \frac{I_m}{\sqrt{2}} = 0.707 I_m$$

或
$$I_m = \sqrt{2} I_{\mathrm{eff}} = 1.414 I_{\mathrm{eff}} \tag{5-15}$$

由(5-15)式知,對交流正弦波而言,有效值為最大值的 0.707 倍,或最大值為有效值的 $\sqrt{2}$(1.414)倍。

　　波形之有效值與平均值之比值稱為波形因數(form factor),以 FF 表示,對正弦波電流而言,

$$\mathrm{FF} = \frac{I_{\mathrm{eff}}}{I_{\mathrm{av}}} = \frac{\dfrac{1}{\sqrt{2}} I_m}{\dfrac{2}{\pi} I_m} = \frac{\pi}{2\sqrt{2}} = 1.11 \tag{5-16}$$

　　波形之最大值與有效值之比值,稱為波峰因數(crest factor),以 CF 表示,對正弦波電流而言,

$$\mathrm{CF} = \frac{I_m}{I_{\mathrm{eff}}} = \frac{I_m}{\dfrac{1}{\sqrt{2}} I_m} = \sqrt{2} = 1.414 \tag{5-17}$$

　　一般波形因素可用來判斷波形是否為良好的正弦波,因矩形波與直流電,其有效值與平均值相等,因此 FF = 1。所以,當波形平坦時,其 FF = 1,當波形稍為凸尖為正弦波時,FF 即增為 1.11。由此推論,波形愈凸尖,則波形因數愈大。而波峰因數在電機的絕緣設計上十分重要,因電器之絕緣程度是以它所能承受之最大電壓,而此最大電壓值等於有效值與 CF 之乘積。

· · · **例題 5-2** ·

求圖 5-11 週期波之平均值與有效值及 FF。

解
$$I_{\mathrm{av}} = \frac{1}{T} \int_0^T i\,dt = \frac{波形所含面積}{週期}$$

$$= \frac{10 \times \dfrac{T}{2} + (-5) \times \dfrac{T}{2}}{T} = \frac{5}{2}\,\mathrm{A}$$

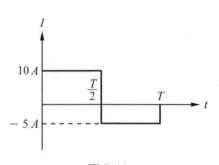

圖 5-11

$$I_{\mathrm{eff}} = \left[\frac{10^2 \times \frac{T}{2} + (-5)^2 \times \frac{T}{2}}{T}\right]^{\frac{1}{2}} = 7.91\mathrm{A}$$

$$\mathrm{FF} = \frac{I_{\mathrm{eff}}}{I_{\mathrm{av}}} = \frac{7.91}{2.5} = 3.164$$

例題 5-3

求圖 5-12 所示脈動直流波形的平均值、有效值、FF、CF。

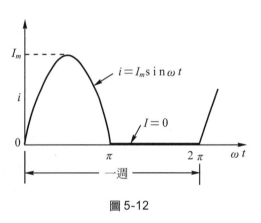

圖 5-12

解

(1) $I_{\mathrm{av}} = \dfrac{1}{T}\displaystyle\int_0^T i_m dt$

$= \dfrac{1}{2\pi}\displaystyle\int_0^\pi I_m \sin\omega t\, dt$

$= \dfrac{I_m}{2\pi} \times \dfrac{1}{\omega}\left[-\cos\omega t\,\big|_0^\pi\right]$

$= \dfrac{I_m}{2\pi} \times \dfrac{1}{\frac{2\pi}{T}}[2]\left(\because \omega = \dfrac{2\pi}{T}\right)$

$= \dfrac{I_m}{\pi} = 0.318 I_m$

(2) $I_{\mathrm{eff}} = \left[\dfrac{1}{T}\displaystyle\int_0^T i^2(t)dt\right]^{1/2}$

$= \left[\dfrac{1}{2\pi}\displaystyle\int_0^\pi (I_m \sin\omega t)^2 dt\right]^{1/2}$

$= \left[\dfrac{I_m^2}{2\pi} \times \dfrac{1}{2}\displaystyle\int_0^\pi (1 - \cos 2\omega t)dt\right]^{1/2}$

$= \left[\dfrac{I_m^2}{4}\right]^{1/2} = \dfrac{I_m}{2} = 0.5 I_m$

(3) $\mathrm{FF} = \dfrac{I_{\mathrm{eff}}}{I_{\mathrm{av}}} = \dfrac{0.5 I_m}{0.318 I_m} = 1.572$

(4) $\mathrm{CF} = \dfrac{I_m}{I_{\mathrm{eff}}} = \dfrac{I_m}{0.5 I_m} = 2$

● ● ● **例題 5-4** ●

一正弦波電壓之最大振幅 $E_m = 100$ 伏特，週期 $T = \dfrac{1}{60}$ 秒，且在 $t = 0$ 時之初始相角 $\theta_0 = 30°$，試求出電壓之瞬時值，並繪出其一週之波形。

解

由題意知，$E_m = 100\text{V}$，$\theta_0 = 30° = \dfrac{\pi}{6}$（弪度），$f = \dfrac{1}{T} = 60\text{Hz}$

$\omega = 2\pi f = 377$ 弪度／秒

$\therefore e = E_m \sin(\omega t + \theta_0) = 100\sin\left(377t + \dfrac{\pi}{6}\right)$ 伏特

此電壓之波形繪出如圖 5-13 所示。須注意在 $t = 0$ 之瞬時電壓 e_0 為

$e_0 = E_m \sin(\omega t + \theta_0) = 100\sin\dfrac{\pi}{6} = 50$ 伏特

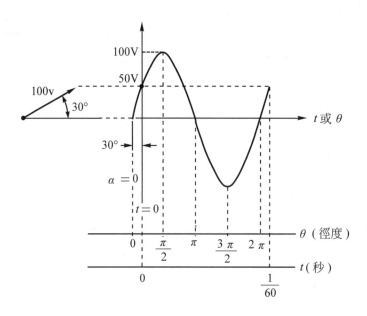

圖 5-13

● ● ● **例題 5-5** ●

設 $v = -10\sin(\omega t + 150°)$，$i = 10\sin(\omega t - 70°)$，求 v、i 之間之相位關係。

解　$v = -10\sin(\omega t + 150°)$

$\quad = 10\sin(\omega t + 150° - 180°) = 10\sin(\omega t - 30°)$

$$i = 10\sin(\omega t - 70°)$$

故v超前i為$40°$

5-3　複數與相量

　　將正弦函數(電流或電壓)加到由線性 RLC 元件所組成電路時,所引起之響應(電流或電壓)也是正弦函數,而且其頻率也不變,故我們可以用一種同時表示大小及相位來描述這些電流與電壓的關係,此即相量(phasor)。相量是與時間有關之量,其與空間方向有關的向量有所不同,請勿混淆。在 5-1-2 中的圖 5-5 我們曾由等速圓周運動所得的圓軌跡劃成正弦波。相量的定義是有方向指向的某固定線段依反時針方向(國際慣例定為正轉方向)以定角速度ω旋轉,在某時刻t時其方向離起點之夾角稱為角位移$\theta = \omega t$,開始旋轉時($t = 0$)與參考軸之夾角為其相位角,而該線段長度即為正弦函數的最大值,如圖 5-14 與圖 5-15 所示。圖 5-14 的電壓為$e = E_m \sin\omega t$,而圖 5-15 的電壓為$e = 100\sin(\omega t + 30°)$。

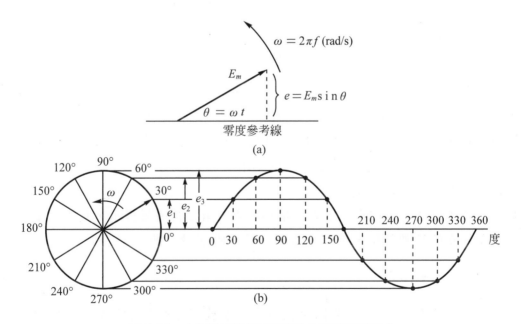

圖 5-14　由旋轉電壓相量而產生的正弦電壓波形

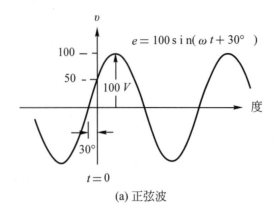

(a) 正弦波

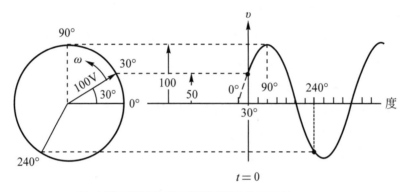

(b) 由對應相量的垂直投影而產生的正弦波

圖 5-15

相量在時間上有先後的次序關係，其相量之合成就可以比照向量之合成(在空間相加)，在同一時間軸就相量大小的相加。唯這些相量既是同一角速度旋轉，則其相對位置(即相位)即保持不變，因此可直接將兩正弦函數相加，實即其對應相量之相加，兩相加後的角頻率仍和原角頻率相同。

相量主要有三種表示法：

1. 直角座標法：將相量以水平分量和垂直分量之合成量表示，其中水平分量表示相量的實數部份，垂直分量表示其虛數部份，即

$$\overline{A} = A_x + jA_y \tag{5-18}$$

如圖 5-16 所示，其中 $j = \sqrt{-1}$ 表示虛數。此處不用代數中虛數 i 來表示，以免和交流的瞬時電流 i 混淆。

2. 極座標法：利用相量的絕對值和相角組成，如圖 5-16 之相量 $\overline{A}$，其極座標表示法為

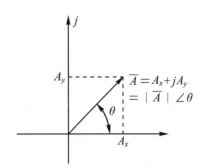

圖 5-16　直角座標與極座標之關係

$$\overline{A} = |\overline{A}| \angle \theta \qquad (5\text{-}19)$$

　　而極座標法(polar form)與直角座標法(rectangular form)之關係為

(1) 極座標→直角座標

$$A_x = |\overline{A}| \cos\theta$$
$$A_y = |\overline{A}| \sin\theta \qquad (5\text{-}20)$$

(2) 直角座標→極座標

$$|\overline{A}| = \sqrt{A_x^2 + A_y^2}$$
$$\theta = \tan^{-1}\frac{A_y}{A_x} \qquad (5\text{-}21)$$

3. 指數法：因

$$e^{j\theta} = \cos\theta + j\sin\theta = 1\angle\theta$$
$$e^{-j\theta} = \cos\theta - j\sin\theta = 1\angle-\theta \qquad (5\text{-}22)$$

　　將之代入極座標表示法，則可得指數表示法，即

$$\overline{A} = |\overline{A}| e^{j\theta} \qquad (5\text{-}23)$$

　　相量的運算如同一般代數運算一樣，包括加、減、乘、除四項，雖然這四種運算均可用直角座標來進行，但為了計算上的方便，常以直角座標法進行加、減的運算，而以極座標法進行乘、除的運算。而虛數 j 的運算如下：

$$j = \sqrt{-1}$$
$$j^2 = (\sqrt{-1})^2 = -1$$
$$j^3 = j^2 j = -j$$
$$j^4 = j^2 j^2 = (-1)(-1) = 1$$

設有兩相量 $\overline{A}$ 與 $\overline{B}$，則其加、減、乘、除的運算如下：

$$\overline{A} = A_x + jA_y = |\overline{A}| \angle \alpha = |\overline{A}| e^{j\alpha}$$

$$\overline{B} = B_x + jB_y = |\overline{B}| \angle \beta = |\overline{B}| e^{j\beta}$$

$$\overline{A} + \overline{B} = (A_x + jA_y) + (B_x + jB_y) = (A_x + B_x) + j(A_y + B_y) \tag{5-24}$$

$$\overline{A} - \overline{B} = (A_x + jA_y) - (B_x + jB_y) = (A_x - B_x) + j(A_y - B_y) \tag{5-25}$$

$$\overline{A} \times \overline{B} = |\overline{A}| \angle \alpha \times |\overline{B}| \angle \beta = |\overline{A}||\overline{B}| \angle \alpha + \beta \tag{5-26}$$

$$\frac{\overline{A}}{\overline{B}} = \frac{|\overline{A}| \angle \alpha}{|\overline{B}| \angle \beta} = \frac{|\overline{A}|}{|\overline{B}|} \angle \alpha - \beta \tag{5-27}$$

**註：(1)相量為一種應用於正弦函數計算的向量表示法，為了和一般非相量有所區別，本書表示法如下：

$$\overline{A} = |\overline{A}| \angle \theta = A \angle \theta$$

在 A 上方加一帽子 " $-$ "，以示區別，請讀者特別留意，因 $\overline{A} \neq A$ 兩者相差 $\angle \theta$ 角度或 $e^{j\theta}$，亦有些書本採用 " **A** " 粗黑字來表示 $\overline{A}$ 亦可。

(2)電壓與電流的一般極座標表示法如下：

$$\overline{E} = |\overline{E}| \angle \theta_v = E_{\text{rms}} \angle \theta_v$$

$$\overline{I} = |\overline{I}| \angle \theta_i = I_{\text{rms}} \angle \theta_i$$

其中 E_{rms} 與 I_{rms} 分別代表電壓與電流波形的有效值。而 θ_v 與 θ_i 分別代表電壓和電流在 $t = 0$ 時的相位角。

另外，也有些書本以極大值來表示，讀者可自行比較，如

$$\overline{E} = |\overline{E}| \angle \theta_v = E_{\text{max}} \angle \theta_v$$

$$\overline{I} = |\overline{I}| \angle \theta_i = I_{\text{max}} \angle \theta_i$$

· · **例題 5-6** ·

設 $v_1 = 25\sin(\omega t + 143.13°)$ 伏特，$v_2 = 11.2\sin(\omega t + 26.57°)$ 伏特，求 $v_1 + v_2$、$v_1 - v_2$、$v_1 \times v_2$、v_1/v_2。

解

$$\overline{V_1} = \frac{25}{\sqrt{2}} \angle 143.13° = 17.68 \angle 143.13° = -14.14 + j10.6$$

$$\overline{V_2} = \frac{11.2}{\sqrt{2}} \angle 26.57° = 7.92 \angle 26.57° = 7.08 + j3.54$$

$$\overline{V_1} + \overline{V_2} = (-14.14 + j10.6) + (7.08 + j3.54)$$
$$= -7.06 + j14.14 = 15.8 \angle 116.53°$$

$$\overline{V_1} - \overline{V_2} = (-14.14 + j10.6) - (7.08 + j3.54)$$
$$= -21.22 + j7.06 = 22.36 \angle 161.59°$$

$$\overline{V_1} \times \overline{V_2} = 17.68 \angle 143.13° \times 7.92 \angle 26.57° = 140 \angle 169.7°$$

$$\frac{\overline{V_1}}{\overline{V_2}} = \frac{17.68 \angle 143.13°}{7.92 \angle 26.57°} = 2.23 \angle 116.56°$$

$$\therefore v_1 + v_2 = \sqrt{2} \times 15.8 \sin(\omega t + 116.53°)$$

$$v_1 - v_2 = \sqrt{2} \times 22.36 \sin(\omega t + 161.59°)$$

$$v_1 \times v_2 = \sqrt{2} \times 140 \sin(\omega t + 169.7°)$$

$$v_1 / v_2 = \sqrt{2} \times 2.23 \sin(\omega t + 116.56°)$$

習題

1. 試寫出下列各正弦波的波幅、頻率、週期、角速度及初始相角。

 (1) $25 \sin 377t$ (V)

 (2) $17 \sin(157t - 60°)$ (V)

 (3) $40 \cos 75t$ (V)

 (4) $90 \cos(20t + 160°)$ (V)

2. 試畫出下列正弦波之波形曲線。

 (1) $e_1 = 10 \sin \omega t$

 (2) $e_2 = 30 \sin(\omega t - 50°)$

 (3) $i_1 = 5 \sin(\omega t + 90°)$

3. 試求圖 5-17 矩形波的平均值、有效值和波形因數。

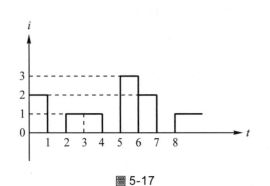

圖 5-17　　　　　　　　　　　　圖 5-18

4.　有一正弦波電壓 $e = 200\sin120\pi t$ 求(1)頻率，(2)最大值，(3)有效值，(4)平均值 (只計算半週)，(5)波形因數，(6)波峰因數。

5.　求圖 5-18 所示三角波 $f(t)$ 在 0～6 秒間的平均值。

6.　將下列各直角座標轉化為極座標。

(1)　$3 + j4$

(2)　$7 - j4$

(3)　$-30 - j45$

(4)　$-8 + j6$

7.　將下列各極座標轉化為直角座標。

(1)　$10\angle30°$

(2)　$25\angle-45°$

(3)　$150\angle120°$

(4)　$180\angle-140°$

8.　試求下列各複數(相量)的和、差、積及商。(用計算機直接轉換)

(1)　$3 + j4$，$10 + j6$

(2)　$8 + j10$，$15 - j15$

(3)　$25 + j40$，$-10 - j15$

(4)　$30 + j50$，$-5 + j30$

9.　有二股 50Hz 的電流，$i_1 = 2.5\sin(\omega t - 15°)$；$i_2 = 3.5\sin(\omega t - 75°)$ 流經同一導線，試計算

(1)　合成電流 i_3

(2)　i_1 和 i_3 的夾角

(3)　i_2和i_3的夾角

(4)　i_3的均方根電流值

10.　電動勢$e_1 = 100\sin(100\pi t - 75°)$和另一電動勢$e_2 = 120\sin(100\pi t - 105°)$；試計算

(1)　合成電壓e_3

(2)　e_1和e_3的夾角

(3)　e_2和e_3的夾角

(4)　e_3的均方根電壓值

6

交流電路

6-1　純電阻、純電感與純電容電路

6-2　電阻、電感與電容的串聯電路

6-3　電阻、電感、電容的並聯電路

6-4　諧振電路

6-5　單相電功率

6-6　改善功率因數

6-7　交流最大功率轉移

6-8　交流平衡三相電路

6-9　平衡三相電路的功率

6-10　三相電路功率的量測

6-11　交流電路分析

在第五章中已介紹過一些交流的基本概念，本章將繼續分析交流電路的特性，如電阻、電感與電容之串聯和並聯電路，進而探討串並聯諧振電路與單相及三相電路的功率分析。

6-1　純電阻、純電感與純電容電路

6-1-1　純電阻電路

圖 6-1(a)中，設電流$i(t)=I_m\sin\omega t$加於電阻R上，則可由歐姆定律求得，在電阻兩端之瞬時電壓為

$$v(t)=i(t)R=I_m\sin\omega t\times R=V_m\sin\omega t$$

其中$V_m=I_m\times R$。由$v(t)$與$i(t)$式子得知，在純電阻電路中，$v(t)$與$i(t)$同相。若以相量來表示，則純電阻電路的阻抗為

$$Z=\frac{\overline{V}}{\overline{I}}=\frac{V\angle 0°}{I\angle 0°}=\frac{\dfrac{V_m}{\sqrt{2}}\angle 0°}{\dfrac{I_m}{\sqrt{2}}\angle 0°}=R \tag{6-1}$$

而此電路中，電阻所消耗功率為

$$P(t)=v(t)i(t)=V_mI_m\sin^2\omega t$$
$$=\frac{V_mI_m}{2}-\frac{V_mI_m}{2}\cos 2\omega t$$

其中第一項為定值，第二項為餘弦變化，其一週期的平均值為零，因此第二項為零，即

$$P(t)=\frac{V_mI_m}{2}=\frac{V_m}{\sqrt{2}}\times\frac{I_m}{\sqrt{2}}=VI=\frac{V^2}{R}=I^2R \tag{6-2}$$

由(6-2)式知，純電阻電路的功率為電流及電壓的有效值之乘積，此與直流電路表示法相同，而其瞬時最大功率$V_mI_m=2VI$。將$i(t)$、$v(t)$、$P(t)$之相關波形繪出如圖6-1(b)所示，而V與I的相量圖如圖6-1(c)所示。

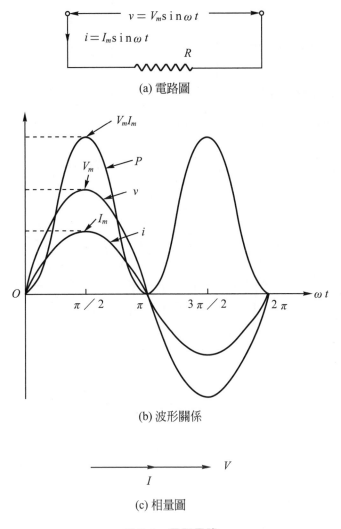

(a) 電路圖

(b) 波形關係

(c) 相量圖

圖6-1 電阻電路

6-1-2 純電感電路

若有一電流$i(t) = I_m \sin \omega t$流過純電感，如圖 6-2(a)所示，因電感具有反對電流變化的特性，因此，在電感兩端會產生自感應電勢$e_L = -L \times \dfrac{di(t)}{dt}$，則跨於電感兩端之電壓為

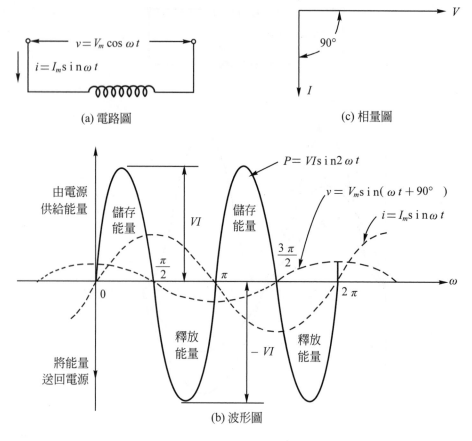

圖 6-2　純電感電路

$$v(t) = -e_L = L\frac{di(t)}{dt} = L\frac{d}{dt}(I_m\sin\omega t)$$

$$= \omega L I_m\cos\omega t = V_m\cos\omega t = V_m\sin(\omega t + 90°)$$

或　　　$$\overline{V} = \frac{V_m}{\sqrt{2}}\angle 90° = V\angle 90°，其中 V_m = \omega L I_m = 2\pi f L I_m$$

由 $v(t)$ 與 $i(t)$ 式子得知，純電感電路兩端的電壓較電流超前90°，而其阻抗為

$$Z = \frac{\overline{V}}{\overline{I}} = \frac{V\angle 90°}{I\angle 0°} = \frac{\dfrac{V_m}{\sqrt{2}}\angle 90°}{\dfrac{I_m}{\sqrt{2}}\angle 0°} = \omega L\angle 90° = j\omega L \tag{6-3}$$

純電感的阻抗稱為感抗(inductive reactance)，以X_L來表示，其倒數稱為感納(inductive reactance)，以B_L表示，即

$$X_L = \omega L = 2\pi f L \;,\; Z_L = jX_L \tag{6-4}$$

$$B_L = \frac{1}{X_L} = \frac{1}{\omega L} = \frac{1}{2\pi f L} \;,\; Y_L = \frac{1}{Z_L} = -jB_L \tag{6-5}$$

式中的$j = \angle 90°$，$-j = \angle -90°$。

而電感所消耗功率為

$$P(t) = v(t)i(t) = V_m \sin(\omega t + 90°) I_m \sin \omega t$$

$$= V_m I_m \cos \omega t \sin \omega t = \frac{1}{2} V_m I_m \sin 2\omega t = VI\sin 2\omega t \tag{6-6}$$

由(6-6)式知，電感的功率曲線為一頻率有關函數。是電流或電壓的兩倍之正弦波，可為正值和負值，正值表示從電源吸收功率，然後以磁場方式儲存，負值表示電感把能量釋回給電源，如此一來一往反復儲存和釋放能量，故實際上電感並沒有損耗電功率，故電感消耗的平均電功率為零，即電感在電路中並不消耗任何能量。

由(6-4)式知，感抗為頻率的函數，當$f = 0$，即直流時，$X_L = 0$，此時電感可視為短路。當$f = \infty$時，$X_L = \infty$，可視為開路。

將純電感電路之$i(t)$、$v(t)$與$P(t)$之相關波形繪出如圖6-2(b)所示，而V與I的相量圖如圖6-2(c)所示。

6-1-3 純電容電路

將一交流電壓$v(t) = V_m \sin \omega t$加於電容器兩端，如圖6-3(a)所示，則電容器之電流為

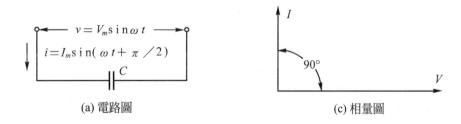

(a) 電路圖 (c) 相量圖

圖6-3 純電容電路

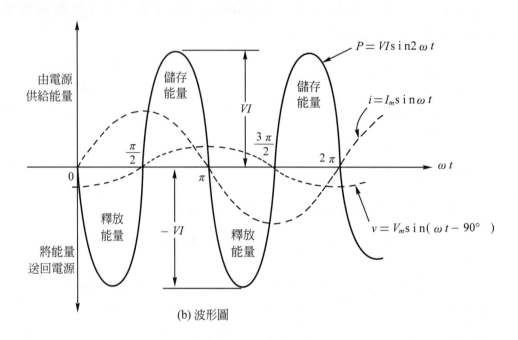

(b) 波形圖

圖6-3　純電容電路(續)

$$i(t) = C \cdot \frac{dv(t)}{dt} = C \cdot \frac{d}{dt}(V_m \sin \omega t)$$

$$= \omega C V_m \cos \omega t = \omega C V_m \sin(\omega t + 90°)$$

或以相量表示，則

$$\overline{I} = \omega C V \angle 90°$$

即在純電容電路中，電流超前電壓90°。而其阻抗為

$$Z = \frac{\overline{V}}{\overline{I}} = \frac{V \angle 0°}{\omega C V \angle 90°} = \frac{1}{\omega C} \angle -90°$$

$$= -j\frac{1}{\omega C} = \frac{1}{j\omega C}(\Omega) \tag{6-7}$$

其中$\frac{1}{\omega C}$稱為容抗(capacitive reactance)，以X_C來表示，其倒數稱為容納(capacitive susceptance)，以B_C表示，即

$$X_C = \frac{1}{\omega C} = \frac{1}{2\pi f C} \; ; \; Z_C = -jX_C \tag{6-8}$$

$$B_C = \frac{1}{X_C} = \omega C = 2\pi f C \; ; \; Y_C = jB_C \tag{6-9}$$

而電容所消耗功率為

$$\begin{aligned} P(t) &= v(t)i(t) = V_m \sin(\omega t - 90°)I_m \sin \omega t \\ &= V_m(-\cos \omega t)I_m \sin \omega t \\ &= -\frac{1}{2} V_m I_m \sin 2\omega t = -VI \sin 2\omega t \end{aligned} \tag{6-10}$$

如同電感一般，電容之功率曲線亦為與頻率有關函數。是電流或電壓的兩倍之正弦波。當功率為正時，電容自電源中吸收功率，然後以電場方式儲存能量。當功率為負時，電容把能量釋回給電源，如此一來一往反復儲存和釋放能量，實際上電容並不真正消耗功率，故電容消耗的平均功率為零，即電容在電路中並不消耗任何能量。

由(6-8)式知，容抗也是頻率的函數，但其變化情況與感抗相反，當 $f = 0$，即直流時，$X_C = \infty$，X_C 可視為開路。當 $f = \infty$ 時，即極高頻，$X_C = 0$，可視為短路。

將電容電路的 $i(t)$、$v(t)$、$P(t)$ 之相關波形繪出如圖 6-3(b)，而 V 與 I 之相量圖如圖 6-3(c)所示。

例題 6-1

有一組白熾燈泡的負載，從交流 120 伏特之電源取用 4.8 仟瓦之功率，試求：
(1)總電流
(2)瞬時最大功率
(3)負載的電阻

解

(1) $I = \dfrac{P}{V} = \dfrac{4800}{120} = 40(\text{A})$

(2) $P_{\max} = V_m I_m = 2VI = 9600(\text{W})$

(3) $R = \dfrac{V}{I} = \dfrac{120}{40} = 3(\Omega)$

例題 6-2

有一電感為 0.106 亨利，跨接於 120V，60Hz 的電源上，試求

(1)感抗

(2)電流

(3)平均功率

(4)瞬時最大功率

(5)電壓及電流方程式

(6)功率方程式

解　　(1)$X_L = \omega L = 2\pi f L = 2 \times \pi \times 60 \times 0.106 = 40(\Omega)$

(2)$I = \dfrac{V}{X_L} = \dfrac{120}{40} = 3(\text{A})$

(3)$P_{\text{av}} = 0$

(4)$P_{\max} = VI = 120 \times 3 = 360(\text{W})$

(5)$i = I_m \sin\omega t = \sqrt{2} \times 3 \sin 120\pi t = 4.242 \sin 377t$

　$e = V_m \sin(\omega t + 90°) = \sqrt{2} \times 120 \sin(377t + 90°)$

　　$= 170 \sin(377t + 90°)$

(6)$P = VI \sin 2\omega t = 120 \times 3 \sin 754t = 360 \sin 754t$

例題 6-3

有一電容為 127μF 接於 125V、50Hz 之電源上，試求：

(1)容抗

(2)電流

(3)平均功率

(4)瞬時最大功率

(5)電壓及電流方程式

(6)功率方程式

解　　(1)$X_C = \dfrac{1}{\omega C} = \dfrac{1}{2\pi f C} = \dfrac{1}{2\pi \times 50 \times 127 \times 10^{-6}} = 25(\Omega)$

(2)$I = \dfrac{V}{X_C} = \dfrac{125}{25} = 5(\text{A})$

(3)$P_{av} = 0$

(4)$P_{max} = VI = 125 \times 5 = 625(\text{W})$

(5)$e = V_m \sin\omega t = 125\sqrt{2}\sin 100\pi t = 176.8\sin 314t$

$\quad i = 5\sqrt{2}\sin(100\pi t + 90°) = 7.07\sin(314t + 90°)$

$\quad\quad = 7.07\cos 314t$

(6)$P = -VI\sin 2\omega t = -125 \times 5\sin 628t = -625\sin 628t$

6-2 電阻、電感與電容的串聯電路

6-1節中所述之電感及電容器均假設為理想狀況下之元件。但在實際情況,電感是由線圈所繞成,必會有電阻的存在。同時電容器之介質材料的電阻係數亦不可能無限大,因此必會有漏電電阻存在,因而在考慮這些元件時,必須將所存在的電阻加以考慮。

今將R、L與C三元件串聯(其中R可能是外加電阻),也可能是電感或電容器存在之電阻),如圖6-4所示,電路中之電流為$\overline{I}$,兩端之電壓為$\overline{V}$,由KVL可得

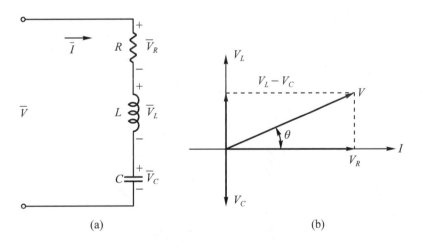

(a)   (b)

圖6-4　RLC串聯電路及相量圖

$$\overline{V} = \overline{V_R} + \overline{V_L} + \overline{V_C} = \overline{I}R + jX_L\overline{I} - jX_C\overline{I}$$

$$= \overline{I}R + j\omega L\overline{I} + \frac{1}{j\omega C}\overline{I} = \overline{I}\left(R + j\omega L + \frac{1}{j\omega C}\right)$$

$$= \overline{I}\left[R + j\left(\omega L - \frac{1}{\omega C}\right)\right]$$

此電路的阻抗為

$$Z = R + jX = R + j(X_L - X_C)$$

$$= R + j\left(\omega L - \frac{1}{\omega C}\right)$$

$$= \sqrt{R^2 + \left(\omega L - \frac{1}{\omega C}\right)^2} \angle \tan^{-1}\frac{\omega L - \dfrac{1}{\omega C}}{R}$$

$$= |Z| \angle \theta$$

此電路之性質隨其電抗$X = X_L - X_C$而定。

1.　當$X_C = 0$，即$R-L$電路，如圖6-5(a)所示，則

$$Z = R + jX_L = R + j\omega L$$

$$= \sqrt{R^2 + (\omega L)^2} \angle \tan^{-1}\frac{\omega L}{R}$$

故　　　$\overline{V} = \overline{I}Z = \overline{I}(R + j\omega L)$

即電流$\overline{I}$落後電壓$\overline{V}$一角度$\theta = \tan^{-1}\dfrac{\omega L}{R}$，如圖6-5(b)所示。

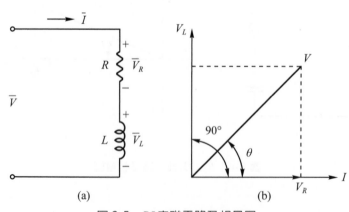

圖6-5　*RL*串聯電路及相量圖

2.　當$X_L = 0$，$R - C$電路，如圖 6-6(a)所示，則

$$Z = R - jX_C = R - j\frac{1}{\omega C}$$

$$= \sqrt{R^2 + \left(\frac{1}{\omega C}\right)^2}\angle\tan^{-1}\frac{-1}{\omega RC}$$

故 $\overline{V} = \overline{I}Z = \overline{I}\left(R - j\frac{1}{\omega C}\right)$

即電流$\overline{I}$超前電壓$\overline{V}$一角度$\theta = \tan^{-1}\dfrac{-1}{\omega RC}$，如圖 6-6(b)所示。

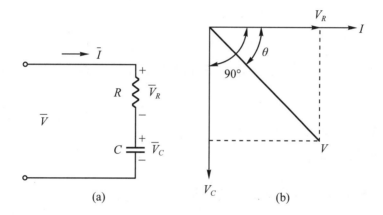

(a)　　　　　(b)

圖 6-6　RC串聯電路及相量圖

3.　當$X_L \neq 0$，但$X_L > X_C$，此時電路性質與$R - L$串聯電路相似，但X之值不再是單純之X_L，而是X_L與X_C之差，即

$$Z = R + jX = R + j(X_L - X_C)$$

$$= R + j\left(\omega L - \frac{1}{\omega C}\right)$$

$$= \sqrt{R^2 + \left(\omega L - \frac{1}{\omega C}\right)^2}\angle\tan^{-1}\frac{\omega L - \dfrac{1}{\omega C}}{R}$$

$$\overline{V} = \overline{I}Z = \overline{I}R + j\overline{I}X$$

$$= \sqrt{(IR)^2 + (IX)^2}\angle\tan^{-1}\frac{X_L - X_C}{R}$$

其相量關係如圖 6-7 所示，此時，電流落後電壓一角度 $\theta = \tan^{-1}\dfrac{\omega L - \dfrac{1}{\omega C}}{R}$。

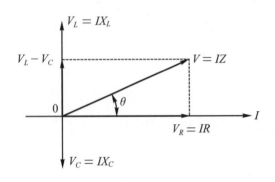

圖 6-7　　　　　　　　　　　　圖 6-8

4. 當 $X_L \neq 0$，$X_C \neq 0$，但 $X_C > X_L$，則此時電路性質與 R-C 串聯電路相似，但 $X = X_C - X_L$，即

$$Z = R + jX = R + j(X_L - X_C)$$
$$= R - j(X_C - X_L)$$
$$= \sqrt{R^2 + (X_C - X_L)^2} \angle -\tan^{-1}\frac{X_C - X_L}{R}$$
$$\overline{V} = \overline{I}Z = \overline{I}R - j\overline{I}X$$
$$= \sqrt{(IR)^2 + (IX)^2} \angle -\tan^{-1}\frac{X_C - X_L}{R}$$

其相量關係如圖 6-8 所示，此時，電流超前電壓一角度 $\theta = \tan^{-1}\dfrac{\dfrac{1}{\omega C} - \omega L}{R}$。

例題 6-4

有一電阻 $R = 30\Omega$，及感抗 $X_L = 20\Omega$ 的電感串聯連接後，接至 $\overline{V} = 100\angle 0°$ (V) 之電源上，求

(1) 總阻抗 Z

(2) 總電流 $\overline{I}$

(3) 電阻上的壓降 $\overline{V_R}$

(4)電感上的壓降$\overline{V_L}$

解 (1)$Z = R + jX_L = 30 + j20$

$$= \sqrt{30^2 + 20^2} \angle \tan^{-1}\frac{20}{30} = 36 \angle 33.7°(\Omega)$$

(2)$\overline{I} = \dfrac{\overline{V}}{Z} = \dfrac{100\angle 0°}{36\angle 33.7°} = 2.8 \angle -33.7°(\text{A})$

(3)$\overline{V_R} = \overline{I} \times R = 2.8 \angle -33.7° \times 30 \angle 0° = 84 \angle -33.7°(\text{V})$

(4)$\overline{V_L} = \overline{I} \times jX_L = 2.8 \angle -33.7° \times 20 \angle 90° = 56 \angle 56.3°(\text{V})$

例題 6-5

有一電阻$R = 30\Omega$，及容抗$X_C = 20\Omega$的電容串聯連接後，接至$\overline{V} = 100 \angle 0°$
(V)的電源上，求

(1)總阻抗Z

(2)總電流$\overline{I}$

(3)電阻上的壓降$\overline{V_R}$

(4)電容上的壓降$\overline{V_C}$

解 (1)$Z = R - jX_C = 30 - j20 = \sqrt{30^2 + 20^2} \angle \tan^{-1}\dfrac{-20}{30}$

$$= 36 \angle -33.7°(\Omega)$$

(2)$\overline{I} = \dfrac{\overline{V}}{Z} = \dfrac{100\angle 0°}{36\angle -33.7°} = 2.8 \angle 33.7°(\text{A})$

(3)$\overline{V_R} = \overline{I} \times R = 2.8 \angle 33.7° \times 30 \angle 0° = 84 \angle 33.7°(\text{V})$

(4)$\overline{V_C} = \overline{I} \times (-jX_C) = 2.8 \angle 33.7° \times 20 \angle -90° = 56 \angle -56.3°(\text{V})$

例題 6-6

有一電阻$R = 10\Omega$，電感之感抗$X_L = 5\Omega$及電容之容抗$X_C = 10\Omega$串聯連接後
接至$\overline{V} = 100 \angle 0°(\text{V})$的電源上，求(1)$Z$，(2)$\overline{I}$，(3)$\overline{V_R}$，(4)$\overline{V_L}$，(5)$\overline{V_C}$。

解 $(1) Z = R + jX_L - jX_C = 10 + j5 - j10 = 10 - j5$

$$= \sqrt{10^2 + 5^2} \angle \tan^{-1} \frac{-5}{10} = 11.2 \angle -26.5°(\Omega)$$

$(2) \overline{I} = \dfrac{\overline{V}}{Z} = \dfrac{100 \angle 0°}{11.2 \angle -26.5°} = 8.9 \angle 26.5°(A)$

$(3) \overline{V_R} = \overline{I} \times R = 8.9 \angle 26.5° \times 10 \angle 0° = 89 \angle 26.5°(V)$

$(4) \overline{V_L} = \overline{I} \times jX_L = 8.9 \angle 26.5° \times 5 \angle 90° = 44.5 \angle 116.5°(V)$

$(5) \overline{V_C} = \overline{I} \times (-jX_C) = 8.9 \angle 26.5° \times 10 \angle -90° = 89 \angle -63.5°(V)$

6-3　電阻、電感、電容的並聯電路

　　若將 R、L 與 C 三元件並聯，如圖 6-9(a) 所示之電路。將電壓 $\overline{V}$ 加於電路兩端，可產生一總電流 $\overline{I}$，此一電流包含有 $\overline{I_R}$、$\overline{I_L}$、$\overline{I_C}$ 三個分量，其中 $\overline{I_R}$ 與 $\overline{V}$ 同相，$\overline{I_L}$ 落後 $\overline{V}$ 90°，$\overline{I_C}$ 超前 $\overline{V}$ 90°，如圖 6-9(b) 所示，各分量分別為：

$$\overline{I_R} = \frac{\overline{V}}{R} \ , \ \overline{I_L} = \frac{\overline{V}}{jX_L} \ , \ \overline{I_C} = \frac{\overline{V}}{-jX_C}$$

而總電流為

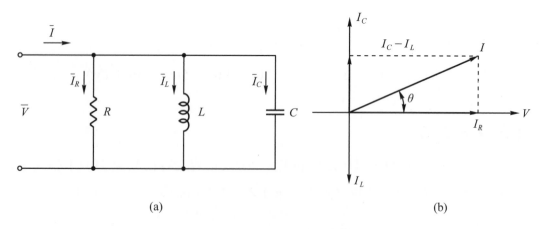

(a)　　　　　　　　　　　　　　　(b)

圖 6-9　RLC 並聯電路及相量圖

$$\overline{I} = \overline{I}_R + \overline{I}_L + \overline{I}_C$$

$$= \frac{\overline{V}}{R} + \frac{\overline{V}}{jX_L} + \frac{\overline{V}}{-jX_C} = \overline{V}\left(\frac{1}{R} - j\frac{1}{X_L} + j\frac{1}{X_C}\right)$$

$$= \overline{V}\left[\frac{1}{R} + j\left(\frac{1}{X_C} - \frac{1}{X_L}\right)\right]$$

$$= \overline{V}[G + j(B_C - B_L)] = \overline{V}(G + jB) = \overline{V}Y$$

此電路的導納為

$$Y = G + jB = G + j(B_C - B_L)$$

$$= \sqrt{G^2 + (B_C - B_L)^2} \angle \tan^{-1}\frac{B_C - B_L}{G}$$

$$= \mid Y \mid \angle\theta$$

因此，該電路之性質隨電納$B = B_C - B_L$而定

1. 當$B_C = 0$，即$R - L$並聯電路如圖 6-10(a)所示，此時$\overline{I}_R$與$\overline{V}$同相，而$\overline{I}_L$落後$\overline{V}$ 90°，如圖 6-10(b)所示，因此總電流為

$$\overline{I} = \overline{I}_R + \overline{I}_L = \frac{\overline{V}}{R} + \left(-j\frac{\overline{V}}{\omega L}\right)$$

$$= \overline{V}\left(\frac{1}{R} - j\frac{1}{\omega L}\right) = \overline{V}Y$$

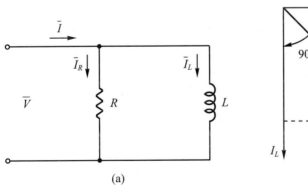

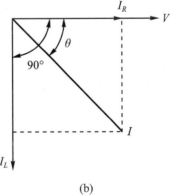

(a)　　　　　　　　　　　　　　(b)

圖 6-10　*RL*並聯電路及相量圖

其中
$$Y = G - jB_L = \sqrt{G^2 + B_L^2} \angle \tan^{-1}\frac{-B_L}{G}$$
$$= \mid Y \mid \angle\theta$$

2.　當$B_L = 0$，即$R - C$並聯電路，如圖6-11(a)所示，此時$\overline{I_R}$與$\overline{V}$同相，而$\overline{I_C}$超前$\overline{V}90°$，如圖6-11(b)所示，因此總電流爲

$$\overline{I} = \overline{I_R} + \overline{I_C} = \frac{\overline{V}}{R} + j\omega C\overline{V}$$
$$= \overline{V}\left(\frac{1}{R} + j\omega C\right) = \overline{V}(G + jB_C)$$
$$= \overline{V}Y$$

其中
$$Y = G + jB_C$$
$$= \sqrt{G^2 + B_C^2}\angle\tan^{-1}\frac{B_C}{G} = \mid Y \mid \angle\theta$$

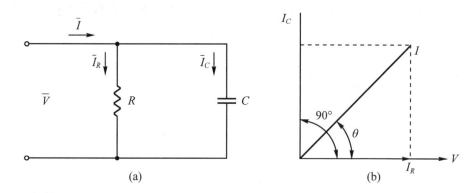

圖6-11　*RC*並聯電路及相量圖

3.　當$B_C \neq 0$，$B_L \neq 0$，但$B_C > B_L$，此時電路性質與R-C並聯電路相似，但B之值不再是單純B_C，而是B_C與B_L之差，即

$$Y = G + jB = G + j(B_C - B_L)$$
$$= \sqrt{G^2 + (B_C - B_L)^2}\angle\tan^{-1}\frac{B_C - B_L}{G}$$
$$\overline{I} = \overline{V}Y = \overline{V}(G + jB)$$
$$= \overline{V}[G + j(B_C - B_L)] = \overline{V}G + j\overline{V}(B_C - B_L)$$
$$= \sqrt{(VG)^2 + [V(B_C - B_L)]^2}\angle\tan^{-1}\frac{B_C - B_L}{G}$$

其相量關係如圖6-12所示，此時電流超前電壓一角度$\theta = \tan^{-1}\dfrac{B_C - B_L}{G}$

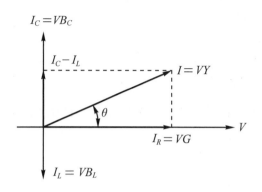

圖 6-12　　　　　　　　　　　　　　　　圖 6-13

4. 當$B_C \neq 0$，$B_L \neq 0$，但$B_C < B_L$，此時電路性質與$R-L$並聯電路相似，但B之值不再是單純B_L，而是$B = B_L - B_C$，即

$$Y = G + jB = G + j(B_C - B_L)$$
$$= G - j(B_L - B_C)$$
$$= \sqrt{G^2 + (B_L - B_C)^2} \angle -\tan^{-1}\frac{B_L - B_C}{G}$$
$$\overline{I} = \overline{V}Y = \overline{V}(G + jB)$$
$$= \overline{V}[G + j(B_C - B_L)] = \overline{V}[G - j(B_L - B_C)]$$
$$= \overline{V}G - j\overline{V}(B_L - B_C)$$
$$= \sqrt{(VG)^2 + [V(B_L - B_C)]^2} \angle -\tan^{-1}\frac{B_L - B_C}{G}$$

其相量關係如圖6-13所示，此時電壓超前電流一角度$\theta = \tan^{-1}\dfrac{B_L - B_C}{G}$。

例題 6-7

將一電阻$R = 50(\Omega)$與感抗$X_L = 50(\Omega)$的電感並聯連接後接至$\overline{V} = 100\angle 0°(V)$的電源上，求其(1)$\overline{I_R}$，(2)$\overline{I_L}$，(3)$\overline{I}$，(4) Z。

解

(1) $\overline{I_R} = \dfrac{\overline{V}}{R} = \dfrac{100\angle 0°}{50} = 2\angle 0°(A)$

(2) $\overline{I_L} = \dfrac{\overline{V}}{jX_L} = \dfrac{100\angle 0°}{50\angle 90°} = 2\angle -90° = -j2(A)$

(3) $\overline{I} = \overline{I_R} + \overline{I_L} = 2 - j2 = \sqrt{2^2 + 2^2} \angle \tan^{-1} \dfrac{-2}{2} = 2.83 \angle -45°(A)$

(4) $Z = \dfrac{\overline{V}}{\overline{I}} = \dfrac{100 \angle 0°}{2.83 \angle -45°} = 35.33 \angle 45°(\Omega)$

例題 6-8

將一電阻 $R = 50(\Omega)$ 與容抗 $X_C = 50(\Omega)$ 的電容並聯連接後接至 $\overline{V} = 100 \angle 0°(V)$ 的電源上，求其 (1) $\overline{I_R}$，(2) $\overline{I_C}$，(3) $\overline{I}$，(4) Z。

解

(1) $\overline{I_R} = \dfrac{\overline{V}}{R} = \dfrac{100 \angle 0°}{50} = 2 \angle 0°(A)$

(2) $\overline{I_C} = \dfrac{\overline{V}}{-jX_C} = \dfrac{100 \angle 0°}{50 \angle -90°} = 2 \angle 90° = j2(A)$

(3) $\overline{I} = \overline{I_R} + \overline{I_C} = 2 + j2 = 2.83 \angle 45°(A)$

(4) $Z = \dfrac{\overline{V}}{\overline{I}} = \dfrac{100 \angle 0°}{2.83 \angle 45°} = 35.33 \angle -45°(\Omega)$

例題 6-9

將一電阻 $R = 50\Omega$，感抗 $X_L = 50\Omega$ 的電感及容抗 $= 25\Omega$ 之電容並聯連接後接至 $\overline{V} = 100 \angle 0°(V)$ 之電源上，求 (1) $\overline{I_R}$，(2) $\overline{I_L}$，(3) $\overline{I_C}$，(4) $\overline{I}$，(5) Z。

解

(1) $\overline{I_R} = \dfrac{\overline{V}}{R} = \dfrac{100 \angle 0°}{50} = 2 \angle 0°(A)$

(2) $\overline{I_L} = \dfrac{\overline{V}}{jX_L} = \dfrac{100 \angle 0°}{50 \angle 90°} = 2 \angle -90°(A)$

(3) $\overline{I_C} = \dfrac{\overline{V}}{-jX_C} = \dfrac{100 \angle 0°}{25 \angle -90°} = 4 \angle 90°(A)$

(4) $\overline{I} = \overline{I_R} + \overline{I_C} + \overline{I_L}$

$\quad = 2 \angle 0° + 2 \angle -90° + 4 \angle 90°$

$\quad = 2 + j2 = \sqrt{2^2 + 2^2} \angle \tan^{-1} \dfrac{2}{2} = 2.83 \angle 45°$

(5) $Z = \dfrac{\overline{V}}{\overline{I}} = \dfrac{100 \angle 0°}{2.83 \angle 45°} = 35.33 \angle -45°(\Omega)$

6-4 諧振電路

在 6-2 的 RLC 串聯電路及 6-3 的 RLC 並聯電路中，曾經提及，電路是屬於電感性或電榮幸，完全由 X_L 及 X_C 相互關係而定。亦即只要 $X_L \neq X_C$，則電路不是電感性就是電容性，若 $X_L = X_C$，則電感與電容之效應，可完全相互抵消，此時，電路呈現純電阻的特性，這種現象稱為諧振(resonance)。而諧振主要應用在通信方面，如發射器、收音機及電視機的接收器，以及其他的電子設備上。

6-4-1 串聯諧振電路

在圖 6-14(a)中，為一 RLC 串聯電路，將 X_L 及 X_C 之值與電源頻率 f 的關係繪出如圖 6-14(b)所示。由圖中知，X_L 與 f 成正比，X_C 與 f 成反比，當輸入信號的頻率 $f < f_r$ 時，$X_C > X_L$，電路呈電容性，而 $f > f_r$ 時，$X_L > X_C$，則電路呈電感性，當 $f = f_r$ 時，$X_L = X_C$，則電路的總阻抗 $Z = R + j(X_L - X_C) = R$，Z 變成最小，電路電流 I 最大，如圖 6-14(c)所示，此一情況與純電阻電路相似，此時，電路的視在功率與實功率相等，且功率因數等於 1。而該頻率 f_r 稱為諧振頻率(resonance frequency)。換言之，在諧振頻率時，電路的電抗大小應相等即

$$X_L = X_C$$

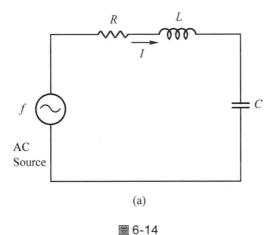

(a)

圖 6-14

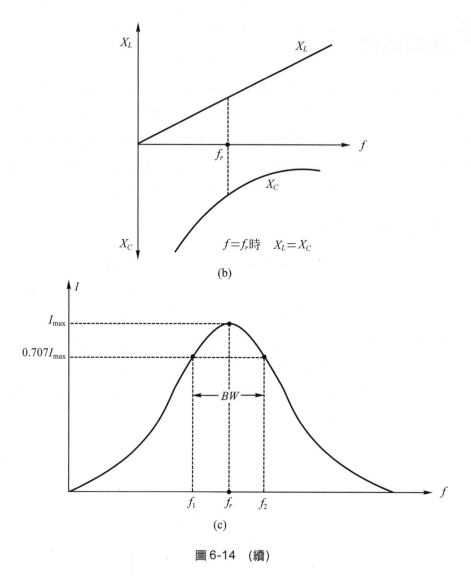

$f=f_r$時　$X_L=X_C$

(b)

(c)

圖 6-14　(續)

設使產生此一條件的頻率為f_r，即

$$2\pi f_r L = \frac{1}{2\pi f_r C}$$

$$2\pi f_r LI = \frac{I}{2\pi f_r C} 或 V_L = V_C$$

即電感兩端之電壓與電容兩端之電壓相等，兩者相反互相抵消，因此線路只有電阻壓降IR，又

$$f_r^2 = \frac{1}{4\pi^2 LC}$$

$$f_r = \frac{1}{2\pi\sqrt{LC}} \tag{6-11}$$

圖 6-14(c)所示為電流對頻率的關係曲線，同時也是功率對頻率的關係曲線，當電流為最大時，功率也最大，

$$P_{\max} = I_{\max}^2 R \tag{6-12}$$

其中$I_{\max} = \dfrac{V}{Z} = \dfrac{V}{R}$。若電流隨頻率之增減而下降至峰值的 0.707 倍時，功率亦隨之下降，即

$$P = (0.707 I_{\max})^2 R = 0.5 I_{\max}^2 R = 0.5 P_{\max} \tag{6-13}$$

也就是指當電流下降至諧振的 0.707 倍時，功率只有諧振時功率的一半。相對于此一電流值的頻率稱為半功率頻率(half-power frequency)或截止頻率(cut-off frequency)，分別以f_1、f_2來表示，其中f_1稱為下半功率頻率，而f_2稱為上半功率頻率，而f_2與f_1之差稱為頻帶寬(bandwidth，簡稱 BW)，即

$$BW = f_2 - f_1 \tag{6-14}$$

或 $$f_1 = f_r - \frac{BW}{2} \; ; \; f_2 = f_r + \frac{BW}{2} \tag{6-15}$$

頻帶寬度是指電路的工作範圍，在此範圍以外，則電路的工作就會有很大的失真。除了頻帶寬以外，諧振電路另一重要且須考慮的參數為品質因數Q(quality factor)，此一Q值可表示為

$$Q = \frac{X_{LO}}{R} \tag{6-16}$$

其中X_{LO}表示諧振時的感抗值，而品質因數，諧振頻率f_r與頻率寬度 BW 三者之關係為

$$BW = \frac{f_r}{Q} \tag{6-17}$$

由此一關係可知，Q與電流對頻率關係曲線的形狀有關，在固定f_r值之下，Q愈大，

BW 愈小，也就是指曲線愈尖銳，若 Q 愈小，BW 愈大，則曲線趨于平坦。因此 Q 的改變可以使電路的工作頻率選擇性改變，故圖 6-14(c)的曲線也稱為選擇性曲線 (selectivity curve)。

　　由圖 6-14(b)與(c)知，如果輸入信號，包含了多個頻率，則只有在諧振頻率下的信號，才能得到最大輸出，一般收音機之選台器，就是利用此一原理製作，只要調整諧振頻率為欲接收的信號頻率，就可以接收到電台的信號，如圖 6-15 所示。

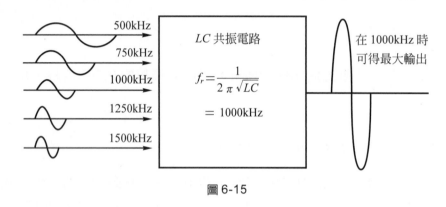

圖 6-15

6-4-2　並聯諧振電路

　　圖 6-16(a)所示為 LC 的並聯諧振電路，若 $X_L = X_C$，則 I_L 與 I_C 互相抵消，此時的總電流 I_T 為 0，如圖 6-16(b)相量圖所示。如同串聯諧振，當 $X_L = X_C$ 時的頻率 f_r，稱為並聯諧振，其值與串聯公式同，即

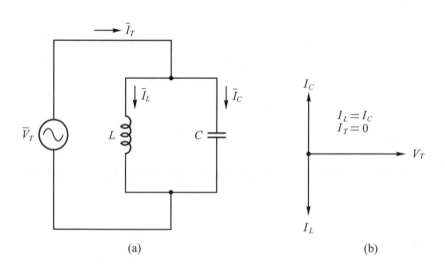

(a)   (b)

圖 6-16　並聯諧振電路及電流相量圖

$$f_r = \frac{1}{2\pi\sqrt{LC}} \tag{6-18}$$

而在實際 LC 並聯諧振電路中，電感是由線圈所繞製，其內部會有電阻存在，因此，實際的並聯諧振電路，如圖 6-17 所示，其總導納為

$$Y_T = Y_L + Y_C$$

$$= \frac{1}{R+jX_L} + \frac{1}{-jX_C} = \frac{R-jX_L}{R^2+X_L^2} + j\frac{1}{X_C}$$

$$= \frac{R}{R^2+X_L^2} + j\left(\frac{1}{X_C} - \frac{X_L}{R^2+X_L^2}\right)$$

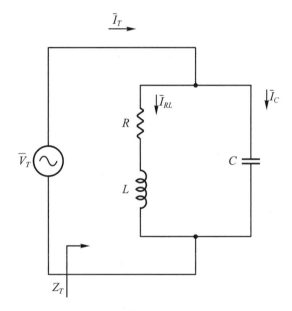

圖 6-17

諧振時 Y_T 虛數部份為零，即可得到諧振頻率 f_r 為

$$\frac{1}{X_C} = \frac{X_L}{R^2+X_L^2}$$

$$2\pi f_r C = \frac{2\pi f_r L}{R^2+(2\pi f_r L)^2}$$

$$f_r = \frac{1}{2\pi}\sqrt{\frac{1}{LC} - \left(\frac{R}{L}\right)^2} \tag{6-19}$$

在此諧振頻率之下，電路的總導納值Y_T最小，亦即電路的總阻抗Z_T為最大，即

$$Z_T = \frac{1}{Y_T} = \frac{R^2 + X_L^2}{R} = \frac{X_L X_C}{R} \tag{6-20}$$

換言之，諧振時，$f = f_r$，電路總電流最小，而在其他頻率下，總導納逐漸增大，總阻抗逐漸減小，總電流也逐漸增大，而總阻抗與頻率之關係，及總電流與頻率之關係如圖 6-18 與圖 6-19 所示。

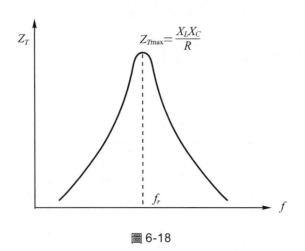

圖 6-18

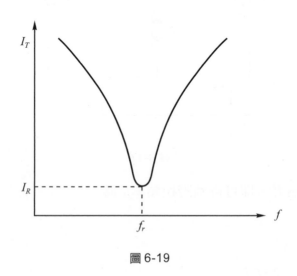

圖 6-19

例題 6-10

圖 6-20 所示之電路，求(1)諧振時的 X_L，(2)電路在諧振時的 Q 值，(3)頻帶寬，(4)諧振時之功率，(5)在半功率頻率時之功率，(6)繪出諧振曲線。

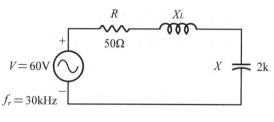

圖 6-20

解

(1) $X_L = X_C = 2k(\Omega)$

(2) $Q = \dfrac{X_L}{R} = \dfrac{2000}{50} = 40$

(3) $BW = \dfrac{f_r}{Q} = \dfrac{30 \times 10^3}{40} = 750(Hz)$

(4) $P_{max} = I_{max}^2 R = \left(\dfrac{V_{max}}{R}\right)^2 R = \dfrac{V_{max}^2}{R} = \dfrac{(60)^2}{50} = 72(W)$

(5) 半功率 $= 0.5 P_{max} = 36(W)$

(6) $f_1 = f_r - \dfrac{BW}{2} = 29625Hz = 29.625(kHz)$

$f_2 = f_r + \dfrac{BW}{2} = 30375Hz = 30.375(kHz)$

$I_{max} = \dfrac{V}{R} = \dfrac{60}{50} = 1.2(A)$

繪出諧振曲線如圖 6-21 所示

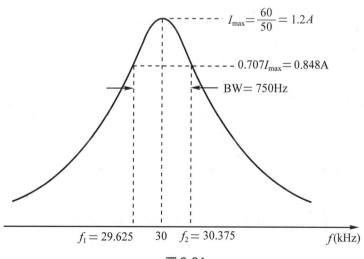

圖 6-21

例題 6-11

求圖 6-22 的(1)諧振時之X_C，(2)諧振時之阻抗，(3)若$L = 10\mu H$，則諧振頻率為若干？(4)頻帶寬，(5)若諧振頻率位於頻帶寬中心，則上下半功率頻率為若干？

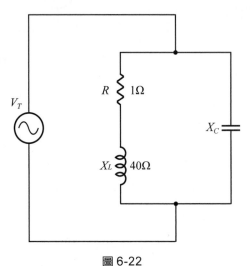

圖 6-22

解

(1) $\dfrac{1}{X_C} = \dfrac{X_L}{R^2 + X_L^2} \Rightarrow X_C = \dfrac{R^2 + X_L^2}{X_L} = \dfrac{1^2 + 40^2}{40} = \dfrac{1601}{40}$

(2) $Z = \dfrac{X_L X_C}{R} = \dfrac{40 \times \dfrac{1601}{40}}{1} = 1601(\Omega)$

(3) $X_L = 2\pi f_r L$

$f_r = \dfrac{X_L}{2\pi L} = \dfrac{40}{2\pi \times 10 \times 10^{-6}} = 637\text{k(Hz)}$

(4) $Q = \dfrac{X_L}{R} = \dfrac{40}{1} = 40$

$\text{BW} = \dfrac{f_r}{Q} = \dfrac{637 \times 10^3}{40} = 15925(\text{Hz})$

(5) $f_1 = f_r - \dfrac{\text{BW}}{2} = 637000 - \dfrac{15925}{2} = 629037.5(\text{Hz})$

$f_2 = f_r + \dfrac{\text{BW}}{2} = 637000 + \dfrac{15925}{2} = 644962.5(\text{Hz})$

6-5 單相電功率

電路中，任何消耗功率之裝置，均稱之為負載(load)，在直流電路中，負載只有電阻R的形態，但在交流電路中，因電感與電容的存在，故負載具有阻抗，$Z = R + jX$的形態。因此交流功率的分析，較直流來得複雜。

設有一交流電壓$\overline{V} = V\angle\theta_v$，跨於負載$Z = |Z|\angle\theta$兩端，產生$\overline{I} = I\angle\theta_i$之電流，三者間的關係為

$$Z = \frac{\overline{V}}{\overline{I}} = |Z|\angle\theta = \frac{V\angle\theta_v}{I\angle\theta_i} = \frac{V}{I}\angle\theta \tag{6-21}$$

式中，阻抗之相角$\theta = \theta_v - \theta_i$為電壓與電流之相位差。

在交流電路中，欲求電功率，可使用相量法。設以電流I為基礎，則

$$\overline{I} = I\angle\theta_i，\overline{V} = V\angle\theta_v$$

其中θ為$\overline{I}$與$\overline{V}$之相位差，或阻抗之相角。此一角度可依所用的元件而變。在純電阻裡，$\theta = 0°$，在純電感裡，$\theta = 90°$，在純電容裡，$\theta = -90°$，在R、L、C的組合電路裡，θ可為任何介於以上各值間之角度。

交流單相電功率一般採複數向量的運算法，即

$$\overline{S} = \overline{V}\,\overline{I}^* = V\angle\theta_v \cdot I\angle-\theta_i = VI\angle\theta_v - \theta_i = VI\angle\theta$$
$$= VI\cos\theta + jVI\sin\theta = P + jQ = S\angle\theta 伏安 \tag{6-22}$$

式中，$\overline{I}^*$為$\overline{I}$的共軛(conjugate)，$\overline{I}^* = (I\angle\theta_i)^* = I\angle-\theta_i$，$S = |\overline{S}| = \sqrt{P^2 + Q^2}$。

由(6-22)式知，交流電功率，包含三部份，V與I有效值之乘積VI，稱為視在功率(apparent power)，以S來表示，其單位為伏安(volt-ampere，簡稱VA)。視在功率的實數部份稱為實功率(real power)，由電阻所產生，一般所稱功率即指此一部份，其單位為瓦，以P來表示。視在功率的虛數部份稱為虛功率或無效功率(reactive power)，由阻抗的電抗部份產生，以Q來表示，其單位為乏(volt-amp reactive，簡稱 VAR)。因此，

$$\overline{S} = \overline{V}\overline{I}^* = P + jQ = I^2Z = I^2(R + jX)$$
$$= I^2R + jI^2X = I^2Z\cos\theta + jI^2Z\sin\theta \tag{6-23}$$

故
$$P = S\cos\theta = VI\cos\theta = I^2R = \frac{V^2}{R} = I^2Z\cos\theta \qquad (6\text{-}24)$$

$$Q = S\sin\theta = VI\sin\theta = I^2X = \frac{V^2}{X} = I^2Z\sin\theta \qquad (6\text{-}25)$$

而 S、P、Q 三者形成所謂功率三角形的關
係,如圖6-23所示。當電壓與電流同相時,
$\theta = 0°$,即

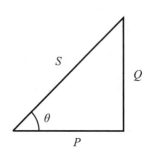

圖 6-23

$$P = VI，Q = 0$$

即實功率與視在功率相等,如同直流電路
一般。同時其瞬時功率為

$$P(t) = v(t)i(t) = VI(1 - \cos2\omega t)$$

當電壓與電流相量正交時,$\theta = \pm90°$,即純電感或純電容電路,

$$\overline{S} = \overline{V}\overline{I}^* = jVI\sin(\pm90°) = \pm jVI$$

即
$$P = 0，Q = \pm VI$$

故其瞬間功率為

$$P(t) = v(t)i(t) = \pm VI\sin(2\omega t)$$

其中正號表示電感電路,負號表示電容電路。

若電壓 V 與電流 I 均改以複數表示,則

$$\overline{V} = V_1 + jV_2$$
$$\overline{I} = I_1 + jI_2$$

則視在功率為

$$\begin{aligned}
\overline{S} = \overline{V}\overline{I}^* &= (V_1 + jV_2)(I_1 + jI_2)^* \\
&= (V_1 + jV_2)(I_1 - jI_2) \\
&= (V_1I_1 + V_2I_2) + j(V_2I_1 - V_1I_2) \\
&= P + jQ
\end{aligned}$$

式中
$$P = V_1I_1 + V_2I_2$$

$$Q = V_2 I_1 - V_1 I_2$$

電功率P若為正值，表示吸收功率，若為負值，表示供給功率。虛功率Q若為正值，表示電路為為電感性，若為負值，則電路為電容性。

　　當電壓與電流之相位差θ決定後，其正弦值及餘弦值即為固定值，而此二值代表著不同意義。

$$\cos\theta = PF = \frac{P}{S} \tag{6-26}$$

$\cos\theta$稱為功率因數(power factor，以PF來表示)，它表示實功率在伏安數中所佔的比率。PF 最大為1，即純電阻電路。PF 愈小表示實功率之比率愈低。通常在敘述PF時，以「落後」(lagging)或「超前」(leading)之字來說明電流落後或超前電壓。「落後」表示電路為電感性，「超前」為電容性。

　　另一因數$\sin\theta$，則稱為無功因數(reactive factor)，以 RF 來表示。

$$\sin\theta = RF = \frac{Q}{S} = \sqrt{1-\cos^2\theta} = \sqrt{1-PF^2} \tag{6-27}$$

RF表示虛功率在伏安數中所佔的比率，RF愈大PF則愈小。而θ為阻抗的相角，又稱為功率因數角或簡稱功因角。

例題 6-12

　　設有一交流電路，其$\overline{V} = 240 + j40$伏特，及$\overline{I} = 40 + j30$安培，試求(1)功率，(2)虛功率，(3)視在功率，(4)功率因數。

解　　$\overline{S} = \overline{V}\overline{I}^* = (240 + j40)(40 + j30)^*$

$\qquad = (240 + j40)(40 - j30)$

$\qquad = 10800 - j5600(VA)$

(1)$P = 10800(W)$

(2)$Q = -5600(VAR)$

(3)$S = \sqrt{P^2 + Q^2} = \sqrt{(10800)^2 + (5600)^2} = 12165.5(VA)$

(4)$PF = \dfrac{P}{S} = \dfrac{10800}{12165.5} = 0.887(lead)$

例題 6-13

一 250kVA 負載接於 2.3kV 電源，在 PF = 0.86(lag)的情況下工作，試求：(1)P，(2)I，(3)Q，(4) RF。

解

(1)$P = VI\cos\theta = 250 \times 0.86 = 215(\text{kW})$

(2)$I = \dfrac{S}{V} = \dfrac{VI}{V} = \dfrac{250 \times 10^3}{2300} = 108.7(\text{A})$

(3)$Q = VI\sin\theta = 250\sin[\cos^{-1}0.86]$

$\quad = 250 \times \sin30.68° = 127.5(\text{kVAR})[\text{電感性}]$

(4) RF $= \sin\theta = \sin30.68° = 0.51$

$\quad = \sqrt{1-(\text{PF})^2} = \sqrt{1-(0.86)^2} = 0.51$

6-6　改善功率因數

　　功率因數之高低，對於負載電流有很大的影響，進而影響到電費。如(6-28)式所示，式中電流的均方根值是

$$I = \frac{P}{V\cos\theta} \tag{6-28}$$

由上式可知，若所供給的電壓V是定值，負載的平均功率P亦為定值，則$\cos\theta$的改變將影響電力公司所供給的電流之大小。若用戶的負載功率因數很低，則必須供給較高之電流；反之，較高的功率因數，僅需小的電流。因此，電力公司鼓勵用戶使用具有高功率因數之系統，如$\cos\theta = 0.9$或更高值者，並對較低功率因數的工業用戶按電工法規予以罰款。

　　改善功率因數的方法可以在負載上並聯一電抗元件，但並不改變負載的平均功率，實用上，許多電機裝置都是電感性，其功率因數是落後，因此，加入的電'抗元件必須具有超前的功率因數，而使全部的功率因數僅稍為落後，即θ減少，$\cos\theta$提高，而所加入電抗元件是電容器。

如圖 6-24 中，Z是原電感性負載，Z_1是用來改善功率因數的並聯元件。未改善前負載電流為I，改善後為I_1；而I_1小於I。

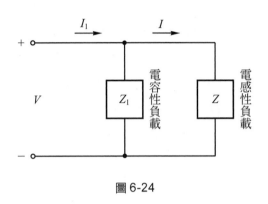

圖 6-24

如果Z的功率因數的是落後，為了改善必須有$Z_1 = -jX_C\,\Omega$的並聯阻抗，即電容器的阻抗。若P和Q是改善前的平均功率及無效功率，而P_T和Q_T則是改善後的。Q_1是$Z_1 = -jX_C$所吸收的無效功率則

$$P_T = P \qquad Q_T = Q + Q_1 \tag{6-29}$$

而Q和Q_T可從圖6-25中的功率三角形求得。圖中θ和θ_T分別為未改善及改善後的功率因數角，θ_1可由第(6-29)式求得，再由(6-25)式可得

$$X_1 = \frac{V^2}{Q_1}$$

亦即

$$Q_1 = \frac{V^2}{X_1} \tag{6-30}$$

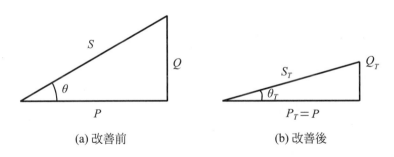

(a) 改善前   (b) 改善後

圖6-25 功率三角形

例題 6-14

有一負載其功率因數為 0.8(lag)，它從 60Hz 及 100V 均方根值電壓吸收了 60W的平均功率。求能改善功率因數至 0.9(lag)時所須並聯的電容器之容量。

解 未改善前的$\cos\theta = 0.8$，即$\theta = 36.9°$，由圖 6-25(a)可知

$$Q = P\tan\theta = 60\tan36.9° = 45\,(\text{VAR})$$

改善後的$\cos\theta_T = 0.9$，即$\theta_T = 25.84°$，由圖6-25(b)知

$$Q_T = P\tan\theta_T = 60\tan25.84° = 29.06\,(\text{VAR})$$

由(6-29)式知，分配於Z_1的無效功率是Q_1

$$Q_1 = Q_T - Q = 29.06 - 45 = -15.94\,(\text{VAR})$$

因Q_1是負值，故改善的電抗元件必須是電容器，由第(6-30)式

$$X_1 = \frac{V^2}{Q_1} = \frac{(100)^2}{-15.94} = -627\,(\Omega)$$

因$X_1 = -X_C$，所以$X_C = 627\Omega$，再由$X_C = \dfrac{1}{\omega C}\Omega$，得

$$C = \frac{1}{\omega X_C} = \frac{1}{2\pi f X_C} = \frac{1}{2\pi(60)(627)} = 4.23\,(\mu\text{F})$$

6-7　交流最大功率轉移

　　當資訊透過電的信號傳送時，盡可能將功率傳輸到負載是很重要的，以一個正弦穩態情況下運作的網路來說，當負載阻抗等於由負載端往回看的戴維寧阻抗之共軛值時，則傳送到負載的平均功率為最大。最大功率轉移的問題可以圖6-26加以說明，因為任何線性網路都可以由負載端往回看的戴維寧等效電路來表示，此問題變成求圖6-27所示電路中當最大功率傳送到Z_L時的P_L之值。

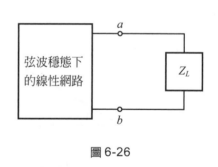

圖 6-26

　　當最大功率轉移到負載阻抗時，Z_L必須等於戴維寧等效阻抗的共軛值，也就是

$$Z_L = Z_{TH}{}^* \tag{6-31}$$

上式可以利用基本微積分推導如下：先將Z_{TH}及Z_L以直角座標表示，分別為

$$Z_{TH} = R_{TH} + jX_{TH} \tag{6-32}$$

及　　　　$$Z_L = R_L + jX_L \tag{6-33}$$

以上二式中，電抗若為電感性為正，電容性為負。若假設戴維寧電壓之大小以有效值V_{TH}表示，且以該電壓作為參考相量，則由圖6-27可以得到負載電流I的有效值為：

$$I = \frac{V_{TH} \angle 0°}{(R_{TH} + R_L) + j(X_{TH} + X_L)} \tag{6-34}$$

供應給負載的平均功率為

$$P = I^2 \times R_L \tag{6-35}$$

將(6-34)式代入(6-35)式得到

$$P = \frac{V_{TH}^2 R_L}{(R_{TH} + R_L)^2 + (X_{TH} + X_L)^2} \tag{6-36}$$

上式中，V_{TH}、R_{TH}、X_{TH}為定值，而R_L與X_L為變數，所以要求P的最大值，就要找$\partial P / \partial R_L$及$\partial P / \partial X_L$同時為零的$R_L$及$X_L$值。即

$$\frac{\partial P}{\partial X_L} = \frac{-V_{TH}^2 2R_L(X_L + X_{TH})}{[(R_L + R_{TH})^2 + (X_L + X_{TH})^2]^2} \tag{6-37}$$

$$\frac{\partial P}{\partial R_L} = \frac{V_{TH}^2 [(R_L + R_{TH})^2 + (X_L + X_{TH})^2 - 2R_L(R_L + R_{TH})]}{[(R_L + R_{TH})^2 + (X_L + X_{TH})^2]^2} \tag{6-38}$$

由(6-37)式得到當$\partial P / \partial X_L = 0$的條件是

$$X_L = -X_{TH} \tag{6-39}$$

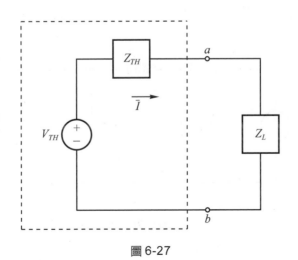

圖 6-27

由(6-38)式得到當 $\partial P / \partial R_L = 0$ 的條件是

$$R_L = \sqrt{R_{TH}^2 + (X_L + X_{TH})^2} \tag{6-40}$$

將(6-39)及(6-40)二式合併可得，當兩個導致同時為零的條件為 $Z_L = Z_{TH}*$，即 Z_L 等於 Z_{TH} 的共軛值時供應到 Z_L 上的平均功率可得最大值。當 $Z_L = Z_{TH}*$ 時，負載電流的有效值為 $V_{TH}/2R_L$，供應負載的平均功率最大值為

$$P_{\max} = \frac{V_{TH}^2 R_L}{4R_L^2} = \frac{1}{4} \times \frac{V_{TH}^2}{R_L} \tag{6-41}$$

　　若 Z_L 受限制，而 $Z_L = Z_{TH}*$ 時，供應給 Z_L 的平均功率將無法達到最大值。這有以下兩種情況，第一，R_L 及 X_L 可能限制在某一範圍，此種情況下，是先將 X_L 儘可能調到接近 $-X_{TH}$，然後再將 R_L 儘可能調到接近 $\sqrt{R_{TH}^2 + (X_L + X_{TH})^2}$，(參考例題 6-16)。第二，$Z_L$ 的大小可以改變，但是相角不能變，此種情況下，Z_L 的大小等於 Z_{TH} 的大小時，亦即

$$|Z_L| = |Z_{TH}| \tag{6-42}$$

時有最多的功率轉移到負載(參考例題 6-17)。

例題 6-15

(1)就圖 6-28 所示電路，求阻抗值 Z_L，使其得到最大功率

(2)轉移到(1)小題所得到的負載阻抗的最大功率是多少？

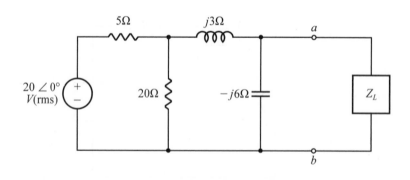

圖 6-28

解 (1)先求a、b間的戴維寧等效電路。把20V電源、5Ω電阻及20Ω電阻經二次
電源轉換以後,圖6-28由a、b點往回看的電路可化簡為6-29,由6-26中
可得

$$\bar{V}_{TH} = \frac{16\angle 0°}{4 + j3 - j6}(-j6)$$

$$= 19.2\angle -53.13° = 11.52 - j15.36(\text{V})$$

$$Z_{TH} = \frac{(-j6)(4 + j3)}{4 + j3 - j6} = 5.76 - j1.68(\Omega)$$

$$Z_L = Z_{TH}^* = 5.76 + j1.68(\Omega)$$

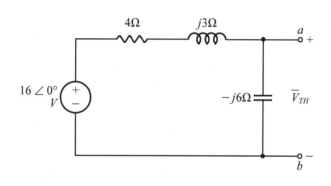

圖 6-29

(2)供應給Z_L的最大功率可以由圖 6-30 所示電路求得,圖中原來的網路可經
改用戴維寧等效電路取代。由圖可計算出負載電流大小的有效值為

$$I_{\text{eff}} = \frac{19.2}{2(5.76)} = 1.67(\text{A})$$

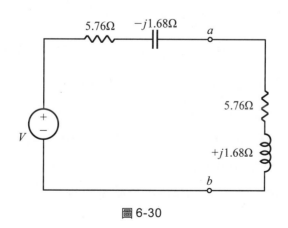

圖 6-30

所以供給負載的最大平均功率爲

$$P = I_{\text{eff}}^2(5.76) = 16(\text{W})$$

例題 6-16

⑴在圖 6-31 所示電路中,當最大功率轉移給Z_L時,Z_L的值是多大?此時的最大功率是多少 mW?

⑵假設負載電阻可由 0 變化到 4000Ω,而且負載的容抗值可由 0 變化到 -2000Ω,R_L及X_L要多大才能使最大功率轉移到負載?此時轉移到負載的最大功率是多少?

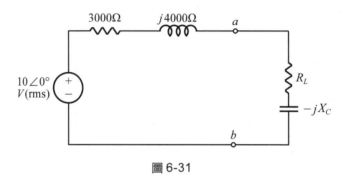

圖 6-31

解　⑴如果R_L及X_L沒有限制,那就把負載阻抗等於戴維寧阻抗的共軛值,亦即

$$Z_L = Z_{TH}{}^* = 3000 - j4000(\Omega)$$

供給Z_L的平均功率爲

$$P = \frac{1}{4} \times \frac{V_{TH}^2}{R_{TH}} = \frac{1}{4} \times \frac{10^2}{3000} = 8.33(\text{mW})$$

⑵因爲R_L及X_L都有限制,所以先令X_C盡可能接近-4000Ω,也就是令$X_C = -2000$Ω。接下來令R_L盡可能接近$\sqrt{R_{TH}^2 + (X_L + X_{TH})^2}$,所以

$$R_L = \sqrt{3000^2 + (-2000 + 4000)^2} = 3605.55(\Omega)$$

因R_L可從 0 變到 4000Ω,可以把R_L定成 3605.55Ω,於是負載電阻調整爲

$$Z_L = 3605.55 - j2000(\Omega)$$

當Z_L等於 3605.55$-j2000$Ω時,負載電流爲

$$I_{\text{eff}} = \frac{10\angle 0^\circ}{6605.55 + j2000} = 1.4489\angle -16.85^\circ(\text{mA})$$

供給負載的平均功率為

$$P = (1.4489 \times 10^{-3})^2(3605.55) = 7.5692(\text{mW})$$

此例題是在R_L及X_L有限制的情況下，供給負載的最大功率。此時$P = 7.5692\text{mW}$比(1)小題R_L及X_L沒有限制下的$P = 8.33\text{mW}$值小。

例題 6-17

設有一個固定相角為-36.87°的負載阻抗，接在圖 6-31 的a、b端之間，Z_L的大小可以改變，使供給負載的平均功率為最大。

(1)求Z_L值，以直角座標表示。

(2)求供給Z_L的平均功率。

解 (1)由 6-42 式知，Z_L的大小等於Z_{TH}的大小，所以

$$|Z_L| = |Z_{TH}| = |3000 + j4000| = 5000(\Omega)$$

因為已知相角固定為-36.87°，所以

$$Z_L = 5000\angle -36.87^\circ = 4000 - j3000(\Omega)$$

(2)當Z_L等於$4000 - j3000\Omega$時，負載電流為

$$I_{\text{eff}} = \frac{10\angle 0^\circ}{7000 + j1000} = 1.4142\angle -8.13^\circ(\text{mA})$$

此時供給負載的平均功率為

$$P = (1.4142)^2(4) = 8(\text{mW})$$

此例題是電路供給相角固定為-36.87°的負載之最大功率，此時的P仍比Z_L沒有受限制時的P來的小。

6-8 交流平衡三相電路

除了單相系統以外，交流電路還有多相系統(Poly phase system)。多相系統可以說是多個相位不同的單相交流系統所組成。多相系統依其組成的相數可分為二

相、三相、四相及六相等多種,而每一相之間的相角差為360°/n,其中n為相數,以三相系統為例,$n= 3$,故各相之間彼此相位差為120°。在各種多相系統中以三相系統最為普遍,故現代的電力輸配電系統中,均以此一系統為主。

三相系統具有以下之優點:

1. 效率高,每一瞬間的功率穩定不變。
2. 三相平衡時,各相間相差120°。若每相電壓,電流之大小與某一單相交流相等,則其視在功率將為此單相的三倍。
3. 就相同額定機械設備和控制設備而言,三相較單相為小,重量較輕,故成本較低。
4. 就相同負載功率及線路損失而言,三相的導線其用銅量僅為單相的3/4。
5. 三相馬達啟動較為方便,具有穩定的轉矩,運轉情況較單相馬達穩定。

6-8-1　平衡三相電壓

三相系統可分為平衡三相系統(balance three phase system)與不平衡三相系統(non-balabce three phase system)兩種。一般使用以平衡三相為主,因此本節主要以平衡三相為探討的對象。

一組平衡三相電壓是由三個波幅及頻率完全一樣但彼此相位相差120°的弦波電壓所組成。在討論三相電路時,習慣上把這三相分別用a、b、c表示,而且將a相作為參考,所以構成三相的電壓分別稱為a相電壓、b相電壓、c相電壓。

因為三相電壓的相位彼此相差120°,所以a相電壓與b、c兩相之間的相位關係有兩種,(1)b相電壓比a相落後120°,而c相電壓則比a相領先120°,此種相位關係稱之為abc相序(abc phase squence)或稱為正相序(positive phase sequence)。(2)b相電壓比a相領先120°,而c相電壓比a相落後120°,此種相位關係稱為acb相序,或稱為負相序(negative phase sequence)。以相量符號表示時,這二種平衡三相電壓分別表示為

$$\overline{V_a} = V \angle 0°$$
$$\overline{V_b} = V \angle -120°$$
$$\overline{V_c} = V \angle -240° = V \angle +120° \tag{6-43}$$

及　　$$\overline{V_a} = V \angle 0°$$
$$\overline{V_b} = V \angle +120°$$

$$\overline{V_c} = V\angle + 240° = V\angle - 120° \tag{6-44}$$

(6-43)式所表示為 *abc* 相序(正相序),而(6-44)式所表示則為 *acb* 相序(負相序)。若以相量圖劃出時,如圖 6-32(a)(b)所示。由圖中依順時針方向讀取下標就可以知道相序是如何。若以時間函數來表示時,則此二種可能的平衡相電壓可表示為

$$v_a = V_m \sin\omega t$$
$$v_b = V_m \sin(\omega t - 120°)$$
$$v_c = V_m \sin(\omega t - 240°) = V_m \sin(\omega t + 120°) \tag{6-45}$$

及
$$v_a = V_m \sin\omega t$$
$$v_b = V_m \sin(\omega t + 120°)$$
$$v_c = V_m \sin(\omega t + 240°) = V_m \sin(\omega t - 120°) \tag{6-46}$$

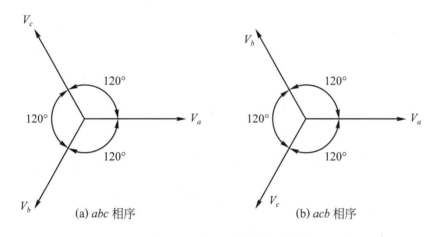

(a) *abc* 相序　　　　(b) *acb* 相序

圖 6-32　平衡三相電壓的相量圖

(6-45)式與(6-46)式分別表示正序與負序的三相電壓的時間函數,如圖 6-33(a)(b)所示。

　　一組平衡三相電壓的另一個重要特性是三個電壓和等於零,亦即無論用(6-43)或(6-44)式,都可以得到

$$\overline{V_a} + \overline{V_b} + \overline{V_c} = 0 \tag{6-47}$$

而由(6-45)式或(6-46)式亦可得到三個瞬間電壓和為零,即

$$v_a + v_b + v_c = 0 \tag{6-48}$$

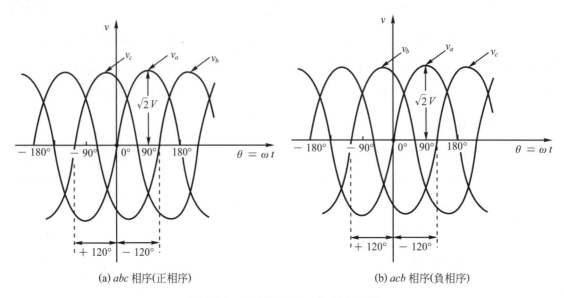

(a) *abc* 相序(正相序) (b) *acb* 相序(負相序)

圖 6-33　三相電壓正、負相序波形

　　另外一件值得一提的是：在三相平衡系統中，若我們已知一組電壓的相序及其中一相電壓，則其他二相電壓及相序都可知道。

　　在一般的應用中，若沒有說明相序，則指正相序。輸配電系統中，相序的變化對電壓、電流及功率的大小沒有影響，但在三相馬達運轉中，相序的改變可使馬達的轉向改變。欲改變相序只須改變電源的接線順序即可。

6-8-2　三相電壓源

　　三相電壓源是由平均分佈在發電機的定子周圍的三個分開繞組所構成，每個繞組構成發電機其中的一相。同步發電機的轉子是直流電源磁化的電磁鐵，由原動機(如蒸氣或汽渦輪機)以同步轉速帶動，如圖 6-34 所示。當電磁鐵的轉子轉過定部繞組時，每個繞組就可感應弦波電壓。三相繞組設計成感應出來的弦波電壓的波幅相等，相位差120°。而定部的相繞組對旋轉電磁鐵而言是靜止的，故每個繞組所感應的電壓頻率都相同。

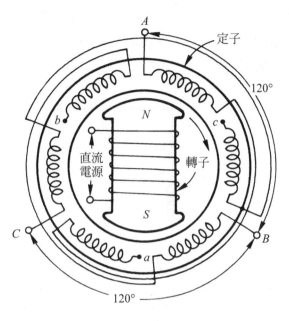

圖 6-34　發電機繞組排列

　　一般而言，三相發電機裡各相繞組的阻抗跟系統內其他阻抗相比則小得很多，所以各相繞組可以用一個理想的弦波電壓源來模擬。而依三相繞組之接法之不同，有 Y 形及 △ 形接法兩種，圖 6-35(a)(b) 所示為以理想電壓源來模擬三相發電機的相繞組，其中 y 形連接有一共同端點 n，稱為中性端子 (neutural)，外部連接時，中性端子可接亦可不接。

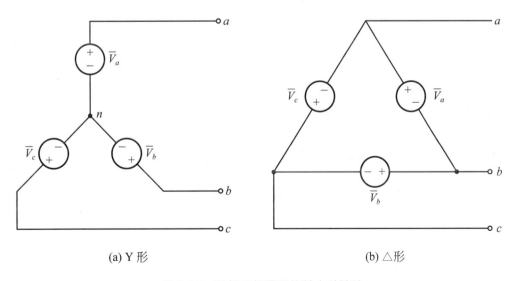

(a) Y 形　　　　　　　　　　　　　　　(b) △形

圖 6-35　理想三相電源的基本外接法

　　若每相繞組的阻抗不可忽略時，三相電源則以理想弦波電壓源和阻抗串接來模擬，且三相發電機的繞組屬於電感性，因此以R_W代表繞組的電阻，X_W代表繞組的感抗。如圖6-36(a)(b)所示。

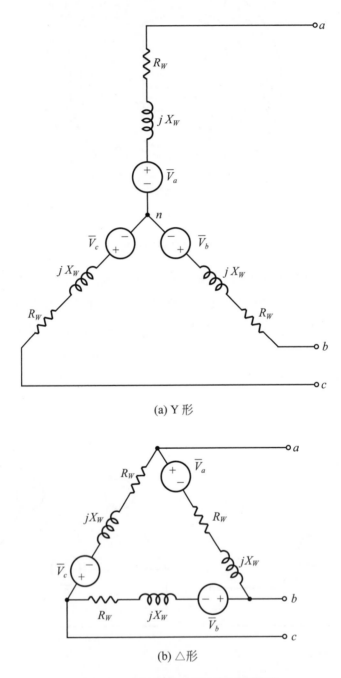

(a) Y 形

(b) △形

圖 6-36　含繞組阻抗的三相電源模型

三相電壓源可接成 Y 形或△形，而負載亦可接成 Y 形或△形，所以三相電路可有四種不同組合，分別為(1) Y-Y，(2) Y-△，(3)△-Y，(4)△-△等不同電路。

6-8-3　Y-Y 電路

圖 6-37 所示為三相 Y-Y 系統，為了畫圖方便起見，將 Y 形劃成 T 字形。圖中，Z_{ga}、Z_{gb}、Z_{gc} 分別代表各電壓源的相繞組的內阻抗；Z_{la}、Z_{lb}、Z_{lc} 分別代表各相電源與負載之間導線之阻抗；Z_0 代表電源中性端子與負載中性端子之間中性導線的阻抗；Z_A、Z_B、Z_C 分別代表各相負載的阻抗。

所謂三相平衡，必須符合以下所列所有條件。即

1.　$\overline{V}_{a'n}$、$\overline{V}_{b'n}$、$\overline{V}_{c'n}$，構成一組平衡三相電壓。

2.　$Z_{ga} = Z_{gb} = Z_{gc}$。

3.　$Z_{la} = Z_{lb} = Z_{lc}$。

4.　$Z_A = Z_B = Z_C$。

其中中性導線阻抗 Z_0 並無限制，因其對系統是否平衡並無影響。在圖 6-37 電路，將電源中性端子當作參考節點，且令 $\overline{V}_N$ 代表 N 節點與 n 節點之間的節點電壓，由節點電壓方程式可解得 $\overline{V}_N = 0$(各位可自行證明，見習題 15)。因此，三條線路的電流分別為

$$\overline{I}_{aA} = \frac{\overline{V}_{a'n} - \overline{V}_N}{Z_A + Z_{la} + Z_{ga}} = \frac{\overline{V}_{a'n}}{Z_\phi} \tag{6-49}$$

$$\overline{I}_{bB} = \frac{\overline{V}_{b'n} - \overline{V}_N}{Z_B + Z_{lb} + Z_{gb}} = \frac{\overline{V}_{b'n}}{Z_\phi} \tag{6-50}$$

$$\overline{I}_{cC} = \frac{\overline{V}_{c'n} - \overline{V}_N}{Z_C + Z_{lc} + Z_{gc}} = \frac{\overline{V}_{c'n}}{Z_\phi} \tag{6-51}$$

其中 $Z_\phi = Z_A + Z_{la} + Z_{ga} = Z_B + Z_{lb} + Z_{gb} = Z_C + Z_{lc} + Z_{gc}$。由以上三式可知，平衡三相系統中，此三條線路的電流構成一組平衡的三相電流。所以每條線路的電流其大小及頻率均相同，彼此的相位差 120°。因此在一般的計算中，只要計算出 $\overline{I}_{aA}$ 電流時，不須再計算，就可直接寫出 $\overline{I}_{bB}$ 及 $\overline{I}_{cC}$，但先決條件為相序要為已知。

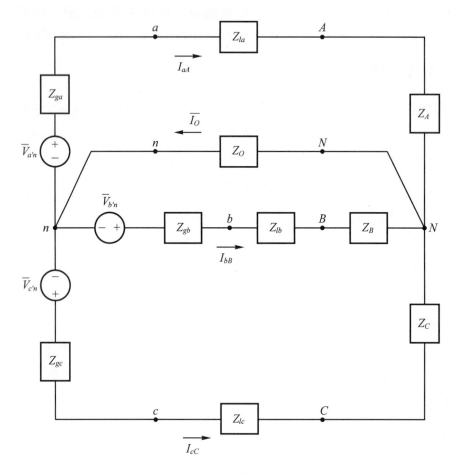

圖 6-37　三相 Y-Y 系統

　　在平衡三相系統中，一般在作分析或計算時，通常將三相電路劃成單相等效電路，藉以簡化運算過程。圖 6-38 所示電路為三相 Y-Y 電路的單相等效電路。圖中的中性導線已經用短路取代了($\overline{V}_N = 0$)。注意；圖 6-38 的中性導線的電流 $\overline{I}_{aA}$ 並不是平衡三相電路的中性導線電流 $\overline{I}_O = \overline{I}_{aA} + \overline{I}_{bB} + \overline{I}_{cC} = 0$。亦即由單相等效電路計算得到的電流 $\overline{I}_{aA}$ 只是中性電流 $\overline{I}_O$ 的 a 相分量。

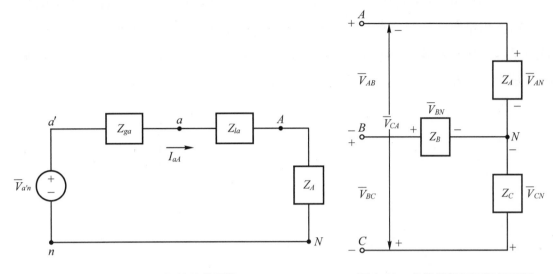

圖 6-38　單相的等效電路　　　　　圖 6-39　負載端線電壓及相電壓

　　圖 6-38 電路可得到三相電路的各個線電流，因此要想知道線電壓與相電壓之關係就不難了。接下來要從負載端來推導出此關係，這個結果同樣適用於電源端。由圖 6-39 中知負載端的線電壓可用相電壓表示成

$$\overline{V}_{AB} = \overline{V}_{AN} + \overline{V}_{NB} = \overline{V}_{AN} - \overline{V}_{BN} \tag{6-52}$$

$$\overline{V}_{BC} = \overline{V}_{BN} + \overline{V}_{NC} = \overline{V}_{BN} - \overline{V}_{CN} \tag{6-53}$$

$$\overline{V}_{CA} = \overline{V}_{CN} + \overline{V}_{NA} = \overline{V}_{CN} - \overline{V}_{AN} \tag{6-54}$$

　　在此，我們先假設三相爲正相序(abc相序)，且選擇A相的相電壓作爲參考，即

$$\overline{V}_{AN} = V_{\phi} \angle 0° \tag{6-55}$$

$$\overline{V}_{BN} = V_{\phi} \angle -120° \tag{6-56}$$

$$\overline{V}_{CN} = V_{\phi} \angle +120° \tag{6-57}$$

式中的V_{ϕ}表示相電壓的大小。將(6-55)到(6-57)三式代入(6-52)到(6-54)三式，可得到

$$\overline{V}_{AB} = V_{\phi} \angle 0° - V_{\phi} \angle -120° = \sqrt{3}\,V_{\phi} \angle 30° \tag{6-58}$$

$$\overline{V}_{BC} = V_{\phi} \angle -120° - V_{\phi} \angle +120° = \sqrt{3}\,V_{\phi} \angle -90° \tag{6-59}$$

$$\overline{V}_{CA} = V_{\phi} \angle 120° - V_{\phi} \angle 0° = \sqrt{3}\,V_{\phi} \angle 150° \tag{6-60}$$

由(6-58)到(6-60)式可看出：⑴線電壓大小等於相電壓的$\sqrt{3}$倍；⑵線間電壓構成一組平衡三相電壓；⑶線電壓比相電壓領先30°。若改爲負相序(acb相序)時，唯一不同的是線電壓比相電壓落後30°。以上結果如圖 6-40(a)(b)所示。因此，在一個平衡系統中，若相電壓爲已知，則線電壓亦可因而得知；反之亦然。

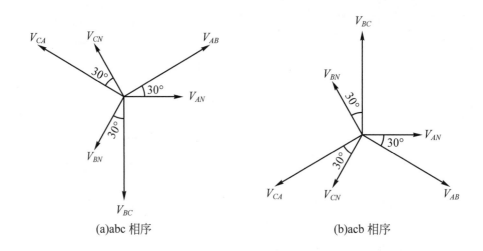

(a)abc 相序　　　　　　　　　　　　(b)acb 相序

圖6-40　三相Y形負載平衡時之線電壓與相電壓的關係之相量圖

　　三相電路系統中，有些常用之專有名詞，必須先予以瞭解。在 Y-Y 系統中，線路至中性端電壓稱爲相電壓(phase voltage)，線路至線路間的電壓稱爲線電壓(line voltage)。各相負載中的電流，或在電源側各相發電機內的電流稱之爲相電流(phase current)；各相線路的電流稱之爲線電流(line current)。而Y-Y系統中，相電流與線電流相同，可由圖6-37中得知。

例題 6-18

　　某正相序Y-Y平衡三相系統，發電機內部相電壓爲100V，$Z_g = 0.2 + j0.5\Omega$/φ，$Z_l = 0.8 + j1.5\Omega$/φ負載阻抗爲$39 + j28\Omega$/φ。設以發電機的a相內部電壓爲參考相量。

⑴劃出此三相系統的單相等效電路

⑵求三個線電流$\overline{I}_{aA}$、$\overline{I}_{bB}$、$\overline{I}_{cC}$

⑶求負載端的三個相電壓$\overline{V}_{AN}$、$\overline{V}_{BN}$、$\overline{V}_{CN}$

(4)求負載端的三個線電壓$\overline{V}_{AB}$、$\overline{V}_{BC}$、$\overline{V}_{CA}$

(5)求發電機的三個相電壓$\overline{V}_{an}$、$\overline{V}_{bn}$、$\overline{V}_{cn}$

(6)求發電機的三個線電壓$\overline{V}_{ab}$、$\overline{V}_{bc}$、$\overline{V}_{ca}$

(7)若把相序改為負相序，重做(1)到(6)

解 (1)系統的單相等效電路如圖6-41所示

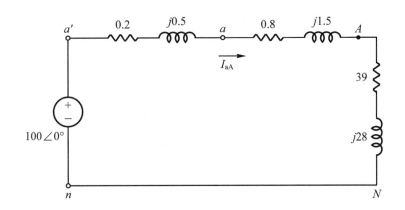

圖6-41　例題6-18的單相等效電路

(2) $\overline{I}_{aA} = \dfrac{\overline{V}_{a'n}}{Z_{ga} + Z_{la} + Z_A} = \dfrac{100\angle 0°}{(0.2 + 0.8 + 39) + j(0.5 + 1.5 + 28)}$

$\qquad = \dfrac{100\angle 0°}{40 + j30} = 2\angle -36.87°\text{(A)}$

$\quad \overline{I}_{bB} = \overline{I}_{aA}\angle -120° = 2\angle -156.87°\text{(A)}$

$\quad \overline{I}_{cC} = \overline{I}_{aA}\angle +120° = 2\angle 83.13°\text{(A)}$

(3) $\overline{V}_{AN} = \overline{I}_{aA} \times Z_A = 2\angle -36.87° \times (39 + j28) = 96\angle -1.19°\text{(V)}$

$\quad \overline{V}_{BN} = \overline{I}_{bB} \times Z_B = 2\angle -156.87° \times (39 + j28) = 96\angle -121.19°\text{(V)}$

$\quad \overline{V}_{CN} = \overline{I}_{cC} \times Z_C = 2\angle 83.13° \times (39 + j28) = 96\angle +118.81°\text{(V)}$

(4) $\overline{V}_{AB} = \sqrt{3}\angle 30°\overline{V}_{AN} = 166.3\angle 28.81°\text{(V)}$

$\quad \overline{V}_{BC} = \sqrt{3}\angle 30°\overline{V}_{BN} = 166.3\angle -91.19°\text{(V)}$

$\quad \overline{V}_{CA} = \sqrt{3}\angle 30°\overline{V}_{CN} = 166.3\angle 148.81°\text{(V)}$

$(5)\overline{V}_{an}=\overline{V}_{a'n}-\overline{I}_{aA}\times Z_{ga}=100\angle0°-2\angle-36.87°\times(0.2+j0.5)$

$\qquad\ =100\angle0°-1.077\angle31.33°$

$\qquad\ =99.08-j0.56=99.082\angle-0.32°(V)$

$\quad\overline{V}_{bn}=\overline{V}_{b'n}-\overline{I}_{bB}\times Z_{gb}=99.082\angle-120.32°(V)$

$\quad\overline{V}_{cn}=\overline{V}_{c'n}-\overline{I}_{cC}\times Z_{gc}=99.082\angle119.68°(V)$

$(6)\overline{V}_{ab}=\sqrt{3}\overline{V}_{an}\angle30°=171.6\angle29.68°(V)$

$\quad\overline{V}_{bc}=\sqrt{3}\overline{V}_{bn}\angle30°=171.6\angle-90.32°(V)$

$\quad\overline{V}_{ca}=\sqrt{3}\overline{V}_{cn}\angle30°=171.6\angle149.68°(V)$

(7)①改變相序對單相等效電路並無影響如圖 6-41 所示

$\quad②\overline{I}_{aA}=2\angle-36.87°(A)$

$\quad\ \ \overline{I}_{bB}=2\angle83.13°(A)$

$\quad\ \ \overline{I}_{cC}=2\angle-156.87°(A)$

$\quad③\overline{V}_{AN}=96\angle-1.19°(V)$

$\quad\ \ \overline{V}_{BN}=96\angle+118.81°(V)$

$\quad\ \ \overline{V}_{CN}=96\angle-121.19°(V)$

$\quad④\overline{V}_{AB}=\sqrt{3}\,\overline{V}_{AN}\angle-30°=166.3\angle-31.19°(V)$

$\quad\ \ \overline{V}_{BC}=166.3\angle88.81°(V)$

$\quad\ \ \overline{V}_{CA}=166.3\angle-151.19°(V)$

$\quad⑤\overline{V}_{an}=99.082\angle-0.32°(V)$

$\quad\ \ \overline{V}_{bn}=99.082\angle119.68°(V)$

$\quad\ \ \overline{V}_{cn}=99.082\angle-120.32°(V)$

$\quad⑥\overline{V}_{ab}=\sqrt{3}\,\overline{V}_{an}\angle-30°=171.6\angle-30.32°(V)$

$\quad\ \ \overline{V}_{bc}=171.6\angle89.68°(V)$

$\quad\ \ \overline{V}_{ca}=171.6\angle-150.32°(V)$

6-8-4　Y-△電路

　　當三相電路的負載接成△形時，可利用△-Y 變換法將負載變成 Y 形。而此負載若三相平衡時，則

$$Z_Y = 1/3Z_\triangle \tag{6-61}$$

將△形負載改用 Y 形等效電路取代後，此 Y 形電源，△形負載的三相電路亦可用圖 6-38 所示之單相等效電路來模擬和計算。

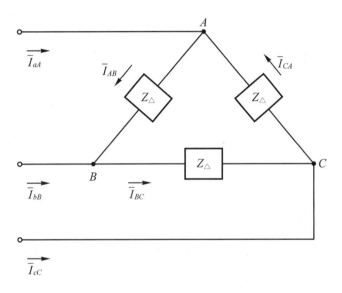

圖 6-42　△形負載

　　單相等效電路只能計算出線電流，若要得到△形負載的相電流，則要由原來△形負載，才能導出線電流與相電流之間的關係。

　　圖 6-42 所示為△形負載電路，假設相序為正，而 I_ϕ 代表相電流之大小，且以 $\overline{I}_{AB}$ 作為參考相量，則

$$\overline{I}_{AB} = I_\phi \angle 0° \tag{6-62}$$

$$\overline{I}_{BC} = I_\phi \angle -120° \tag{6-63}$$

$$\overline{I}_{CA} = I_\phi \angle +120° \tag{6-64}$$

若把線電流表示成相電流的函數，可利用克希荷夫電流定律，得

$$\overline{I}_{aA} = \overline{I}_{AB} - \overline{I}_{CA} = I_\phi \angle 0° - I_\phi \angle 120° = \sqrt{3}I_\phi \angle -30° \tag{6-65}$$

$$\overline{I}_{bB} = \overline{I}_{BC} - \overline{I}_{AB} = I_\phi \angle -120° - I_\phi \angle 0° = \sqrt{3}I_\phi \angle -150° \tag{6-66}$$

$$\overline{I}_{cC} = \overline{I}_{CA} - \overline{I}_{BC} = I_\phi \angle 120° - I_\phi \angle -120° = \sqrt{3}I_\phi \angle 90° \tag{6-67}$$

將(6-65)到(6-67)式分別與(6-62)到(6-64)式比較，可以得知線電流為相電流的$\sqrt{3}$倍，且線電流落後相電流30°，同時，由圖6-42得知，線電壓等相電壓。若將相序改為負相序時，唯一不同的是線電流比相電流領先30°。而其關係如圖6-43所示。

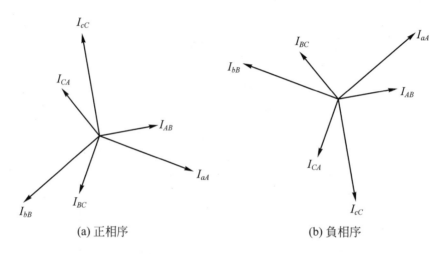

(a) 正相序　　　　　　　　(b) 負相序

圖6-43　三相△形負載平衡時線電流與相電流之關係的相量圖

例題 6-19

將例題6-18的 Y 形負載改為△形負載，而負載的阻抗為$118.5 + j85.8\Omega/\phi$而Z_l改為$0.3 + j0.9\Omega/\phi$。

(1)畫出此三相系統的單相等效電路

(2)求線電流$\overline{I}_{aA}$、$\overline{I}_{bB}$、$\overline{I}_{cC}$

(3)求負載端的三個相電壓$\overline{V}_{AB}$、$\overline{V}_{BC}$、$\overline{V}_{CA}$

(4)求負載端的三個相電流$\overline{I}_{AB}$、$\overline{I}_{BC}$、$\overline{I}_{CA}$

(5)求電流端的三個線電壓$\overline{V}_{ab}$、$\overline{V}_{bc}$、$\overline{V}_{ca}$

解 (1)此三相系統的單相等效電路如圖6-44所示。而此負載的 Y 形等效阻抗為

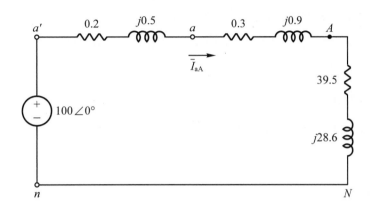

圖6-44　例題6-19的單相等效電路

$$\frac{1}{3}(118.5 + j85.8) = 39.5 + j28.6\,\Omega/\phi$$

(2) $\overline{I}_{aA} = \dfrac{100\angle 0°}{(0.2 + 0.3 + 39.5) + j(0.5 + 0.9 + 28.6)} = \dfrac{100\angle 0°}{40 + j30}$

$\qquad = 2\angle -36.87°\text{(A)}$

$\overline{I}_{bB} = 2\angle -156.87°\text{(A)}$

$\overline{I}_{cC} = 2\angle 83.13°\text{(A)}$

(3)因負載是△形，所以相電壓等於線電壓。想求線電壓，先要求出 $\overline{V}_{AN}$，而此 $\overline{V}_{AN}$ 乃是變為 Y 形負載後的相電壓。

$\overline{V}_{AN} = 2\angle -36.87° \times (39.5 + j28.6) = 97.5\angle -0.96°\text{V}$

$\overline{V}_{AB} = \sqrt{3}\,\overline{V}_{AN}\angle 30° = 168.87\angle 29.04°\text{(V)}$

$\overline{V}_{BC} = 168.87\angle -90.96°\text{(V)}$

$\overline{V}_{CA} = 168.87\angle 149.04°\text{(V)}$

(4) $\overline{I}_{AB} = \dfrac{1}{\sqrt{3}}\overline{I}_{aA}\angle 30° = 1.15\angle -6.87°\text{(A)}$

$\overline{I}_{BC} = 1.15\angle -126.87°\text{(A)}$

$\overline{I}_{CA} = 1.15\angle 113.13°\text{(A)}$

而相電流的計算亦可為：

$$\overline{I}_{AB} = \frac{\overline{V}_{AB}}{Z_{AB}} = \frac{168.87 \angle 29.04°}{118.5 + j85.8} = 1.15 \angle -6.87° (A)$$

(5)要計算電源端的線電壓，先要算出$\overline{V}_{an}$。

$$\overline{V}_{an} = 2 \angle -3.87°(39.8 + j29.5) = 99.08 \angle 32.67° (V)$$

$$\overline{V}_{ab} = \sqrt{3}\overline{V}_{an} \angle 30° = 171.6 \angle 62.67° (V)$$

$$\overline{V}_{bc} = 171.6 \angle -57.33° (V)$$

$$\overline{V}_{ca} = 171.6 \angle +182.67° (V)$$

6-8-5　△-Y 電路

　　在△-Y 的三相電路中，電源接成△形，亦可利用△-Y 變換法將平衡的△形電源化成等效的 Y 形，就可得到單相等效電路。在求電源的 Y 形等效電路方法是將△形電源的內部相電壓除以$\sqrt{3}$，正相序時，將三個相電壓同時移動$-30°$，負相序時，移動$+30°$。而 Y 形等效內部阻抗為△形電源內部阻抗的 1/3。圖 6-45(a)(b)所示電路為正相序時△形電源的 Y 形等效電路。

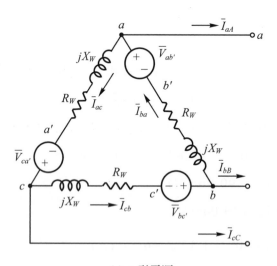

(a) △形電源

圖 6-45　平衡三相△形電源的 Y 形等效電路

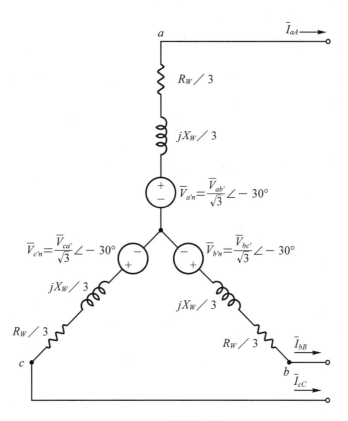

(b) Y 形等效電路

圖 6-45　平衡三相△形電源的 Y 形等效電路(續)

　　若相序為正時，圖 6-45(a)中的△形電源其相電流大小為線電流的 $1/\sqrt{3}$ 倍，相角領先30°，相序為負時，電源的相電流之相角比線電流落後30°。

例題 6-20

　　某平衡三相負相序△形的 $Z_g = 0.018 + j0.162/\phi$，無負載時電源端電壓為 173.2V。經由 $Z_l = 0.074 + j0.296\Omega/\phi$ 的配電線接到 $Z = 7.92 - j6.35\Omega/\phi$ 的 Y 形負載。

(1)以 $\overline{V}_{ab'}$ 為參考相量，劃出系統的單相等效電路。

(2)求負載端之線電壓 $\overline{V}_{AB}$、$\overline{V}_{BC}$、$\overline{V}_{CA}$。

(3)求負載的線電流 $\overline{I}_{aA}$、$\overline{I}_{bB}$、$\overline{I}_{cC}$。

(4)求電源的相電流$\overline{I}_{ba}$、$\overline{I}_{cb}$、$\overline{I}_{ac}$。

(5)求電源端的線電壓$\overline{V}_{ab}$、$\overline{V}_{bc}$、$\overline{V}_{ca}$。

解 (1)電源為△形，須化成Y形等效電路。而Y形等效電源的a相內部電壓為$\overline{V}_{a'n}$。

$$\overline{V}_{a'n} = \frac{\overline{V}_{ab'}}{\sqrt{3}}\angle 30° = \frac{173.2\angle 0°}{\sqrt{3}}\angle 30° = 100\angle 30°(\text{V})$$

Y形等效內部阻抗為$\frac{1}{3}Z_g = \frac{1}{3}(0.018+j0.162) = 0.006+j0.054\Omega/\phi$，單相等效電路如圖6-46所示

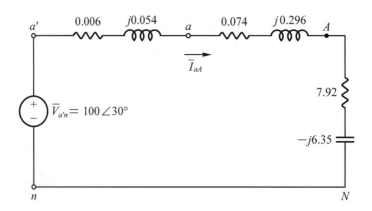

圖6-46　例題6-20的單相等效電路

(2)$\overline{I}_{aA} = \dfrac{100\angle 30°}{(8-j6)} = 10\angle 66.87°(\text{A})$

$\overline{V}_{AN} = 10\angle 66.87°(7.92-j6.35) = 101.51\angle 28.15°(\text{V})$

$\overline{V}_{AB} = \sqrt{3}\overline{V}_{AN}\angle -30° = 175.8\angle -1.85°(\text{V})$

$\overline{V}_{BC} = 175.8\angle 118.15°(\text{V})$

$\overline{V}_{CA} = 175.8\angle -121.85°(\text{V})$

(3)由(2)的計算可直接得到$\overline{I}_{aA}$

$\overline{I}_{aA} = 10\angle 66.87°(\text{A})$

$\overline{I}_{bB} = 10\angle 186.87°(\text{A})$

$\overline{I}_{cC} = 10\angle -53.13°(\text{A})$

(4)$\overline{I}_{ba} = \dfrac{1}{\sqrt{3}}\overline{I}_{aA}\angle -30° = 5.77\angle 36.87°(\text{A})$

$$\overline{I}_{cb} = 5.77\angle 156.87°(A)$$

$$\overline{I}_{ac} = 5.77\angle -83.13°(A)$$

(5)電源端之線電壓，須先由圖 6-46 求出 $\overline{V}_{an}$

$$\overline{V}_{an} = \overline{I}_{aA}(7.994 - j6.054)$$

$$= 100.28\angle 29.73°$$

$$\overline{V}_{ab} = \sqrt{3}\overline{V}_{an}\angle -30° = 173.68\angle 0.27°$$

$$\overline{V}_{bc} = 173.68\angle 120.27°$$

$$\overline{V}_{ca} = 173.68\angle -119.73°$$

6-8-6 △-△電路

在△-△三相電路中，將電源及負載同時做△-Y轉換後，劃成單相等效電路。再用前述方法依序可計算出所求之問題。此種△-△系統中，若電源阻抗 Z_g 及供電線路阻抗 Z_l 均為零時，此時負載各相的電流均由電源各相所提供，則不必再由△-Y變換，直接運算可得到所求之問題。如例題 6-21 所示。

例題 6-21

如圖 6-47 所示三相△-△電路，其中電源阻抗 Z_g 及供電線路阻抗 Z_l 忽略。求

(1)求負載的相電流 $\overline{I}_{AB}$、$\overline{I}_{BC}$、$\overline{I}_{CA}$

(2)線電流 $\overline{I}_{aA}$、$\overline{I}_{bB}$、$\overline{I}_{cC}$

(3)電源的相電流 $\overline{I}_{ba}$、$\overline{I}_{cb}$、$\overline{I}_{ac}$

解 (1) $Z/\phi = 160 + j120\,\Omega = 200\angle 36.87°(\Omega)$

$$\overline{I}_{AB} = \frac{\overline{V}_{ab}}{Z_{AB}} = \frac{4.16\times 10^3\angle 0°}{200\angle 36.87°} = 20.8\angle -36.87°(A)$$

$$\overline{I}_{BC} = \frac{\overline{V}_{bc}}{Z_{BC}} = 20.8\angle 83.13°(A)$$

$$\overline{I}_{CA} = \frac{\overline{V}_{ca}}{Z_{CA}} = 20.8\angle -156.87°(A)$$

(2) $\overline{I}_{aA} = \sqrt{3}\overline{I}_{AB}\angle 30° = 36.027\angle -6.87°(A)$

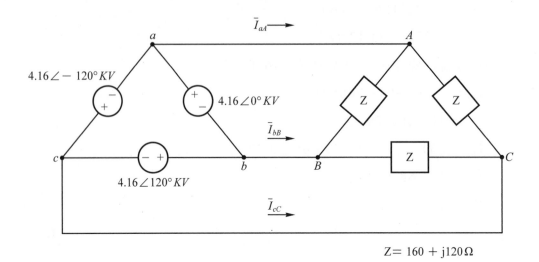

圖 6-47

$$\overline{I}_{bB} = 36.027 \angle 113.13°(A)$$

$$\overline{I}_{cC} = 36.027 \angle -126.87°(A)$$

$$(3)\ \overline{I}_{ba} = \frac{1}{\sqrt{3}}\overline{I}_{aA} \angle -30° = \overline{I}_{AB} = 20.8 \angle -36.87°(A)$$

$$\overline{I}_{cb} = \overline{I}_{BC} = 20.8 \angle 83.13°(A)$$

$$\overline{I}_{ac} = \overline{I}_{AC} = 20.8 \angle -156.87°(A)$$

6-9 平衡三相電路的功率

6-9-1　平衡 Y 形負載的功率

圖 6-48 所示為 Y 形負載的相關電壓及電流，其 A 相的平均功率可表示為

$$P_A = V_{AN}I_{aA}\cos(\theta_{vA} - \theta_{iA}) \tag{6-68}$$

式中，θ_{vA} 及 θ_{iA} 分別為 $\overline{V}_{AN}$ 及 $\overline{I}_{aA}$ 之相角，同理 B、C 相的平均功率亦可表示為

$$P_B = V_{BN}I_{bB}\cos(\theta_{vB} - \theta_{iB}) \tag{6-69}$$

$$P_C = V_{CN}I_{cC}\cos(\theta_{vC} - \theta_{iC}) \qquad (6\text{-}70)$$

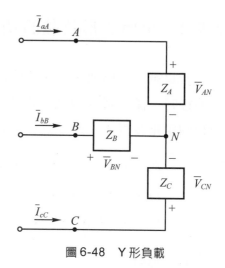

圖 6-48 Y 形負載

在平衡三相系統中,每相的電壓與電流之大小,及餘弦餘數值都相同,因此,我們引用下列符號以便於做平衡三相電路功率之計算。

$$V_\phi = V_{AN} = V_{BN} = V_{CN} \qquad (6\text{-}71)$$

$$I_\phi = I_{aA} = I_{bB} = I_{cC} \qquad (6\text{-}72)$$

$$\theta_\phi = \theta_{vA} - \theta_{iA} = \theta_{vB} - \theta_{iB} = \theta_{vC} - \theta_{iC} \qquad (6\text{-}73)$$

由以上三式得知,平衡系統的每相負載其平均功率亦是相同的,亦即

$$P_A = P_B = P_C = P_\phi = V_\phi I_\phi \cos\theta_\phi \qquad (6\text{-}74)$$

式中的 P_ϕ 為每相的平均功率,而供給平衡 Y 形負載的三相總功率為每相功率的三倍,即

$$P_T = 3P_\phi = 3V_\phi I_\phi \cos\theta_\phi \qquad (6\text{-}75)$$

$$= 3\left(\frac{V_L}{\sqrt{3}}\right)I_L \cos\theta_\phi$$

$$= \sqrt{3}V_L I_L \cos\theta_\phi \qquad (6\text{-}76)$$

由上式知,三相總功率可以用相電壓及相電流來表示,亦可用線電壓及線電流來表示,但要特別注意其中 θ_ϕ 代表的是相電壓與相電流之間的相角。

同理,我們亦可將每相及三相的虛功率表示為

$$Q_\phi = V_\phi I_\phi \sin\theta_\phi \qquad (6\text{-}77)$$

$$Q_T = 3Q_\phi = 3V_\phi I_\phi \sin\theta_\phi$$

$$= \sqrt{3}V_L I_L \sin\theta_\phi \qquad (6\text{-}78)$$

若欲以複數功率來表示時,當負載平衡,每相及三相的複數功率為

$$S_\phi = \overline{V}_{AN}\,\overline{I}_{aA}{}^* = \overline{V}_{BN}\,\overline{I}_{bB}{}^* = \overline{V}_{CN}\,\overline{I}_{cC}{}^* = \overline{V}_\phi\,\overline{I}_\phi{}^* = P_\phi + jQ_\phi \qquad (6\text{-}79)$$

$$S_T = 3S_\phi = \sqrt{3}V_L I_L \angle\theta_\phi$$

6-9-2　平衡△形負載的功率

若負載爲△形連接，功率的計算法與 Y
形連接時一樣。圖 6-49 所示電路爲△形負載
的相關電壓及電流。而其每相平均功率爲

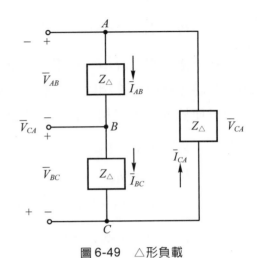

$$P_A = V_{AB}I_{AB}\cos(\theta_{vAB} - \theta_{iAB}) \qquad (6\text{-}80)$$

$$P_B = V_{BC}I_{BC}\cos(\theta_{vBC} - \theta_{iBC}) \qquad (6\text{-}81)$$

$$P_C = V_{CA}I_{CA}\cos(\theta_{vCA} - \theta_{iCA}) \qquad (6\text{-}82)$$

圖 6-49　△形負載

當負載平衡時

$$V_\phi = V_{AB} = V_{BC} = V_{CA} \qquad\qquad\qquad\qquad (6\text{-}83)$$

$$I_\phi = I_{AB} = I_{BC} = I_{CA} \qquad\qquad\qquad\qquad (6\text{-}84)$$

$$\theta_\phi = \theta_{vAB} - \theta_{iAB} = \theta_{vBC} - \theta_{iBC} = \theta_{vCA} - \theta_{iCA} \qquad (6\text{-}85)$$

因此，每相及三相的平均功率爲

$$P_\phi = P_A = P_B = P_C = V_\phi I_\phi \cos\theta_\phi \qquad\qquad\quad (6\text{-}86)$$

$$P_T = 3P_\phi = 3V_\phi I_\phi \cos\theta_\phi$$

$$= 3V_L\left(\frac{I_L}{\sqrt{3}}\right)\cos\theta_\phi$$

$$= \sqrt{3}V_L I_L \cos\theta_\phi \qquad\qquad\qquad\qquad (6\text{-}87)$$

同理，△負載的每相與三相虛功率及複數功率分別爲

$$Q_\phi = V_\phi I_\phi \sin\theta_\phi \qquad\qquad\qquad\qquad\qquad (6\text{-}88)$$

$$Q_T = 3Q_\phi = 3V_\phi I_\phi \sin\theta_\phi$$

$$= \sqrt{3}V_L I_L \sin\theta_\phi \qquad\qquad\qquad\qquad (6\text{-}89)$$

$$S_\phi = P_\phi + jQ_\phi = \overline{V}_{AB}\,\overline{I}_{AB}{}^* = \overline{V}_{BC}\,\overline{I}_{BC}{}^* = \overline{V}_{CA}\,\overline{I}_{CA}{}^*$$

$$= \overline{V}_\phi\,\overline{I}_\phi{}^* \qquad\qquad\qquad\qquad\qquad (6\text{-}90)$$

$$S_T = 3S_\phi = \sqrt{3}V_L I_L \angle\theta_\phi \qquad\qquad\qquad\quad (6\text{-}91)$$

例題 6-22

在例題 6-18 中，求以下各問題。

(1)負載每相的平均功率 P_ϕ

(2)負載的三相總平均功率 P_T

(3)線路的總平均功率 P_{lT}

(4)發電機內損耗的總平均功率 P_{gT}

(5)負載吸收的總無效功率

(6)電源供應的總複數功率

解 (1)由例題 6-18 中知 $V_\phi = 96\text{V}$，$I_\phi = 2\text{A}$，$\theta_\phi = -1.19° - (-36.87°) = 35.68°$，
所以

$$P_\phi = V_\phi I_\phi \cos\theta_\phi = 96 \times 2 \times \cos(35.68°) = 156(\text{W})$$

$$\text{或} P_\phi = I_\phi^2 R_\phi = 2^2 \times 39 = 156(\text{W})$$

(2) $P_T = 3P_\phi = 468(\text{W})$

$$\text{或} P_T = \sqrt{3} V_L I_L \cos\theta_\phi = \sqrt{3}(\sqrt{3} \times 96) \times 2 \times \cos(35.68°) = 468(\text{W})$$

(3) $P_{lT} = 3 \times I_L^2 \times R_l = 3 \times I_{aA}^2 \times R_l = 3 \times 2^2 \times 0.8 = 9.6(\text{W})$

(4) $P_{gT} = 3 \times I_\phi^2 \times R_g = 3 \times I_{aA}^2 \times R_g = 3 \times 2^2 \times 0.2 = 2.4(\text{W})$

(5) $Q_T = 3 V_\phi I_\phi \sin\theta_\phi = \sqrt{3} V_L I_L \sin\theta_\phi = \sqrt{3} \times 166.3 \times 2 \times \sin 35.68° = 336(\text{VAR})$

(6) $S_T = 3 S_\phi = 3 \times (100) \times (2) \times \angle 36.87° = 600 \angle 36.87° = 480 + j360(\text{VA})$

例題 6-23

有一平衡三相 Y 型負載，$\cos\theta = 0.8(\text{lag})$，消耗 180kW，輸電線的 $Z_l = 0.005 + j0.025\Omega/\phi$，若負載端的線電壓為 200V，且選擇負載端的 A 相之相電壓為相量參考。

(1)畫出系統的單相等效電路

(2)求線電流的大小

(3)求送電端線電壓的大小

(4)求線路的送電端之功率因數

解 (1)單相等效電路如圖 6-50 所示

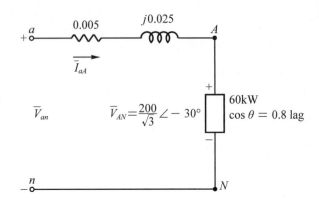

圖 6-50　例題 6-23 的單相等效電路

(2) $\because P_\phi = 60\text{kW}$，$\cos\theta = 0.8$

$\therefore S_\phi = \dfrac{P_\phi}{\cos\theta} = 75(\text{kVA})$，$Q_\phi = S_\phi \times \sin\theta = 45(\text{kVAR})$

$S_\phi = \overline{V}_\phi \, \overline{I}_\phi{}^* = P_\phi + jQ_\phi$

$\left(\dfrac{200\angle -30°}{\sqrt{3}}\right)\overline{I}_{aA}{}^* = (60 + j45) \times 10^3(\text{VA})$

$\therefore \overline{I}_{aA}{}^* = 649.5\angle 66.87°(\text{A})$，$\overline{I}_{aA} = 649.5\angle -66.87°$

線電流 I_L 的大小即 $\overline{I}_{aA}$ 的大小，亦即

$I_L = 649.5(\text{A})$

另解：

$P_T = \sqrt{3}\,V_L I_L \cos\theta = \sqrt{3} \times 200 \times I_L \times 0.8 = 180 \times 10^3(\text{W})$

$\therefore I_L = 649.5(\text{A})$

(3) 想求出線路送電端線電壓 V_L，須先計算出 $\overline{V}_{an}$，由圖 6-50 可得

$\overline{V}_{an} = \overline{V}_{AN} + \overline{I}_{aA} Z_l$

$\quad = \dfrac{200\angle -30°}{\sqrt{3}} + (649.5\angle -66.87°)(0.005 + j0.025)$

$\quad = 116.21 - j54.35 = 128.29\angle -25.06°$

$V_L = \sqrt{3}\,|\overline{V}_{an}| = 222.2(\text{V})$

(4) 線路送電端之功因為 $\overline{V}_{an}$ 與 $\overline{I}_{aA}$ 之間相角的餘弦值，即

$\text{P} = \cos\theta = \cos[-25.06° - (-66.87°)] = 0.745$

6-10 三相電路功率的量測

用來測量功率的儀表是瓦特計，表中含有兩個線圈，一個線圈是固定的，稱為電流線圈(current coil)，此線圈與負載串聯連接，故通過該線圈的電流與負載電流成正比。另一個線圈是可動的，稱為電位線圈(potential coil)，此線圈與負載並聯連接，故通過該線圈的電流與負載電壓成正比。在可動線圈上附有指針，此指針的偏轉量與通過電流線圈的電流的有效值、電壓線圈兩端電壓的有效值及電流與電壓線圈之間相角的餘弦值三者之乘積成正比。因指針的偏轉方向與電流線圈內的電流及電壓線圈的電壓二者的瞬間極性有關，所以每個線圈的其中一個端子標有極性符號(通常是＋號，或±號)，若有以下情形時，則指針是往正向偏轉的。(1)電流線圈標有極性符號的一端朝向電源端，而且(2)電壓線圈標有極性的一端接在電流線圈有標示極性的那一端。如圖 6-51 所示。

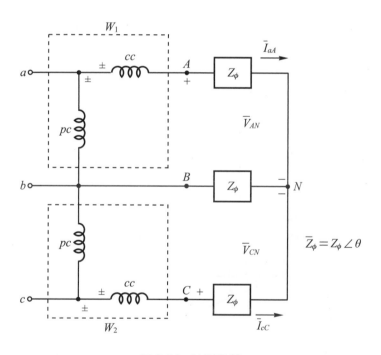

圖 6-51　Y 型負載

對於三相電路，若只有三條導線時，不管三相是否平衡，要測量總功率只須兩個瓦特計即可，若有四條導線時，如果三相不平衡，就須三個瓦特計，若三相平衡，亦只須兩個瓦特計。因此，當電路為平衡三相時，只須兩個瓦特計就可測量出總功率。

在以下的分析過程中，假設瓦特計的電壓線圈所通過的電流與電流線圈量測到的電流比起來小到可忽略不計。同時假設相序為正。

如圖 6-51 所示電路為利用兩個瓦特計來量測平衡三相負載功率，圖中負載接成 Y 形，同時每相的負載阻抗以 $Z_\phi = |Z| \angle \theta$ 表示，對於任一△型負載功率可用 Y 型等效電路來替代，因三相平衡時，做△-Y 變換，並不會改變阻抗角 θ。因為一般負載均屬電感性，其各相之相電壓均超前相電流一相角 θ，如圖 6-52 之相量圖所示。根據前面有關瓦特計偏轉的簡介，第 1 個瓦特計 W_1 與 V_{AB}、I_{aA}、V_{AB} 和 I_{aA} 之間相角的餘弦值三者之乘積成正比，即

$$W_1 = V_{AB} I_{aA} \cos\theta_1 = V_L I_L \cos\theta_1 \tag{6-92}$$

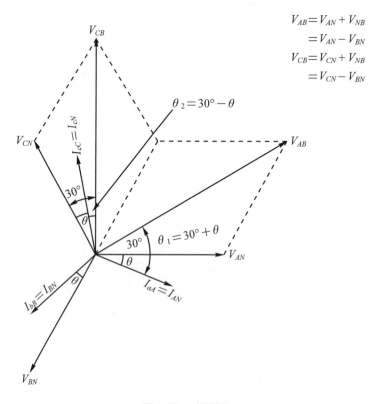

圖 6-52　相量圖

同理　　　$W_2 = V_{CB}I_{cC}\cos\theta_2$ $\qquad\qquad$ (6-93)

式中θ_1為V_{AB}與I_{aA}之間的相角，θ_2為V_{CB}與I_{cC}之間的相角。其相量圖如圖6-52所示。故在計算W_1與W_2時，可以把θ_1及θ_2用負載阻抗角θ表示，亦即相電壓與相電流之間的相角。當相序為正時

$$\theta_1 = 30° + \theta \qquad\qquad (6\text{-}94)$$
$$\theta_2 = 30° - \theta \qquad\qquad (6\text{-}95)$$

將(6-94)與(6-95)二式分別代入(6-92)與(6-93)二式，可得到

$$W_1 = V_L I_L \cos(30° + \theta) \qquad\qquad (6\text{-}96)$$
$$W_2 = V_L I_L \cos(30° - \theta) \qquad\qquad (6\text{-}97)$$

將W_2與W_1相加，可得到總平均功率為

$$P_T = W_1 + W_2 = 2V_L I_L \cos\theta\cos 30° = \sqrt{3}\,V_L I_L \cos\theta \qquad (6\text{-}98)$$

若將W_2與W_1相減後乘以$\sqrt{3}$，可得到總平均虛功率為

$$Q_T = \sqrt{3}(W_2 - W_1) = \sqrt{3}\,V_L I_L \sin\theta \qquad\qquad (6\text{-}99)$$

由功率三角形得知，將Q_T除以P_T可得到θ的正切值為

$$\tan\theta = \frac{Q_T}{P_T} = \frac{\sqrt{3}(W_2 - W_1)}{W_1 + W_2} \qquad\qquad (6\text{-}100)$$

例題 6-24

以兩瓦特計法量測例題6-18中所述之負載側之功率，求各瓦特計之讀值。(設瓦特表接在A、C相)

解　由例題6-18中知，$\overline{I}_{aA} = 2\angle-36.87°(\text{A})$，$\overline{I}_{cC} = 2\angle 83.13°(\text{A})$

$\overline{V}_{AB} = 166.3\angle 28.81°(\text{V})$，$\overline{V}_{BC} = 166.3\angle-91.19°(\text{V})$，

$\overline{V}_{CB} = 166.3\angle 88.81°(\text{V})$

$W_1 = V_{AB}I_{aA}\cos\theta_1 = 166.3\times 2\cos(28.81° + 36.87°) = 136.97(\text{W})$

$W_2 = V_{CB}I_{cC}\cos\theta_2 = 166.3\times 2\cos(88.81° - 83.13°) = 330.97(\text{W})$

例題 6-25

(1)如圖 6-53 所示之電路，若$Z_A = 20\angle 30°\Omega$，$Z_B = 60\angle 0°\Omega$，$Z_C = 40\angle -30°$$\Omega$，求$W_1$與$W_2$之讀值。

(2)以計算方式證明$W_1 + W_2$等於此不平衡三相負載的總平均功率。

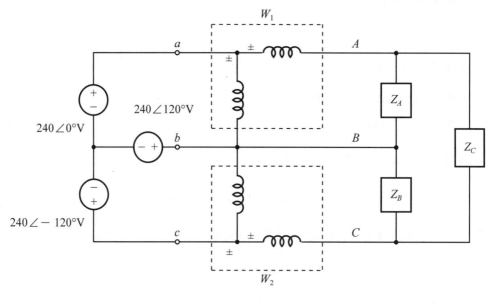

圖 6-53

解 (1)$\overline{V}_{ab} = 240\sqrt{3}\angle -30°(V)$，$\overline{V}_{bc} = 240\sqrt{3}\angle 90°(V)$

$\overline{V}_{ca} = 240\sqrt{3}\angle -150°(V)$

$\overline{I}_{AB} = \dfrac{\overline{V}_{ab}}{Z_A} = 12\sqrt{3}\angle -60°A$，$\overline{I}_{BC} = \dfrac{\overline{V}_{bc}}{Z_B} = 4\sqrt{3}\angle 90°(A)$

$\overline{I}_{CA} = \dfrac{\overline{V}_{ca}}{Z_C} = 6\sqrt{3}\angle -120°(A)$

$\overline{I}_{aA} = \overline{I}_{AB} - \overline{I}_{CA} = 18\angle -30°(A)$，$\overline{I}_{cC} = \overline{I}_{CA} - \overline{I}_{BC}$

$\quad = 16.75\angle -108.067°(A)$

$W_1 = V_{ab}I_{aA}\cos(-30° + 30°) = 7482.46(W)$

$W_2 = V_{cb}I_{cC}\cos(-90° + 108.067°) = 6619.537(W)$

⑵ $P_A = I_{AB}^2 \times R_A = 7482.459(\text{W})$

$P_B = I_{BC}^2 \times R_B = 2880(\text{W})$

$P_C = I_{CA}^2 \times R_C = 3741.23(\text{W})$

$P_T = P_A + P_B + P_C = 14103.7(\text{W})$

$W_1 + W_2 = 14103.7(\text{W})$

$\therefore W_1 + W_2 = P_A + P_B = P_T$

6-11 交流電路分析

　　在直流電路裏，我們曾經探討了許多定律，如克希荷夫電壓定律、克希荷夫電流定律、戴維寧定理、諾頓定理、重疊定理等，及許多的分析電路方法，如支路電流法、迴路電流法、節點電壓法等。這些定理、定律、及方法，在交流網路中亦可適用，只不過，此時的電壓、電流、電抗等都必須以相量來表示，並根據複數代數法來求解。本節中並不分門別類加以討論，僅提出幾個例題加以說明。要知，一個問題其解法可能有若干種，究竟應採用何種方法，才比較容易解出，並無定論，完全視網路的型態及個人解題的純熟度而定，希望讀者能多加演練，方能領悟箇中之奧妙。

例題 6-26

求圖 6-54 電路中，a 點對 b 點之電壓($\overline{V}_{ab}$)。

解　$\overline{V}_{ab} = \overline{V}_{ax} + \overline{V}_{xb} = \overline{V}_{ax} - \overline{V}_{bx}$

$\overline{V}_{ax} = \dfrac{5 + j10}{10 + 5 + j10} \times 10\angle 0°$

$\overline{V}_{bx} = \dfrac{15 + j30}{20 + 15 + j30} \times 10\angle 0°$

$\overline{V}_{ab} = \overline{V}_{ax} - \overline{V}_{bx} = \left(\dfrac{5 + j10}{15 + j10} - \dfrac{15 + j30}{35 + j30} \right) \times 10\angle 0° = 1.35\angle 169.14°(\text{V})$

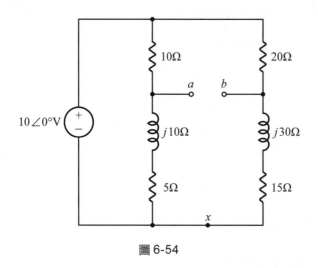

圖 6-54

例題 6-27

利用迴路電流法，求圖 6-55 電路中 $\overline{V}_x$ 的電壓。

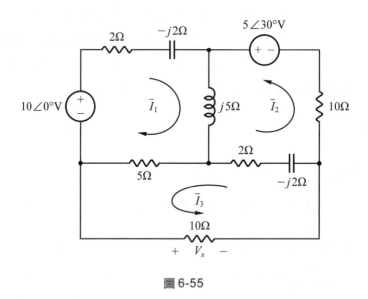

圖 6-55

解　先任意假設三迴路電流 $\overline{I}_1$、$\overline{I}_2$、$\overline{I}_3$，其方向如圖所示，根據 KVL，由此三
迴路，可列出三個電壓方程式，以矩陣方式表示如下：

$$\begin{bmatrix} 7+j3 & j5 & 5 \\ j5 & 12+j3 & -(2-j2) \\ 5 & -(2-j2) & 17-j2 \end{bmatrix} \begin{bmatrix} \overline{I_1} \\ \overline{I_2} \\ \overline{I_3} \end{bmatrix} = \begin{bmatrix} 10\angle 0° \\ 5\angle 30° \\ 0 \end{bmatrix}$$

因 $\overline{V_x} = 10\overline{I_3}$，所以只解 $\overline{I_3}$ 即可。利用 Crammer's rule 得

$$\overline{I_3} = \frac{\begin{vmatrix} 7+j3 & j5 & 10\angle 0° \\ j5 & 12+j3 & 5\angle 30° \\ 5 & -2+j2 & 0 \end{vmatrix}}{\begin{vmatrix} 7+j3 & j5 & 5 \\ j5 & 12+j3 & -2+j2 \\ 5 & -2+j2 & 17-j2 \end{vmatrix}} = \frac{667.96\angle -169.09°}{1534.5\angle 25.06°}$$

$$= 0.435\angle -194.15°(A)$$

$$\therefore \overline{V_x} = 10\overline{I_3} = 4.35\angle -194.15°(V)$$

例題 6-28

利用節點電壓法，求圖 6-56 中的電流 $\overline{I}$。

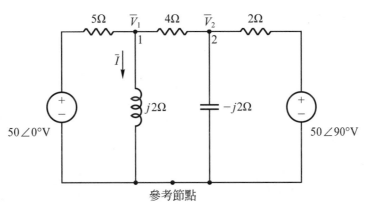

圖 6-56

解 圖中共有三個節點，故可列出兩個方程式。設 $\overline{V_1}$ 與 $\overline{V_2}$ 分別為節點 1、2 相對於參考點的電壓，利用 KCL，由節點 1、2 分別得到

$$\frac{\overline{V_1}-50\angle 0°}{5} + \frac{\overline{V_1}}{j2} + \frac{\overline{V_1}-\overline{V_2}}{4} = 0$$

$$\frac{\overline{V_2}-\overline{V_1}}{4} + \frac{\overline{V_2}}{-j2} + \frac{\overline{V_2}-50\angle 90°}{2} = 0$$

將以上二式以矩陣式表示，可得

$$\begin{bmatrix} \dfrac{1}{5}+\dfrac{1}{j2}+\dfrac{1}{4} & -\dfrac{1}{4} \\[2mm] -\dfrac{1}{4} & \dfrac{1}{4}+\dfrac{1}{(-j2)}+\dfrac{1}{2} \end{bmatrix}\begin{bmatrix} \overline{V}_1 \\[2mm] \overline{V}_2 \end{bmatrix}=\begin{bmatrix} \dfrac{50\angle 0^\circ}{5} \\[2mm] \dfrac{50\angle 90^\circ}{2} \end{bmatrix}$$

因 $\overline{I}=\dfrac{\overline{V}_1}{j2}$，故只解 $\overline{V}_1$ 即可。

$$\overline{V}_1=\frac{\begin{vmatrix} 10 & -0.25 \\ j25 & 0.75+j0.5 \end{vmatrix}}{\begin{vmatrix} 0.45-j0.5 & -0.25 \\ -0.25 & 0.75+j0.5 \end{vmatrix}}=\frac{13.52\angle 56.31^\circ}{0.546\angle -15.95^\circ}$$

$$=24.76\angle 72.25^\circ(\mathrm{V})$$

$$\overline{I}=\frac{\overline{V}_1}{j2}=\frac{24.76\angle 72.25^\circ}{2\angle 90^\circ}=12.38\angle -17.75(\mathrm{A})$$

· · · **例題 6-29** ·

求圖 6-57 中 ab 兩端點間之戴維寧及諾頓等效電路。

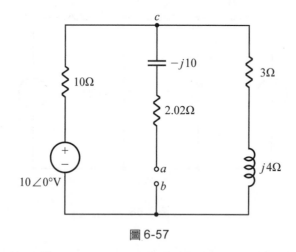

圖 6-57

解　求 $\overline{V}_{TH}$、$\overline{I}_{SC}$、Z_{TH}

$$\overline{V}_{TH}=\overline{V}_{ab}=\overline{V}_{cb}=\frac{3+j4}{10+3+j4}\times 10\angle 0^\circ=3.68\angle 36.03^\circ(\mathrm{V})$$

$$\overline{I}_{SC} = \overline{I}_{ab} = \frac{10\angle 0°}{10 + \dfrac{(3+j4)(2.02-j10)}{(3+j4)+(2.02-j10)}} \times \frac{3+j4}{3+j4+2.02-j10}$$

$$= 0.6189\angle -9.62 \times 0.639\angle 103.21$$

$$= 0.395\angle 93.59°(A)$$

$$Z_{TH} = \frac{\overline{V}_{TH}}{\overline{I}_{SC}} = \frac{3.68\angle 36.03}{0.395\angle 93.59°} = 9.316\angle -57.56°$$

或 $Z_{TH} = (2.02-j10) + \dfrac{(3+j4)(10)}{3+j4+10} = 5-j7.84 = 9.3\angle -57.47°$

戴維寧等效電路與諾頓等效電路如圖 6-58(a)(b)所示。

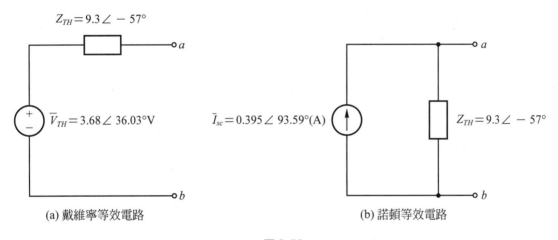

(a) 戴維寧等效電路　　　　　　　(b) 諾頓等效電路

圖 6-58

習 題

1. 有一*RL*串聯電路，*R* = 60Ω，*L* = 0.3 亨利，跨接於 110V、60Hz 的電源上，求(1)阻抗，(2)電流，(3)$\overline{V}_R$ 及 $\overline{V}_L$，(4)功率因數，(5)功率。

2. 有一*RC*串聯電路，*R* = 120Ω，*C* = 25μF，跨接於 110V、60Hz 的電源上，求(1)阻抗，(2)電流，(3)$\overline{V}_R$ 及 $\overline{V}_C$，(4)功率因數，(5)功率。

3. 有一串聯*RLC*電路，其中*R* = 5Ω，X_L = 15Ω，X_C = 25Ω，跨接於 110V、60Hz 的電源上，試求

(1) 阻抗，並繪出其相量圖

(2) 設以電壓為基準軸，求流過電路的電流，並寫出 $i(t)$ 及 $v(t)$ 的表示式

(3) $\overline{V}_R$、$\overline{V}_L$、$\overline{V}_C$，並證明三者之和等於外加電源

(4) 視在功率、實功率、虛功率

(5) *PF* 及 *RF*

4. 試求圖 6-59 電路中的(1)阻抗及電抗值，(2)電流 $\overline{I}$、$\overline{I}_R$、$\overline{I}_C$，(3)功率及功率因數。

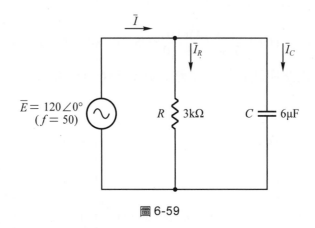

圖 6-59

5. 試寫出圖 6-60 及圖 6-61 兩電路的迴路方程式，並求出各迴路的電流。

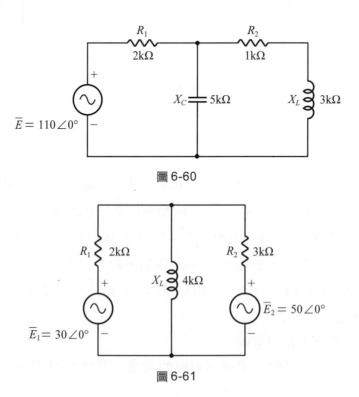

圖 6-60

圖 6-61

6. 試寫出圖6-60及圖6-61兩電路的節點電壓方程式，並求出圖6-60中流過X_C 及圖6-61中流過X_L的電流。

7. 試以重疊定理求圖6-62中流過X_L的電流。

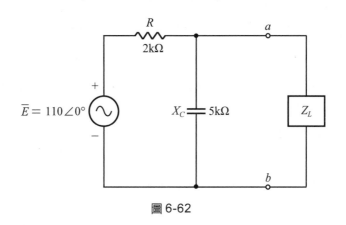

圖 6-62

8. 試求圖6-62電路中由ab端看入的戴維寧等效電路。

9. 在圖6-62電路中，欲使Z_L得到最大功率，則Z_L該為若干？而最大功率為多少？

10. 若圖6-63的電路處於諧振狀態，試求

   (1) 諧振時的X_C

   (2) 品質因數Q

   (3) 頻帶寬BW

   (4) 由(3)的條件，求L及C

   (5) 最大功率及半功率為多少？半功率時的頻率值？

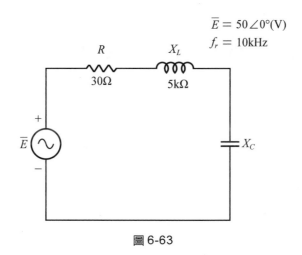

$$\overline{E} = 50\angle 0°(V)$$
$$f_r = 10kHz$$

圖 6-63

11. 若圖 6-64 的電路處於諧振狀態，試求

(1) 諧振時的 X_C

(2) 諧振時的阻抗

(3) 若 $C = 0.02\mu F$，則 f_r 為多少？

(4) BW 值為多少？

(5) 上下半功率頻率為多少？

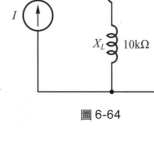

圖 6-64

12. 流過某一電路的電流 $i = 5\sin(100t + 50°)$ 安培，電路兩端的電壓 $v = 100\sin(100t + 20°)$ 伏，試求：

(1) 電路的阻抗

(2) 電路的視在功率、平均(實)功率、虛功率

(3) 電路的功率因數及無功因數

13. 有一 18.4kW 的負載，功率因數為 0.8 落後，接於 460 伏特 60Hz 的電源，求：

(1) 負載電流

(2) 功率因數角 θ

(3) 等效阻抗、電阻、電抗

(4) 寫出電壓及電流方程式

14. 如圖 6-65 所示，若欲使負載的功率因數改善至 0.9，試求須並聯電容 C 的大小。

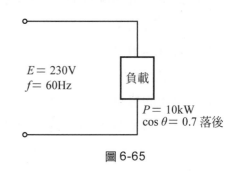

圖 6-65

15. 試以節點電壓法證明圖 6-37 所示三相 Y-Y 平衡系統中的 $\overline{V}_N = V_{Nn} = 0$。

16. 如圖 6-66 所示為三相 Y-Y 平衡系統，電源為正相序，負載阻抗 $Z_A = Z_B = Z_C = 3 + j4\Omega$ 求

(1) 相角 θ_2 及 θ_3

(2) 線電壓 $\overline{V}_{ab}$、$\overline{V}_{bc}$、$\overline{V}_{ca}$

(3) 線電流 $\overline{I}_{aA}$、$\overline{I}_{bB}$、$\overline{I}_{cC}$

(4) 證明 $\overline{I}_N = 0$

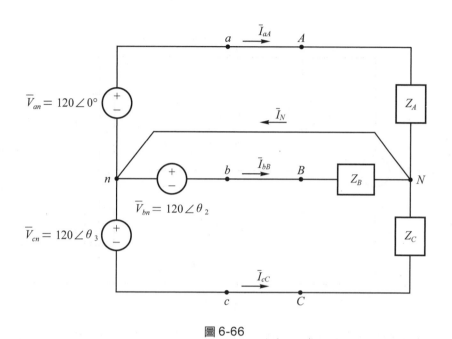

圖 6-66

17. 若將圖 6-66 所示的中性線拿掉，並將負載改為△型連接，而每相負載阻抗亦為 $3 + j4\Omega$，電源改為負相序，試求此三相 Y-△平衡系統之

   (1) 相角 θ_2 及 θ_3

   (2) 負載每相之電流 $\overline{I}_{AB}$、$\overline{I}_{BC}$、$\overline{I}_{CA}$

   (3) 線電流 $\overline{I}_{aA}$、$\overline{I}_{bB}$、$\overline{I}_{cC}$

18. 如圖 6-67 所示三相△-△平衡系統，電源為負相序，負載阻抗為 5Ω 電阻與容抗為 5Ω 的電容並聯而成，求

   (1) 相角 θ_2 及 θ_3

   (2) 負載每相之電流 $\overline{I}_{AB}$、$\overline{I}_{BC}$、$\overline{I}_{CA}$

   (3) 線電流 $\overline{I}_{aA}$、$\overline{I}_{bB}$、$\overline{I}_{cC}$

19. 若將圖 6-67 所示電路的負載改為 Y 型連接電路，而負載每相阻抗 $Z = 6 - j8 = 10\angle -53°\Omega$，求：

   (1) 負載的相電壓 $\overline{V}_{AN}$、$\overline{V}_{BN}$、$\overline{V}_{CN}$

   (2) 負載的線電壓 $\overline{V}_{AB}$、$\overline{V}_{BC}$、$\overline{V}_{CA}$

20. 用二瓦特表量測三相功率，相序為正，求(1)$W_1 = 3200$ 瓦，$W_2 = 8500$ 瓦，(2)$W_1 = 9000$ 瓦，$W_2 = -3000$ 瓦時的功率因數。

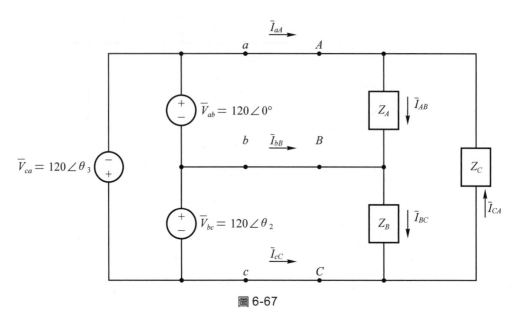

圖 6-67

21. 如圖 6-68 所示之電路，負載係由平衡之 Y 接及△接組成，其中 $Z_Y = 3 + j4$ Ω，$Z_\triangle = 6 - j8$Ω，求負載的(1)總平均(實)功率 P_T，(2)總虛功率 Q_T，(3)總視在功率 S_T，(4)功率因數 PF。

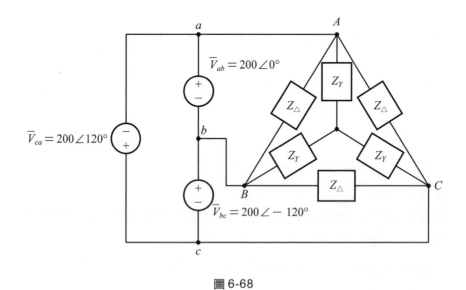

圖 6-68

7

電動機

7-1　直流電動機

7-2　三相感應電動機

7-3　單相交流電動機

7-4　同步電動機

7-5　步進電動機

7-6　線型電動機

7-7　伺服電動機

電動機依電源來分類，可分為直流電動機與交流電動機。直流電動機之轉速控制容易，但必須有直流電源，而且維護不易，因此費用比交流電動機高。交流電動機依磁場旋轉原理來分類可分為感應電動機、同步電動機及整流子電動機。如依電動機轉速特性來分類，則定速度電動機有單相感應電動機、三相感應電動機、同步電動機以及直流電動機。加減速電動機則有三相感應電動機及直流電動機。變速度電動機則有三相感應電動機、整流子電動機、直流電動機及 VS 電動機。其中的單相感應電動機依啟動方式及旋轉原理，分成分相起動式、電容起動式、電容運轉式及蔽極線圈式。三相感應電動機依轉子的結構不同，分成普通鼠籠式、特殊鼠籠式及繞線式。直流電動機依不同的激磁方式，可分成他激式、自激式、串激式、積複機式及差複機式。當然，電動機的動作原理和構造，一直不斷地在演進，直到今日仍有許多型式的電動機問世，如伺服電動機、線型電動機、磁阻電動機及超音波電動機等等。

7-1 　直流電動機

7-1-1　直流電動機的分類

直流電動機的磁場除了採用激磁繞組之外，也可以利用永久磁鐵來產生磁場，因此直流電動機依激磁的型式不同，可分為下列三種：

1. 永久磁鐵式直流電動機：此型式的電動機係以永久磁鐵作為定子磁極，由於其磁通量是固定不變，所以無法控制其轉速，只能應用在固定速度上的控制。較適合小型電動機的使用。

2. 他激式直流電動機：其激磁線圈所用之直流電源和電樞繞組所用的直流電源是各自分開獨立的，所以電樞電壓及磁場強度可以個別控制，較適合於大型電動機方面的使用。

3. 自激式電動機：將激磁線圈與電樞電路連接成並聯或串聯方式，並由同一直流電源提供電力的輸入。依激磁線圈的接線方式之不同分成下列三種：

    (1)　分激式直流電動機：激磁線圈和電樞線圈並聯連接，也可稱為並激式直流電動機，激磁線圈是由匝數多而線徑細的導線所繞成，所以其電阻值較大，在使用上激磁線圈的場電流約為電動機額定電流的 1 ％～4 ％。

(2) 串激式直流電動機：激磁線圈和電樞線圈是串聯連接，而串聯之激磁線圈是由匝數少而線徑粗的導線所繞成，這是因為通過串激繞組的電流和通過電樞電流相同大小電流的緣故，所以線徑必須比較粗大。

(3) 複激式直流電動機：其激磁之磁極上，同時繞有分激繞組和串激繞組，依兩種不同線圈的連接方式，又可以分為長並式和短並式兩種。如果依其激磁線圈所產生不同磁力線方向，又可分為下列二種形式：

① 積複機式：其串激繞組與分激繞組所產生的磁力線是相同方向的。

② 差複機式：係由於串激線圈所產生的磁力線和分激線圈所產生的磁力線方向相反。故可使用於高速運轉，但特性是較差的一種。

在上述各種直流電動機的激磁介紹完後，其接線圖如圖 7-1 所示。

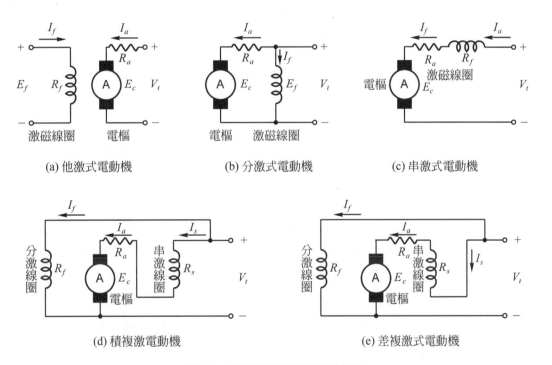

(a) 他激式電動機　　(b) 分激式電動機　　(c) 串激式電動機

(d) 積複激電動機　　　　　(e) 差複激式電動機

圖 7-1　各種直流電動機的接線圖

7-1-2　直流電動機的特性

由圖 7-1 可知，分激式電動機在正常負載下，其特性相似於他激式電動機，而且轉速變化率很小，其缺點是起動轉矩和過載轉矩容量小。在串激電動機的起動轉矩和過載轉矩和分激式電動機相反，即串激電動機的起動轉矩和過載轉矩皆很大，但其轉速調整率卻非常差,在無載時運轉可能有飛脫之虞。在積複激式電動機上,由於同時包括了串激線圈和分激線圈,故其特性介於串激電動機和分激電動機間。差複激電動機因為分激線圈所產生的磁場被串激線圈所產生的磁場給削弱了,所以總磁場降低。在負載加重時,總磁場會變小,所以轉速會加快。其中的直流電動機的轉速–轉矩特性曲線,在穩態狀況下的曲線圖如圖 7-2 所示。而直流電動機之轉矩對電樞電流的關係曲線圖如圖 7-3 所示。

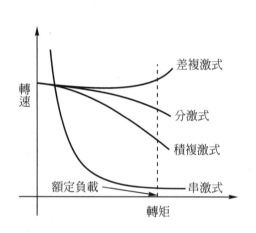

圖 7-2 各種直流電動機之轉速-轉矩特性曲線

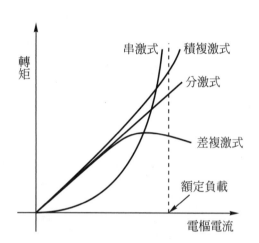

圖 7-3 各種直流電動機之轉矩-電流特性曲線圖

　　直流電動機的使用場合依不同型式的電動機有不同的應用場合,如分激式電動機其轉速的變化率約為 5％～10％,起動轉矩為額定轉矩之 150％～200％,而最大轉矩也為 150％～200％,故適用於印刷機、搬運機、送風機、工作母機及渦卷泵等方面。串激電動機其轉速變動率非常大,且其起動轉矩約為額定轉矩之 400％左右,所以適用於吊車、起重機、電車及不使用皮帶傳動的運送機上。複激式電動機其轉速的變動率約為 25％～30％,且其起動轉矩約為額定轉矩之 400％,而最大轉矩約為額定轉矩之 200％～400％之間,所以適用於起重機、切斷機、工作母機及一般產業用電動機。

　　直流電動機在一般運轉的情況下,由於轉子上的電樞線圈會切割激磁線圈所產生的磁場,所以電樞線圈上的導體會感應一電勢(或稱為反電勢),其作用如同發電機一樣,利用佛萊明右手定則及楞次定律便可知道感應電勢的極性及電壓大小。而反電勢 E_a[V]公式如下:

$$E_a = \frac{PZ}{60a}\phi n = K_e \phi n \tag{7-1}$$

或 $\qquad E_a = \dfrac{PZ}{2\pi a}\phi\omega = K_e\phi\omega$ (7-2)

其中 $\qquad P$ 為磁場中磁極的數目

ϕ 為每個磁極的磁通量[Wb]

Z 為電樞線圈上之有效導體數

a 為電樞導體路徑數

ω 為轉子角速度[rad/sec]

直流電動機之反電勢總是小於外加端電壓，所以電樞電流和此二電壓值有關。反電勢具有限制電樞電流的作用外，並且因其和轉速成正比，所以也能使電動機自動調整轉速及轉矩，以便配合所驅動的負載，故直流電動機的反電勢、外加端電壓和電樞電流的關係式，依不同型式的直流電動機分成下列幾種：

1. 分激式電動機的反電勢、外加電壓和電樞電流之關係式如下，而電路圖如圖 7-1(b)所示。

   $$V_t = E_c + I_a R_a \qquad (7\text{-}3)$$

   其中

   V_t 為外加端電壓[V]

   E_c 為反電勢[V]

   I_a 為電樞電流[A]

   R_a 為電樞線圈電阻[Ω]

2. 串激式電動機的反電勢、外加電壓和電樞電流之關係式如下，而電路圖如圖 7-1(c)所示。

   $$V_t = E_c + I_a(R_a + R_s) \qquad (7\text{-}4)$$

   其中

   V_t 為外加端電壓[V]

   E_c 為反電勢[V]

   I_a 為電樞電流[A]

   R_a 為電樞線圈電阻[Ω]

   R_s 為串激線圈電阻[Ω]

3. 積複激式電動機的反電勢、外加電壓和電樞電流之關係式如下，而電路圖如圖 7-1(d)所示。

$$V_t = E_c + I_a(R_a + R_s) \tag{7-5}$$

其中

V_t爲外加端電壓[V]

E_c爲反電勢[V]

I_a爲電樞電流[A]

R_a爲電樞線圈電阻[Ω]

R_s爲串激線圈電阻[Ω]

4. 差複激式電動機的反電勢、外加電壓和電樞電流之關係式如下，而電路圖如圖 7-1(e)所示。

$$V_t = E_c + I_aR_a + I_aR_s \tag{7-6}$$

其中

V_t爲外加端電壓[V]

E_c爲反電勢[V]

I_a爲電樞電流[A]

R_a爲電樞線圈電阻[Ω]

R_s爲串激線圈電阻[Ω]

7-1-3 直流電動機的工作原理

直流電動機的轉動原理是當電樞線圈通過電流後會產生磁場，此磁場之磁力會與激磁場線圈通過電流後所產生之磁場磁力交互作用，以產生作用力及轉矩。依據第四章電磁效應中之佛萊明左手定則可知，作用力之大小和導體存在於磁場的有效長度及均勻磁場的磁通密度、導體內所通過電流之大小成正比，因此作用力之公式依據第四章之(4-5)公式得知，在Z根導體中所受的總力F[V]爲

$$F = ZBll \tag{7-7}$$

因此整個線圈所產生的轉矩T [N-m]

$$T = F \cdot r = ZBlI \cdot \frac{D}{2} \tag{7-8}$$

其中　　Z為電樞線圈上之有效導體數

　　　　B為磁通密度$[\text{Wb/m}^2]$

　　　　l為導體的有效長度$[\text{m}]$

　　　　I為通過導體的電流$[\text{A}]$

　　　　r為電樞之半徑$[\text{m}]$

　　　　D為電樞之直徑$[\text{m}]$

假設主磁極共有P極，而每極之平均磁通ϕ為

$$\phi = BA = B \cdot l \cdot \frac{\pi D}{P} \tag{7-9}$$

即　　　$B = \frac{P\phi}{\pi Dl} \tag{7-10}$

當電樞電流I_a及電樞線圈的電流路徑數為a，則每根導體通過電流I為

$$I = \frac{I_a}{a} \tag{7-11}$$

將上述各式作整理後，可以得到轉矩T為

$$T = Z \cdot \frac{P\phi}{\pi Dl} \cdot l \cdot \frac{I_a}{a} \cdot \frac{D}{2}$$

$$= \frac{PZ}{2\pi a} \cdot \phi \cdot I_a \tag{7-12}$$

其中　　T為電動機的轉矩$[\text{N-m}]$

　　　　P為主磁極的極數

　　　　ϕ為每極之磁通量$[\text{Wb}]$

　　　　π為3.14159

　　　　a為電流路徑數

　　　　I_a為電樞電流$[\text{A}]$

　　另外，轉矩也可以由電磁功率及轉速來求得，即

$$T = \frac{P}{\omega} = \frac{E_c I_o}{\omega} = \frac{60 P_e}{2\pi n} \tag{7-13}$$

其中　　$\omega = 2\pi n/60$為機械角速度[rad/sec]

　　　　T為電動機的轉矩[N-m]

　　　　P為電磁功率[W]

　　　　n為轉子轉速[rpm]

　　直流電動機的反電勢是相同於第四章之佛萊明右手定則的發電機原理，並且利用楞次定律得知，其反電勢為

$$E_c = \frac{PZ}{60a} \cdot \phi \cdot n \tag{7-14}$$

或　　　$$E_c = \frac{PZ}{2\pi a} \cdot \phi \cdot \omega \tag{7-15}$$

其內生之機械功率P_m為

$$P_m = E_c I_a = \omega T \tag{7-16}$$

其中　　E_c為反電勢[V]

　　　　P_m為內生機械功率[W]

　　　　ω為機械角速度[rad/sec]

　　　　T為轉矩[N-m]

　　由於內生機械功率為輸出功率與旋轉損失功率之代數和，故內生機械功率是大於或等於輸出功率。

· · · **例題 7-1** ·

　　某直流電動機為 4 極，每極之磁通量為 0.015Wb，電樞之總導體數為 3600 根，在外加直流電源後，電樞電流為 200A，試求電樞在單疊繞時的內生機械轉矩為何？

解　$P = 4$(極)，$Z = 3600$(根)，$\phi = 0.015$(Wb)，$I_a = 200$(A)

　　在單疊繞時的電流路徑數$a = m \cdot p = 1 \times 4 = 4$，因此內生機械轉矩為

$$T = \frac{PZ}{2\pi a}\phi I_a = \frac{4 \times 3600}{2\pi \times 4} \times 0.015 \times 200$$

$$= 1718.875(\text{N-m})$$

即$T = 1718.875$(N-m)

· · · 例題 7-2 · · · ─

相同於例題 7-1 之直流電動機的各種參數，在此條件下，當轉子之轉速爲 2000rpm，則直流電動機之內生機械功率爲何？

解 利用 $P_e = \omega T$

而 $\omega = 2\pi n/60$，所以 $\omega = \dfrac{2\pi}{60} \times 2000 = 209.439(\text{rad/sec})$

$P_e = 1718.875 \times 209.439$

　　$= 360000(\text{W})$

因此直流電動機之內生機械功率爲 360000(W)

7-2 三相感應電動機

7-2-1 三相感應電動機的構造

　　感應電動機的定子與轉子均有電樞或導體，而定子導體直接與外部電路連接，且轉子導體的兩端短路起來。當定子繞組外加電源時，其轉子導體將產生感應電勢與感應電流，此即感應電流所產生之磁力再和定子繞組通過電流所產生之磁力交互作用而使轉子轉動。一般而言，感應電動機是由定子與轉子兩大部份所組成的，其定子部份是由外殼、鐵心、繞組及軸承架所組成的。其中定子中之外殼具有支持鐵心及繞組、保護感應電動機之內部元件以及幫助散熱等功能。而定子之鐵心部份爲傳導磁通及切割磁場。因此定子鐵心爲了降低渦流損失，其皆採用 0.35mm～0.5mm 之薄矽鋼片疊製而成，並且在鐵心內有電樞槽，以便於放入定子繞組，置於電樞槽內之定子繞組的上方使用楔片嵌入缺口，目的爲避免定子繞組因振動而被彈出槽外。在定子繞組的部份，其功用爲在外加電源於定子繞組時，定子繞組通過電流以產生之磁場。定子繞組可接成Ｙ型連接或△型連接兩種。其接線圖如圖 7-4 所示。

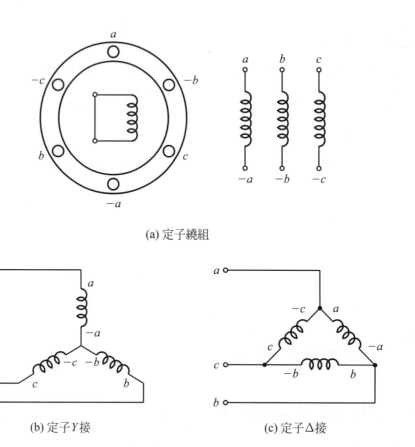

(a) 定子繞組

(b) 定子Y接　　　　　　(c) 定子Δ接

圖7-4　定子繞組接線圖

　　在軸承部份，其功能為負責支撐轉子的轉軸，並具有兩端的軸承架，以利轉子可以順利並平滑的轉動。在轉子部份是由鐵心、繞組及轉軸所組成的。其中轉子鐵心部份是相同於定子鐵心，即為降低渦流損失，採用 0.35mm～0.5mm 之薄矽鋼片所疊製而成，並且在鐵心內有鐵心槽，以便於在轉子內放入轉子繞組。而感應電動機之轉子型式可分為繞線型與鼠籠型兩種轉子，其中繞線型的轉子是兩繞組繞製而成。在起動時可經由滑環外加電源，以限制起動電流，並且增加起動轉矩，同時可藉此控制轉速。此型之轉子結構較為複雜，一般皆應用在大容量或需要大起動轉矩的場所。其次是鼠籠型轉子，其轉子的形狀如鼠籠型而得名。此型式轉子繞組是置於鐵心槽內，並且將繞組導體的兩端以短路環將其短路連接起來，此繞組是用銅條或鋁條所構成的。其構造如圖 7-5 所示。此型式之轉子，在起動時由於無法外加電阻，所以無法控制起動電流及起動轉矩，所以一般皆使用於中、小型的起動場合。而此型之轉子電動機，由於結構簡單、堅固耐用，所以在工業上應用的非常廣泛。

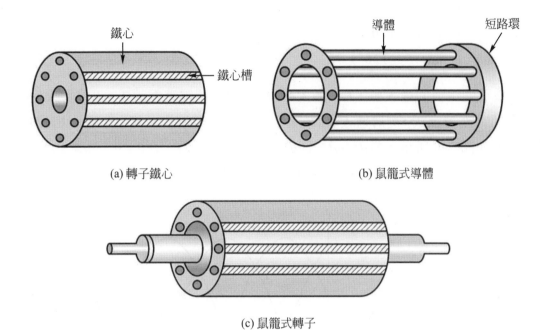

(a) 轉子鐵心   (b) 鼠籠式導體

(c) 鼠籠式轉子

圖 7-5　鼠籠型轉子的構造圖

7-2-2　三相感應電動機的工作原理

　　三相感應電動機的旋轉原理亦是根據第四章中之佛萊明右手定則而得知的。於此不再詳述，但其整個工作原理是必須說明的。當定子繞組通入三相電流後，即會在定子內產生一同步於電源頻率之轉速的旋轉磁場，而轉子繞組便因此而切割定子繞組所產生之同步磁場，使得轉子本身產生感應電勢，此轉子繞組因繞組兩端短路而產生感應電流，此電流亦產生磁場，因此轉子電流所產生之磁場和定子繞組通過電流所產生之同步磁場交互作用，因而使轉子轉動。其中旋轉磁場之原理如下：

　　當定子繞組之配置圖如圖 7-4 所示之定子繞組。其在定子的空間中是三相繞組在空間各相差120°，然後加入三相交流電源後，其旋轉磁場在空間中的轉速n[rpm]、外加電源頻率f[Hz]和感應機的極P[極]之間的關係式為

$$n = \frac{120f}{P} \tag{7-17}$$

　　為了說明旋轉磁場之工作原理，假設輸入三相的電源為平衡的三相電源，其中的三相電流為i_a、i_b、i_c，即

$$i_a = I_m \sin\omega t$$

$$i_b = I_m \sin(\omega t - 120°)$$

$$i_c = I_m \sin(\omega t + 120°)$$

其中I_m為瞬間電流的最大值，i_a為通入a相繞組之瞬間電流表示式，i_b為通入b相繞組之瞬間電流表示式，i_c為通入c相繞組之瞬間電流表示式。其中之電流相量圖及時間波形如圖 7-6 所示。當$\theta = \omega t$，即θ為時間t的函數時，在$\theta = 0°$、$\theta = 90°$、$\theta = 180°$及$\theta = 270°$時，其合成的磁場方向及大小，如下述之四種情況。

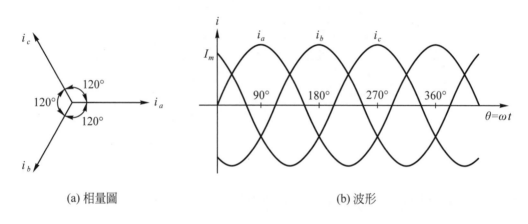

(a) 相量圖　　　　　　　　　　(b) 波形

圖 7-6　三相電流之相量圖及其波形

情況(一)：當$\theta = 0°$時

$$i_a = I_m \sin 0° = 0$$

$$i_b = I_m \sin(0° - 120°) = I_m \sin(-120°) = -\frac{\sqrt{3}}{2}I_m$$

$$i_c = I_m \sin(0° + 120°) = I_m \sin(120°) = \frac{\sqrt{3}}{2}I_m$$

此時之合成磁場磁力 $F = N_a i_a + N_b i_b + N_c i_c$，即由 a 端繞組所流入之電流為 0 (A)，由 b 端繞組所流入之電流 i_b 為 $-\frac{\sqrt{3}}{2}I_m$(A)(即由 $-b$ 端流入 $\frac{\sqrt{3}}{2}I_m$(A)之電流，亦是反向之電流)，由 c 端繞組所流入之電流 i_c 為 $\frac{\sqrt{3}}{2}I_m$(A)，故合成之磁場磁力大小為 $\frac{3}{2}F_m$，而方向為向下，其中之 F_m 為 NI_m，即最大電流 I_m 所產生之磁場強度大小。而其合成磁場之向量圖如圖 7-7(a)所示。

情況(二)：當 $\theta = 90°$ 時

$$i_a = I_m \sin 90° = I_m$$

$$i_b = I_m \sin(90° - 120°) = I_m \sin(-30°) = -\frac{1}{2}I_m$$

$$i_c = I_m \sin(90° + 120°) = I_m \sin 210° = -\frac{1}{2}I_m$$

此時之合成磁場磁力 $F = N_a i_a + N_b i_b + N_c i_c$，即由 a 端繞組所流入之電流 i_a 為 I_m (A)，由 b 端繞組所流入之電流 i_b 為 $-\frac{1}{2}I_m$(A)(即由 $-b$ 端流入 $\frac{1}{2}I_m$(A)之電流，亦是反向之電流)，由 c 端繞組所流入之電流 i_c 為 $-\frac{1}{2}I_m$(A)(即由 $-c$ 端流入 $\frac{1}{2}I_m$(A)之電流，亦是反向之電流)，故合成之磁場磁力大小為 $\frac{3}{2}F_m$，而方向為向左，其合成之磁場向量圖如圖 7-7(b)所示。

情況(三)：當 $\theta = 180°$ 時

$$i_a = I_m \sin 180° = 0$$

$$i_b = I_m \sin(180° - 120°) = I_m \sin 60° = \frac{\sqrt{3}}{2}I_m$$

$$i_c = I_m \sin(180° + 120°) = I_m \sin 300° = -\frac{\sqrt{3}}{2}I_m$$

此時之合成磁場磁力 $F = N_a i_a + N_b i_b + N_c i_c$，即由 a 端繞組所流入之電流為 0 (A)，由 b 端繞組所流入之電流 i_b 為 $\frac{\sqrt{3}}{2}I_m$(A)，由 c 端繞組所流入之電流 i_c 為 $-\frac{\sqrt{3}}{2}I_m$ (A)(即由 $-c$ 端流入 $\frac{\sqrt{3}}{2}I_m$(A)之電流，亦是反向之電流)，故合成之磁場磁力大小為 $\frac{3}{2}F_m$，而方向為向上，其合成之磁場向量圖如圖 7-7(c)所示。

情況(四)：當 $\theta = 270°$ 時

$$i_a = I_m \sin 270° = -I_m$$

$$i_b = I_m \sin(270° - 120°) = I_m \sin 150° = \frac{1}{2}I_m$$

$$i_c = I_m \sin(270° + 120°) = I_m \sin 390° = \frac{1}{2}I_m$$

此時之合成磁場磁力 $F = N_a i_a + N_b i_b + N_c i_c$，即由 a 端繞組所流入之電流 i_a 為 $-I_m(\text{A})$（即由 $-a$ 端流入 $I_m(\text{A})$ 之電流，亦是反向之電流），由 b 端繞組所流入之電流 i_b 為 $\frac{1}{2}I_m(\text{A})$，由 c 端繞組所流入之電流 i_c 為 $\frac{1}{2}I_m(\text{A})$，故合成之磁場磁力大小為 $\frac{3}{2}F_m$，而方向為向右，其合成之磁場向量圖如圖 7-7(d) 所示。

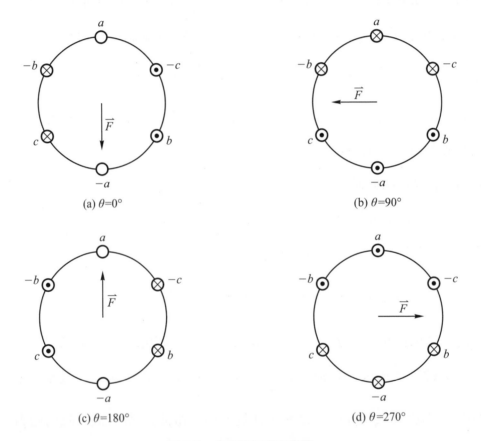

(a) $\theta=0°$　　(b) $\theta=90°$

(c) $\theta=180°$　　(d) $\theta=270°$

圖 7-7　合成磁場之向量圖

由上列之四種情況分析得知，定子磁場是依循著順時針方向旋轉的，而轉子之轉向由圖 7-7 得知，是依循定子旋轉磁場方向而旋轉，即轉子亦是依循著順時針方向旋轉。因此在空間中之合成磁場之磁力的方向是由 i_a、i_b 及 i_c 之相位角來決定的，所以任意對調三相電源中之任二條電源線，即可以產生反向旋轉磁場，而轉子之轉向亦會跟著反轉。

　　既然轉子轉向是依循著定子之旋轉磁場之方向而定，則定子之繞組所產生之磁場，其同步旋轉磁場之同步轉速n_s[rpm]為

$$n_s = \frac{120f}{P} \tag{7-18}$$

其中　　f為電源之頻率
　　　　P為感應電動機之極數

　　一般而言，感應電動機之轉子是切割定子繞組所產生磁場而發生感應電勢，此感應電勢經轉子繞組短路後產生電流，轉子繞組電流所產生之磁場經交互作用後，才使轉子轉動，因此轉子轉速不可能和定子繞組所產生磁場轉速同步，通常其值皆略低於同步轉速，因為轉子繞組所產生之同步轉速和轉子轉速如為同步，則轉子繞組之感應電勢將因同步而使得其值為零，感應電流也將為零值，因此轉子並無法依循定子旋轉磁場轉動，即其驅動轉矩為零。因此轉子為能依循定子旋轉磁場的方向而轉動，通常轉子之轉速皆低於定子繞組之同步旋轉速度，這樣轉子才能正常運轉。而轉子轉速為n_r[rpm]，其和定子繞組之同步旋轉磁場的同步轉速n_s[rpm]之間的差值為

$$\Delta n = n_s - n_r \tag{7-19}$$

其中Δn稱為轉差。轉差和同步轉速之比值，則稱為轉差率s，即

$$s = \frac{\Delta n}{n_s} = \frac{n_s - n_r}{n_s} \tag{7-20}$$

如果以轉差率來表示轉子轉速，則轉子轉速n_r[rpm]亦可表示為

$$n_r = (1-s)n_s \tag{7-21}$$

　　一般而言，轉差率s具有幾種特性，即(a)在普通的感應電動機，其轉差率介於0和1之間；(b)於起動時，由於轉速為0，故轉差率為1，即$s=1$；(c)在同步時，由於轉子轉速為同步轉速，故轉差率為0，即$n_r=n_s$，所以$s=0$。(d)在反同步時，由於轉速為負同步轉速，故轉差率為2，即$n_r=-n_s$，所以$s=2$。當三相感應電動機在負載為輕載時，轉子轉速會轉動的比較快，所以轉差率會比較小，而當負載加重時，轉子之轉速會變慢，因此轉差率會變的比較大，這是因為三相感應電動機為克服重載時，必須多輸出轉矩，才使轉子轉速降低。因此，轉差率會依據負載的變化情況而自動調節其值，在正常的使用下，轉差率之值皆在10％左右的範圍內。

　　既然轉子之轉速和定子繞組所產生磁場之同步轉速有一轉差存在，則轉子繞組必因相對運動而感應轉差頻率的電流。即轉子以n_r之轉速轉動，轉子轉速和定子繞組所產生同步旋轉磁場間的相對轉速為$(n_s - n_r)$或sn_s。由於相對運動之關係，所以轉子電流之頻率f_r為

$$f_r = sf \tag{7-22}$$

其中s為轉差率，f為定子繞組之電源頻率[Hz]。

7-2-3　三相感應電動機之等效電路

　　在轉子繞組上所感應之電勢，會因不同的轉差率而有所不同，即有三種不同的感應電勢，即

情況(一)：

　　當轉子保持靜止時，即轉子轉速為零時，則轉子繞組上的頻率等於定子繞組上之電源頻率，即$n_r = 0$、$s = 1$、$f_r = f$，此時定子繞組與轉子繞組相當於普通變壓器之一次繞組與二次繞組。由法拉第及楞次定律可以得知，在假設定子繞組有N_s匝，磁通量$\phi(\phi = \phi_m \cos \omega t$，其中$\phi_m$為磁通之最大值[Wb]，而角頻率$\omega = 2\pi f$[rad/sec])，每相之定子繞組電勢$e_1(t)$為

$$\begin{aligned}
e_1(t) &= -N_s \frac{d\phi}{dt} \\
&= -N_s \frac{d}{dt}[\phi_m \cos \omega t] \\
&= \omega N_s \phi_m \sin \omega t \\
&= 2\pi f N_s \phi_m \sin \omega t \\
&= E_m \sin \omega t
\end{aligned} \tag{7-23}$$

其中$E_m = 2\pi f N_s \phi_m$為定子每相電壓之最大值。其有效值E_{rms}為

$$E_{rms} = \frac{E_m}{\sqrt{2}} = 4.44 f N_s \phi_m \tag{7-24}$$

因此，在轉子繞組上的每相感應電勢之有效值E_{BR}為

$$E_{BR} = 4.44 f N_r \phi_m \tag{7-25}$$

其中N_r是轉子繞組每相之匝數。

情況(二)：

當轉子轉動時，轉子之轉速為n_r，轉差率為s，轉子繞組上的電流頻率為$f_r = sf$。由法拉第定律可以得知，轉子每相感應電勢之有效值E_r為

$$
\begin{aligned}
E_r &= 4.44 f_r N_r \phi_m \\
&= 4.44 s f N_r \phi_m \\
&= s(4.44 f N_r \phi_m) \\
&= s E_{BR}
\end{aligned}
\tag{7-26}
$$

其中之$E_{BR} = 4.44 f N_r \phi_m$，即轉子在轉動後，和靜止時之感應電勢存在著一轉差率的關係。

情況(三)：

當轉子轉速同步於定子繞組上磁場之同步轉速時，$n_r = n_s$，即轉子轉差率與轉子電流頻率f_r皆為0，即$s = 0$、$f_r = 0$，因此轉子每相電壓的有效值E_r為

$$
\begin{aligned}
E_r &= 4.44 f_r N_r \phi_m \\
&= 0
\end{aligned}
$$

即轉子每相電壓的有效值為0V。

既然知道轉子繞組之每相電壓之有效值，在三種不同情況下有不同之值，因此在三相感應電勢機之等效電路的推導上，皆是以情況(二)來推導的，即在正常的負載情況下來得知其等效電路。當轉子轉動時，轉子頻率為$f_r = sf$，此時之轉子每相電抗X_r為

$$
\begin{aligned}
X_r &= 2\pi f_r L_{BR} \\
&= 2\pi s f L_{BR} \\
&= s(2\pi f L_{BR}) \\
&= s X_{BR}
\end{aligned}
\tag{7-27}
$$

即$X_r = s X_{BR}$，其中X_r為轉子在轉動時，轉子每相電抗值。如果轉子是靜止時，$s = 1$，則$X_r = X_{BR}$。如果為同步時，$s = 0$，則$X_r = 0$。在等效電路上，由於定子繞組是外加三相平衡的電源，所以為了分析方便，可以單相等效電路來分析。首先三相感

應電動機的定子是靜止的，故單相等效電路如圖 7-8 所示，其相同變壓器之一次側等效電路。

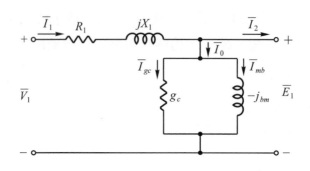

圖 7-8　定子單相等效電路圖

其中　　R_1 為定子模組之每相電阻

X_1 為定子繞組之每相漏電抗

$\overline{V}_1$ 為定子繞組之每相端電壓

$\overline{E}_1$ 為定子繞組與旋轉磁場相互運動所產生的反電勢

$\overline{I}_1$ 為定子每相電流

g_c 為定子鐵心的鐵損等效電導

b_m 為定子鐵心的磁化電鈉

$\overline{I}_{gc}$ 為定子鐵心的鐵損電流

$\overline{I}_{mb}$ 為定子鐵心的磁化電流

三相感應電動機的轉子是轉動的，因此轉子電阻為 R_r，而轉子電抗變成 sX_{BR}，轉子電壓為 sE_{BR}，此時之轉子單相等效電路如圖 7-9(a)、(b)、(c)及(d)所示。

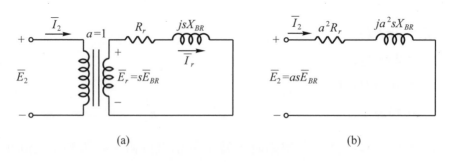

(a)　　　　　　　　　　　　　　　(b)

圖 7-9　轉子繞組的單相等效電路圖

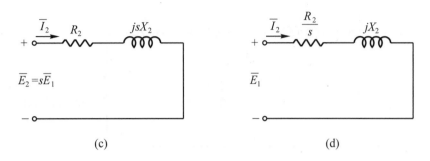

(c)   (d)

圖7-9　轉子繞組的單相等效電路圖(續)

在圖7-9(c)中的 $R_2 = a^2 R_r$、$X_2 = a^2 X_{BR}$ 以及 $\overline{E}_1 = a\overline{E}_{BR}$。由於圖7-9(c)是將等效電路換算到定子側的等效電路，並用假設上式之 R_2 及 X_2 之值，因此轉子轉換到定子的等效電路推導值為

$$\overline{I_2} = \frac{s\overline{E}_1}{R_2 + jsX_2} = \frac{\overline{E}_1}{\dfrac{R_2}{s} + jX_2} \tag{7-28}$$

重新整理上式，並對 $\dfrac{R_2}{s}$ 進行修正，其值為

$$\frac{R_2}{s} = R_2 + \frac{1-s}{s}R_2 \tag{7-29}$$

其中的 $\dfrac{1-s}{s}R_2$ 可以視為可變的機械負載。修正後的單相等效電路如圖7-10所示。

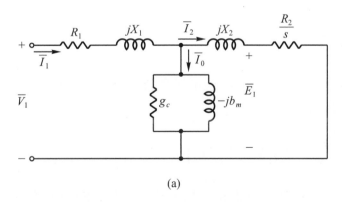

(a)

圖7-10　三相感應電動機的單相等效電路圖

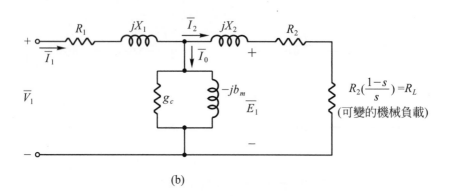

(b)

圖 7-10　三相感應電動機的單相等效電路圖(續)

在圖 7-10(b)中的等效電路可以簡化為圖 7-11 所示，其中 X_ϕ 為磁化電抗。

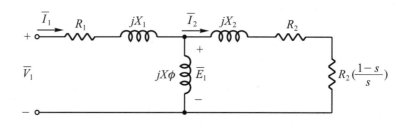

圖 7-11　換算到定子側之簡化單相等效電路圖

　　有了等效電路後，可以根據此電路來計算各種損失、內生機械功率及轉矩。當輸入三相繞組之電源為平衡的三相電源時，則可以根據等效電路計算出三相定子銅損 P_{C_1} 及三相轉子銅損 P_{C_2}，分別為

$$P_{C_1} = 3I_1^2 R_1 \tag{7-30}$$

$$P_{C_2} = 3I_2^2 R_2 \tag{7-31}$$

而轉子的輸入功率，主要是由定子經氣隙轉移給轉子的，所以亦可稱為氣隙功率，即三相氣隙功率 P_g 為

$$P_g = 3I_2^2 \frac{R_2}{s} = 3I_2^2 \left(R_2 + \frac{1-s}{s} R_2 \right) \tag{7-32}$$

由上列式子得知，三相轉子銅損和三相氣隙功率 P_g 之間的關係為

$$P_{C_2} = sP_g \tag{7-33}$$

即三相轉子銅損為轉差率和三相氣隙功率的乘積。三相感應電動機的內部機械功率 P_m 為

$$P_m = 3I_2^2 \frac{(1-s)}{s} R_2 \qquad (7\text{-}34)$$

由上列式子中，內部機械功率和三相氣隙功率 P_g 之間的關係式為

$$P_m = (1-s)P_g \qquad (7\text{-}35)$$

因此，可知三相氣隙功率其一部份是消耗在銅損上，另一部份則是轉換為內生的機械功率。若考慮轉子轉軸上的輸出功率時，則必須考慮旋轉損失 P_{rot}，因此轉子轉軸的輸出功率為

$$P_o = P_m - P_{rot} \qquad (7\text{-}36)$$

若不考慮旋轉損失，則轉子轉軸上之輸出功率等於內生機械功率。為了計算轉子的轉矩大小，則已知三相感應電動機的同步角速度 ω_s[rad/sec] 為

$$\omega_s = 2\pi \frac{n_s}{60} \qquad (7\text{-}37)$$

其中 n_s 表示同步轉速。如轉差率為 s，則轉子角速度 ω_r 為

$$\omega_r = 2\pi \frac{(1-s) \cdot n_s}{60} = (1-s)\omega_s \qquad (7\text{-}38)$$

假設旋轉損失可忽略不計，則轉矩 T[N-m] 為

$$T = \frac{P_o}{\omega_r} = \frac{P_m}{\omega_s} = \frac{(1-s)P_g}{(1-s)\omega_s} = \frac{P_g}{\omega_s} \qquad (7\text{-}39)$$

即 $\qquad T = \dfrac{P_g}{\omega_s}$

另外，三相感應電動機的轉子效率 η_r 為轉子內部的機械功率與轉子輸入功率的比值，即

$$\eta_r = \frac{P_m}{P_g} = \frac{(1-s)P_g}{P_g} = 1-s \qquad (7\text{-}40)$$

故 $\qquad \eta_r = 1-s$

為了求得轉矩和輸入外加電壓、轉差率及轉子電阻之關係，因此將圖 7-11 之等效電路，以化成戴維寧等效電路，即可求得下列轉矩之值，而化簡之戴維寧等效電路如圖 7-12 所示。

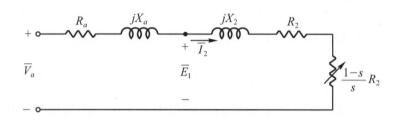

圖 7-12　戴維寧等效電路

圖中之 $\overline{V_a}$、R_a 及 jX_a 之計算值為

$$Z_a = R_a + jX_a = (R_1 + jX_1)/\!/jX_\phi$$

$$= \frac{(R_1 + jX_1) \cdot jX_\phi}{R_1 + j(X_1 + X_\phi)}$$

$$= \frac{jX_\phi \cdot (R_1 + jX_1) \cdot [R_1 - j(X_1 + X_\phi)]}{R_1^2 + (X_1 + X_\phi)^2}$$

$$\overline{V_a} = \overline{V_1} \cdot \frac{jX_\phi}{R_1 + j(X_1 + X_\phi)} \tag{7-41}$$

因此 $\overline{I_2}$ 之值為

$$|\overline{I_2}| = I_2 = \frac{|\overline{V_a}|}{\sqrt{\left(R_a + \dfrac{R_2}{s}\right)^2 + (X_a + X_2)^2}}$$

而氣隙功率 $P_g = 3I_2^2 \dfrac{R_2}{s}$，因此轉矩 T 為

$$T = \frac{P_g}{\omega_s} = \frac{3I_2^2 \dfrac{R_2}{s}}{\omega_s} = \frac{3\left[\dfrac{|\overline{V_a}|}{\sqrt{\left(R_a + \dfrac{R_2}{s}\right)^2 + (X_a + X_2)^2}}\right]^2 \dfrac{R_2}{s}}{\omega_s}$$

$$= \frac{3}{\omega_s} \cdot \frac{V_a^2 \dfrac{R_2}{s}}{\left(R_a + \dfrac{R_2}{s}\right)^2 + (X_a + X_2)^2} \tag{7-42}$$

由上式可知，三相感應電動機的轉矩是隨著外加電壓、轉差率和轉子電阻的變化而有改變的。其對轉差率之特性曲線如圖 7-13 所示。當轉差率很小時，其轉矩與轉差率成正比，如圖 7-13 的b點附近。當轉差率由零漸漸增大時，轉矩亦漸漸的加大，直到最大值為止，此時的最大轉矩稱為崩潰轉矩。若超過此崩潰點，如圖 7-13 中的a點，即使轉差率再增大，則轉矩反而降低。

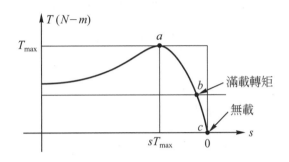

圖 7-13　轉矩對轉差率之特性曲線

・・ 例題 7-3 ・・・・・・・・・・・・・・・・・・

　　某一三相感應電動機為 4 極，在定子繞組上加入頻率為 60Hz 之三相平衡交流電源。在滿載時之轉差率為 4％，試求旋轉磁場的同步轉速及轉子轉速為何？

解　已知$P = 4$，$f = 60$Hz，$s = 0.04$，故同步轉速為n_s

$$n_s = \frac{120f}{P} = \frac{120 \times 60}{4} = 1800(\text{rpm})$$

轉子轉速$n_r = (1-s)n_s = (1-0.04) \times 1800 = 1728(\text{rpm})$

・・ 例題 7-4 ・・・・・・・・・・・・・・・・・・

　　某一三相感應電動機為 4 極，220V，60Hz，其轉子為繞線型轉子，定子的三相繞組為△型連接，轉子的三相繞組亦為△型連接，定子每相線圈匝數為 1000 匝，轉子每相線圈匝數為 500 匝。當轉子轉速為 1728rpm 時，試求
(1)轉差率s及轉子頻率為何？
(2)當轉子為靜止時，轉子每相電壓之有效值為何？

(3)當轉子轉速為1728rpm，其轉子每相電壓的有效值及端電壓為何？

解　由題目知道，定子外加電源之頻率為60(Hz)，定子之外加端電壓為220(V)，極數$P = 4$(極)，定子每相線圈之匝數為$N_s = 1000$(匝)，轉子每相線圈之匝數為$N_r = 500$(匝)，因此同步轉速$N_s = \dfrac{120f}{P} = \dfrac{120 \times 60}{4} = 1800$(rpm)

(1)在轉子轉速為1728rpm時，即$n_r = 1728$(rpm)

　　故轉差率$s = \dfrac{n_s - n_r}{n_s} = \dfrac{1800 - 1728}{1800} = 0.04$

　　轉子頻率$f_r = sf_s = 0.04 \times 60 = 2.4$(Hz)

(2)在轉子靜止時，轉子每相電壓$E_{BR} = \dfrac{N_r}{N_s}E_1 = \dfrac{500}{1000} \times 220 = 110V$

(3)轉子轉速為1728rpm時，轉差率為0.04

　　轉子每相電壓$E_r = sE_{BR} = 0.04 \times 110 = 4.4$(V)

　　轉子端電壓$V_2 = E_r = 4.4$(V)

例題 7-5

某一三相感應電動機有4極，220V、60Hz，其滿載時之轉速為1584rpm，若轉子在起動時的每相電壓為110V，並在起動時的轉子電阻為4Ω，轉子電抗為10Ω，試求

(1)在起動時的轉子電流及轉子頻率為何？

(2)在滿載時的轉子電流及轉子頻率為何？

解　首先計算同步轉速$n_s = \dfrac{120f}{P} = \dfrac{120 \times 60}{4} = 1800$(rpm)

(1)在起動時，$n = 0$，$s = 1$，所以轉子頻率f_r為

　　$f_r = sf = 1 \times 60 = 60$(Hz)

　　而轉子電流I_2為

　　$I_2 = \dfrac{sE_{BR}}{\sqrt{R_r^2 + (sX_{BR})^2}} = \dfrac{1 \times 110}{\sqrt{4^2 + (1 \times 10)^2}} = 10.213$(A)

(2)在滿載時，$n_r = 1584$(rpm)，轉差率s為

　　$s = \dfrac{n_s - n_r}{n_s} = \dfrac{1800 - 1584}{1800} = 0.12$

轉子頻率 f_r 爲

$$f_r = sf = 0.12 \times 60 = 7.2(\text{Hz})$$

轉子電流 I_2 爲

$$I_2 = \frac{sE_{BR}}{\sqrt{R_r^2 + (sX_{BR})^2}} = \frac{0.12 \times 110}{\sqrt{4^2 + (0.12 \times 10)^2}} = 3.161(\text{A})$$

其中計算轉子電流 I_2 係以下列接線圖來計算

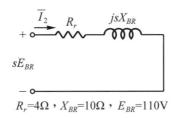

R_r=4Ω，X_{BR}=10Ω，E_{BR}=110V

· · · **例題 7-6** ·

某一三相感應電動機有 4 極，60Hz、220V，在滿載時的轉差率爲 1.2 %，此時轉子銅損爲 120W，當定子外加三相平衡電源，在轉子加入負載時，其轉子轉速爲 1620rpm，輸出轉矩爲 50kgm，試求

(1)在滿動時之轉子輸入功率、轉子輸出機械功率及轉子效率爲何？

(2)在轉子加入負載時，轉差率、轉子輸出機械功率、轉子輸入功率及轉子銅損爲何？

解 　(1)在滿載時，$s = 0.012$，轉子銅損爲 120(W)，即 $P_{C_2} = 120(\text{W})$，所以轉子輸入功率 P_g

$$P_g = \frac{P_{C_2}}{s} = \frac{120}{0.012} = 10000(\text{W})$$

轉子輸出功率 P_m 爲

$$P_m = (1-s)P_g = (1-0.012) \times 10000 = 9880$$

轉子效率 $\eta_r = 1 - s = 1 - 0.012 = 0.988 = 98.8\,\%$

(2)在轉子加入負載時，同步轉速 n_s 為

$$n_s = \frac{120f}{P} = \frac{120 \times 60}{4} = 1800 \text{(rpm)}$$

轉差率 s 為

$$s = \frac{n_s - n_r}{n_s} = \frac{1800 - 1620}{1800} = 0.1$$

轉子角速度 $\omega_r = 2\pi \frac{n_r}{60} = 2\pi \times \frac{1620}{60} = 169.646 \text{(rad/sec)}$

因 $T = \dfrac{P_o}{\omega_r}$，而 P_o 為轉子輸出機械功率，其中 $T = 50 \times 9.8 \text{(N-m)}$

$$P_o = T \cdot \omega_r = 83126.542 \text{(W)}$$

又因 $P_o = (1-s)P_g$，所以轉子輸入功率 P_g 為

$$P_g = \frac{P_o}{1-s} = 92362.824 \text{(W)}$$

轉子銅損 $P_{C_2} = sP_g$，故 P_{C_2} 為

$$P_{C_2} = sP_g = 9236.282 \text{(W)}$$

7-3 單相交流電動機

　　單相電動機在性能上略遜於三相電動機，但單相電動機所使用的場合皆應用於家庭電器上，如抽水機、空氣壓縮機、冷氣機、電風扇及吹風機等設備。因此其皆以小型動力家庭電器設備上為主要訴求。但單相交流電動機的主磁極，僅能產生單相交變的磁場，所以無法產生旋轉磁場，故電動機不能自行起動。為了使單相電動機能夠起動，並且也能夠運轉，必須藉助其他外力或以分相方式來起動。這是因為單相電動機的定子繞組加入單相交流電源後，只能產生位置固定(即位置不隨時間變化) 且大小隨時間變化的單相交變磁場，不像三相電動機加入三相定子繞組之交流電源後，即可以產生位置隨時間變化且大小恆為定值(即大小不隨時間變化)的同步旋轉磁場。故三相電動機的運轉非常平穩且噪音及振動皆很小，而單相交流電動機在運轉時，所產生的噪音較大，且振動也較大。

7-3-1 單相交流電動機的種類

單相交流電動機分成二大類，即單相感應電動機及單相換向電動機。其中單相感應電動機，包括分相式電動機、電容式電動機及蔽極式電動機等型式。單相換向電動機包括推斥式電動機及串激式電動機等型式。如依起動方法來區分，則大致上可分為下列幾種：(1)一般分相式起動法，即分相式感應電動機；(2)電容分相式起動法，即電容式感應電動機；(3)蔽極式起動法，即蔽極式感應電動機；(4)推斥式起動法，即單相推斥式電動機。一般而言，單相交流電動機的旋轉原理有兩種解釋方式，即雙旋轉磁場理論與正交磁場理論。其中的雙旋轉磁場理論的原理是將單相的交變磁場視為兩部三相電動機連接起來之方式，而此二部電動機所產生之旋轉磁場方向剛好相反，使得轉向也相反。因此產生轉矩也互相抵消，所以其起動轉矩為零，故無法自行起動。當以外力往任一方向旋轉，則轉子將會依循外力的方向而旋轉。在正交磁場理論的原理，則以定子繞組通過單相電流後，產生定子磁場，轉子繞組因切割定子磁場而產生感應電勢。由於轉子繞組短路而產生感應電流，此電流亦產生轉子磁場，此轉子磁場和定子磁場的磁軸會互相重合，以致於電動機的起動轉矩為零，所以無法自行起動。總而言之，轉子無法起動，是沒有正交磁場，也沒有旋轉磁場及轉矩。轉子可以轉動，就有正交磁場，也有旋轉磁場及轉矩。

7-3-2 分相式感應電動機

分相式感應電動機在定子上有兩組繞組線圈，其一為主繞組，也稱為行駛繞組；其二為輔助繞組，也可稱為起動繞組。主繞組是置放在定子槽之內層，而輔助繞組則置放在定子槽的外層，且兩者在空間上相差90°電工角。主繞組所採用之導體線圈之線徑較粗、電阻較小而電感較大。至於輔助繞組所採用的導體線圈之線徑較細、電阻較大而電感較小。由於主繞組的 $\frac{X}{R}$ 值較輔助繞組大，故通過主繞組的電流 $\overline{I}_m$ 較通過輔助繞組的電流 $\overline{I}_s$ 為落後。因此輸入單相感應電動機的電流 $\overline{I}$ 可以分成不平衡的兩相電流 $\overline{I}_m$ 和 $\overline{I}_s$，並且產生旋轉磁場。此旋轉磁場，使轉子繞組感應電流，並產生轉矩而起動，且使電動機朝向起動的方向旋轉。其中之接線圖如圖 7-14(a)所示，而相量圖如圖 7-14(b)所示。

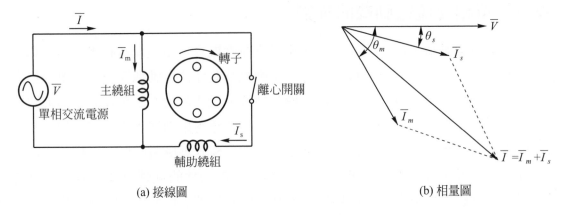

(a) 接線圖　　　　　　　　　　　　　　(b) 相量圖

圖 7-14　分相式感應電動機

此型電動機的旋轉磁場方向是由落後較少的電流朝向落後較多的電流移動，也就是$\overline{I}_s$向$\overline{I}_m$之電流方向移動。當轉子轉速達到同步轉速的 75 ％時，則和輔助線圈串接的離心開關會開始動作，將輔助線圈切離電源，以減少功率損失。若要此型電動機之轉向朝相反方向轉動，則需要將輔助線圈或主繞組兩接線對調即可。此型感應電動機具有起動轉矩小而起動電流大的缺點，但其構造簡單及具有價格便宜的優點，故其適用於抽水泵、小型車床等場合。

7-3-3　電容式感應電動機

電容式感應電動機分成電容起動式感應電動機、永久電容式感應電動機及雙值電容式感應電動機。其作用即利用電容具有進相功能，可將輔助繞組所通過的電流$\overline{I}_s$領先主繞組所通過的電流$\overline{I}_m$約90°電工角處，因而增加起動轉矩。所以電容式電動機在構造上與分相式完全相同，只是在輔助線圈中多串接了電容器，此電容器係採用交流電解質電容器。在起動後，轉子轉速達到 75 ％時，離心開關動作，將電容器及輔助繞組切離電源。其接線圖及向量圖如圖 7-15(a)及(b)所示。

永久電容式感應電動機也可稱為運轉電容式感應電動機，其沒有離心開關，只有電容器和輔助繞組串接在一起，無論起動時或運轉時，此電容器均有起動電流流過此電容及輔助繞組，所以此電容器之電容值較低且採用浸油式紙質的電容器，其起動轉矩較電容啟動式感應電動機為低，接線圖及轉矩對轉速之特性如圖 7-16(a)及(b)所示。

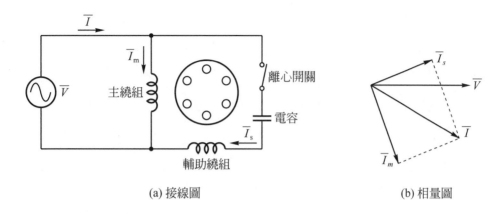

(a) 接線圖　　　　　　　　　　　　　(b) 相量圖

圖 7-15　電容起動式感應電動機

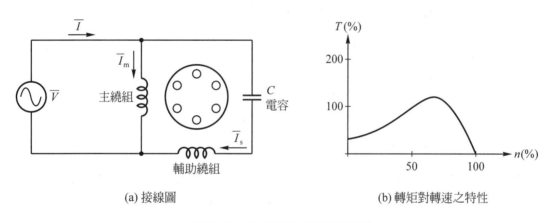

(a) 接線圖　　　　　　　　　　　　(b) 轉矩對轉速之特性

圖 7-16　永久電容式感應電動機

　　雙電容式感應電動機是採用上述二種電容式電動機的合成，即在輔助繞組串接兩顆並接的電容器，其中的一顆電容器串接一離心開關，此電容器係採用電解電容器，而另外並接之電容器即採用可連續運轉之浸油式紙質電容器。串接離心開關之電解電容為起動電容，其工作時間較短，故耐壓較低，而可連續運轉之浸油式紙質電容，工作時間長，故耐壓較高。由於起動時有兩顆電容器，所以有較好的起動特性。當起動後，轉速到達同步轉速之 75 % 時，則離心開關將其中一顆電容器切離電路，只留下一顆電容器串接於輔助繞組上，因此運轉特性良好。其接線圖及轉矩對轉速之特性如圖 7-17 之(a)及(b)所示。

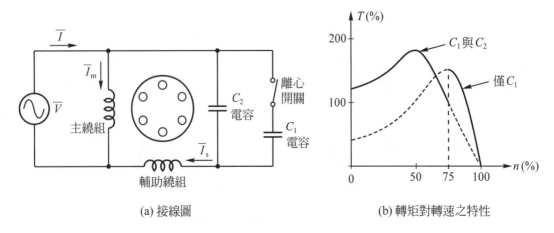

(a) 接線圖　　　　　　　　　　　　　　(b) 轉矩對轉速之特性

圖 7-17　雙電容式感應電動機

7-3-4　單相推斥式電動機

　　單相推斥式電動機其構造相同於一般的直流機，但其工作原理完全不同於直流機。將轉子上的兩個電刷短路，使其具有相同於感應機的轉子，然後再利用刷軸上的左右移動方式來使轉子轉動。一般來說，刷軸和極軸垂直時，電刷間的感應電勢為零，且感應電流也為零，故轉矩為零，轉子靜止不動。而當刷軸和極軸互相平行時，轉子內之繞組所感應到的電勢最大，且感應電流也最大，但兩電刷間的電流剛好大小相同、方向相反，因此所產生之轉矩為大小相等、方向相反而抵消。所以轉子也不會轉動。只有把刷軸移到某一角度，使得主磁極所產生之磁場和轉子因感應電勢經短路所產生之感應電流磁場之合成磁場的淨轉矩不為零，則轉子就會轉動。一般而言，此型電動機的轉矩和線路電流的平方成正比，而當移動刷軸之角度則會影響轉矩之大小。其最大轉矩發生在刷軸距極軸20°～30°電角度之位置。同時刷軸之左、右移轉動是影響轉子的轉動方向。另外影響此型電動機的轉速大小是刷軸距極軸的角度，其間的角度愈大，場磁通愈大，電動機轉速就愈慢(因為磁通互消之故)，所以利用移動電刷角度之大小來調整轉速之快慢。由於其構造複雜、價格昂貴及維護不易等因素，其早期應用於離心泵及壓縮機等場合已逐漸為電容式感應電動機所取代。其轉向控制如圖 7-18 的(a)及(b)所示。

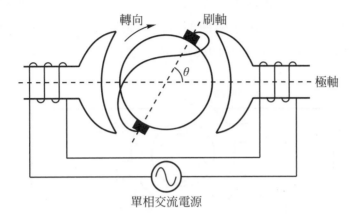

(a) 正轉(0°<θ<90°)

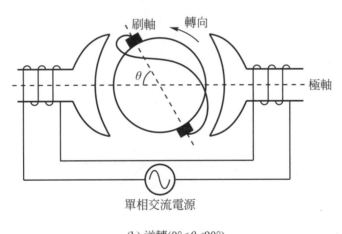

(b) 逆轉(0°<θ<90°)

圖 7-18　推斥式電動機轉向控制

7-3-5　蔽極式電動機

　　蔽極式電動機也可稱為罩極式電動機，其結構接線圖如圖 7-19 所示。主磁極上開了一個小槽而形成一個小極，然後以一短路銅環或低電阻的短路線圈套在小極上，此短路銅環稱為蔽極線圈，其匝數少、線徑粗、電阻小及電感大，而繞在主磁極上的主繞組，其匝數多、線徑細、電阻大及電感小。當在主繞組通入單相交流電源後，會在主磁極上產生單相交變的磁通，此磁通使蔽極線圈切割它而產生感應電勢及感應電流，此感應電流為反對主磁通的變化，因此落後主磁通，所以合成磁通方向是由主磁極移向蔽極部份，故蔽極電動機可產生主磁場移動及產生起動轉矩，即蔽極式電動機可以自行起動而不需要任何外力的輔助作用。由於其轉向是依移動磁場的方向而旋轉，且轉向是由主磁極部份移向蔽極部份，如欲改變其轉向，則必須將整個磁極反轉才可以，如圖 7-19(b)所示。其使用於家庭吊扇的場合。

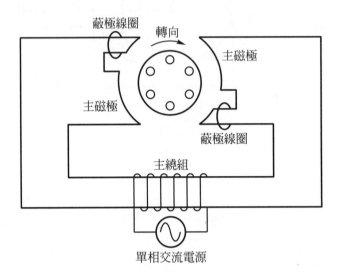

(a) 正轉

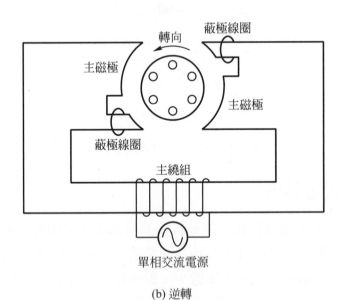

(b) 逆轉

圖 7-19　蔽極式感應電動機

7-3-6 單相串激式電動機

　　單相串激電動機的構造是相似於直流串激式電動機，但是其與直流串激式電動機不同的地方，是單相串激式電動機的鐵心部份是由矽鋼片疊置而成，如此可以降低渦流損失、提高效率，並降低鐵心的發熱。而直流串激式電動機則採用一整塊鐵心所組成的，其次單相串激式電動機為使換向良好，將主磁極之磁場減弱，電動機之主磁極則較少。另外，當外加交流電源到單相串激式電動機上，則會使電樞反應過大，且因為其具有弱主磁場的特性，使得主磁場發生畸變，這會使得換向更加困難，並且造成效率降低，故在定子裝設補償繞組以抵消電樞反應。補償繞組之裝設方式為裝置在主磁極上，其補償方法有一為傳導式補償法，二為感應式補償法。傳導式補償法係電樞繞組和補償繞組串聯，而感應式補償法則將補償繞組自行短路藉感應作用而產生感應電流，此電流所產生之安匝以抵消電樞繞組所產生的安匝。單相串激式電動機的轉矩和電流的平方成正比，具有大起動轉矩及可變轉速。在低轉速時，有高轉矩；在高轉速時，有低轉矩的特性。另外其在輕載時之功率因數最高；重載時，功率因數較低之特性。單相串激式電動機的轉向和線路電壓極性無關，因當電壓極性改變時，其場電流與電樞電流同時反向，所以轉向維持不變。如欲改變轉向，只要將串激場繞組或電樞繞組兩端對調即可。在小型的單相串激式電動機，常使用於家庭用的果汁機、吸塵器、手電鑽及縫紉機等場合。

　　一般而言，其在輕載或無載時，必須特別注意其轉子有飛脫的危險，因其會產生極高速。至於大型的單相串激式電動機可應用於電車上，因其具有較大的起動轉矩。

・・・ 例題 7-7 ・・・

有一單相 $\frac{1}{4}$ HP、60Hz、110V 之電容起動式感應電動機，已知主繞組阻抗 $Z_m = 6 + j6.5\Omega$，輔助繞組 $Z_s = 13 + j8.5\Omega$，試求輔助繞組應串聯多大之起動電容，才能使兩繞組的電流相差90°的相位？

解

主繞組的阻抗角為 θ_m，則 $\theta_m = \tan^{-1}\frac{6.5}{6} = 47.3°$

與輔助繞組相差90°之相位角，則輔助繞組相位角 θ_s 為

$\theta_s = 47.3° - 90° = -42.7°$

所需要之電容抗 X_c 為

$X_c = -3\tan(-42.7°) + 8.5$

所以 $X_c = 20.5\Omega$

故電容值 $C = \dfrac{1}{\omega X_c} = \dfrac{1}{377 \times 20.5} = 129.5\mu\text{f}$

7-4　同步電動機

7-4-1　同步電動機的構造

　　同步電動機的構造和同步發電機相同，所以同步發電機可以和同步電動機交替使用。另外，同步電動機和感應電動機之間最大的不同點是同步電動機的定子和轉子都需要加入電源。其和感應電動機的定子構造完全一樣，可以產生同步轉速的旋轉磁場。一般的同步電動機，其轉子有凸極形和圓柱形兩種，但無論是那一種，其極數都必須等於定子磁場的極數。凸極式的同步電動機同時存在電磁轉矩及磁阻轉矩，故適合於低速的同步電動機。同步電動機的結構圖如圖 7-20 所示。定子的繞阻部份是通入三相平衡電源，而轉子的部份則加入直流電，以使定子和轉子間的 N 極及 S 極能互相吸住，藉以帶動轉子運動。一般的同步電動機是無法自己起動，這是因為轉子所產生之轉矩為零，故必須藉由外力將轉子轉到同步轉速附近，此時定子加入三相交流電源，轉子也加入直流電源，然後轉子將受到定子旋轉磁場的牽引，自動加速到同步轉速，並以同步轉速運轉。在同步轉速時才能轉動，否則會失去轉矩而停止轉動。一般在定子加入交流電，轉子加入直流電，其原因是：1.將高壓的交流繞組置於定子中，比較容易做絕緣處理；2.定子繞組上的大電流直接由交流電源供電，不需要經由滑環和電刷；3.低壓直流繞組較輕，適合於放置在轉子；4.直流繞組的電流較小，所以滑環和電刷間，不易發生閃絡。

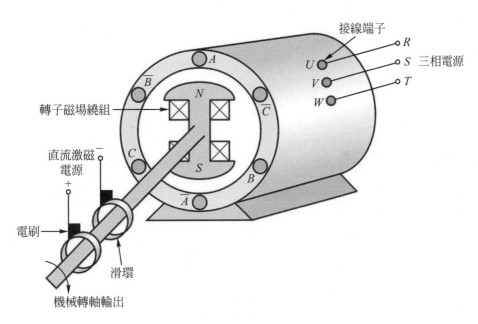

接線端子

R
S 三相電源
T

U
V
W

轉子磁場繞組

直流激磁
電源

電刷

滑環

機械轉軸輸出

圖 7-20 同步電動機的結構圖

7-4-2 同步電動機之工作原理

同步電動機的轉速為同步轉速，且同步轉速 n_s[rpm]為

$$n_s = \frac{120f}{P} \tag{7-43}$$

其中 f 為電源頻率[Hz]，P 為極數。

同步電動機的單相等效電路如圖 7-21 所示。

由圖中可得知

$$\overline{V} = \overline{E} + \overline{I}(R_a + jX_s) = \overline{E} + \overline{I} Z_s \tag{7-44}$$

其中 $\overline{V}$ 為每相輸入的端電壓，$\overline{E}$ 為每相之反電勢，$\overline{I}$ 為電樞電流，$\overline{Z_s}$ 為同步阻抗，R_s 為每相電樞電阻，X_s 為每相之同步電抗。

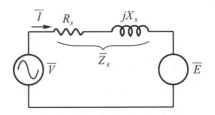

圖 7-21 同步電動機的等效電路

由於同步電動機的場激磁是獨立於輸入的端電壓，所以會有產生二種激磁現象，即一為過激情況，此為電源輸入超前的電樞電流，其相量圖如圖 7-22 所示，當中之圖(a)為考慮 R_s，圖(b)為不考慮 R_s。

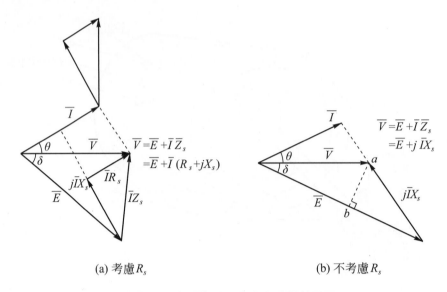

(a) 考慮 R_s　　　　　　　(b) 不考慮 R_s

圖 7-22　在過激時之同步電動機相量圖

當同步電動機的電樞電阻壓降 $\overline{I}R_s$ 甚小時，則 $\overline{I}R_s$ 可以忽略不計，由圖 7-22 圖 (b) 得知

$$\overline{ab} = IX_s \cos(\theta + \delta) = V\sin\delta$$

即　　$$I\cos(\theta + \delta) = \frac{V\sin\delta}{X_s}$$

故同步電動機每相機械功率 P_{ph} 為

$$P_{ph} = EI\cos(\theta + \delta) = \frac{E \cdot V\sin\delta}{X_s} \tag{7-45}$$

其中 $\overline{E}$ 為每相的反電勢，$\overline{V}$ 為每相的端電壓，$\overline{I}$ 為電樞電流，δ 為 $\overline{V}$ 和 $\overline{E}$ 的夾角，也可稱為負載角或轉矩角，$(\theta + \delta)$ 為 $\overline{E}$ 和 $\overline{I}$ 的夾角。

當同步電動機為欠激的情況時，則會自電源取入落後的電樞電流，其相量圖如圖 7-23 所示，其中之圖(a)為考慮 R_s，圖(b)為不考慮 R_s。

當同步電動機的電樞電阻壓降 $\overline{I}R_s$ 甚小時，則 $\overline{I}R_s$ 可以忽略不計，由圖 7-23(b) 得知

$$\overline{cd} = IX\cos(\theta - \delta) = V\sin\delta$$

即　　$$I\cos(\theta - \delta) = \frac{V\sin\delta}{X_s}$$

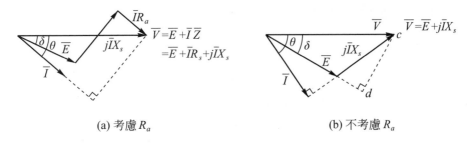

(a) 考慮 R_a (b) 不考慮 R_a

圖 7-23　在欠激時同步電動機的相量圖

故每相的機械功率 P_{ph} 為

$$P_{ph} = EI\cos(\theta - \delta) = \frac{E \cdot V}{X_s}\sin\delta \qquad\qquad (7\text{-}46)$$

由過激情況及欠激情況，每相的機械功率均為 P_{ph}，故每相的轉矩 T_{ph}(N-m)均為

$$T_{ph} = \frac{P_{ph}}{\omega_s} \qquad\qquad (7\text{-}47)$$

其中 $\omega_s = 2\pi\dfrac{N_s}{60}$，為同步角速度[rad/sec]。將每相機械功率 P_{ph} 代入上式中，則

$$T_{ph} = \frac{1}{\omega_s} \cdot \frac{EV}{X_s}\sin\delta \qquad\qquad (7\text{-}48)$$

當負載增加時，負載角 δ 便會增大，且在 $0° < \delta < 90°$。而在 $\delta = 90°$ 電角度時，由上式之轉矩公式得知，其每相之最大轉矩 $T_{\max}$ 為

$$T_{\max} = \frac{1}{\omega_s}\frac{EV}{X_s} \qquad\qquad (7\text{-}49)$$

但當負載再增大時，使得負載角 δ 繼續增大，且在 $90° < \delta < 180°$，則轉矩反而減小，最後無法轉動，此正是所謂的脫出同步現象，可稱為失步。同步電動機有足夠的力量帶動負載量大的轉矩，稱為脫出轉矩。一般而言，由轉矩公式得知，最大轉矩是發生在 δ 為 $90°$ 之電角度，而實際上是發生在 δ 為 $\tan^{-1}\dfrac{X_s}{R_s}$ 時，所以一般的情況皆在 $60°\sim70°$ 電角度之間。

7-4-3　同步電動機的特性

由於同步電動機的感應電勢和電樞電流之相量方向是相反的,所以感應電勢稱為反電勢。當電樞電流$\bar{I}$和外加電壓$\bar{V}$同相時,即$\bar{I}$和$\bar{V}$的夾角為零,則功率因數為1,此時場電流的激磁狀態稱為正常激磁,且電樞反應為交互作用,將使主磁場發生畸變現象,其相量圖由圖 7-24(a)得知

$$\bar{E} = \bar{V} - \bar{I}Z_s = \bar{V} + (-\bar{I}Z_s) \tag{7-50}$$

在圖 7-24(b)的$-\bar{E}$為抵消反電勢$\bar{E}$的電壓,且$\bar{E}$之大小比$\bar{V}$小,而β為$\tan^{-1}\dfrac{X_s}{R_s}$。

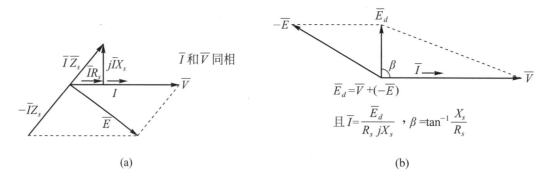

(a)　　　　　　　　　　　　　　(b)

圖 7-24　在正常激磁時之同步電動機相量圖

由圖 7-24(a)得知,其反電勢$\bar{E}$的大小E為

$$E = \sqrt{(V - IR_s)^2 + (IX_s)^2} \tag{7-51}$$

當為過激時,如考慮R_s,則如圖 7-22(b)得知,其反電勢$\bar{E}$的大小E為

$$E = \sqrt{(V\cos\theta - IR_s)^2 + (V\sin\theta + IX_s)^2} \tag{7-52}$$

當為欠激時,如考慮R_s,則如圖 7-23(b)得知,其反電勢$\bar{E}$的大小E為

$$E = \sqrt{(V\cos\theta - IR_s)^2 + (V\sin\theta - IX_s)^2} \tag{7-53}$$

在同步電動機的負載不變,且場電流由欠激磁增加到過激磁時,其定子的電樞電流將會先減少後增加,此時場電流和電樞電流的關係曲線,稱為相位特性曲線,由於曲線似 V 字型,故可稱為 V 型特性曲線。其特性曲線圖如圖 7-25 所示。

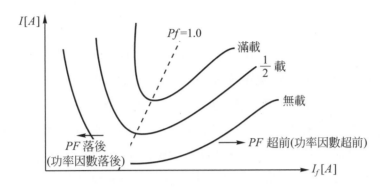

圖 7-25　同步電動機的 V 型特性曲線

　　當同步電動機的負載不變，且銅損可以忽略不計時，則電動機的輸入功率將會保持定值，此時輸入功率P_{in}為

$$P_{in} = \sqrt{3}\,V_L I_L \cos\theta \tag{7-54}$$

其中V_L為外加電源的線電壓大小，I_L為外加電源之線電流大小，$\cos\theta$為電動機的功率因數。如P_{in}及V_L為固定，則$\cos\theta$減小，I_L必定會增加。反之，若$\cos\theta$增大，則I_L必定會減少。

　　在相同的負載下，當$\cos\theta = 1$時，其電樞電流I為最小值，此位置正是 V 型特性曲線的底端，且場電流為正常激磁。若場電流由欠激磁增加到過激磁，則功率因數的值是由先增加後減少，但電樞電流卻是先減少後增加。在相同的外加電壓及功率因數下，當電動機的負載增加時，則電樞電流將會增加，這時的 V 型特性曲線往上移如圖 7-25。

　　由於同步電動機無法產生起動轉矩，故無法自行起動。因此必須藉由外力或其他方式來起動同步電動機，所以同步電動機的起動方式有(1)降頻起動法、(2)激磁機起動法、(3)自動起動法、(4)超同步起動法。其中降頻起動法是以變頻器之技術，在外加定子繞組之旋轉磁場的頻率，由低頻逐漸將電源頻率增加到 60Hz，這是利用在低頻時，轉子可以起動加速，並鎖住定子磁場的緣故。其中的變頻方法將在第九章敘述。其次激磁機起動法是利用另一部直流發電機，將轉軸耦合在一起，在起動時，利用此直流機當做直流電動機使用，以帶動同步電動機。當轉速到達同步轉速附近時，再將直流激磁機的磁場增強，使直流電動機變為直流發電機使用。然後將直流發電機的輸出電流加入同步電動機的轉子激磁繞組上，便可完成起動運轉。在自動起動法中，同步電動機的轉子表面裝設阻尼繞組，如同鼠籠型感應電動機的方式來起動。當轉速到達同步轉速之 95 ％附近時，再將直流電源加入轉子繞組內，以產生同步轉矩，將轉子引入同步。在超同步起動法是一種應付大慣量負載的起動法。起動時，轉子由於慣量大，所以若不動，轉子繞組亦不激磁，只加入定子的交流電源。由於阻尼繞組中有感應電流產生磁場與定子磁場作用後，使得定子以反旋轉磁場的方向轉動。等定子以全速轉動之後，再加入轉子繞組的直流電流，並且利用制動器慢慢地將定子煞住。當定子轉速逐漸降低時，轉子速度就逐漸增快，而且是以相反的方向轉動，直到定子被煞住時，轉子也就以同步速度轉動了。

由於同步電動機的轉速非常穩定，所以極適合應用於研磨機、抽水機、粉碎機、船舶推進器、紙漿滾壓機及變頻機等場合，即定速的機械負載。另外也可以當成改善功率因數用的同步調相機，其目的為減少線路損失、減少線路電壓降、減少線路電流及增加系統的效率，以降低成本。此外，利用增加或減少電動機的激磁電流，以使受電端電壓能保持定值，即隨電感性或電容性負載增加或減少激磁電流，使受電端電壓保持固定。

7-4-4　其他同步電動機

另外尚有其他型式的同步電動機，分別為⑴感應同步電動機；⑵無刷同步電動機；⑶磁阻電動機(Reluctance Motor)；⑷磁滯電動機；⑸永久磁鐵型同步電動機。其中之一的感應同步電動機，其電路完全和感應電動機一樣，即利用在轉子部份外加電阻器來起動，等加速完成後，再把二次電阻切離，然後再並聯加入直流激磁電流，其電路圖如圖 7-26 所示。其應用於水泥研磨機等重負載場合使用。其中之二的無刷同步電動機，係利用勵磁設備，即勵磁機的轉子耦合在一起。勵磁機電樞所感應的交流電壓，經整流器整流成直流後，供給同步電動機的磁場使用。起動時，同步電動機的磁場線圈仍然和一般的自起動方式一樣，先連接一外部電阻器，等轉速接近同步速度時，再加入直流激磁。其中之三為磁阻馬達，是靠磁阻轉矩來運轉的電動機，定子構造和感應電動機一樣，而轉子則有部份是凸起的，有部份是凹下的，凸起部份是依定子的極數而定的。因為轉子鐵心有凸起也有凹下，所以形成不均勻的磁阻，而磁力線有行走最小磁阻路徑的特性，所以定子磁場會在轉子產生扭矩，使轉子凸起部份和磁場成一直線，這即是磁阻轉矩。只要負載不太大，轉子便一直鎖住定子磁場，並運轉於同步轉速。磁阻電動機具有⑴構造簡單堅固，維護容易；⑵不必直流激磁，控制電路更簡單；⑶能作同步速度之定速運轉；⑷起動電流比感應機大，約為額定電流的 7～10 倍；⑸功率因數不良。其轉子構造圖如圖

7-27 所示。其中之四的磁滯電動機，其轉子是由高導磁材料所製成，表面上沒有槽齒及繞組。定子可使用單相或三相繞組。如使用單相電源，則必須是運轉電容式的繞法，使旋轉磁場盡可能圓滑，否則電動機的損失會很大。其原理圖如圖 7-28 所示。其原理為定子的旋轉磁場會在轉子內產生磁化作用。當旋轉磁場一掠過轉子表面時，由於轉子材料有很大的磁滯現象，所以轉子感應之磁場會滯後主磁場某一角度，然後兩個磁場相互作用，於是轉矩便產生了，此稱為磁滯轉矩。此外，旋轉磁場也會在轉子內感應渦流，此渦流會建立另一轉矩，稱為渦流轉矩。此兩種轉矩之和即為電動機之起動轉矩，使轉子加速運轉。當電動機達到同步轉速後，渦流轉矩為零，電動機靠磁滯轉矩來運轉。如果負載增加或減少，則在同步轉速下，電動機之磁滯轉矩會隨著負載之增加或減少，自動調整定子磁場和轉子磁場間的夾角，直到平衡運轉為止。磁滯電動機具有(1)起動電流小，起動轉矩大；(2)振動及噪音小；(3)理論上轉子內部無損失；(4)可以作高速運轉；(5)若和同一容量的同步電動機比較，其體積較大。其轉矩-轉速特性曲線如圖 7-29 所示。在起動階段，渦流轉矩大致和電動機的轉差率成正比關係。而磁滯轉矩從零轉速到同步轉速之間近乎固定值，所以起動間轉矩成下垂特性。其中之五的永久磁鐵型同步電動機，其轉子內部裝設永久磁鐵，形式有表面貼覆式、嵌入式等。定子繞組為三相繞組，當定子繞組通入三相電源後，產生旋轉磁場，此旋轉磁場和轉子之永久磁場所產生之磁場交互作用，而帶動轉子轉動。永久磁鐵型同步電動機具有(1)構造簡單堅固，維護容易；(2)效率及功率因數皆比磁阻電動機優越；(3)起動轉矩較感應電動機稍小；(4)起動電流大；(5)價格比同容量的感應電動機高。

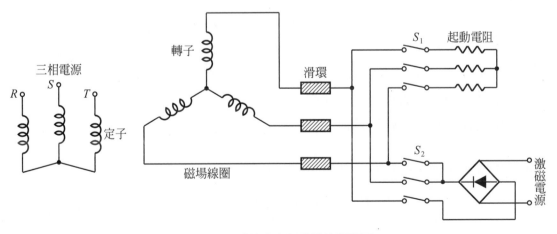

圖 7-26　感應同步電動機的電路圖

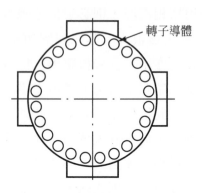

圖 7-27　磁阻電動機的轉子構造

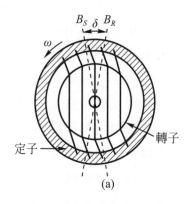

圖 7-28　磁滯電動機的原理圖

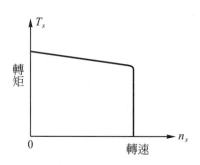

圖 7-29　磁滯電動機的轉矩-轉速特性曲線

例題 7-8

某一三相同步電動機為 4 極、220V、60Hz、10HP，其電樞繞組為△型連接，且每相之數據為電樞電阻為 $R_s = 0.2\Omega$，同步電抗 $X_s = 5\Omega$，端電壓為 220V，反電勢 $E = 220$V，當同步電動機的轉矩為最大值時，試求

(1)其轉矩角及電樞電流為何？

(2)其輸出功率及轉矩為何？

解

(1)當發生最大轉矩時，轉矩角 $\delta = \tan^{-1}\dfrac{X_s}{R_s} = \tan^{-1}\dfrac{5}{0.2} = 87.709°$

電樞電流 $I = \dfrac{V-E}{R_s + jX_s} = \dfrac{220\angle0° - 220\angle-87.709°}{0.2 + j5} = 60.92\angle-41.563°$(A)

(2) E 和 I 的夾角為 $\delta - \theta = 87.709° - 41.563° = 46.146°$

三相輸出功率 $P = 3E_f I_a \cos(\delta - \theta) = 3 \times 220 \times 60.92 \cos 41.536°$

$$= 30096.66(\text{W})$$

三相輸出轉矩 $T = \dfrac{P}{\omega_s}$

且同步角速度 $\omega_s = \dfrac{2\pi}{60} n_s = \dfrac{2\pi}{60} \cdot \dfrac{120f}{P} = \dfrac{42f}{P}$

$$= \dfrac{4\pi \times 60}{4} = 188.5(\text{rad/sec})$$

固 $T = \dfrac{30096.66}{188.5} = 159.7(\text{N-m})$

・・ 例題 **7-9** ・・・・・・・・・・・・・・・・・・・・・・・・・・・・・・

某一三相同步電動機為 Y 連接、4 極、220V、60Hz、20HP，其每相的電樞
電阻 0.5Ω，每相的同步電抗為 5Ω。在額定負載時，其功率因數為 0.8 且落
後、效率為 0.9，試求每相的反電勢大小為何？

解　在額定負載時，其輸出功率為 20HP，即

$P_{\text{out}} = 20 \times 746 = 14920(\text{W})$

又功率因數 $\cos\theta = 0.8$，效率 $\eta = 0.9$

故輸入功率 $P_{\text{in}} = \dfrac{P_{\text{out}}}{\eta} = \dfrac{14920}{0.9} = 16577.8(\text{W})$

電樞電流 $I = \dfrac{P_{\text{in}}}{\sqrt{3}\,V_L \cos\theta} = \dfrac{16577.8}{\sqrt{3} \times 220 \times 0.8} = 54.31(\text{A})$

每相的端電壓 $V = \dfrac{V_L}{\sqrt{3}} = \dfrac{220}{\sqrt{3}} = 127.02(\text{V})$

$\sin\theta = \sqrt{1 - (0.8)^2} = 0.6$

故每相之反電勢大小為

$E = \sqrt{(V\cos\theta - IR_s)^2 + (V\sin\theta - IX_s)^2}$

$$= \sqrt{(127.02 \times 0.8 - 54.31 \times 0.5)^2 + (127.02 \times 0.6 - 54.31 \times 5)^2} = 209.04(\text{V})$$

即 $E = 209.04(\text{V})$

例題 7-10

某一三相電感性負載,其功率因數爲 0.7 且落後,自電源取用 500kW 的功率。假設同步調相機的功率損失可以忽略不計,欲線路的功率因數提高至 1.0,試求同步調相機所需要的容量爲何?

解 同步調相機加入前之功率因數 $\cos\theta_1$,且 $\cos\theta_1 = 0.7$,$\theta_1 = \cos^{-1}0.7 = 45.6°$ 及功率 $P_1 = 500(kW)$

同步調相機加入之後的功率因數 $\cos\theta_2$,且 $\cos\theta_2 = 1.0$,$\theta_2 = 0°$ 及功率仍維持不變,即 $P_2 = P_1 = 500(kW)$

故同步調相機所需要的容量爲

$\theta_c = P_1(\tan\theta_1 - \tan\theta_2 = 500(\tan45.6° - \tan0°) = 510.6(kVAR)$

即 $\theta_c = 510.6(kVAR)$

7-5 步進電動機

步進電動機是一種用數位脈波驅動的電動機。當電源輸入一個脈波時,轉軸即旋轉一個特定的角度,而轉子轉動的步數與輸入脈波數成正比。轉子的旋轉速度與脈波頻率成正比,因此步進電動機非常適合以數位電路或微電腦來控制它。一般而言,只要以開迴路控制就可以得到相當高的準確度,並能夠作轉速及角度控制。其具有下列之特點,所以廣泛的應用於工廠自動化和辦公室自動化等機器上,即

1. 其可以數位脈波直接做開迴路控制,且系統構造簡單。
2. 在可控的轉速範圍內,轉速和脈波成正比。
3. 其起動、停止和正反轉控制容易。
4. 轉動角度和輸入的脈波數成正比。
5. 角度之誤差量很小,並且不會有累積誤差。
6. 靜止時,其具有高保持轉矩,可保持在停止位置上。
7. 可以做低速運轉。
8. 沒有碳刷、可靠性高、價格低。

7-5-1 步進電動機的種類

步進電動機依轉子的構造不同，可分為以下三種型式之步進電動機，即

1. 可變磁阻型之步進電動機(Variable Reluctance Stepping Motor，VRSM)：
   其構造圖如圖 7-30 所示，其轉子部份係以矽鋼片疊製而成，並成齒狀，而
   磁場繞組則繞在定子磁極的鐵心上。當定子繞組通過電流後，即產生電磁力
   以帶動轉子旋轉。此型式之步進電動機在定子繞組不通電時，無保持轉矩。

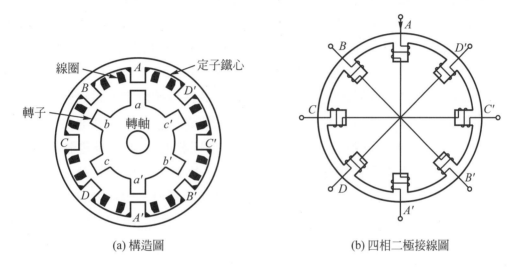

(a) 構造圖   (b) 四相二極接線圖

圖 7-30　可變磁阻步進電動機

在圖 7-30 所示之可變磁阻步進電動機，其動作原理為當 A 相線圈通入電
源時，轉子的位置 a 和 A 相磁極是相對的，而 A' 相磁極和 a' 是相對的。然後將
A 相停止激磁，改為 B 相通入電源激磁，則磁力線會走磁阻最小的路徑，故
轉子之 a 極因比較靠 B 磁極而被吸引過來，此時 B 相磁極和轉子之 b 極是相對
的，而 B' 相磁極是和轉子之 b' 極是相對的。接著停止 B 相線圈之激磁，改為
對 C 相線圈通入電源激磁，則磁力線仍是走磁阻最小的路徑，故轉子之 b 極
因比較靠近 C 相磁極而被吸引過去，此時 C 相磁極和轉子之 c 極是相對的，而
C' 相磁極和轉子之 c' 極是相對的，因此由 A 相→B 相→C 相→B 相的方式通入
電源，則轉子會依反時針的方向旋轉。其轉子所轉動之步進角度 θ_{st} 和定子之
相數與轉子之齒數 N_r 之間的關係式為

$$\theta_{st} = \frac{360°}{m \cdot N_r} \tag{7-55}$$

　　由上式得知，定子相數或者轉子齒數愈多時，步進角就愈小。如以圖7-30所示之步進電動機，其有定子線圈四相，轉子齒數有6齒，故步進角度為15°。

2. 永久磁鐵型之步進電動機(Permanent Magnet Stepping Motor，PMSM)：其構造圖如圖7-31所示，轉子是由軸向磁化的永久磁鐵所構成，所以在定子繞組沒有通入電源激磁時，仍有保持轉矩。其轉子係以價格較貴之鐵鎳合金所做成的，其步進角度一般設計在45°及90°兩種型式。但當以肥力鐵系材料做成的轉子，其步進角度一般設計在7.5°、11.25°、15°、18°等四種型式。此型之轉子磁極數是固定的，如要降低其步進角度，也只能增加定子之相數來縮小其步進角，所以一般而言，此型之步進角都比其他之步進電動機來的大。在圖7-30中的步進電動機為一部四相的 PM 步進電動機，如其通入定子線圈之電源順序是為$A \rightarrow B \rightarrow C \rightarrow D$，則轉子將依順時針之方向旋轉，其旋轉的原理是相同於可變磁阻步進電動機的原理，即磁力線永遠走磁阻最小的路徑。另外通入定子線圈之電源可以在每相線圈串接一開關，以開關輪流 ON-OFF 的方式，將電源通入各相線圈，以達到方向之控制目的。如圖7-31 之(b)所示。

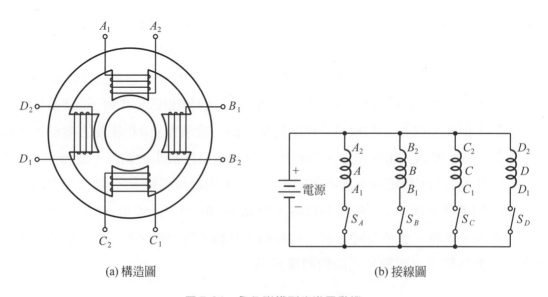

(a) 構造圖　　　　　　　　　　　　　　(b) 接線圖

圖 7-31　永久磁鐵型步進電動機

3. 混合型之步進電動機(Hybrid Stepping Motor，HBSM)：此型之步進電動機
是前述兩種步進電動機之綜合型。即將定子磁極做成複極形式，也就是定子
之每個主磁極由數個小磁極所構成，轉子是由軸向的且已磁化成永久磁鐵的
軸心及其外部上面由許多齒狀的鐵心所構成。因此混合型步進電動機兼具可
變磁阻型及永久磁鐵型的優點，即精確度高、轉矩大、步進角小，其為目前
使用最多的一種步進電動機。其構造圖如圖 7-32 所示。另外其定子結構圖
及電路圖如圖 7-33 的(a)及(b)所示。此圖之步進電動機其白色線頭及黃色線
頭是共通點，黑色線頭及綠色線頭是構成A相及$\overline{A}$相，紅色線頭及藍色線頭
是構成B相及$\overline{B}$相。如果定子之磁極總齒數為 48 齒，而轉子齒數為 50 齒，
則定子之齒距為$360°/48 = 7.5°$，轉子之齒距為$360°/50 = 7.2°$。為了說明其
動作順序及步進角之計算方式，以圖 7-34 來解釋其激磁的變化情形。首先
將A相線圈通入電源激磁，則齒 1 和齒$1'$、齒 25 和齒$26'$是對齊，然後再將B
相線圈通入電源激磁，則齒 7 和齒$7'$、齒 31 和齒$32'$是對齊，緊接依序對$\overline{A}$
相線圈→$\overline{B}$相線圈，則使轉子順時針方向轉動。定子之第 7 齒和轉子之第$7'$
齒相差角度為$(7.5° - 7.2°) \times 6 = 1.8°$，即步進角為$1.8°$。因此混合型步進電
動機的步進角度θ_{st}為

$$\theta_{st} = \left(\frac{360°}{N_s} - \frac{360°}{N_r}\right) \times N_p = \frac{180°}{m \cdot N_r} \tag{7-56}$$

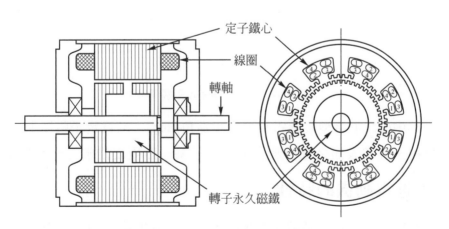

圖 7-32　混合型步進電動機的構造圖

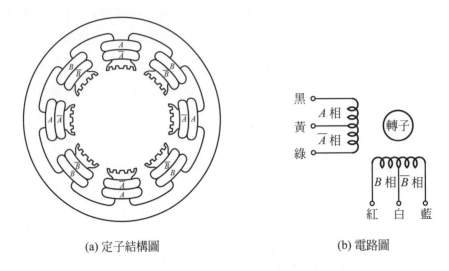

(a) 定子結構圖　　　　　　　　　(b) 電路圖

圖 7-33　混合型步進電動機的定子結構圖和電路圖

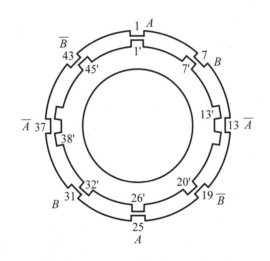

圖 7-34　定子與轉子吸引關係圖

　　其中 θ_{st} 為混合型步進電動機之步進角[deg]；N_s 為定子磁極上之總齒數；N_r 為轉子外部表面之總齒數；N_p 為定子每一磁極之齒數；m 為相數。

7-5-2　步進電動機的特性

　　步進電動機在選購時，必須注意規格，除了上述的步進角之外，尚有相數、額定電壓、額定電流、脈波率及轉矩–轉速特性必須要能確實知道。一般步進角度可以每步轉幾度或每一轉共走幾步來表示。如1.8°／步或200步／轉是一樣的。在相數上,可分為2相、4相、5相。其中2相是最普通的,因其價格便宜、製造容易、控制及驅動電路也較簡單,4相及5相是應用於需要精密控制的地方,因其轉矩及解析度都較2相為優越,但價格昂貴且驅動電路也較為複雜。額定電壓有12伏特、有24伏特,一般皆在24伏特以下。一般額定電天是電壓較高,其額定電流皆會比較小,這可降低線圈的功率損失,即可選擇較小電流容量的功率元件。而額定電流是以每相多少安培來表示。此外步進電動機之轉速是和輸入脈波的頻率成正比關係,即每秒的脈波數,以PPS(Pulse Per Second)來表示。另外轉矩–轉速的特性是非常重要的,其特性曲線圖如圖7-35所示。一般以脈波率為10PPS之起動轉矩為最大轉矩T_{max}。無載時,脈波率是小於f_s,這樣電動機才能順利起動。如帶動負載T_L,則起動時的脈波率必須小於f_{LS}才能起動;一旦起動後,其響應頻率可達f_{LR},無載時,更可達f_R。

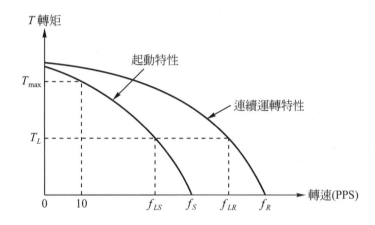

圖 7-35 步進電動機之轉矩–轉速特性曲線

7-5-3 步進電動激的激磁方式

步進電動機的激磁方式,以最普通的2相步進電動機為例,其可分為(1)單相激磁;(2)2相激磁;(3) 1-2相激磁;(4)微步激磁。其中之一的單相激磁是每次只能激磁一相線圈,而步進角為θ,其優點為消耗電力小、角精確度良好,但轉矩小,故阻尼效果差,振動現象大,且易失步,因此除了要求角精確度的場合外,很少使用。其中之二的2相激磁是每次激磁2相線圈,其步進角為θ,優點為轉矩大、阻尼效果佳、振動比較小,故其頻率響應較高,失步較小,是目前最常被採用的激磁方式。其中之三的1-2相激磁,又可稱為半步激磁,其為1相激磁和2相激磁交互輪替方式激磁，步進角為$\frac{\theta}{2}$。由於步進角減半，故解析度可提高一倍，同時半步激磁的轉矩變動小，所以振動及噪音都相當小，為解決此二問題的一種方法，其和2相激磁方式是同受歡迎。上述三種激磁方法的激磁順序圖如圖7-36所示，其中圖(a)為單相激磁順序圖，圖(b)為2相激磁順序圖，圖(c)為1-2相激磁順序圖。另外三種激磁的特性比較如表7-1所示。由表中得知，在響應頻率上，以1-2相激磁方式為最佳，並且其消耗功率介於單相激磁和2相激磁之間。其中之四的微步激磁方式是將各相線圈的激磁電流變換為多段之適當值，其目的是使轉子能小於基本步進角的位置上停住。以此分割各相電流的控制方式有類比控制、數位控制及脈波調幅式控制三種方法。微步激磁方式可大幅的提高步進電動機的解析度，使馬達能圓滑旋轉，不易產生共振，但其控制電路變得更複雜。其微步激磁的順序圖如圖 7-37 所示。由圖中得知，即把每一步進角再細分成10小步。

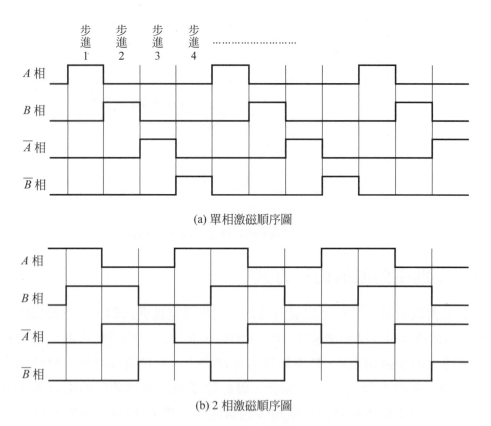

圖 7-36　激磁順序圖

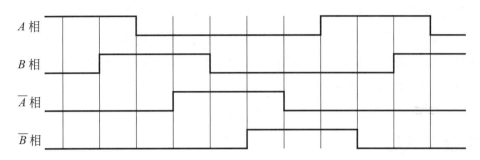

(c) 1–2 相激磁順序圖

圖 7-36　激磁順序圖(續)

表 7-1　各種激磁特性比較

	通入電源情形	步進角	消耗功率	特性
單相激磁	僅有 1 相通入電源電流的方式	θ	1p	由於只有一相通入電源電流，所以電動機之溫昇較低，所需要的電流較小，而其輸出轉矩小。但在步進時，振動較大，所以易錯亂而產生失步。
2 相激磁	同時有 2 相通入電源電流的方式	θ	2p	由於有 2 相通入電源電流，所以起動轉矩大。在切換時必有一相被激磁，在步進時能發揮制動效果。但因為輸入電流大，所以電動機的溫昇較高，即所需電流為單相激磁的 2 倍。
1-2 相激磁	1 相電源電流和 2 相電源電流交互輸入	$\dfrac{\theta}{2}$	1.5p	由於介於 1 相激磁和 2 相激磁之間，所以步進角只有一半，而響應頻率為 1 相激磁及 2 相激磁的 2 倍。

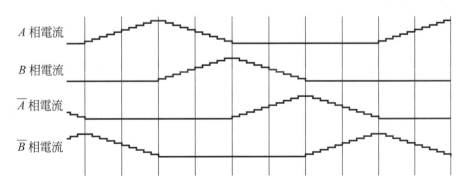

圖 7-37　微步激磁順序圖

步進電動機依定子線圈之繞法不同，可分為單繞組和雙繞組兩種，一般在可變磁阻型的步進電動機以採用單繞組為主，而混合型步進電動機以採用雙繞組為主。單繞組即在每一磁極上僅繞上一組線圈，而雙繞組則在每一磁極上，繞上方向相反的兩組線圈，此兩組線圈可以分別控制。

例題 7-11

現有一可變磁阻型步進電動機，其定子之相數為 4 相，即定子線圈有 4 相，而轉子齒數有 40 齒，試求其步進角為何？

解 步進角 $\theta_{st} = \dfrac{360°}{m \cdot N_r}$

$\qquad = \dfrac{360°}{4 \times 40} = 2.25°$

例題 7-12

有一混合型步進電動機，其定子為二相四極，並有 56 齒，而轉子齒數有 60 齒，則此混合型步進電動機的步進角為何？當定子有四相八極齒數為 56 齒，轉子之齒數也為 60 齒，則步進角又為何？

解 二相四極，轉子齒數為 60 齒之步進角 θ_{st} 為

$$\theta_{st} = \frac{180°}{m \cdot N_r}$$

$$= \frac{180°}{2 \times 60} = 1.5°$$

四相八極，轉子齒數為 60 齒之步進角 θ_{st} 為

$$\theta_{st} = \frac{180°}{m \cdot N_r}$$

$$= \frac{180°}{4 \times 60} = 0.75°$$

7-6 線型電動機

　　線型電動機(Linear Motor)其構造就是將旋轉型電動機剖開後，拉成平面並展開的形式。只是將電能轉換為機械能之後，直接驅動可移動的動子部份，並做直線運動。其動作原理和旋轉型電動機完全一模一樣。線型電動機由於具有較大的氣隙，且整體之效率較低，在以前被視為一種性能較差的電動機，因而其發展進程遠落後於旋轉式電動機。但在一些需要線型運動的場合中，旋轉型電動機則需要加上齒輪、皮帶及滾珠螺桿等機械傳動裝置，將旋轉運動轉換成線型運動。線型電動機的效率雖然較低，但若使用在這些場合中，具有安靜、可靠性較高及直接傳動，以省去機械傳動裝置的優點。另一方面，線型電動機具有高速運動的特點，且其結構較旋轉型電動機簡單，因此在線型或往返式之傳動上，因為不需要額外的器械來轉換，故其速度與整體效率可以相對提升，尤其在高速之地下鐵或磁浮列車的應用上。先進國家如英、美、德、法、日本等國家，皆以線型電動機來設計，因此線型電動機之應用已日漸廣泛。另外，在半導體工業廠房的運輸帶，一些超高度無塵室中，對於灰塵及微粒的數量要求十分嚴格，使用旋轉式馬達再加上皮帶的運輸系統很容易由於皮帶的摩擦而產生灰塵及微粒，因而造成困擾。如使用線型電動機再加上適當的磁浮系統，即可成為無摩擦的運輸系統，亦無灰塵及微粒產生之困擾。除其可應用在高速鐵路外，在自動化倉儲、運送管理系統、自動化彈性生產系統、CNC 工作母機等應用上，在運送重量與加速等特性上皆非常理想。此外，高速定位之 $X-Y$ 軸平台，在半導體製程中之晶片運送機、曝光機、打線機、檢測機、雷射或水切割機、自動聚焦機、自動縫紉機、電梯等等亦有利用線型電動機來設計。

7-6-1 線型電動機的特性

　　線型電動機的優點為(1)高加減速、高速移動；(2)長行程；(3)高精密位置控制；(4)低噪音；(5)好清潔。而缺點為(1)發熱源位於電動機機械內部；(2)因無傳動機構，故強健性差，易受外來參數干擾漣波力及變化之影響；(3)防塵與防水必須特別處理；(4)易受外界磁力影響；(5)馬達面積大安裝不易；(6)停電時，無保持轉矩；(7)邊界效應使電動機推力較難控制。

7-6-2　線型電動機的種類

　　線型電動機大致上可分為四類，即線型同步電動機(Linear Synchronous Motor，LSM)、線型感應電動機(Linear Induction Motor，LIM)、線型直流電動機(Linear DC Motor，LDM)及線型脈波電動機(Linear Pulse Motor，LPM)，此四種線型電動機的特性比較如表 7-2 所示。由表 7-2 所示得知，如考慮推力、加減速度等特性與價格均以線型同步電動機與線型感應電動機為最佳。若再加上發熱源之考慮，則整體特性以線型同步電動機為最好，故線型同步電動機已廣泛的應用於各國之先進工具機上。

表 7-2　線型電動機之特性比較

項目 ＼ 種類	線型同步電動機	線型感應電動機	線型直流電動機	線型脈波電動機
連續直線移動	佳	佳	不佳	普通
間歇直線移動	普通	普通	佳	佳
短距離往返移動	佳	普通	佳	佳
長距離往返移動	佳	佳	不佳	普通
推力	大	大	普通	普通
低速移動	普通	普通	普通	佳
高速移動	佳	佳	普通	不佳
電源控制電路簡化	佳	佳	普通	普通
價格	普通	低廉	普通	昂貴
摘要	高速、精密定位控制	高速、連續搬運輸送	短距離、精密定位控制	低速、間歇移動

7-6-3　線型同步電動機

　　線型同步電動機的動作原理與旋轉型同步電動機相同，其主要型式有鐵心型線型同步電動機和空氣心型線型同步電動機，結構的分類如圖 7-38 所示，圖中之同極性為電樞繞組和場繞組置於同一側。異極性為電樞繞組和場繞組置於不同側。橫向磁通為磁通路徑的形成面和動子移動方向互相垂直。縱向磁通為磁通路徑所形面和動子移動方向互相平行。

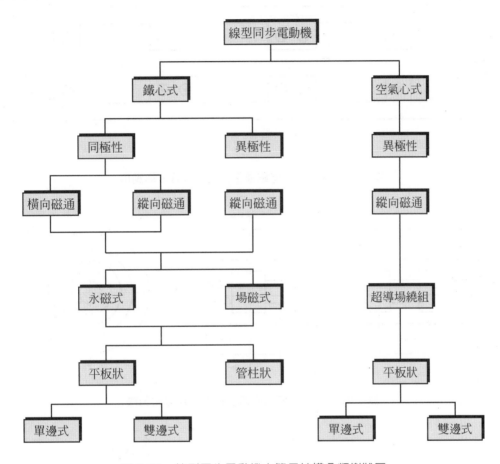

圖 7-38 線型同步電動機之簡易結構分類樹狀圖

依據圖 7-38 所示，可有各種不同結構的線型同步電動機。以市面上較為常見的幾種線型同步電動機，其結構示意圖分別為圖 7-39 的異極性縱向磁通平板式雙邊線型同步電動機。圖 7-40 為異極性縱向磁通永磁管狀線型同步電動機。圖 7-41 為異極性縱向磁通永磁平板式線型同步電動機。圖 7-42 為同極性橫向磁通平板式單邊線型同步電動機。圖 7-43 為同極性縱向磁通平板單邊線型同步電動機。圖 7-44 為同極性橫向磁通場激磁雙邊線型同步電動機。此外線型同步電動機之效率和功率因數比線型感應感應電動機為高，因此在製作換流器時，其容量也就可以比較小。

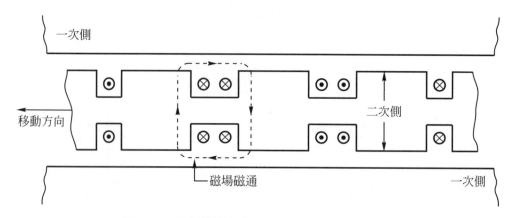

圖 7-39　異極性縱向磁通平板式雙邊線型電動機

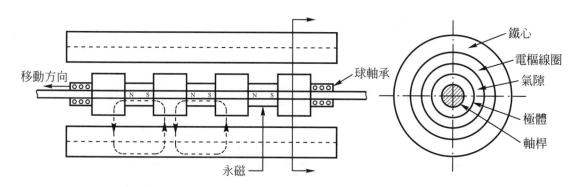

圖 7-40　異極性縱向磁通永磁管狀線型電動機

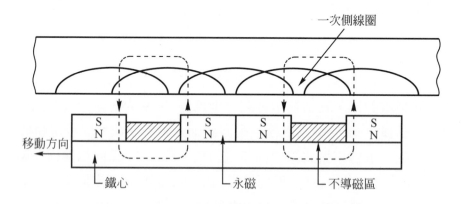

圖 7-41　異極性縱向磁通永磁平板式線型電動機

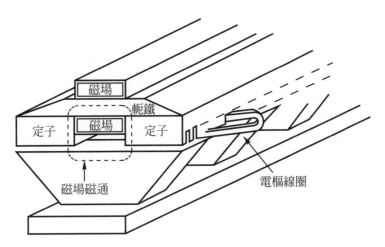

圖 7-42　同極性橫向磁通平板式單邊線型電動機

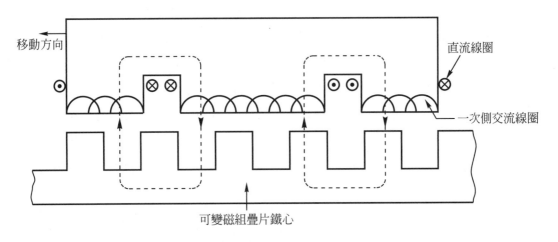

圖 7-43　同極性縱向磁通平板式單邊線型電動機

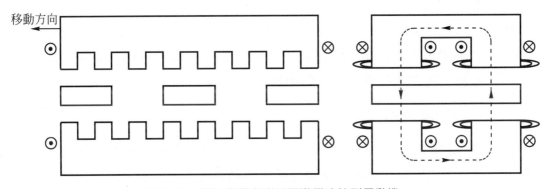

圖 7-44　同極性橫向磁通場激雙邊線型電動機

7-6-4 線型感應電動機

線型感應電動機的動作原理，基本上與鼠籠式旋轉型感應電動機相同。在一次側安置多相線圈，通入三相交流電流後，產生於時間上及空間上移動之行進磁場。此行進磁場切割二次側之導電體後，二次側會感應渦流，此渦流所產生之磁場與行進磁場交互作用而產生向前推力。線型感應電動機與旋轉型感應電動機之主要差別有⑴線型感應電動機之一次側爲有限長度，其兩邊緣處會因主磁場之劇烈變化，而導致額外之二次側感應電流，抵消主磁場，此即終端效應，其分爲靜態與動態效應。靜態效應係來自於三相繞組在空間上的不平衡，而導致自感應或互感應之磁路不對稱，其極數愈多則此影響力愈小。動態效應係來自一次側與二次側之相對運動產生，運動方向氣隙磁通分佈變形，而導致推力分佈不均勻，此情形在低滑差速度下將更爲明顯，而其將減少推力，增加焦耳損失，降低功因及效率。⑵線型感應電動機之氣隙爲旋轉型的數倍，導致高的激磁電流，高漏磁通，故功因及效率均較旋轉型爲低，若將氣隙減少，則將產生較大的正向力，即摩擦力加大。在線型感應電動機依形狀結構大概可分爲平板狀及圓柱狀，而平板式可分爲單邊式及雙邊式。其中之平板狀單邊式之線型感應電動機的結構如圖 7-45 所示，一次側有齒槽與線圈，材料大多爲矽鋼片與銅線組合而成，二次側爲金屬板，上層爲非磁性導體板，其材質皆使用鋁、銅以利產生渦流，下層爲磁性導體板，其材質皆使用鋼鐵板以利導磁。而單邊式又可分爲一次側可動與二次側可動兩種。一次側可動之情況稱爲單邊式短一次側，也可稱爲一次側可動子。二次側可動之情況稱爲單邊式短二次側，也可稱爲二次側可動子。另外，平板狀雙邊式線型感應電動機，其結構如圖 7-46 所示，二次側的兩面有一次側的存在，如同三明治。相似於單邊式線型感應電動機，一次側有齒槽與線圈，但二次側與單邊式不同，只含非磁性導體材料。而二次側可動時稱爲短二次側線型感應電動機，一次側可動時稱爲短一次側線型感應電動機。在運輸車之應用上，通常是車子當成一次側可動子，即磁場側，而軌道當成二次側，即感應側。線型感應電動機之磁場移動速度爲

$$v_s = 2pf[\text{m/sec}] \tag{7-57}$$

其中 p 爲磁極節距[m]，f 爲電源頻率[Hz]。磁極節距的長度可爲任意值，在任何指定的頻率下，則線型感應電動機之磁場移動速度亦爲任意值，而旋轉型感應電動機則受磁極數目的影響，同時線型感應電動機之磁極數也不必限定於偶數。

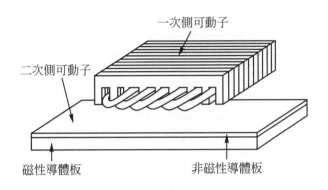

一次側可動子

二次側可動子

磁性導體板　　　　　　　　　非磁性導體板

圖 7-45　平板狀單邊式短一次側線型感應電動機

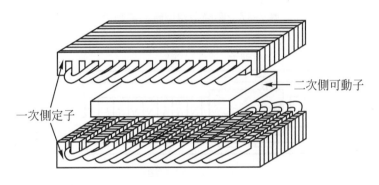

一次側定子

二次側可動子

圖 7-46　平板狀雙邊式短二次側線型感應電動機

7-6-5　線型直流電動機

　　線型直流電動機其結構可分為圓筒型及平板型兩種。依磁場和線圈位置的不同，可分為可動圈型和可動磁鐵型。再依電刷之有無，可分為電刷接觸型與無刷型兩種。線型直流電動機的速度控制及正逆向控制容易，如果在軌道定子上裝設霍耳元件或編碼器，可檢測可動子的位置，作為速度和位置的控制。圖 7-47 為圓筒型線型直流電動機之構造圖。圖 7-48 為平板型線型直流電動機的構造圖。

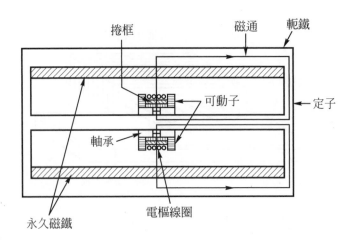

圖 7-47　圓筒型線型直流電動機

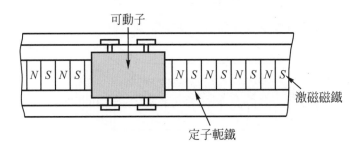

圖 7-48　平板型線型直流電動機

7-6-6　線型脈波電動機

　　線型脈波電動機其動作原理是利用輸入脈波信號來改變線圈的激磁，進而使線型電動機的可動子步進移動，基本上與旋轉型的步進電動機原理相同，依可動子的構造不同，可分為可變磁阻型、永久磁鐵型、混合型三種。其中之一的可變磁阻型之構造如圖 7-49 所示，在圖中的上方是可動子的部份，下方是固定不動的部份。線圈是繞在可動子的磁極上，而線圈的激磁順序為A線圈→B線圈→C線圈→D線圈→A線圈→……，則可動子將向右移動。若線圈的激磁順序為A線圈→D線圈→C線圈→B線圈→A線圈→……，則可動子將向左移動。其中之二的永久磁鐵型之構造如圖 7-50 所示。在圖中的線圈 1 和線圈 2 由同一電源供電，但產生的磁通方向剛好相反，線圈 3 和線圈 4 亦是如此。當A相線圈通入電源電流時，則可動子之齒 1 處的磁力線增強，齒 2 處的磁力線被抵消，可動子就停留在圖(a)的位置上，此時B相的兩個齒取得磁力平衡。然後當B相線圈電流如圖(b)所示時，則齒 4 的磁場增強，使可動子停留在圖(b)位置，即向右移動了$\frac{1}{4}$齒距，然後再依序通入電流到A相線圈則可動子停留在圖(c)位置，之後再依序通入電流到B相線圈，則可動子停留在圖(d)位置，依序激磁，則可動子就一步一步往右移動。

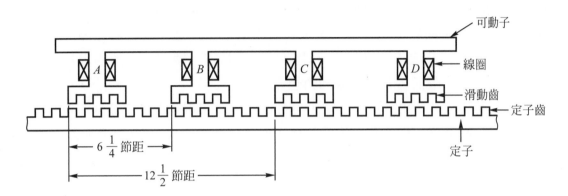

圖 7-49　可變磁阻型線型脈波電動機

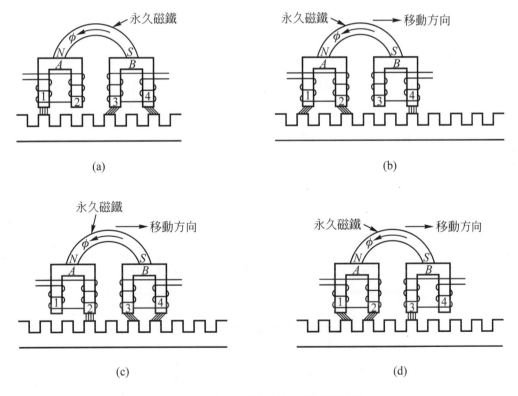

圖 7-50　永久磁鐵型線型脈波電動機

7-7 伺服電動機

伺服電動機在早期時，因控制技術及伺服裝置並未十分發達的情況下，一般皆作為指示裝置和信號傳遞為主要用途，例如應用於自動的同步器(Self-Synchronous Motor)、二相感應伺服電動等等。後來隨著電腦之不斷進步及控制理論的發展、驅動器性能的改善及成本之降低下，才使得要求精密、準確、迅速的現代化控制中，伺服電動機一躍而為非常重要的角色及地位。

伺服電動機依其使用的電源不同，可分為直流伺服電動機及交流伺服電動機。其中直流伺服電動機的構造和直流電動機類似，而其功率放大器(即驅動器)一般是使用二象限之截波器(Chopper)或四象限之截波器。在交流伺服電動機的功率放大器部份，通常是使用三相換流器(Inverter)，而使用之電動機分為三相鼠籠型感應電動機、二相鼠籠型感應電動機及三相永久磁鐵型同步電動機。在前二者稱為感應伺服電動機，而最後者稱為同步伺服電動機。茲將其構造及原理說明如下：

7-7-1　直流伺服電動機

直流伺服電動機是所有伺服電動機中最早發展的一種，而其結構和一般之直流電動機相類似，其中以較小型出現者是為了控制方便。通常其定子磁場是由永久磁鐵所構成，而轉子上的整流片及電刷是仍然存在著，此整流片和電刷間所產生的換向火花，正也是直流伺服電動機之最大缺點。其工作原理相同於直流電動機，在伺服控制中，主要是控制其轉矩大小，所以在電樞電流所產生的轉子磁場方向一定是

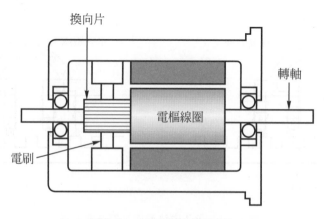

圖 7-51　直流伺服電動機

和定子繞組通過電流所產生的磁場方向相互垂直，故可以得到最大轉矩，因此只要控制電樞電流之大小，便可以控制轉矩之大小，這是伺服控制所需要的，直流伺服電動機之剖面圖如圖 7-51 之所示。

7-7-2　感應型伺服電動機

感應型伺服電動機，其轉子的型式皆為鼠籠型，但其定子的部份，依其繞組之相數，分為二相感應伺服電動機及三相感應伺服電動機。其中二相感應伺服電動機的接線圖如圖 7-52 所示。在定子二相的繞組中，a 相繞組的電源是由控制信號經放大器所供應的，一般稱為控制相。而 m 相繞組的部份是由定電壓和定頻率的電源來供應，稱為固定相或參考相。而 V_a 的頻率要和 V_m 的頻率相等，並且兩相電壓的相位差需調整為接近於90°。由於電動機的轉矩是 V_m 及 V_a 之函數，故在相位差兩者調整為接近於90°後，調整 a 相電壓 V_a 之大小，就可以控制馬達的轉矩。當 V_a 不為零且超前 V_m 相位90°時，將產生某一方向的轉矩而轉動。而當 V_a 滯後 V_m 時，則產生相反方向轉矩，使馬達朝另一方向轉動。二相感應伺服電動機和其他控制用的電動機一樣，必須有⑴在零轉速附近之轉矩要大；⑵轉矩–轉速特性曲線的斜率需為負值(即往下垂之特性)，才能使其運轉穩定；⑶當控制相之電壓 V_a 為零時，電動機轉矩應等於零，使電動機停止不動之特性。上列條件得知，高電阻轉子則可以滿足這些要求。圖 7-53 為一典型二相電動機在各種不同電壓下之特性曲線圖。對於額定功率在數瓦特以下的二相伺服電動機，可將鼠籠型轉子改為杯型轉子，如圖 7-54 所示。其目的是將轉子之慣量減至最小，以提高其響應特性。另外之三相感應型伺服電動機之轉子為鼠籠型，轉子磁場是靠感應電流所產生的。而此三相感應伺服電動機的定子電流可轉換成類似直流電動機的磁場電流成份與電樞電流成份，使三相感應型伺服電動機的控制如同直流伺服電動機一樣容易。由於這二種的電流成份為相互垂直的向量，此種控制的方式就稱為向量控制(Vector Control)或稱為磁場導向控制(Field Oriented Control)，其與同步伺服電動比較起來，三相感應伺服電動機較適合於大容量電動機的控制，其剖面構造圖如圖 7-55 所示。

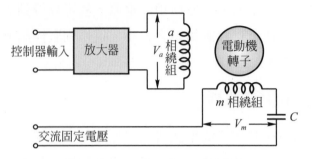

圖 7-52　二相感應型伺服電動機

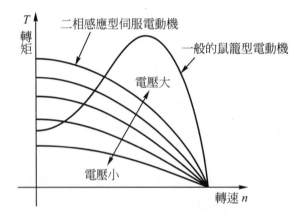

圖 7-53　轉矩–轉速特性曲線

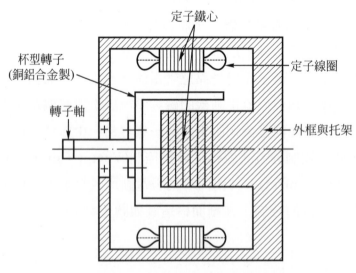

圖 7-54　托杯型轉子二相感應型伺服電動機之構造剖面圖

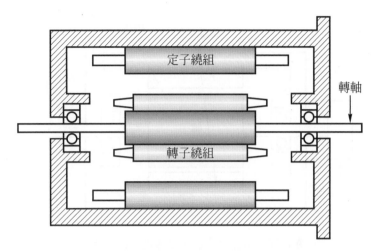

轉軸

定子繞組

轉子繞組

圖 7-55　三相感應型伺服電動機之構造剖面圖

7-7-3　同步型伺服電動機

　　此型之伺服電動機也可以稱為直流無刷伺服電動機，但兩者之間有些差異。同步型伺服電動機之反電勢的波形是為正弦波，而直流無刷伺服電動機之反電勢的波形為方波。但無論如何，其動作原理皆和直流伺服電動機一樣，只是同步型伺服電動機之轉子是由永久磁鐵所疊積而成的。這相同於直流伺服電動機在定子端的磁鐵，而同步型伺服電動機之定子部份是由電樞線圈所組成。這相同於直流伺服電動機之轉子電樞線圈一樣，故其形式如同將直流伺服電動機之定子和轉子的角色對調。這種方式以轉子由永久磁鐵所構成，如此則不需要電刷。由於定子繞組產生的磁場方向，必須隨著轉子磁極的位置而變動，所以它是在檢測出轉子位置之後，再控制定子繞組電流，同樣地使定子磁場和轉子磁場方向相垂直，以產生最大轉矩。在數百瓦特以下的小容量電動機，其效率比感應型伺服電動機為高。另外，同步型伺服電動機的定子繞組依電流的流動方式，可分為單方向型及雙方向型。如為雙方向型，通常是以正弦波之脈寬調變控制換流器，以產生圓滑轉動的旋轉磁場。當電樞電流過大時，則會對永久磁鐵產生減磁問題，導致電動機無法正常產生轉矩，所以在控制上必須注意電樞電流不可超過最大額定值。在同步型伺服電動機之適用容量範圍為 30W～2000W 之間，而直流伺服電動機的適用容量為 5W～1000W 之間。三相感應型伺服電動機之適用容量為 1000W 以上。上述之同步型伺服電動機之構造剖面圖如圖 7-56 所示。

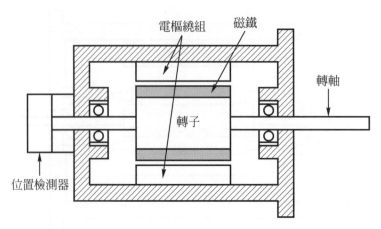

圖 7-56　同步型伺服電動機之剖面構造圖

7-7-4　伺服電機之特性比較

在上述之伺服電動機，其性能的要求是不斷地在提高，不論是在轉速上或者是位置的控制上，都要求要有高速度、高精度、高響應的性能。在之前所介紹之步進電動機，由於其性能較為特殊，所以較為容易控制。因此經常拿來和伺服電動機比較。基本上步進電動機的精度比伺服電動機優越，而它不會累積誤差，而且一般皆做開迴路控制即可。然而其在響應之性能方面，伺服電動機卻比步進電動機來得優越，其中步進電動機和上述之三種伺服電動機的特性比較如表 7-3 所示。另外再列出直流伺服電動機和交流伺服電動機之深一層特性的比較如表 7-4 所示。

表 7-3　步進電動機和伺服電動機之特性比較

電動機種類	步進電動機	感應型伺服電動機	同步型伺服電動機	直流伺服電動機
優點	·開迴路控制(無感測器) ·超低速運轉 ·低速高轉矩 ·脈波列輸入 ·價格低	·高速高轉矩 ·免維護 ·堅固耐用 ·峰值轉矩大	·高速高轉矩 ·免維護 ·運轉效率高	·小型大轉矩 ·運轉效率高 ·價格低
缺點	·容易失步 (因無回授的關係) ·磁噪音較大	·中、小容量之伺服電動機損失大 ·控制電路複雜 ·價格高	·和直流伺服電動機比較，價格高	·定期性的電刷替換 ·有整流極限 ·可靠性低 ·須維護
電動機容量	100W 以下	2kW 以上	30W～2kW 之間	1000W 以下

表 7-4　直流伺服電動機和交流伺服電動機之比較

特性　　　電動機	交流伺服電動機	直流伺服電動機
維護	不需要	需要定期性的電刷檢查與替換
噪音	小	有電刷之滑動聲音
電氣性雜訊	無	有電刷引起之雜訊
壽命	由軸承之壽命來決定，一般皆為 20000 小時以上	根據負載及環境條件而定，一般皆為 3000 小時～5000 小時之間
效率	如利用正弦波之脈寬調變方式驅動，則高諧波損失小，溫升低	有整流損失，同時由於轉子發熱的關係，冷卻效率不太好。
響應性	轉子慣量小，響應非常快	轉子慣量大，響應快
過載耐量	熱時間常數大(熱容量大)，所以耐電流能力大	熱時間常數小(熱容量小)，另因電刷的閃絡，電流受到限制

7-7-5　自動變速電動機(VS 電動機)

　　另外尚有一種電動機，其利用感應電動機耦合一渦流耦合機(Eddy Current Coupling)所組成，此型式之電動機稱為自動變速電動機(Auto Variable Speed Motor)，簡稱為 VS 電動機、或 AS 電動機、或稱為 EC 電動機。此電動機是屬於一種無段變速的電動機，其轉速是隨著渦流機之激磁電流的大小而可任意調整的。一般而言，VS 電動機皆採用電子式控制方式來控制轉速，故具有高度可靠性。而其優點為⑴調速之範圍大，可以做 10：1 之連續變速；⑵無電刷與滑環存在，在保養上與鼠籠式感應電動機一樣簡單；⑶控制電力約只有電動機輸出功率之百分之一以下，適合於遙控或自動控制之使用；⑷轉速的變動率在 2％之範圍內；⑸可以做為其他電動機之轉距測定用；⑹ VS 離合器之構造簡單、容易製造。VS 電動機之外觀圖如圖 7-57 所示。而其各部份之外觀圖如圖 7-58 所示。

圖 7-57　VS 電動機之外觀圖

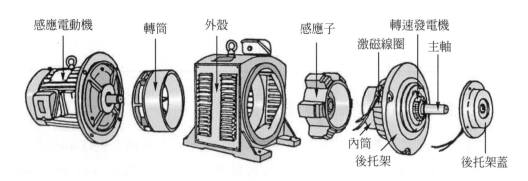

圖 7-58　VS 電動機各部份之外觀圖

另外和VS電動機耦合之耦合激係利用渦流來作為傳達動作的媒介，其基本原理如同瓦時表中之永久磁鐵。當永久磁鐵靠近轉盤時，轉盤速度會變慢。此外也如同實驗室中作電動機特性實驗時用的渦流動力計。上列之兩種裝置都是利用直流磁場對轉動物體具有制動作用，但是物體必須是電的導體才可以的。在將動力計之制動機構鬆開後，讓它能夠自由地旋轉，如果於此時加入直流激磁電流時，制動機構將會隨著電動機的旋轉方向而轉動，並且轉速之快慢是隨著激磁電流大小而改變的。而耦合機是將激磁線圈設計為固定不動，磁力線是由激磁線圈軸向內轉筒、感應子、外轉筒及機架構成一迴路。由於感應子的存在，所以轉筒與感應子齒端，產生疏密不均的現象。又因外轉筒隨著感應電動機轉動(即外轉筒和電動機轉軸耦合)，故相對運動的結果，最後在內轉筒上會感應渦流，此渦流與磁通相互作用而產生轉矩。而轉矩之大小隨著轉速差和激磁電流大小而變。因此只要改變激磁電流大小，就可以控制輸出軸的轉速及轉矩，以達到無段變速之效果。其感應子之渦流耦合原理之圖示如圖7-59所示。

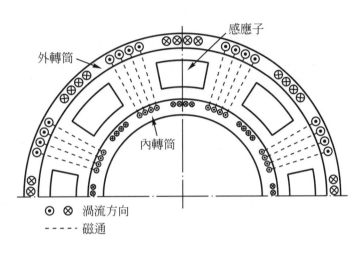

圖7-59　感應子之渦流耦合原理

　　另外，在不同激磁電流下之轉矩–轉速特性曲線如圖7-60所示。由圖得知，負載變動時，其對轉速的變化是相當靈敏的。所以當負載需要定速運轉時，應利用轉速發電機檢測出轉速之變化回授到功率元件(如SCR)的激發電路上，控制耦合機的直流激磁電流，進而控制轉速。

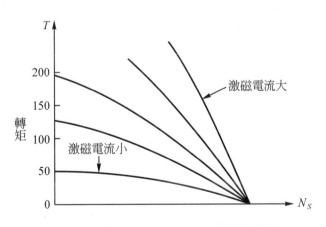

圖7-60　VS 電動機之轉矩–轉速特性曲線

習 題

1. 某直流電動機為4極，每極磁通量為0.02Wb，電樞的總導體數為2000根，在外加直流電源後，其電樞電流為150A，而轉速為1800rpm，假設電樞採用單疊繞，試求電動機的內生機械轉矩及反電勢為何？

2. 某分激直流電動機的電樞電阻為0.4Ω，分激繞組電阻為120Ω，且外加端電壓為120V，外加端電流為20A。試求
   (1)電樞電流及分激場電流為何？
   (2)電樞兩端的反電勢為何？

3. 某直流電動機為20HP，在滿載時，自400V的直流電源取入50A的電流，試求電動機的損失及效率為何？

4. 某三相感應電動機為 4 極、60Hz、220V、10HP，且換算到定子的阻抗如下：$R_1 = 0.3\Omega$、$R_2 = 0.15\Omega$，$X_1 = 0.5\Omega$、$X_2 = 0.2\Omega$、$X_\phi = 13\Omega$，現接成Y連接，試求
   (1)轉差率為0.04時的轉子電流，轉子每相電壓，轉子轉速為何？
   (2)此時之內生機械功率及內轉矩為何？

5. 某三相感應電動機為4極、60Hz、220V。在滿載時之轉差率為0.05，且轉子銅損為200W，試求轉子輸入功率及輸出功率？

6. 某三相感應電動機為4及、60Hz、220V且為繞線式轉子。定子的每相匝數為2000匝且為△連接，轉子的每相匝數為1000匝，且為△連接，當轉子轉速為1764rpm時，試求
   (1)同步轉速，轉差率及轉子頻率為何？
   (2)在轉子靜止時的轉子每相電壓為何？
   (3)在轉子轉速為1764rpm時，轉子每相電壓及其線電壓為何？

7. 試述分相式感應電動機的轉向控制。

8. 試述單相交流電動機之種類，並說明其起動方法。

9. 某一單相$\frac{1}{2}$HP、60Hz、110V 之電容起動式感應電動機，已知主繞組阻抗$Z_m = 8 + j8.5\Omega$，輔助繞組$Z_s = 15 + j9\Omega$，試求輔助繞組應串聯多大之起動電容，才能使兩繞組的電流相差90°的相位？

10. 某三相電動機的規格為 4 極、60Hz、3300V、300HP。每相的電樞電阻為 0.2Ω，同步電抗為 3Ω。在額定負載時，電動機自 3300V 電源取入功率，其功率因數為 0.85 落後，且效率為 0.95，試求：

    (1)自電源取入的功率及電流之大小為何？

    (2)電動機每相的反電勢大小為何？

11. 某三相電感性的負載，其功率因數為 0.78 並落後，且由電源取入的功率為 800kW。若利用同步調相機的作用，使線路的功率因數提高至 0.95 並落後。假設同步調相機的功率損失，可以忽略不計，試求同步調相機所需要的容量為何？

12. 某三相同步電動機為 4 極、440V、60Hz、200HP，其電樞繞組為 Y 型連接，且每相的數據如下：電樞電阻 $R_a = 0.3\Omega$，同步電抗 $X_s = 4\Omega$，端電壓 $V = 240V$，反電勢 $E = 240V$，當同步電動機的轉矩為最大值時，試求

    (1)轉矩角及電樞電流為何？

    (2)輸出功率及轉矩為何？

13. 有一磁阻型步進電動機，定子具有 4 相繞組，轉子有 25 齒，試求步進角為多少？

14. 有一部 2 相混合型步進電動機，其轉子有 25 齒，求其步進角度？

15. 試比較 1 相激磁、2 相激磁、1-2 相激磁。

16. 試比較線型同步電動機、線型感應電動機、線型直流電動機及線型脈波電動機的特性。

17. 若線型感應電動機的磁極節距為 50cm，電源頻率為 60Hz，則磁場移動速度每小時幾公里？

18. 線型同步電動機之結構分成哪幾種？並說明其間之差別。

19. 試比較三種伺服電動機的結構？

20. 列出三種伺服電動機之適用容量範圍各為多少？

21. 同步伺服電動機依繞組電流之流動方式不銅，可分為哪兩種？

22. 試比較步進電動機和伺服電動機之各有何特色？

23. 如何改變二相感應伺服電動機的轉動方向？

24. 如何改變二相感應伺服電動機的轉矩大小？

25. 說明渦流耦合機的原理，耦合機內的激磁線圈可否使用交流電？何故？

26. 試說明 VS 電動機之工作原理。

8

電動機控制用的驅動元件與功率元件

8-1　功率元件的種類

8-2　矽控整流器(SCR)

8-3　雙向矽控整流器(TRIAC)

8-4　功率電晶體

8-5　金氧半場效電晶體(MOSFET)

8-6　絕緣閘極雙極電晶體(IGBT)

8-7　SCR 之驅動元件及控制電路

8-8　TRIAC 之觸發元件及控制電路

8-9　功率電晶體之驅動元件及控制電路

8-10　MOSFET 驅動元件及控制電路

8-11　IGBT 之驅動元件及控制電路

　　實現電動機控制的主要原因中，功率元件的高性能應用及發達，就佔了第一位。以省能量、省維護的觀點，開發SCR、TRIAC、MOSFET、IGBT等功率元件至實用化地步，此些功率元件的技術動向具有下面幾點特性：光輸入化、高耐壓化、大電流化、高速化、模組化、自己關閉化之功率元件。最近從實裝上的生產性提升及高性能化等方面，當做新方向而積極進行著，可在同一個包裝內納入多數個晶片的模組、或在同一個晶片內裝置功率部門及控制IC的智慧型功率元件等，走向複合化的開發。

8-1　功率元件的種類

　　電動機控制最常使用的功率元件分成二大類，即閘流體(Thyristor)及電晶體(Transistor)。其中閘流體依功能之不同分為逆向截止型、雙向型及閘極切斷型，其中之逆向截止型有矽控整流器SCR(Silicon Controlled Rectifier)，雙向型有雙向矽控整流器TRIAC(Bidirectional Triode Thyristor)，閘極切斷型有閘極切斷閘流體 GTO(Gate Turn-Off Thyristor)。而電晶體則主要有功率電晶體(Power Transistor)、金氧半場效電晶體 MOSFET(Metal-Oxide-Silicon Field Effect Transistor)及絕緣閘極雙載子電晶體IGBT(Insulated Gate Bipolar Transistor)。

8-2　矽控整流器(SCR)

　　在1960年代，由於矽控整流器的有效應用，於交流電機的調速控制中，最大優點是降低了起始製造費用以及維護費用，以得到更高的效率，增加系統的可靠度。SCR 是屬於雙穩態元件，亦即其具有導通及截止兩種狀態，其結構、靜態特性、符號如圖 8-1 所示。在結構上，其係於n型的矽基板上，以三種不同的雜質擴散形成p層後，另一面再以五種雜質擴散成n層，以形成p-n-p-n的四層構造。另外，其動作原理可以圖 8-2 來說明，即在圖 8-2(a)的陽極(A)加入負電壓，陰極(K)加入正電壓，則J_1與J_3二個接合皆被施加逆偏壓，形成逆向截止之狀態。相反地，在(b)圖中，將陽極接正，陰極接負電壓，此時J_2之接合處形成逆向偏壓而成為 OFF 狀態。此外，在(b)圖中，從閘極加入充足之閘極電流，使之流向陰極，則閘流體會變成截止狀態(Turn Off)，以上皆爲使 SCR 截止之方法。如欲 SCR 導通，則如圖(c)所示，即 SCR 是由 *p-n-p* 與 *n-p-n* 二個電晶體所構成之 *p-n-p-n*，其等效電路代換後，便可以十分易於了解，如圖(d)之等效電路。以圖(d)之等效電路來說明，若閘極(*G*)處流入 I_G 之電流時，此 I_G 之電流相當於 T_{r2} 之基極電流，將此電流再放大後，I_{c1} 的電流便可流動，此時之 I_{c1} 又稱爲 T_{r2} 的基極電流，將此過程列出其電流方程式及順序爲

$$I_G + I_A = I_K \tag{8-1}$$

$$I_{c1} + I_{c2} = I_A \tag{8-2}$$

$$I_{c1} = \alpha_1 I_A \tag{8-3}$$

$$I_{c2} = \alpha_2 I_K \tag{8-4}$$

將(8-1)式代入(8-4)式後，再將此結果及(8-3)式一起代入(8-2)式中，則可得

$$I_A = \frac{\alpha_2 I_G}{1 - (\alpha_1 + \alpha_2)} \tag{8-5}$$

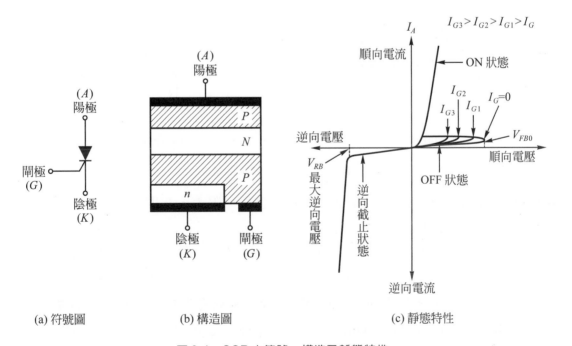

(a) 符號圖　　　　　(b) 構造圖　　　　　(c) 靜態特性

圖 8-1　SCR 之符號、構造及靜態特性

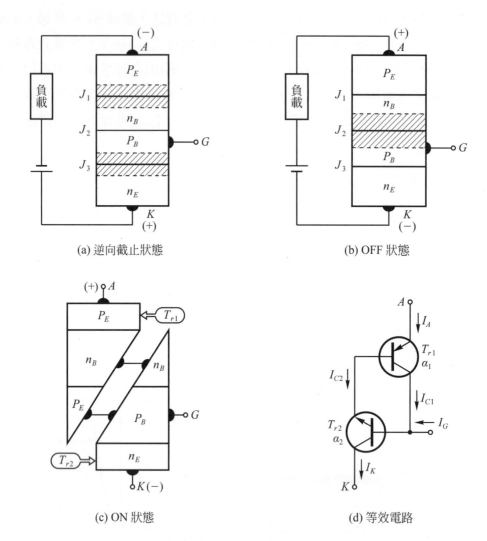

(a) 逆向截止狀態   (b) OFF 狀態

(c) ON 狀態   (d) 等效電路

圖 8-2　SCR 之動作原理

由(8-5)式得知，若$\alpha_1 + \alpha_2 = 1$時，則I_A值將趨於無限大，亦即 ON 的狀態，I_A的值是依負載之大小來決定。

　　一般而言，使SCR導通的方式，除了上述之方法，尚有其他原因，亦會使SCR導通，即過電壓也會使其導通。當陽極–陰極間順向偏壓增高到順向超崩電壓(Forward Breakover Voltage，V_{FBO})時，則漏電流將明顯增加，SCR 將產生再生式導通(Regenerative Turn On)。此外，當陽極–陰極間的電壓變化率dV/dt增快時，則由於在$p-n$接面存在電容C，所以充電電流$i = CdV/dt$將變得很大，以致SCR導通。另外，當SCR之溫度升高時，電子–電洞對(Electron-Hole Pairs)增加，使得($\alpha_1 + \alpha_2$)值增加,因此陽極–陰極間只要在較低的順向偏壓,則 SCR 即可導通。最後,當光子、γ射線、中子、質子、硬及軟X–光線等輻射,照在沒有屏蔽的SCR時,將使電子–電洞對增加,因此可使 SCR 導通。還有陽極–陰極之間如為逆向偏壓時,SCR 相當於一般的矽二極體,此時有兩種電壓一定必須注意的,即⑴重複性的逆向電壓峰值(V_{RDM});⑵為非重複性的逆向電壓峰值(V_{RBT})。當SCR加上此兩種電壓值時,其時間不可超過廠商資料之規定,否則此 SCR 可能會產生累增崩潰和過熱現象,導致使 SCR 導通。但無論如何,除了正常的激發閘極電壓之導通,其餘皆是破壞性的手段,使 SCR 導通,所以只有一種正常導通方式,其他皆為毀損性的導通。因此在選定 SCR 的耐壓來說,上述之重複性逆向電壓峰值及非重複逆向電壓峰值是 SCR 之耐壓的參考值。以經驗來說,SCR 之逆向耐壓為電源電壓有效值的 2.5 倍以上。在熱參數之工作溫度選定上,以維持在此區間工作之適當的順向電流,方不致於超出此接面溫度,因此有效電流工作之最大值由下列因數所決定:

1. 順向導通損失,為此項之主要損失,亦為主要發熱原因。

2. 在抑止(Blocking)區間,順向或逆向漏電流損失。

3. 開啟(Turn On)或關閉(Turn Off)之損失。

4. 閘極接面損失,此項損失依閘極訊號之種類(即單一脈波、脈波串或直流訊號)及導通時間而定。

　　當具有散熱片之SCR其熱電阻類比圖如8-3所示,其中假設P_{avg}為定電流電源輸入到SCR內之平均消耗功率,而SCR之接面溫度T_j為

$$T_j = P_{avg}(\theta_{jc} + \theta_{cs} + \theta_{sa}) + T_A \tag{8-6}$$

其中　　T_j為 SCR 之接面溫度(℃)

　　　　P_{avg}為 SCR 所消耗的平均功率(W)

　　　　θ_{jc}為接面外殼的熱電阻。(℃/W)

　　　　θ_{cs}為外殼到散熱片的熱電阻。(℃/W)

　　　　θ_{sa}為散熱片到周圍的熱電阻。(℃/W)

　　　　T_A為周圍溫度。(℃)

　　在上式中的散熱片到周圍的熱電阻是依下列因數而定,即材料種類、外形、表面處理以及大小尺寸。而此項之資料均由廠商以圖形方式提供,散熱片和周圍溫度差 ΔT 與 SCR 平均消耗之功率P_{avg}以廠商提供之圖形得知

$$\theta_{sa} = \frac{\Delta T}{P_{\text{avg}}} \tag{8-7}$$

而其中ΔT為

$$\Delta T = T_{\sin k} - T_A \tag{8-8}$$

其中之$T_{\sin k}$為散熱片本身之溫度(℃)。以上
之式子均假設電源為直流電流並且適用於穩態
條件。另外，在選擇SCR之容量的規格上，除
了上述之熱因數外，還有就是電流之額定值的
選擇，其中分為三個因數，其一為無突來的電
流時，就是其負載為一般的加熱器、繼電器等
等，SCR之額定容許電流為大於等於負載電流
值的 1.5 倍以上較為恰當；其二為突來之電流
流入時，即其負載為白熾燈光、變壓器、馬達
等等，較屬於電感性負載成份較大者，SCR之
額定容許電流必須大於等於所計算出來負載電
流值的 2 倍以上，較為恰當；其三為使用脈波
的情形，即負載為電容充放電、LC振動、短時
間之通電等等，必須依據廠商所提供的資料來
決定選用多大的電流額定值。

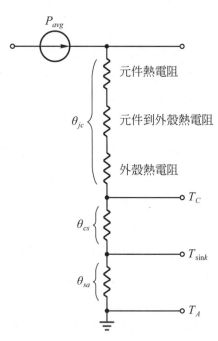

圖 8-3　P_{avg} 和接面溫度之等效電路

・・・ **例題 8-1** ・・・・・・・・・・

有一SCR之負載為電阻2Ω，在外加電源電壓為交流有效值$V_{\text{rms}} = 208$ 伏特，
而所使用之SCR為西屋公司所生產之 2N4361/2N4371 系列，試求觸發延遲
角$\alpha = 0°$(即導通角度為$180°$)時，計算出散熱片本身的溫度，以及決定散熱
片之規格。由西屋公司所生產之 2N4361SCR 型號的外殼溫度對平均順向電
流，在導通角度為$180°$之曲線下得知，當$I_A = 46.8(A)$時，$T_{c(\max)} = 108℃$，
再由最大平均消耗功率對平均順向電流，在導通角度為$180°$時，以$I_A = 46.8$
(A)，則最大平均消耗功率$P_{\text{avg(max)}} = 76W$，並且當$\Delta T = 63℃$時，散熱片之
選定規格為$4 \times 4 \times 4$。

解 當 $\alpha = 0°$，導通角度為 $\gamma = 180°$ 下之電流平均值為

$$I_A = \frac{1}{2\pi} \int_0^\pi \frac{V_m}{R} \sin\omega t \, d(\omega t)$$

$$= \frac{V_m}{R \cdot \pi} = \frac{\sqrt{2} \times 208}{2\pi} = 46.8(\text{A})$$

由上列條件得知，$I_A = 46.8(\text{A})$，$T_{c(\max)} = 108°$，且 $P_{\text{avg}(\max)} = 76(\text{W})$

所以散熱片溫度 $T_{\sin k}$ 為

$$T_{\sin k} = T_{c(\max)} - P_{\text{avg}(\max)} \cdot \theta_{cs}$$

由西屋公司所提供之 θ_{cs} 典型值為 0.075，所以

$$T_{\sin k} = 108 - 76 \times 0.075 = 102.43℃ \approx 103℃$$

故 $\Delta T = T_{\sin k} - T_A = 103 - 40 = 63℃$

由西屋公司所提供之散熱片曲線圖得知，當 $\Delta T = 63℃$ 時，所選用的散熱片規格為 $4 \times 4 \times 4$，即此規格可冷卻 76W 之功率消耗。

　　由於之前所提到的充電電流 $i = CdV/dt$，加上漏電流往往會很容易的使SCR開啟，甚至使SCR元件損壞。因此必須採用下列的方式來保護SCR元件，即在閘極–陰極間並接一電阻，以增加其對 dV/dt 的能力。一般應用於電動機控制用的換流器中，其值約為 $800\text{V}/\mu\text{sec}$。另外，在陽極–陰極並聯一組由電阻和電容所串接而成的 R-C 緩衝電路(R-C Subber Current)，以保護 SCR 元件。這是因為在換流器中，在直流電源於 SCR 自我開啟後，會產生短路現象，以致燒毀 SCR。此方法是用電阻來限制電流，而電容用以吸收額外的暫態能量。除了上述保護方法外，亦可以選定較高額定之 dV/dt 值之 SCR 元件，或選用具有較高電壓額定的 SCR。但這會使得成本增加較高，尤其是在大容量之 SCR 元件。此外，為了避免 SCR 之閘極受其他雜訊之影響而使 SCR 誤動作，並可保護 SCR 元件。除了上述之在閘極–陰極間並接一電阻外，亦可並接一電容，或電容–電阻一起並聯，或加上一並聯之 Zener 二極體，或使用在高功率轉換中常使用的閘極脈波變壓器，以隔離觸發。另外亦可以使用光耦合器之方式來觸發SCR之閘極，並可隔離高雜訊之影響及保護SCR元件。

8-3 雙向矽控整流器(TRIAC)

　　雙向矽控整流器 TRIAC 和 SCR 的作用大致是相同的，而所不同的是 SCR 只可以單向導通，而TRIAC則可以雙向導通。即其正或負的閘極訊號相異外，TRIAC 無論電源在正負半週時，都可以被導通，故又可稱為雙方向3端子閘流體，或稱交流閘流體。TRIAC 的符號與等效電路如圖 8-4 所示，由等效電路可知，它是由二個 SCR 所並聯接成的，且具有同樣動作。閘極則另外接於其中一個，使得觸發電路相當簡單。其元件之基本結構圖如圖 8-5 所示，它是由兩個 SCR 所並接成之 n-p-n-p-n 等五層構成，其左半部做成陽極p-n-p-n結構之閘流體T_2，右半部也做成 p-n-p-n陽極構造之閘流體T_1，所以無陰陽極之分，而是以T_1端子、T_2端子及閘極來稱呼。但基本上，基礎端子T_1則相當於 SCR 之陰極。TRIAC 之主電流–電壓特性(或稱為靜態特性)如圖 8-6 所示。由圖中可知，它包含二個閘流體之反向並排電路，亦即它擁有閘流體之開關式切換特性(第一、三象限)。第一、三象限為無電流流通之 OFF 狀態釸及電流流通的二個 ON 安定狀態，即由 OFF 到 ON，然後再由 ON 到 OFF 切換，這就是當做交流開關所具有的特性，也是 TRIAC 的最佳特色。其應用在交流電路時的基本動作，如圖 8-7 所示。由於在 ON 的狀態出現時，會因內阻之關係，而使電壓下降，以致於引起功率損失，但這是無法避免的。可是卻能利用一很小的閘極電流進行雙方切斷的動作。一般的商用頻率的交流控制大多使用它的原因，即在於此。此外，TRIAC 的觸發模式共有四種模式，可以用圖 8-8 來加以說明。首先是在(1) I 模式(即T_2接正電電源，G接正電偏壓)：導通區域為圖的左半部。當閘極電流由①之G流向P_1層，再流向T_1時，則因P_1層之橫向電阻而導致電壓下降，而J_3接面則被正電壓偏壓，電子遂被注入而產生②。其結果J_1接面也被正電偏壓，電洞③也因開始形成，於是偏向 ON 的狀態。此種動作情形與 SCR 之閘極的開啓動作相同。在(2) II 模式(即T_2接正電電源，G接負電偏壓)：閘極電流①若由T_1流向P_1會再流向G時，P_1層之橫向電阻，使得電壓下降，J_5接面處被正電偏壓，電子②便開始流入。動作繼續，則②所對之J_1接面亦被正電偏壓，電洞③也開始流入。J_1和J_4所夾之P_2層方向電阻會使電壓下降，造成J_1接面亦被正電偏壓，此時電洞④開始流入，狀態也開始形成ON的狀態。此種觸發稱為接面閘極觸發。在(3) III 模式(即T_2接負電源電壓，G接負電偏壓)：導通區域變為右半部。閘極電流①由T_1流向P_1層，再流向G，則J_5接面處被正電偏壓，電子②遂開始流入。結果J_2接面的正電偏壓格外大，於是引發P_1層電洞的流入。但因P_1層之橫向電阻使電壓下降，因而J_2也被正電偏壓，電洞③也開始流入了。此電洞電流使得J_4接面被正電偏壓，電子④也開始流入，整個狀態則偏向 ON 的狀態。在(4)IV模式(即T_2接負電壓電源，G接正電偏壓)：閘極電流①由T_1流向P_1層，然後再流向G時，J_3接面處被正電偏壓，電子②開始流入。J_2接面被正電偏壓，因而引發了電洞③之流入。此電洞的電流與(3)同樣地開始流入來自J_4層的電子，狀態也移向 ON 的狀態。此種以$T_2\ominus$的觸發機構稱為遙控閘極觸發。TRIAC 所工作的上述四種模式，其閘極訊號之靈敏度均不相同，其中以IV模式的閘極訊號最差，因此在使用上，可特別地設計不使TRIAC工作於IV模式。如要使TRIAC工作於任一方向皆可導通，則可令閘極電壓為負，這樣TRIAC將可在任一方向導通。如果閘極為正電偏壓，TRIAC就可如同SCR般工作，這也可稱為邏輯TRIAC。一般而言，TRIAC可在交流電之正負半週

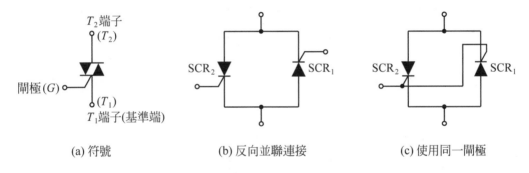

(a) 符號　　　　　　　(b) 反向並聯連接　　　　　　(c) 使用同一閘極

圖 8-4　TRIAC 之符號及等效電路

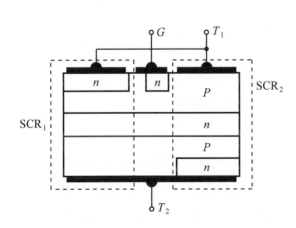

圖 8-5　TRIAC 之構造圖

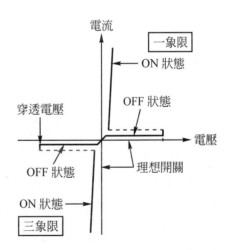

圖 8-6　TRIAC 之主電流–電壓特性(靜態特性)

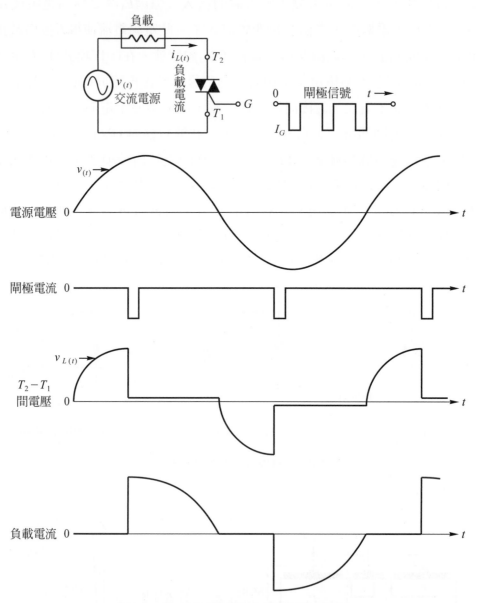

圖 8-7　與交流電路有關的 TRIAC 基本動作

導通,所以其在規定的電流額定下,其導通角度為360°。此外,TRIAC 元件有關
之額定值選擇重點為(1)TRIAC的耐壓為線上電壓的2倍～3倍以上,而此耐壓是指
一般峰值重覆 OFF 電壓V_{DRM}。例如線上電壓為 100V～120V 的線上,則$V_{DRM}=$
400V,如線上電壓為200V～240V的線上,則$V_{DRM}=600V$。另外,非重複之突波
電壓,則以峰值非重複 OFF 電壓V_{DSM}為主。因為V_{DSM}必小於 TRIAC 之穿透電壓

V_{BO}，故選此值為準確時，則突波電壓不會有問題。(2)TRIAC所流入之電流係指有效值，即 TRIAC 的容許電流以有效值表示，決定容許電流時，需考慮 ON 狀態會發熱，而不能單就電流而言，溫度亦為重要之因素。

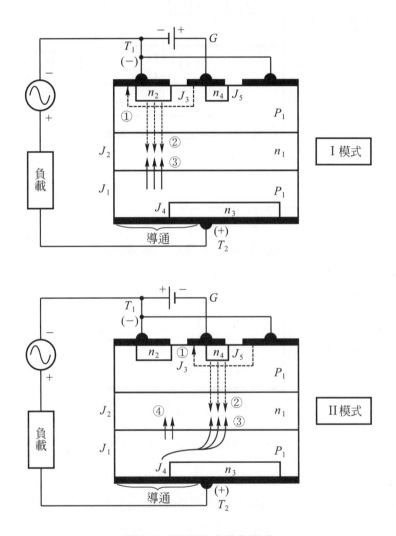

圖 8-8 TRIAC 之動作模式

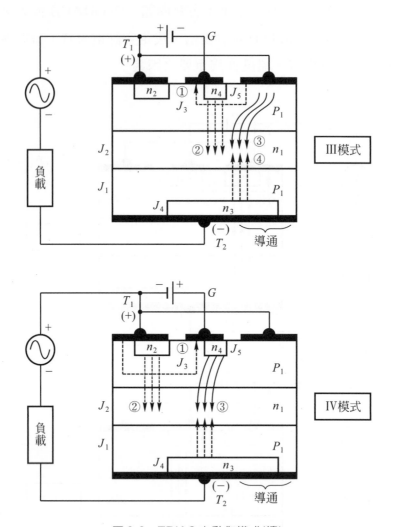

圖 8-8　TRIAC 之動作模式(續)

　　一般而言，使 TRIAC 導通的方法除了上述之四種模式外，尚有其他原因亦會使 TRIAC 導通，其中之一是當陽極–陰極間的順向偏壓增大到順向超崩電壓 V_{FBO} 時，則漏電流將明顯增加，TRIAC 將產生再生式導通。其中之二是當陽極-陰極間的電壓變化率 dV/dt 增加太快時，由於 p-n 接面存在電容，所以充電電流 $i = C\dfrac{dV}{dt}$ 將迅速變得很大，以致於 TRIAC 導通。其中之三是當 TRIAC 之溫度升高時，電子-電洞對增加迅速，使得相同於 SCR 之 $(\alpha_1 + \alpha_2)$ 值增加快速。因此只要在陽極-陰極間有較低的順向偏壓，則 TRIAC 即可導通。其中之四為在陽極–陰極間是逆向偏壓時，有重複性的逆向電壓峰值及非重複性逆向電壓峰值，此兩種電壓值不能超過廠商所規定的崩潰轉態電壓值(Breakover Voltage)，否則 TRIAC 將因累增崩潰和過熱，而使 TRIAC 導通。以上的導通原因均為不正常的導通，因此上述其中之一的解決方式是選用較高耐壓及額定的 TRIAC 元件。解決其中之二的方法，可以在陽極–陰極接上一組由電阻–電容所構成的緩衝電路。解決其中之三是選定較大的散熱片，並以風扇散熱。其中之四相同於其中之一的方式，以選用較高耐壓及額定的 TRIAC 元件。

　　TRIAC 之應用領域為一般家庭、辦公室、工廠及其他場所，如一般家庭中的電磁爐、香爐、電鍋、壓力鍋、冰箱、冷氣、電扇、熱水器、攪拌器等等電器上。辦公室中之印表機、傳真機、影印機等等。一般工廠中之馬達控制、起重機、電動工具、順序控制、電熱控制等等。其他場所為自動販賣機、自動門、交通號誌等等場合。其應用範圍非常廣泛。

8-4　功率電晶體

　　電晶體之歷史自 1940 年代的小信號用真空管，而後半導體元件取而代之，直到目前之 600A、1000V 之大容量。而在電晶體族中，功率與信號用電晶體並無明確之區別，一般多以集極最大損失在數瓦以上者稱為功率電晶體。而功率電晶體與其他電力控制用元件相比，具有高電壓、大電流之便利，使用基極信號可讓主電流斷續的通電，並且高速地切換。目前可以交流 200V～575V 功率電晶體直接應用於電路中，其耐壓可達 600V～1400V 等界限。進而用數個功率電晶體組成一個模組包裝形式，但這是 1980 年左右開始製品化的。這樣使功率電晶體的特長延伸更廣，促使小形化高性能之換流器等裝置出現。

　　功率電晶體依動作原理可分成雙極性電晶體及單極性電晶體。雙極性電晶體係以極少載子帶動電子與電洞移動，直到產生放大作用。而單極性電晶體則不注入載子，只靠電子或電洞的運動來控制電流。一般所指的功率電晶體即為雙極性電晶體。雙極性電晶體又分為單一型(Single)與達靈頓型(Darlington)。單一型具有短時間之切斷功能與低飽和電壓的優點，不過電流放大率(h_{FE})為 10～30 左右，基極需要較大的電流來驅動。至於達靈頓型的電流放大率約為 100～1000 左右，可以極小的電流來驅動，但其具有高飽和電壓與較長時間之切斷動作，為其不便之處。其間之特性比較如表 8-1 所示。市面上所販賣之功率電晶體，其包裝的型式有許多種，即有密封容器型、陶瓷型、密封平面型及模組化等，依其使用之不同場合及用途可決定採用何種型式之功率電晶體。另外，依其內部的構造分類，方山型式(Mesa)的功率電晶體，適合於高耐壓、大電流處。

表 8-1　功率電晶體的比較特性

動作原理	接合構造	特性				
		高耐壓化	放大程度	飽和電壓	切斷時間	啓動時間
雙極型	單一達靈頓	尚可	差	尚可	尚可	尚可
		尚可	尚可	尚可	差	差
單極型	MOSFET	差	非常好，可以低電力驅動	尚可	非常好	非常好

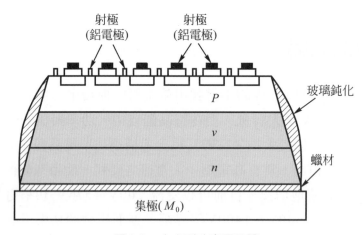

圖 8-9　方山型功率電晶體

　　如圖 8-9 所示，以平面型包裝的功率電晶體即為此類。另外，在中小容量者，多用平面型式，因此平面型式的功率電晶體是模組化功率電晶體的主流，如圖 8-10 所示。目前最常用之功率電晶體的構造如圖 8-11 所示。其結構中的模組是做為放電器之基極基板上銲接陶瓷等絕緣基板，再於其上實裝電晶體晶片，然後再配置各部電極於基板上，再以鋁線連接晶片的電極銅箔及各部電極。另外，矽膠是覆蓋晶片與鋁線用，以確保和周邊環境隔絕。最後在矽膠上注入環氧基樹脂，以維持內部端子的一定強度。功率電晶體的動作原理為：在基極–射極間加上順向偏壓，而集極–射極間亦是順向偏壓，然後從基極流入電流通過 $p-n$ 接面進入射極，此時射極開始往基極注入電子，一部份電子會於基極區域內與電洞結合而消失掉，其餘大半

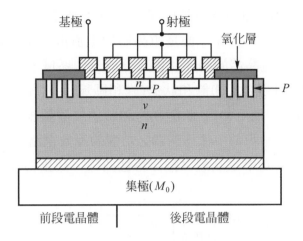

圖 8-10 平面型(達靈頓構造)功率電晶體

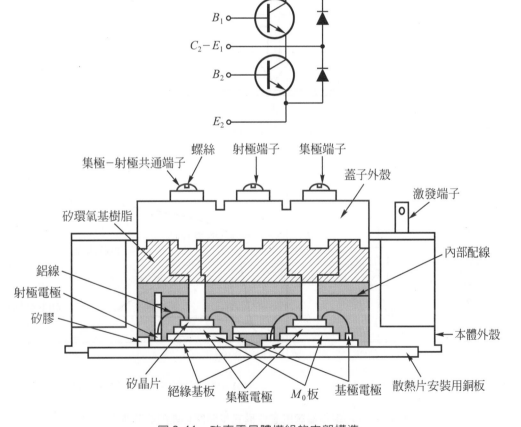

圖 8-11 功率電晶體模組的內部構造

被吸至集極。亦即只有電子的流動。除了電流外,並無變換,故會於基極再結合,此電子量到達集極的電子量相比,便是電晶體的電流放大率。以此動作方式如圖8-12所示。此外,功率電晶體的動作狀態可分成三個區域,即(1)OFF狀態(遮斷區域);(2)主動狀態(主動區域);(3)飽和狀態(飽和區域)。當使用在電力控制的場合(即做為開關元件時),則使用 OFF 狀態和飽和狀態二個動作點。如圖 8-13 所示之開關功能的動作模式,在圖(a)中係為開關之功能的等效電路,其動作有ON或OFF的功能。圖(b)中,則將功率電晶體之輸出特性曲線、截止特性曲線與負載曲線全

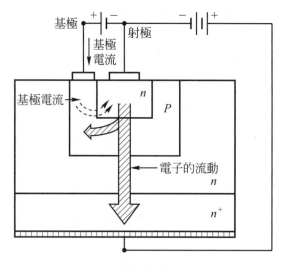

圖 8-12 功率電晶體之動作原理

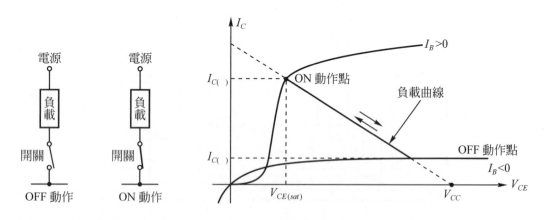

(a) 功率電晶體之開關功能的等效電路   (b) 功率電晶體的 ON−OFF 動作曲線

圖 8-13 功率電晶體的動作模式及開關功能的等效電路

部集中於同一圖上。在圖中基極–射極間電壓爲零或負($V_{BE} \leqq 0$)時，電晶體爲 OFF 狀態。$V_{BE} > 0$ 時，動作移向 ON。當動作爲 ON 時，$V_{CE(sat)}$ 較低之元件，若功率損失較少時，這應是一個很好的元件。功率電晶體之使用必須知道其最大額定值，因爲一旦瞬間超過此值，則元件會有損壞發生。因此，在設計實際電路時，需注意電源電壓的變動、過負載耐量或周圍溫度的變化。在功率電晶體之規格上，有些額定值是必須注意。如電壓額定值、電流額定值以及安全動作額定值。其中電壓額定值係指電晶體之集極–射極–基極各端子間所施加之最大電壓值，當中分爲集極–射極間的耐壓 V_{CE} 及集極–基極間的耐壓 V_{CB}。這些是指元件不被打穿的值，因爲是爲應付電路之電源電壓或突波電壓。額定電流值係指集極–基極間所流通之最大電流。一般皆以電流放大率 h_{FE} 達到指定之值時，該電流即可算是額定電流值，或是用內部導體的容許電流來決定也可以，這是因爲其無特定方式認定之原因。一般而言，當輸入和電流額定有關之瞬間脈衝電流，且超過額定值之情況下，多半不致於破壞元件。此爲可容許脈衝電流至 I_C 最大值的 2～3 倍左右。最後一項是安全動作額定值，其係指不破壞電晶體之電壓電流的使用範圍，其使用的狀態分爲三種，即(1)順向偏壓安全動作區；(2)逆向偏壓安全動作區；(3)短路耐量。其中順向偏壓安全動作區，係指基極以 $P_{C(max)}$ 爲順向偏壓之限制與二次打穿爲限制的二個區域。如圖 8-14 的電晶體順向偏壓安全動作區。此處之二次打穿現象係因高電壓區域內，集極–基極間接合之空乏層較寬，基極層內橫方向易生電位差，導致電流集中於射極端部所衍生的現象，且電流集中會產生熱斑點(Hot Spot)，此是局部溫度上昇之原因。因此二次打穿之安全動作區的大小取決於電晶體所使用於何種場合，所需要考慮的安全動作區曲線圖及其所適用之電路規格。其中之二的逆向偏壓安全動作區係指電晶體欲切斷時，基極所施加以逆向偏壓，直到切斷爲止時之某一電壓值，即此電壓值是由電路電壓或突波電壓所來決定的，亦即電晶體不被破壞且能夠切斷。這時候所確定之最大集極電流值即爲所稱。簡言之，集極電流切斷能力的額定值，以圖 8-15 所示之電流集中的情形來說明。在逆向偏壓將切斷時，電流集中向集極流動，而基極逆向偏壓的場合與基極順向偏壓相反，靠近基極之射極區域首先被逆向偏壓，基極層的橫向電阻使射極中心部份不易逆向偏壓。一旦切斷或電壓開始時，射極中心部分殘留有電流，此部份即形成電流集中。因此，實際使用時，切斷電壓、電流軌跡，必不能超過逆向偏壓之安全動作區，此區域又和時間無關，瞬間即可能破壞元件。爲了求能將功率電晶體用於此區域內，必須藉由吸收器(Absorber)來抑制切斷時的突波電壓或 dV/dt。此外，其中之三的短路耐量，係指電源以電晶體短路時所容許之時間寬值於短路時，電晶體所流通之集極電流，而此電流則是由h_{FE}、I_B及電源電壓來決定的。對電力控制電路有關之負載短路事故或架桿短路事故之場合，要能藉由切斷基極電壓來保護元件，而此短路耐量便是必要的額定值。一般達靈頓電晶體可容許 3～4 倍額定電流流通。

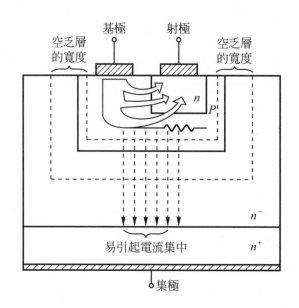

圖 8-14　順向偏壓之電流集中安全動作區說明圖

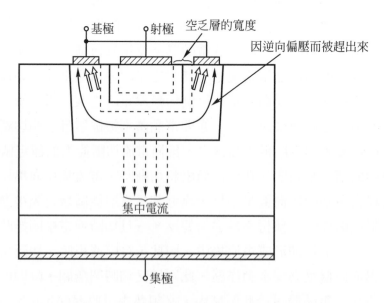

圖 8-15　逆向偏壓時電流集中安全動作區說明圖

　　在保護元件上，SCR及TRIAC等閘流體免因短路負載之突波電流破壞，平常多以保險絲協調配合。而功率電晶體利用保險絲保護則較困難，因此皆以直接切斷基極來避開危險。

　　在功率電晶體的電氣特性上，主要的項目有⑴輸出特性；⑵直流電流放大率；⑶輸入特性；⑷飽和電壓特性；⑸切換特性；⑹過渡熱電組特性。當中之一的輸出特性是當基極流入某一電流值時，以集極−射極電壓V_{CE}所來表示功率電晶體集極電流I_C所能流過多少安培的電流。此為電晶體的機能最基本特性，也正是功率電晶體主要用做切換用的特性，故一般皆會限定V_{CE}於實用上的範圍，即接近飽和區域內的值。當中之二的直流電流放大率，是為基極電流I_C之設計者所必要的。功率電晶體的直流電流放大率h_{FE}，係依據集極電流I_C之變化、V_{CE}及表面溫度T_j等變化而有所差異。當集極電流I_C合於規定時，必須要有多少安培的基極電流I_B，其電流放大率的公式計算為

$$h_{FE} = \frac{\Delta I_C}{\Delta I_B} \bigg|_{V_{CE}\text{為固定}} \tag{8-9}$$

　　其中之ΔI_C為集極電流變化率，ΔI_B為基極電流變化率。因此，當h_{FE}較大時，基極電流較少為較佳，而基極電路就可小型化。當中之三的輸入特性係設計基極電路所不可缺少的。即在V_{CE}於規定的附近值時，基極流有某一電流值I_B，基極−射極間的電壓會下降幾伏特。當中之四的飽和電壓特性，其為切換用之功率電晶體的靜態特性中最重要之特性之一。即規定在基極電流條件附近時，而基極電流到達某一值時，此時集極−射極間的電壓僅下降為多少。當然此特性，如V_{CE}在飽和區域的值較小時，ON狀態之損失則較少。當中之五的切換特性，是為功率電晶體之切換時間。其和電路之載波頻率、防止短路時間設定及切換損失等皆有重大關係。如儲存時間t_s較短者，短路防護時間亦較短，並在載波頻率無法取得較高時，控制精度卻因而提高。又上升時間t_r或下降時間較短，則可降低切換損失。切換時間t_s與基極逆向電流I_{B2}相依存，基極逆向電流放大時，切換時間t_s、t_f較短。當中之六的過渡熱電阻特性，係功率電晶體消耗單位電力時，接面溫度T_j相對於外殼溫度T_0所上升的度數，以各導通時間所對應之值來表示為

$$P_c = \frac{\text{最大接面溫度 } T_{j(\max)} - \text{外殼溫度 } T_c}{R_{th(j-c)}} \tag{8-10}$$

其中之$T_{j(max)}$為最大接面溫度($℃$)，T_c為外殼溫度($℃$)，$R_{th(j-c)}$為過渡熱電阻$Z_{th(j-c)}$飽和後之值。此特性是為功率電晶體的晶片散熱能力之表示。將上列特性整理後，如表 8-2 所示之特性表。

表 8-2　功率電晶體之特性

項目	記號	特性內容
集極–射極切斷電流	I_{CEX}	基極-射極間施加規定之逆向偏壓。 集極-射極間施加規定電壓時的漏電流。
射極–基極切斷電流	I_{EBO}	集極端子開路，射極-基極間施加規定的最大電壓時之漏電流，以最大值表示。
集極–射極飽和電流	$V_{CE(sat)}$	以規定的基極電流條件，規定的集極電流流通時，集極-射極間的電壓，以最大值表示。
基極–射極飽和電流	$V_{BE(sat)}$	以規定的基極電流條件，規定的集極。電流流通時，基極-射極間的最大值表示。
直流電流放大率	h_{FE}	以指定的集-射極電壓、集極電流來規定I_C/I_B之最小值。
切換時間	t_{on} t_s t_f	規定之I_C、I_B、V_{CC}相關切換時間以最大值表示。 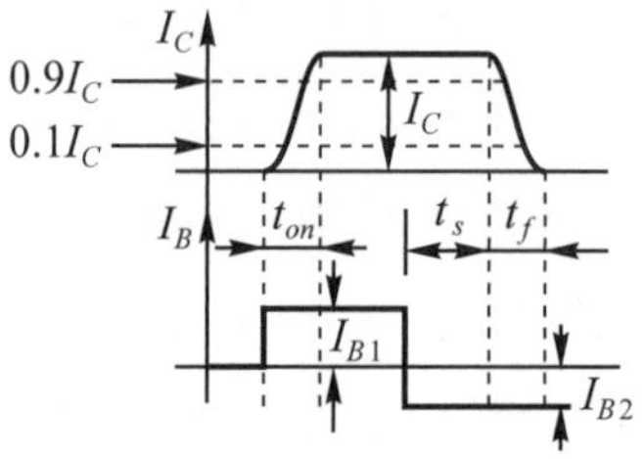
熱電阻	$R_{th(j-c)}$	單位消耗電力所相當之外殼溫度，該溫度所對應之接面溫度上昇度數，以最大值來表示。
接觸熱電阻	$R_{th(c-f)}$	電晶體模組之散熱片以規定之扭力上緊，且塗以散熱膏時，單位消耗電力所相當之散熱片溫度所對應的外殼溫度數，以最大值表示。

功率電晶體之各種特性曲線圖，如圖 8-16 的(a)、(b)、(c)、(d)、(e)、(f)所示。

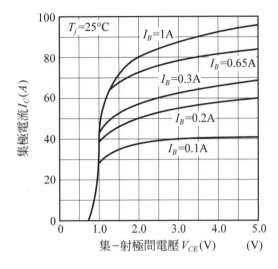

(a) 射極接地之輸出特性

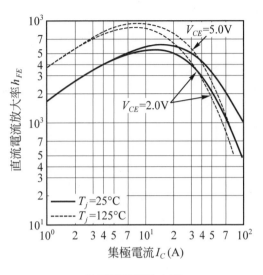

(b) 直流電流放大率

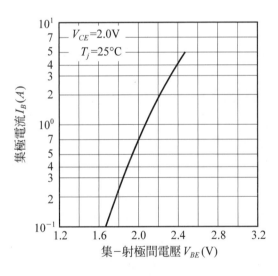

(c) 射極接地之輸入特性

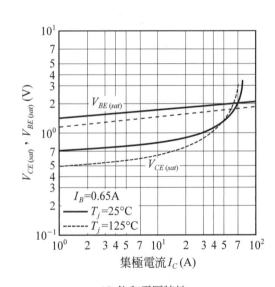

(d) 飽和電壓特性

圖 8-16　功率電晶體之各種特性曲線圖(50A、600V)

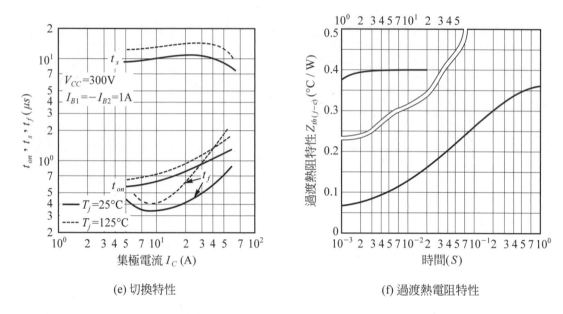

(e) 切換特性　　　　　　　　　　　　　　　(f) 過渡熱電阻特性

圖 8-16　功率電晶體之各種特性曲線圖(50A、600V)(續)

8-5　金氧半場效電晶體(MOSFET)

　　功率 MOSFET 係為了要克服傳統之雙極性電晶體之缺點，以實現高速性與高耐破壞量之理想式電力控制元件。功率 MOSFET 的特點是⑴無載子儲存效果，切換特性甚佳；⑵雖然是電壓控制元件，但驅動電力很小；⑶無電流集中效果，故無二次打穿的現象；⑷其電阻較低，高耐壓化較難。其為因應大電流，模組型已可達 100A、1000V 之耐壓。

　　為了說明基本動作，以圖 8-17 的 MOSFET 的斷面構造來加以說明。在閘極上皆使用金屬、氧化層(Oxide)、矽(Silicon)所構成，故可稱為 MOS 閘極構造。源極的部份則為載子(電子)的發生源，而汲極則為取出載子的意思。若在圖中之閘極施加正電壓時，矽表面於閘極正下方隨電壓的大小而帶負電，亦即 P^+ 層有一部份帶有 n 型半導體的性質，這些由 p 型轉為 n 型的層次稱為通道。此時汲極-源極間施加電壓，通道內的電子會被電場引至汲極處，形成汲極電流。汲極電流開始流動時，最低的閘極電壓稱之閘極門檻電壓 V_{GS}。

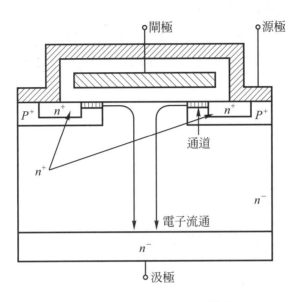

圖 8-17　MOSFET 之斷面構造圖

　　在切換速度上，MOSFET 和功率電晶體並不相同，這是因為 MOSFET 本身無載子注入之緣故，所以切換速度比較快。另外，切換速度也取決於主要元件容量的充放電時間常數，與動作溫度無關。於此以圖 8-18 之功率 MOSFET 等效電路及切換速度圖來說明切換動作。在圖 8-18(b)中，功率 MOSFET 的汲極電流上升前緣t_r與閘極–源極間電壓V_{GS}的變化大致相同。即V_{GS}之變化係由閘極電阻R_g和閘極–源極間的電容C_{GS}閘極–汲極間的電容C_{GD}等決定充電之時間常數。反之，切斷時，由這些容量的放電時間常數來決定。

　　功率 MOSFET 之基本特性共有八項，分別為(1)輸出特性；(2) ON 電阻特性；(3)相互電導特性；(4)閘極門檻值電壓；(5) MOSFET 之電容；(6)閘極電荷特性；(7)切換特性；(8)順向偏壓之安全動作區。其中之一的輸出特性，係為增加閘極電壓時，則使得更大的汲極電流的流動。而當V_{GS}大於等於某一定值時(例如 10V)，汲極電流I_D與汲–源極間電壓V_{DS}成一比例關係，此關係即為電阻特性，此時之 ON 電阻加以規格化後，ON 損失便成了決定之要因了。其中之二是 ON 電阻特性，此特性是用以判斷元件良劣的重要性能指標。這是因為處理不超越電力損失(即汲極損失)的電流值時，皆視此 ON 電阻來限制。ON 電阻與閘極電壓有相依存的區域，為求最小值，必須依據上述之輸出特性之電阻區域，V_{GS}大於等於某一定值才行。此外，若以過高的閘極電壓來驅動時，需注意輸入容量不致於造成過充電或切斷時間過長等問題。而 ON 電阻與汲極電流或溫度皆有依存關係。尤其是對溫度而言，ON電阻幾乎成直線增加，然後在設計時，尚需要考慮溫度係數的設定。當中之三的相互電導，即功率MOSFET的增益所呈現之特性，其定義式為

$$g_{fs} = \frac{\Delta I_D}{\Delta V_{GS}} \tag{8-11}$$

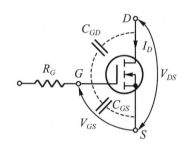

(a) MOSFET 的等效電路

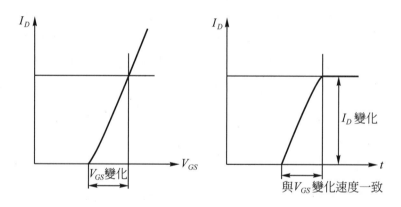

(b) 切換速度

圖 8-18　MOSFET 之等效電路與切換動作

其中之g_{fs}為相互電導(A/V；姆歐)，係為放大用，且動作於動作區之元件所用，而在切換動作之電力用元件則幾乎不用。其中之四為閘極門檻值電壓$V_{GS(th)}$係指規定之汲極電流開始流動時，閘極電壓的最小值。一般皆設計成較低的值，因為要得到飽和特性或縮短切換時間之故。但過低時，雜訊耐量亦降低，往往會造成誤動作。其與溫度之依存性為負的溫度係數，約$-6\sim7\mathrm{mV}/℃$。當中之五的功率 MOSFET 的電容，其存在於汲極–源極之間、閘極–汲極之間與閘極–源極之間，如圖 8-19 所示。這是因為各源極–汲極–閘極間有絕緣層(即氧化膜)，故存在絕緣電容。這些電

容正是合成資料上之輸出電容C_{iss}、輸出電容C_{oss}及還原電容C_{rss}。其又與汲極–源極間電壓不同時，呈現動態變化，尤其是C_{GD}的變化，這將影響到高電壓的切換。故必須謹慎考慮。開啓延遲時間、上升前緣時間及下降時間，如爲$V_{DS} \gg V_{GS}$之條件下，C_{GD}爲數十 pF 之間。充放電的電荷量雖小，但切斷延遲時間$V_{DS} < V_{GS}$，故C_{GS}爲數千 pF 值。另外，在上升前緣、下降時間時，C_{GD}做爲米勒(Miller)電容來工作，閘極驅動電流往汲極旁路的緣故，此特性係基本之C_{iss}是從 0 伏特或負電壓到ON爲止。於上升前緣決定必要的閘極電荷量時所使用的曲線，亦即需要多少驅動電力所必備的重要特性。依閘極電荷量可分成三個階段，即(1)開啓之延遲時間；(2)上升前緣的時間；(3) ON 的期間。爲求得各偏壓下之相關電容值爲

$$C_{GS} + C_{GD} = \frac{dQ_g}{dV_{GS}} \tag{8-12}$$

此外，需要閘極驅動電路提供之電力爲

$$p = Q_g \times V_{GS} \times f \tag{8-13}$$

其中之Q_g爲閘極充電量(nC)，C_{GS}爲閘極–源極間的電容(pF)，C_{GD}爲閘極–汲極間的電容(pF)，V_{GS}爲閘極-源極間的電壓(V)，p爲輸入到閘極之輸入功率(W)，f爲切換頻率。在逆向偏壓的場合時，可考慮開啓之延遲時間來達成所求。而因元件之電容的大小而導致閘極電流不相同，其以圖 8-19 所示。當中之七的切換特性，在MOSFET 的切換速度比功率電晶體快，而多數載子元件之儲存效果幾乎爲零。如一旦切斷時，並無儲存時間可言。因此，切換波形因前述之電容或閘電容特性而不同。其切換受控於閘極電壓，而閘極電壓的上升前緣、下降速度則與所對應之電容的充放電時間相依存，即用較低的阻抗來驅動，則可得高速之切換動作。但限於寄生電容或元件本身閘極阻抗之故，速度仍有一定界限。當中之八的順向偏壓的安全動作區域，係指順向偏壓時，可提供安全動作之汲極電壓和汲極電流區域。其共有四個區域部份，即(1)汲極–源極間之額定電壓，在瞬間時也不能超越此值；(2)熱線致區域；(3)直流或脈衝寬相依存之汲極電流之最大容許值；(4)ON電阻所限制之區域，如果比此區域之線還低時，則V_{DS}便不存在了。以上之各種特性的曲線圖，如圖 8-20(a)、(b)、(c)、(d)、(e)所示。

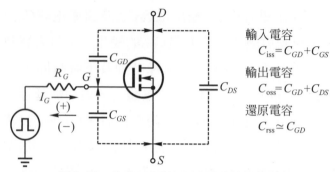

圖 8-19　功率 MOSFET 之電容等效電路

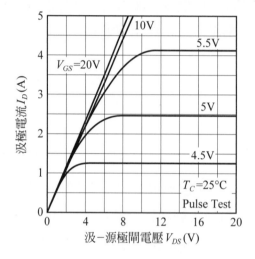

(a) 功率 MOS FET 的輸出特性

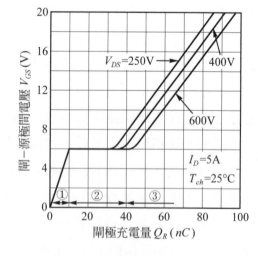

(b) 閘極門檻值電壓特性

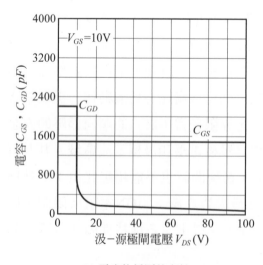

(c) 電容的偏壓依存性

(d) 閘極電荷特性

圖 8-20　功率 MOSFET 之各種特性曲線

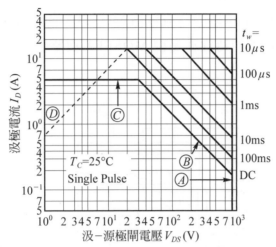

Ⓐ 代表汲極－源極間的額定電壓,瞬間不能超過此值。

Ⓑ 代表熱限制區。

Ⓒ 代表直流和脈衝寬相依存之汲極電流之最大容許值。

Ⓓ 代表 ON 電阻所限制之區域。

(e) 順向偏壓之安全動作區域圖

圖 8-20 功率 MOSFET 之各種特性曲線(續)

8-6 絕緣閘極雙極電晶體(IGBT)

　　絕緣閘極雙極電晶體 IGBT 為具有雙極性元件之傳導度調制的 MOSFET。它具有 MOSFET 的高速性、高輸入阻抗及雙極性電晶體的低 ON 電壓,為理想元件之一。另外其具有高耐性的電壓控制能力。這是功率電晶體之高耐壓,但卻無法高速化,而功率 MOSFET 則是具有高速性能,但卻無法做到高耐壓化的優點。IGBT 之構造及等效電路如圖 8-21 所示,其中和 MOSFET 相同部份為矽上層部份的構造和側邊之集極。而不同之部份為 MOSFET 在汲極側有 n^+-n^- 基板,IGBT 有 p^+-n^+-n^- 之基板。在圖(b)中為一 $pnpn$ 四層構造的等效電路,這是由 pnp 電晶體和 npn 電晶體所結合成。在 npn 電晶體之基極－射極間之電阻 R_{BE} 是非常低。此外,MOSFET 之 ON 電阻(R_{MOD})依據 p^+ 載波之注入,使其傳導度調制成高耐壓者,然而較低值亦可以加以確保,實為其主要之特徵。而其動作原理,基本上是和 MOSFET 大致相同,以閘極處施加正電壓，MOSFET 區域將首先動作，藉此電流，使 pnp 電晶體變成 ON 的狀態。因此，IGBT 集極的電流遂由 MOSFET 的汲極電流與 pnp 電晶體的集極電流所合成。故 IGBT 的特性亦是由 MOSFET 與雙極性電晶體的各特性所綜合而成的。

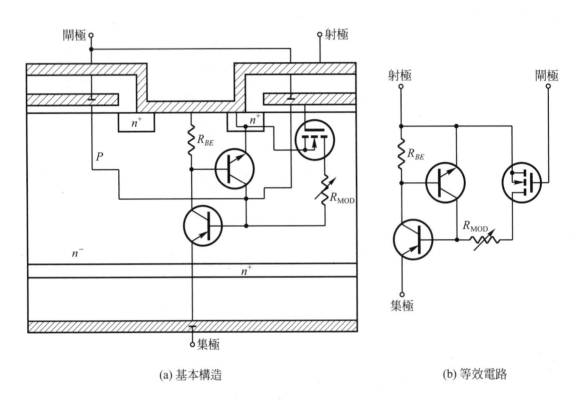

(a) 基本構造　　　　　　　　　　　　　(b) 等效電路

圖 8-21　IGBT 之基本構造與等效電路

　　在IGBT的特性上，基本上有許多與MOSFET是相似的，但仍有些是不同的。首先在輸出特性上，於IGBT的電阻區域與 V_{GE} 有很大的依存關係，而MOSFET則否。因此 V_{GE} 於使用時，儘量於限制內拉高才是重要。一般皆比MOSFET的閘極電壓還高約 15 伏特左右。此外，在微小電流區域內也殘留 $0.7\sim0.8V$ 的電壓，此乃集極側之 pn 接合門檻電壓所致。至於 ON 電壓的溫度依存度，MOSFET 全區域皆為正的溫度係數，而IGBT在低電流區域則為負的溫度係數，大電流區域為正的溫度係數，此種溫度特性又與雙極性電晶體很相似。至於在電容與閘極電荷和MOSFET具有相同的考慮方式，即在閘極–射極間的電容 C_{GE}、閘極–集極間的電容 C_{GC} 及集極–射極間的電容 C_{CE}，此三者可合成輸入電容 C_{ies}、輸出電容 C_{oes} 及還原電容 C_{res} 來表示及規定其值。另外，閘極之電荷特性也與功率 MOSFET 相同，即以多少的電荷量可驅動閘極，以表示其特性的表徵。上式之電容表示如圖 8-22 所示。另外，在 IGBT 之切換特性上，其切換的時間為$0.5\mu s \sim 1.0\mu s$，其與功率電晶體相比較之下是非常短。但與 MOSFET 比較，則因在 ON 上升時，由於電洞注入太遲，即電洞注入過少所產生的延遲，以及在 OFF 下降時之電洞注入過多所造成之延遲，是比 MOSFET 還慢些。至於 IGBT 應用於高頻的場合時，切換損失的特性，在熱設計是非常重要的。切換損失最大的地方是為換流等感應負載有關之切換動作後，配線的電感非常小時所發生的。另外，在IGBT之切斷的切換安全動作區特性，其如以感應電荷切換時，必須以能切斷之切換安全動區內來切換，才能安全的做切斷的動作。由於這特性相當於功率電晶體之逆向偏壓安全動作區，但其區域比功率電晶體更廣。而此區域會隨著閘極電阻之改變而有所不同，必須注意在設計閘極電阻時，要知道其切斷之閘極最小電阻值。其次還有短路之安全動作區之特性，其係為保護裝置的負載短路或誤動作之電源短路使用的。其作用係以限制區域來設定集極–射極間電壓與集極電流的軌跡，此限制區域，即為短路安全動作區。最後是閘極條件的依存性，此特性是設計閘極驅動所必須注意的，而與閘極條件相依存之特性項目分為三大項目，即⑴與閘極正偏壓相依存之特性；⑵與閘極負偏壓相依存之特性；⑶與閘極電阻相依存之特性。當中與閘極正偏壓相依存之特性必須考慮飽和電壓、開啟損失、短路耐量、逆向恢復電壓與dV/dt。其與閘極負偏壓相依存之特性，則必須考慮切斷損失、切斷之突波電壓與dV/dt、開啟損失及雜訊耐量。另外，與閘極電阻相依存之特性與切換之安全動作區。所有特性曲線圖，如圖 8-23(a)、(b)、(c)、(d)、(e)、(f)、(g)、(h)所示。

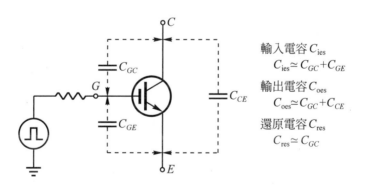

圖 8-22　IGBT 之電容

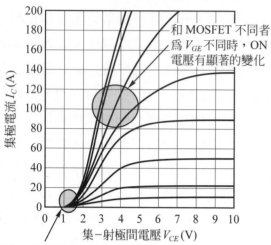

和 MOSFET 不同者
為 V_{GE} 不同時，ON
電壓有顯著的變化

因 *pn* 接合電位之故，於低
電流下也有 *DN* 電壓殘留

(a) 輸出特性曲線

(b) IGBT 的電容特性

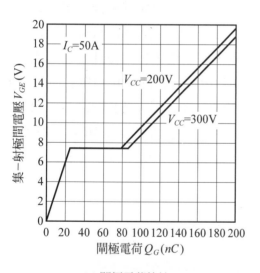

(c) 閘極電荷特性

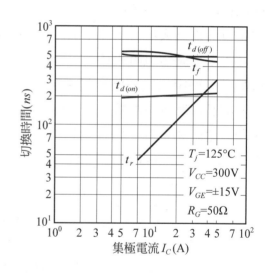

(d) 切換特性

圖 8-23　IGBT 之各種特性曲線圖

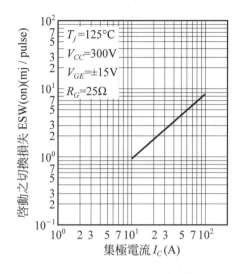

(e) 啟動切換損失及集極電流特性

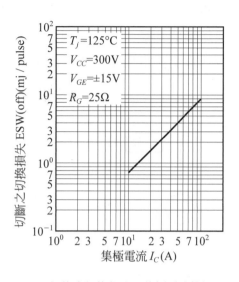

(f) 切換之切換損失及集極電流特性

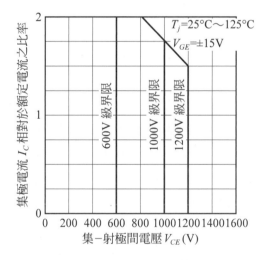

(g) 切換之切換安全動作區域

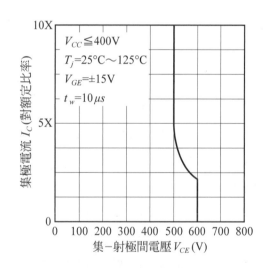

(h) 短路之安全動作區域(600 伏特耐壓)

圖 8-23　IGBT 之各種特性曲線圖(續)

8-7 SCR 之驅動元件及控制電路

　　SCR 之控制電路是以觸發閘極為主，即正常情況下之觸發電路，最常用且最簡單的一種是閘極觸發電路和 SCR 使用共同之電源，並以開關式之元件串聯上一般的電阻，利用開關式元件之 ON 或 OFF 來使 SCR 之閘極被觸發，以達到 SCR 導通或切斷的功能。但一般而言，此電路由於和 SCR 共用相同電源，而 SCR 使用之電源皆為交流電居多，所以此電路之觸發延遲角最大只能到90°，如圖 8-24 所示。

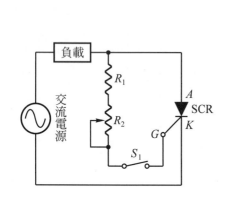

(a) 簡單之 SCR 觸發電路

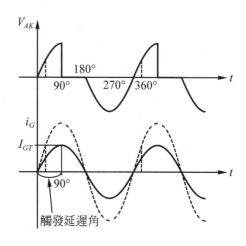

(b) SCR 之陽極−陰極導通波形及相對應之閘極觸發波形

圖 8-24　觸發 SCR 之電路及波形

　　由上圖可知其閘極最大的觸發延遲角為90°，為了能加大觸發延遲角之方法之一，即有在閘極上並聯一電容器的方式，就可加大其觸發延遲角，如圖 8-25(a)所示。其原理即利用電容之充電延遲時間，來使觸發延遲角超過90°以上。如果以改變電阻R_2之值，則電容充電的時間將更長，因此 SCR 的激發延遲角將加大。另外，為更加大激發延遲角，則可以在電容和 SCR 之閘極間加上一電阻R_3和另一電容器C_2，則C_1上充電延遲所建立的電壓，又被用以建立C_2上的充電電壓，因此增加了一次延遲的時間，使閘極建立電壓的時間更加延長，使激發延遲角的範圍將更加長，如圖 8-25(b)所示。當此電容值為已知時，則其最小觸發延遲角就可以由可變電阻R_2來決定。在上述之觸發電路中，具有兩大缺點，(1)易受溫度變化所影響；(2)在同型的 SCR 之觸發狀況，並不見得是一致的。因此為了改良上述之兩種缺點，一般皆可利用一四層二極體來改善它，如圖 8-26 所示。因其有固定的崩潰電壓，如跨接於電容的電壓未達崩潰電壓時，則二極體的動作就相當於斷路的開關一般。若電容電壓到達四層二極體之崩潰電壓時，則二極體便可以導通，而其作用如同一閉合開關，因此使觸發電流流入 SCR 之閘極，而使其導通。這是因為四層二極體具有下列兩大優點之原因，即它的崩潰電壓和溫度無關，而且同型之四層二極體之崩潰電壓相當一致。因此利用四層二極體來控制SCR之閘極,便可克服SCR之缺點,所以眾多場合皆以四層二極體來控制 SCR 之閘極觸發,使 SCR 能正常的工作。另外,和四層二極體動作原理極為相似的是矽單向開關SUS(Silicon Unilateral Switch)元件,其與四層二極體不同的是,多了一個閘極觸發腳,其電路符號及電流–電壓特性曲線如圖 8-27 所示。當應用於 SCR 之觸發時,必須改變 SUS 之崩潰特性,即以觸發 SUS 之閘極。一般而言,皆以在 SUS 之閘極與陰極間加上一只齊納二極體(Zener Diode),即可使 SUS 之崩潰電壓降低為

$$V_{BO} = V_Z + 0.6\text{V} \tag{8-14}$$

而其電路連接如圖 8-28 所示。由圖得知其 SUS 的閘極是連接到齊納二極體的陰極,而 SUS 之陰極則接到齊納二極體之陽極。這樣使 SUS 之陽極至陰極間的觸發崩潰轉態電壓降低,可使其在極低的陽極至陰極間的電壓下導通。在此採用 SUS

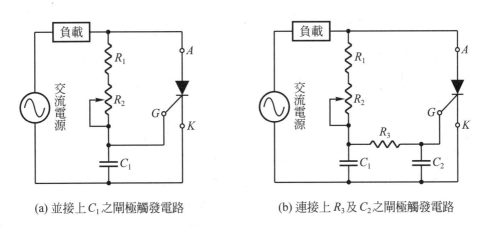

(a) 並接上 C_1 之閘極觸發電路　　　　(b) 連接上 R_3 及 C_2 之閘極觸發電路

圖 8-25　SCR 之改良型閘極觸發電路

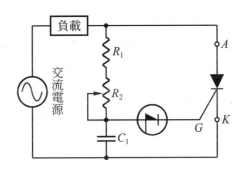

圖 8-26　以四層二極體觸發 SCR 之電路

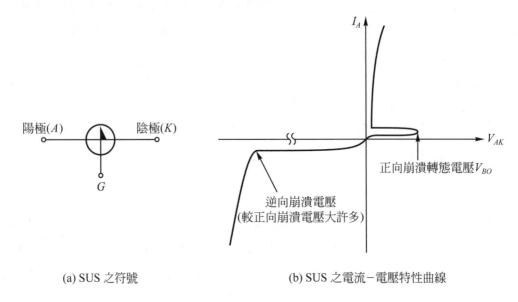

(a) SUS 之符號　　　　　　　　　(b) SUS 之電流－電壓特性曲線

圖 8-27　　SUS 之符號及電流-電壓特性曲線

元件是因其為一種低功率元件。典型之崩潰電壓約為 8V，電流值為 1A 以下。但在四層二極體，則因其崩潰特性無法改變下，其崩潰轉態電壓值之典型值為 10V 到 400V 之間。如果使用脈波來推動時，在極短的脈波時間內，可流過大量的電流，而其峰值甚至可達100A以上，因此在功率消耗上比SUS大許多。另外還有一種和SUS相同之觸發元件為矽雙向開關SBS(Silicon Bilateral Switch)。其由兩個SUS 之反相所接成的，但其崩潰轉態電壓是有正負兩方向。一般而言，其典型值為±8V，極適合於觸發 SCR 或 TRIAC。但由於其可以正負電壓使其導通，故一般皆使用在觸發 TRIAC 的控制元件上。SBS 之符號及電壓－電流特性曲線如圖 8-29所示。由圖中得知，當 SBS 進入導通狀態時，跨於陽極兩端的電壓趨於 0V(約為 1V 左右)。因 SBS 導通時，其A_2極到A_1極之間的電壓降了 7V，故又可稱為具有 7 伏特的轉折電壓。由圖 8-29 得知，若 SBS 的閘極有信號輸入，則可改變其基本的電流－電壓特性，而SBS 在無閘極信號之下，只利用其A_2極與A_1極間的崩潰特性，就可以使觸發元件和雙向二極閘流體 DIAC(Directional Diode Thyistor)具有相同的工作原理及功能。但 DIAC 的V_{BO}比 SBS 為高，所以SBS 較適合於低電壓準位的導通觸發。SBS 另外具有下列之優點為

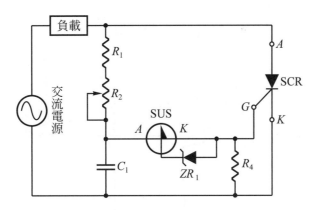

圖 8-28　以 SUS 元件觸發 SCR 之電路

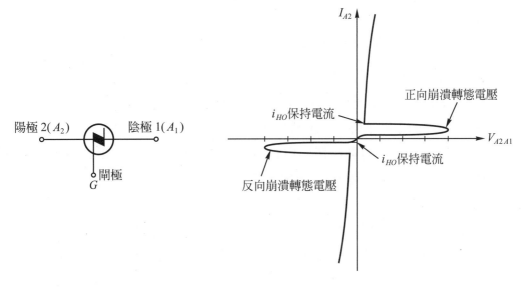

(a) SBS 之符號　　　　　　(b) SBS 之電流–電壓特性曲線

圖 8-29　SBS 之符號及電流電壓特性曲線

1. SBS 之導通區間較為明顯，這是由圖中得知其電壓轉折曲線的斜率較大之原因。

2. SBS 對溫度變化的穩定性較高。

3. SBS 在正負半週的特性較為對稱。

4. 同型之 SBS 之間的特性差較小。

　　另外，前面所提到的觸發元件 DIAC，其應用在 TRIAC 的閘極觸發上，並且送給 TRIAC 之閘極電流為脈波式而非弦波式。這是因為 DIAC 的電壓–電流特性所使然，而其特性曲線及符號如圖 8-30 所示。其中 DIAC 之特性曲線說明如下：

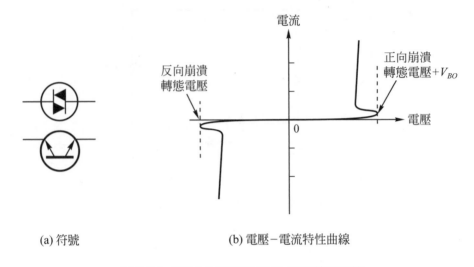

(a) 符號　　　　　　　　(b) 電壓−電流特性曲線

圖 8-30　DIAC 之符號及電壓−電流特性曲線

1. 當輸入到 DIAC 之正電壓低於正向崩潰轉態電壓＋V_{BO}時，則 DIAC 無電流流動。而一旦電壓達到＋V_{BO}時，則 DIAC 導通，瞬間使電流加大，同時 DIAC 兩端的電壓下降，而此瞬間的大電流，即為 DIAC 所送出的電流脈波。

2. DIAC 在負電壓區的動作情形與正電壓相同，當外加的負電壓低於反向崩潰轉態電壓−V_{BO}時，則 DIAC 無電流流動，一旦外電壓達到−V_{BO}時，則 DIAC 反向導通。

　　DIAC 的溫度特性是相當穩定，且其正、反向崩潰電壓幾乎相同，所以一般皆使用為 TRIAC 的觸發元件，使能在正負半週的激發延遲角幾乎相等。但 DIAC 在同一型號中，其V_{BO}的差異可達 4V，而 SBS 其V_{BO}的差異性均在 0.1V 之內，這是 DIAC 較 SBS 差之原因。

　　另一種可用來當作 SCR 閘即觸發的元件之一是單接面電晶體 UJT(Unijunction Transistor)，其亦是一種崩潰轉態的開關元件。其符號表示、等效電路及電壓−電流特性曲線如圖 8-31 所示。在圖 8-31(a)中之 E 為射極，B_1 為基極 1，B_2 為基極 2，由於其特性及工作原理完全不同於一般電晶體，所以和一般電晶體之接腳定義不相同。其工作原理說明如下：

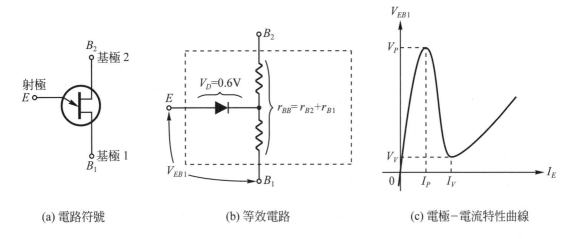

(a) 電路符號　　　　　　　(b) 等效電路　　　　　　(c) 電極─電流特性曲線

圖 8-31　UJT 之電路符號、等效電路及特性曲線圖

1.　當 UJT 之射極與基極 1 間的電壓 V_{EB1} 小於峰值電壓 V_p(Peak Voltage)時，UJT 是處於截止狀態，此時 E 到 B_1 之間無電流流動，即 $I_E = 0$。

2.　當 V_{BE1} 稍大於 V_p 時，UJT 便導通。UJT 導通時，E 與 B_1 之間幾乎可視為短路，於是有大量電流由 E 流向 B_1。然而這是短暫的現象，一旦電流不足時，UJT 便又迅速恢復原來的截止狀態。

　　由於 UJT 之兩基極 B_1 和 B_2 之間，存在有內部電阻，如圖 8-31(b)所示。其可以 r_{BB} 來表示，典型值為 5kΩ～10kΩ之間。在 UJT 內部的實體構造上，其射極 E 實際上是附接於 B_1 和 B_2 之間，並有分壓作用，將 r_{BB} 分成 r_{B1} 與 r_{B2} 兩部分。在圖中之二極體表示射極為 p 型半導體，而基極 B_1 和 B_2 所代表的 UJT 主體，則由 n 型半導體所組成，因此在射極和 UJT 主體之間形成一個 $p-n$ 接面。在圖 8-31(b)中可知，V_{B2B1} 電壓是被 r_{B2} 和 r_{B1} 所分壓，因此 r_{B1} 之端電壓為

$$V_{r_{B1}} = \frac{r_{B1}}{r_{B1} + r_{B2}} V_{B2B1} \tag{8-15}$$

如欲使 UJT 導通，則 E 到 B_1 的電壓，必須高於 r_{B1} 上的壓降加上二極體的順向偏壓才能導通，即

$$V_{EB1} = V_D + \frac{r_{B1}}{r_{B1} + r_{B2}} V_{B2B1} \tag{8-16}$$

其中之V_D爲射極與B_1極之間的矽質$p\text{-}n$接面順向電壓，一般爲 0.6V。而$r_{B1}/r_{B1}+r_{B2}$可表示爲

$$\frac{r_{B1}}{r_{B1}+r_{B2}}=\eta=\frac{r_{B1}}{r_{B2}} \tag{8-17}$$

當中之η之比值是固定的，其稱爲本質分離比(Intrinsic Standoff Ratio)或簡稱分離比。r_{BB}稱爲內基極電阻(Inter Base Resistance)。由上式知分離比恰爲r_{B1}與總基極內阻的比值。

在圖 8-31(c)中導通特性曲線圖得知，當射極至B_1極的電壓上升至峰值電壓V_p時，射極開始有小量的電流流動。由於 UJT 的r_{B1}可視爲一可變電阻，它的電阻值全視流過其上的電流量而定，故這一小電流立即使r_{B1}的電阻值下降，因而引起更大的電流，最後使r_{B1}接近於零，因此 UJT 的V_{EB1}之值迅速下降至谷值電壓V_v(Valley Voltage)。由於 UJT OFF 時，r_{B1}爲一大電阻，UJT ON 時，r_{B1}的電阻值又接近零，因此外加電容器在 UJT ON 時，可經過E極向B_1快速放電，稍後並供應使 UJT 維持導通的最小電流，此最小電流稱爲谷值電流(Valley Current)I_v。當電容器供應電流難以爲繼，而低於谷值電流時，UJT 便又回復到 OFF 狀態，此時除非V_{EB1}再度被觸發至V_p以上，否則 UJT 是無法再導通。在等效電路中的r_{B2}，不論在 ON 或 OFF 時，均維持固定的高電阻值，這樣使 UJT 的導通在基極迴路中，不致有大電流衝擊存在。

一般 UJT 用來當做 SCR 之最佳觸發元件，其理由有三，即

1. UJT 所產生的脈波輸出，極適合於使 SCR 導通，而不需要一直在閘極加上觸發電壓，因此可減少功率消耗。

2. UJT 的導通點相當穩定，幾乎不受溫度影響，因此可解決 SCR 對溫度的不穩定現象。

3. UJT 觸發電路極適合用於回授控制。

最常用來觸發 SCR 之 UJT 電路，以弛張振盪器(relaxation oscillator)所構成之 UJT 電路爲最常用，其連接之電路如圖 8-32(a)所示，而其工作原理爲：當加入V_s電源後，C_E開始經由R_E電阻充電，直到電壓達到V_p後，UJT 便導通。不過R_E電阻值不能太大，否則若電源無法經由R_E送出足夠的電流至 UJT，即使電容電壓達到V_p，UJT 仍無法導通。使 UJT 導通的最小電流值I_p，此一電流的典型值約爲幾微安左右。

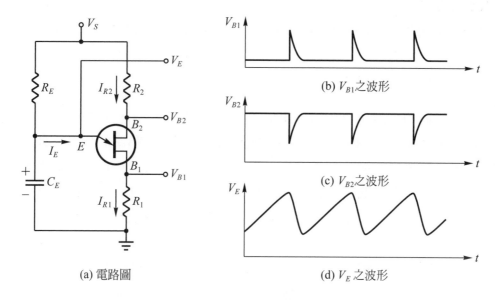

圖 8-32 　由 UJT 所組成之弛張振盪器電路圖及波形

　　根據上圖中，可以歐姆定律導出R_E的最大值，即

$$R_{E\max} = \frac{V_s - V_p}{I_p} \tag{8-18}$$

式中之V_s為外加電源電壓，$V_s - V_p$代表UJT導通的瞬間而跨接於R_E上的電壓降。如果R_E的值大於此$R_{E\max}$時，則 UJT 將無法導通。同樣地，如R_E的值太小，也會造成UJT一經導通後，便無法回復到截止狀態。因此R_E不能太小，其最小值之決定值為

$$R_{E\min} = \frac{V_s - V_v}{I_v} \tag{8-19}$$

上式之的$V_s - V_v$代表UJT導通後跨接於R_E的兩端電壓。UJT導通後，其內阻r_{B1}會降至 0，使電容C_E經由R_1放電，因此在B_1端產生一電壓脈波，如圖 8-32(b)圖所示。同時，由於r_{B1}突然下降為零，使V_s與地之間的總電阻值降低，因而使流經R_2的電流上升，於是跨於R_2的壓降亦突然的增加，使B_2端產生一負向電壓脈波，如圖 8-32(c)所示。另外射極端的電壓V_E之波形如圖 8-32(d)所示。為一鋸齒波。由於電容係依電壓差來充電，因此充電曲線並非直線，即鋸齒波之上升部份並非直線，且鋸齒波的最低值也並非零電壓，這是因為UJT之射極E和基極B_1間的電壓並非零伏特，而是V_v值，其二是UJT本身一定有由V_s所供應的電流，而在R_1兩端產生電壓降。此

電流由直流電源V_s經R_2、UJT本體B_2至B_1、R_1，然後接地，形成完整的電流迴路。另外，當UJT的分離比η的值接近於0.63時，則V_{BE}之輸出電壓頻率f為

$$f = \frac{1}{T} = \frac{1}{R_E C_E} \tag{8-20}$$

其值是非常正確的，這是以RC電路的充電一個時間常數時，所計算出來的值，即其可充電到63％來計算的。因此其振盪週期T，即為此f頻率的倒數。此外，UJT之本質分離比對溫度的變化相當穩定，即在$-50°C$到$+125°C$的溫度範圍內，其本質分離比的變化量可減低到1％以內。當溫度升高時，本質分離比會下降，而總內阻r_{BB}則會上升，但外加電阻R_2的電阻值幾乎沒有變化，因此使r_{BB}在由V_s到接地間的總電阻值中，佔有更大的比例，使V_{B2B1}也隨之上升。因此，溫度上升時，V_{B2B1}增加而η則下降。只要選擇適當之R_2值，就可使V_{B2B1}與η的變化相互抵消，而維持V_p的值，使其不隨溫度變化。V_p一穩定，則振盪頻率也就不隨溫度變化了，此時之C_E每次充電到相同的電壓時，就可令UJT導通，而與溫度無關。

　　當把UJT以弛張振盪器電路形式來作為激發SCR閘極的電路圖，如圖8-33所示，這也是最常使用的一種電路。圖中之齊納二極體ZD_1是將交流電壓的正半週截成齊納二極體之崩潰電壓值的直流電壓，而在負半週時，由於ZD_1是順向偏壓，所以V_s的值趨近於0，因此其波型如圖8-33(b)所示。當加入之V_s直流電壓為脈動直流後，C_E便可以經由R_E充電。在C_E充電到UJT的觸發電壓時，UJT便可導通，而在R_1上建立一觸發脈波，此脈波觸發SCR的閘極，而使SCR導通。此觸發脈波如圖8-33(c)所示。當SCR一導通，便可將正半週剩餘時間內的電流輸入到負載內，即為導通之部份，其陽極-陰極間的電壓波形V_{AK}如圖8-33(d)所示，而負載的導通電壓V_{Load}波形如圖8-33(e)所示。在此電路中，UJT的輸出脈波與加於SCR兩端電壓波形極性必須相同。因此UJT所送出的觸發脈波時，SCR必為順向偏壓，所以是導通的。而如果改用圖8-32所示之直流電源，則無法提供此種同步特性，因為UJT在交流正半週或負半週都可送出觸發脈波，如此當交流電為負半週時，UJT的輸入脈波是毫無用處的。另外，如欲調整負載的功率，可由R_E來調整。當R_E較小時，C_E的充電速度較快，所以UJT及SCR可提早導通，故其輸出的平均電流均較高。若調整R_E之可變電阻較大時，C_E的充電速度將較慢，導通亦較遲，因此負載的平均電流值將降低。

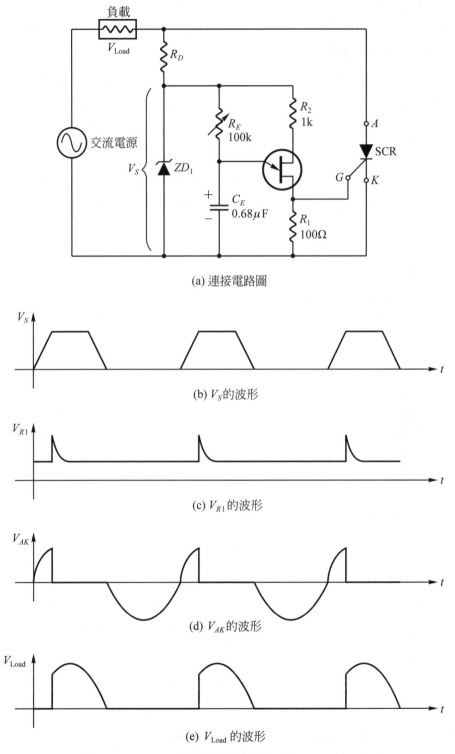

(a) 連接電路圖

(b) V_S 的波形

(c) V_{R1} 的波形

(d) V_{AK} 的波形

(e) V_{Load} 的波形

圖 8-33　UJT 之弛張振盪電路觸發 SCR 之電路及波形

　　另外，尚有一種觸發元件和UJT元件極為相似，那是可程式單接面電晶體PUT (Programmable Unijunction Transistor)，其操作特性實質上與標準的UJT相同，且用於類似的應用上。此PUT元件的電路符號及特性曲線如圖8-34所示。在PUT元件的陰極相當於UJT的基極1。當PUT導通時，有一導通電流自PUT的陰極端流出，此種情況就像UJT導通時，有導通電流自UJT的基極1流出的一樣。此外，此PUT之陰極與UJT的基極1一樣，均為其他端點電壓測量時的參考端點。PUT元件之陽極相當於UJT的射極，即PUT之陽極電壓上升至某一峰值電壓V_p的臨界點，便可使PUT導通。PUT元件之閘極相當於UJT之基極2，對PUT來說，閘極自外部電路接受電壓，而此電壓與峰值電壓的關係，可以下列式子來得知，即

$$V_p = V_G + 0.6\text{V} \tag{8-21}$$

其中0.6V是陽極和閘極之間所構成的$p-n$接面兩端的順向電壓來決定的，而該接面會因溫度的改變而作些微的變化。

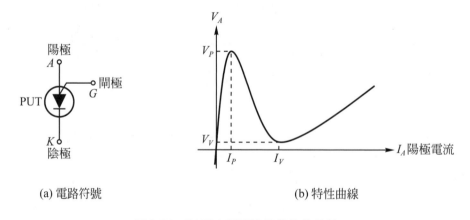

(a) 電路符號　　　　　　　　　(b) 特性曲線

圖8-34　PUT之電路符號與特性曲線

　　PUT的V_p值和UJT之V_p值，其應用之方式有些不同，即PUT之V_p的值是由外部電路而得到的，而UJT之V_p是由本質分離比來決定。這便是PUT稱為可程式的原因，亦即只要調整外部電路，就可選定任何所需的峰值電壓數值。

　　在圖8-34(b)中，其水平軸代表陽極導通電流I_A，垂直軸代表陽極至陰極間的電壓V_{AK}。一般而言，若將PUT和UJT二者特性曲線比較，PUT之V_p及I_p、V_v及I_v的值皆比UJT低，即PUT比UJT來得靈敏。一般最靈敏的PUT，其I_p值只要0.1μA即可觸發，但標準之UJT則約為1到20μA。如果PUT導通後，PUT保持在ON狀

態時的陽極電流I_A，只需要約50μA(相同於 UJT 之I_v)，但 UJT 則需要 1 至 10mA 的射極電流(I_v的值)。而 PUT 的谷值電壓V_v也比 UJT 為低，而 PUT 的典型V_v值小於 1V，而 UJT 的典型V_v值是大於 1V。

　　如果 PUT 應用於弛張振盪電路，以作為觸發 SCR 之閘極觸發電路圖如圖 8-35 所示。此 PUT 之弛張振盪電路和 UJT 弛張振盪電路有所不同。因為 PUT 振盪電路係藉由改變施加於閘極的直流電壓來調整其振盪頻率，而閘極電壓則自R_{G1}與R_{G2}分壓器所得到的。但在 UJT 振盪器的振盪頻率係藉調整R_T的值，以改變定時電容器C_T的充電率來調整的。以改變V_G的動作來規劃 PUT 的控制頻率，亦即作 PUT 的程式控制。在此電路中之陰極接有電阻R_K，則電路的接地參考電位在R_K的下端，而不是在陰極端點。這對V_p並無影響，因為當 PUT 處於 OFF 狀態時，跨於R_1兩端的電壓等於零。電路中之V_G計算為

$$V_G = \frac{V_s \cdot R_{G2}}{R_{G2} + R_{G1F} + R_{G1V}} \tag{8-22}$$

而V_p之值為$V_p = V_G + 0.6$。當計算出此V_p之後，對C_T充電至V_p，以使 PUT 導通所需的時間t_{on}為

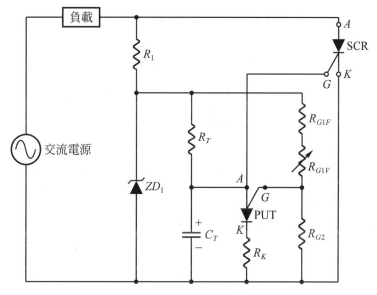

圖 8-35　PUT 之弛張振盪器觸發 SCR 電路圖

$$t_{\text{on}} = \frac{V_p}{V_s} \tag{8-23}$$

再由通用時數常數曲線可以看出，其充電到t_{on}所需要的時間為$m\tau$，因此振盪器之最大頻率$f_{\max}$為

$$f_{\max} = m\tau = mR_TC_T$$

或

$$f_{\max} = \frac{1}{T_{\min}} \tag{8-24}$$

由上式可知，振盪器之頻率大小乃因時間常數所造成的。而時間常數部份則係由大的R_T所引起的。但大的R_T值，則意謂著I_A之電流很小，PUT之峰值電流I_p必須小於此電流，如此便能成功地使 PUT 導通。一般來說，此較低值之I_p值是標準的 UJT 所無法使用的電壓，這是 PUT 和 UJT 最大之不同點。

:::: 例題 **8-2** ::::

如下圖所示之UJT弛張振盪器，以觸發SCR之閘極電路圖中的 UJT 特性參數值為 $\eta = 0.63$，$r_{BB} = 9.2\text{k}\Omega$，$V_v = 1.5\text{V}$，$r_{B1} = 5.8\text{k}\Omega$，$I_p = 5\mu\text{A}$，$r_{B2} = 3.4\text{k}\Omega$，$I_v = 3.5\text{mA}$，試求

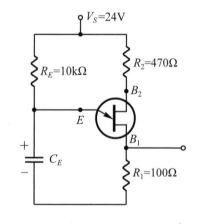

(1)V_p之值

(2)輸出脈波之頻率

(3)證明R_E為 10kΩ時，振盪器必能工作，即

$$R_{E\min} < R_E < R_{E\max}$$

(4)R_1上的電壓波形，此波形之峰值為何？當 UJT 截止時，跨其上的電壓又為何？

解　(1)由$V_p = \eta V_{B2B1} + 0.6$得知

其中$V_{B2B1} = \dfrac{r_{B2B1}}{R_1 + R_2 + r_{B2B1}} \times V_s$

故$V_p = 0.63 \times \dfrac{9200 \times 24}{470 + 100 + 9200} + 0.6 = 14.8(\text{V})$

(2)由於$\eta = 0.63$，故振盪頻率f為

$$f = \frac{1}{R_E C_E} = \frac{1}{2 \times 10^{-3}} = 500(\text{Hz})$$

(3)由$R_{E\max} = \frac{V_s - V_p}{I_p}$得知

$$R_{E\max} = \frac{24 - 14.8}{5 \times 10^{-6}} = 1.84(\text{M}\Omega)$$

由$R_{E\min} = \frac{V_s - V_v}{I_v}$得知

$$R_{E\min} = \frac{24 - 1.5}{3.5 \times 10^{-3}} = 6.4(\text{k}\Omega)$$

由於$10\text{k}\Omega$介於$6.4\text{k}\Omega$和$1.84\text{M}\Omega$之間，故其值適當，應可使 UJT 正常的導通與截止，即振盪器能振盪。

(4)跨於R_1的尖波電壓之峰值約為

$$V_{R1} = V_p - V_v = 14.8\text{V} - 1.5 = 13.3\text{V}$$

這是因為在 UJT 導通的瞬間，電容電壓等V_p，而此射極與基極B_1之間的電壓等V_v，故在UJT導通時，R_1上的峰值電壓應等於電容電壓V_p減去V_{EB1}。

而當 UJT 截止時，V_{R1}的電壓為

$$V_{R1} = \frac{V_s}{R_1 + R_2 + r_{B1B2}} \times R_1$$

$$V_{R1} = 24 \times \frac{100}{470 + 100 + 9200}$$

$$= 0.25(\text{V})$$

因V_{R1}的輸出波形之頻率為500Hz之 ON 的峰值為13.3V，而 OFF 的電壓為$V_{R1} = 0.25\text{V}$之波形組合。

8-8 TRIAC 之觸發元件及控制電路

在TRIAC的觸發元件中，只要能觸發SCR的觸發元件，皆可用來觸發TRIAC，使TRIAC導通。TRIAC唯一和SCR不同的地方是TRIAC在負半週亦可導通。所以前一節所提到的SUS、SBS、DIAC、UJT、PUT等元件皆可以用來觸發TRIAC，使TRIAC導通。當然除了上述之元件可以使TRIAC觸發外，其他利用RC電路之充放電，也可以用來觸發TRIAC之閘極，而使TRIAC導通。此觸發方式最簡單，其電路圖如圖8-36所示。此電路可以作正、負半週的觸發導通，在(a)圖中之觸發延遲角最大只到90°，而(b)圖中之觸發延遲角則超過90°。

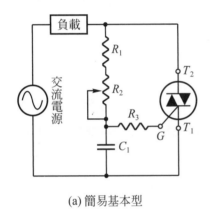

(a) 簡易基本型

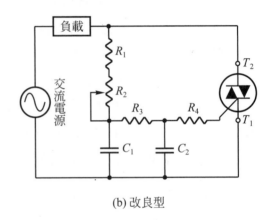

(b) 改良型

圖 8-36 TRIAC 之 RC 閘極觸發電路

上圖中之控制方法，比較容易受溫升的影響，並且送出觸發信號給 TRIAC 為弦波形式，在觸發電路上較為費電。故皆在圖 8-37(a)之R_3以 DIAC 崩潰元件來代替，一方面可以省能，一方面送給 TRIAC 的觸發波形為脈波式，並且較不受溫度的影響。可以作雙向的觸發，並可做超過90°以上的觸發。其電路圖如圖 8-37 所示。

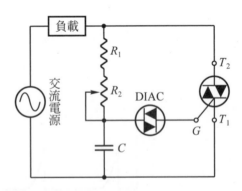

圖 8-37 以 DIAC 元件出發 TRIAC 之連接圖

由於以 DIAC 來觸發 TRIAC 之閘極，其崩潰導通電壓較高，如果採用 SBS 則其崩潰轉態電壓較 DIAC 低，因此極適用於低壓觸發控制電路的應用。將其當做

TRIAC觸發元件的電路如圖 8-38 所示。由於在SBS的負電阻區較為明顯，所以當SBS進入導通狀態時，其電壓變化曲線的斜率較大，並且對溫度變化穩定性較高。在此電路中之 SBS 的閘極電路來觸發 TRIAC，正是可消除 TRIAC 的磁滯現象 (Hysteresis)， 這是前述中所使用DIAC當做觸發元件所會產生的現象。此現象即當R_2調整到恰能使 TRIAC 導通時的電阻。如果負載是電燈，則燈光應該是昏暗才對，然而在利用 DIAC 來觸發 TRIAC 而使其導通後，觸發延遲角會提前，而使燈光由熄滅突然變亮，而非由熄滅逐漸的變亮，此稱為閃現效應，又可稱為磁滯現象。如此再將R_2調大即可延長DIAC之崩潰時間，因此燈光逐漸轉弱，成為平滑變化。由R_2調整方向之不同，將產生兩種不同的結果，這種現象就是磁滯現象。在圖 8-38 中，由於 SBS 的閘極串接上一電阻R，因此有少量閘極電流i_G由A_2流向G，同時，這也表示加在閘極電阻上的電壓較A_2為負。若 SBS 的A_2與閘極之間有少量的閘極電流流過時，將使SBS的正方向崩潰電壓急劇下降，如圖 8-38(b)所示。由圖中可知 + V_{BO}下降至約 1V 之處，即A_2對A_1的電壓達到 1V，SBS 就被導通，而 $-V_{BO}$並未受影響。在圖 8-38(a)中假設R_2值已設定好，使電容電壓無法達到 SBS 崩潰所需的±8V，則TRIAC必無法導通。當交流電原為正半週時，電容C的上端充正電，下端充負電。當電源完成正半週而趨近於 0V 時，表示R_3上的端電壓對電容下端的電壓差值趨近於 0V，而此時之C上端的電壓對其下端是正的。因此A_2與R_3上端之間應有電位差存在，且A_2的電位應較高，所以二極體D_1順向偏壓而使 SBS 的閘極有電流流過，其路徑自A_2流入經 SBS 的閘極再流過 D_1 而到達 R_3。由於有少量的I_G存

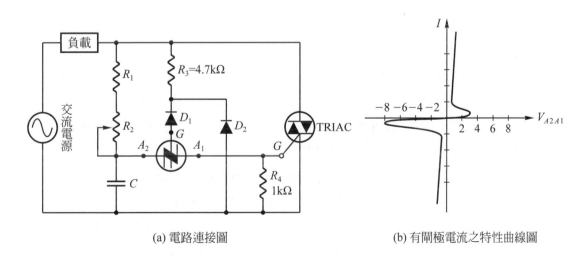

(a) 電路連接圖　　　　　　　　　(b) 有閘極電流之特性曲線圖

圖 8-38　SBS 觸發 TRIAC 之電路及特性曲線

在，因此只要 A_2 與 A_1 之間有少量的順向電壓存在(約 1V)，則 SBS 就導通，故只要電容電壓高於 1 伏特，必定使 SBS 導通，而由電容經 SBS 向 R_4 放電。所以，無論 TRIAC 是否導通，在負半週來臨時，電容均可由零伏特(或接近零伏特)開始充電，這樣便可完全消除 TRIAC 的磁滯現象。

還有一四層二極體及其輔助電路亦可以當作 TRIAC 閘極控制電路，其電路如圖 8-39(a)所示，其工作原理為：

1. 交流電源經橋式整流器後，將整流後的全波電壓送到 RC 之充放電定時網路上，此為全波之脈動直流電壓波形，如圖 8-39(c)圖所示。而跨於電容的電壓波形 V_{SO} 與 V_{FB} 波形相似，只是滯後了一個 R_1 和 R_2 所決定的電位差。當 V_{SO} 達到四層二極體的崩潰電壓時，四層二極體便導通，於是電容經由四層二極體，向脈波變壓器的一次側繞組放電，如圖 8-39(d)中，V_{BO} 為 20 伏特。

2. 電容在充電在一定時間後，開始放電，因而在脈波變壓器上的一次側繞組產生一電流尖波，直到電容電壓放電減少而無法供應四層二極體的維持電流為止，如圖 8-39(e)所示。

3. 由脈波變壓器一次側之電流尖波耦合到二次側繞組，使得此二次側繞組上之電流尖波觸發 TRIAC 之閘極，而使 TRIAC 導通，此觸發之波形如圖 8-39 (f)所示。此脈波變壓器之目的是為了做電氣隔離使用，這是由於 RC 電路是由橋式整流器所整流出來的電源所推動，而橋式整流器又接到 TRIAC 的 T_1 接腳，因此若 RC 電路與 TRIAC 之 G-T_1 電路之間不加隔離，則會使得橋式整流器電路的右下方二極體將形成短路狀態，而失去應有的作用。

4. 由於採用四層二極體，所以不論電源極性如何，脈波變壓器之二次側電流都做同方向的流動，這是 TRIAC 的閘極觸發電流和主電壓極性不一定要有相同極性。當 TRIAC 之主電壓極性為正時，仍可由負閘極電流的觸發而導通。同理，主電壓極性為負時，亦可由正閘極電流的觸發而導通。而 TRIAC 之導通之模式，由前述可知，有四種模式，所以只要閘極有觸發電流及電壓達到觸發導通之條件，則 TRIAC 皆能導通。

5. 在本電路中所採用的脈波變壓器，在二次側所產生之電流尖波，由 T_1 流入而 G 流出的原因，是因為當在 TRIAC 之四種觸發導通模式中，其中有一模式，即 G-T_1 間之電壓為正，即電流由 G 流入而 T_1 流出。在 T_2-T_1 間所接上之主電壓極性為負時，則 TRIAC 最不容易導通，故採用 G-T_1 間的電壓為負，即由

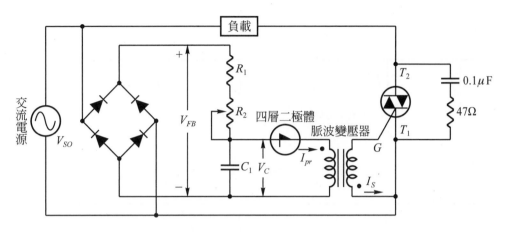

(a) 四層二極體與脈波變壓器所組成觸發 TRIAC 電路

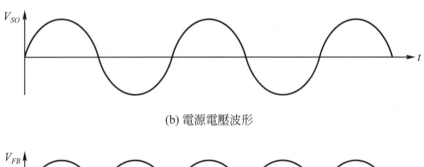

(b) 電源電壓波形

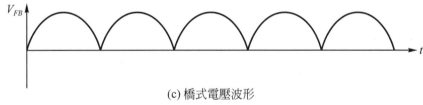

(c) 橋式電壓波形

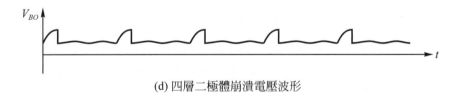

(d) 四層二極體崩潰電壓波形

(e) 脈波變壓器一次側電流波形

圖 8-39　四層二極體觸發 TRIAC 之電路及其波形

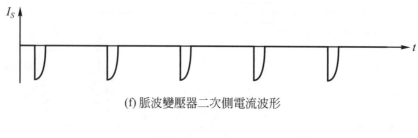

(f) 脈波變壓器二次側電流波形

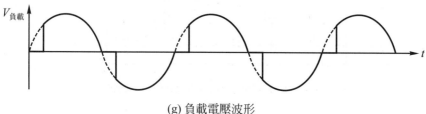

(g) 負載電壓波形

圖 8-39　四層二極體觸發 TRIAC 之電路及其波形(續)

T_1流入，G流出的方式。無論T_2-T_1間之主電壓極性如何，皆能順利使TRIAC導通，這也是SCR所不能的。

6.　當脈波變壓器的二次側電流之脈波電流輸入到TRIAC之閘極時，可使TRIAC導通，而將電源電壓送到負載上，其輸出波形如圖 8-39(g)所示。而TRIAC的激發延遲角是可由R_2來調整的。

　　到目前為止，上述所使用的觸發電路皆是以可變電阻之方式來調整其激發延遲角。但在工業控制上，則常利用電壓回授信號來調整激發延遲角，以便代表負載實際狀況的電壓回授信號能對系統做良好的控制。例如在負載為馬達的應用中，可取一與馬達轉速成正比的電壓來做為回授信號，以控制 TRIAC 的激發延遲角，進而達到良好的馬達控制。而利用這種回授信號來控制SCR或TRIAC的激發延遲角的觸發電路，通常是由 UJT 所組成的電路為多。此外，在回授信號上取自可變電阻的電路，UJT 則是照常可以適用的。利用回授信號控制式的 UJT 觸發電路，其中回授信號是由可變電阻得到的。完整功率控制電路如圖 8-40 所示，其中之R_F是回授電路，其電阻值可隨負載的情況而調整，以達自動控制的目的。另外，如果以電壓信號為回授式之控制電路，則如圖 8-41 所示。其中之回授電阻被一回授電壓V_F所取代，以達到控制的目的。

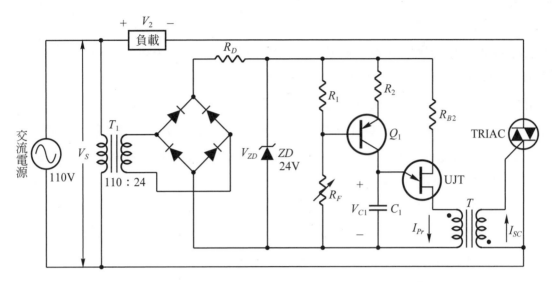

圖 8-40　以回授電阻R_F來控制之 UJT 觸發 TRIAC 電路

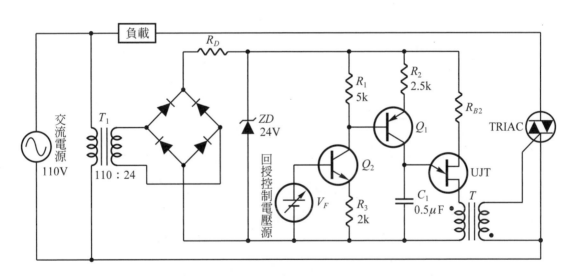

圖 8-41　以回授V_F電壓源來控制 UJT 觸發 TRIAC 電路

　　在圖 8-40 所示之電阻回授式 UJT 觸發電路，其中之T_1是為一般變壓器，可以當成隔離變壓器來使用，其變壓比為 110：24，其目的是使一次側和二次側繞組間的電路能互相隔離，亦即交流電源能和觸發電路互相獨立。一般的隔離變壓器都附有瞬間雜訊抑制元件，使高頻雜訊不致於耦合到二次側繞組上，以免二次側受雜訊干擾。在T_1之二次側線圈是為 24 伏特的交流正弦波送到橋式整流器上，而橋式整流器則輸入全波之整流電壓波形，經過R_D電阻及齊納二極體之後，產生一與交流電源同步之24伏特之剪裁波形，如圖 8-42(b)所示。在建立 24 伏特之脈動直流後，C_1 經由 R_2 電阻開始充電。而當 C_1 的電壓達到 UJT 的峰值電壓 V_p 值後，UJT 便開始導通而送出一電流脈波，此一脈波由脈波變壓器之一次側繞組耦合到二次側繞組，以觸發 TRIAC 而使 TRIAC 導通。其中之電容電壓 V_{C1} 的波形、脈波變壓器 T 之一次側繞組電流 I_{pr}、二次側繞組電流 I_s 及負載電壓波形如圖 8-42(c)、(d)、(e)及(f)所示。電容器 C_1 的充電速率係由 R_F 對 R_1 的比值所決定的。R_F 及 R_1 構成一分壓器，將 24 伏特的直流電源分壓，以決定電晶體 Q_1 之輸出電流。若 R_F 較 R_1 為小，則 R_1 上的壓降較大，使 Q_1 的基射極偏壓增大，因此集極電流增加，使 C_1 的充電速率加快，UJT 提早導通，而負載的平均電流增加。若 R_F 較 R_1 為大時，則跨於 R_1 上的壓降較小，使 Q_1 的基射極偏壓減小，因此其集極電流減小，使 C_1 的充電速率減慢，致使 UJT 與 TRIAC 的導通時間延後，負載的平均電流減少。由於電晶體的集極電流，在 R_F 固定時就是定值，因此 C_1 的充電係由定電壓源 Q_1 所擔任的，而 R_1 上之電壓值 V_{R1}，則因 R_1 和 R_F 為分壓器而得知為

$$V_{R1} = \frac{R_1 \times 24(\text{V})}{R_1 + R_F} \tag{8-25}$$

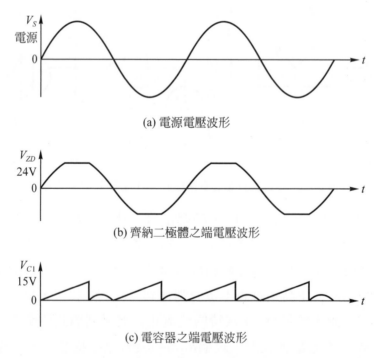

(a) 電源電壓波形

(b) 齊納二極體之端電壓波形

(c) 電容器之端電壓波形

圖 8-42　以回授電阻 R_F 電壓源來控制 UJT 觸發 TRIAC 電路之各種波形

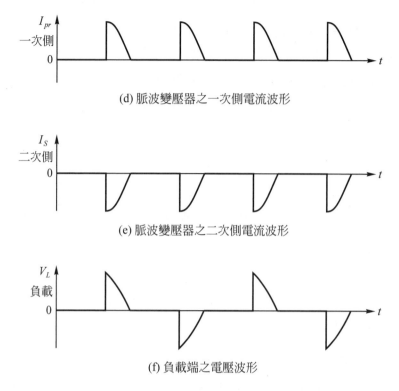

(d) 脈波變壓器之一次側電流波形

(e) 脈波變壓器之二次側電流波形

(f) 負載端之電壓波形

圖 8-42　以回授電阻R_F電壓源來控制 UJT 觸發 TRIAC 電路之各種波形(續)

由於在R_1和R_F串聯時，尙有電晶體Q_1存在，故R_F的電流比R_1之電流多了一個Q_1的基極電流，因此愼重選擇R_1與R_F的數值，使其上的電流遠大於Q_1的基極電流，而可將基極電流忽略，這樣的(8-25)式才成立。另外，由於V_{R1}之值等於R_2電壓與Q_1基射極接面電壓之和，因此V_{R1}可以表示爲

$$V_{R1} = I_{E1} \cdot R_2 + 0.6(\text{V}) \tag{8-26}$$

其中之I_{E1}是Q_1之集極電流，0.6 伏特是基–射極間的偏壓值。假若Q_1的β值很大，則可忽略其基極電流，而將其集極電流視爲相等於射極電流，故可得

$$V_{R1} = I_{C1}R_2 + 0.6(\text{V}) \tag{8-27}$$

其中之I_{C1}是Q_1之集極電流，亦即電容C_1的充電電流。由上式及(8-26)式可得到I_{C1}之值爲

$$I_{C1} = \frac{V_{R1} - 0.6}{R_2} = \frac{1}{R_2}\left[\frac{24 \times R_1}{R_1 + R_F} - 0.6\right] \tag{8-28}$$

由上式可知，I_{C1} 與 R_F 成反比。當 R_F 值增大時，充電電流便減小，並且充電電源只與 Q_1、R_2 及 R_F 電阻有關，其為一定電流源。由圖中可知，當電容的電壓上升時，Q_1 的射極電壓將降低，而使充電電流維持定值。亦即 V_{C1} 每上升 1 伏特，Q_1 的 V_{CE} 就下降 1 伏特，因此流過 R_2 的電流為定值，故可維持一定的充電速率，而不像 RC 電路一般，充電電流有愈充愈小的趨勢。由於 I_{C1} 是常數，因此 C_1 上所建立電壓之速率也是一個常數，即

$$\frac{\Delta v}{\Delta t} = \frac{I_{C1}}{C} \tag{8-29}$$

其中 $\dfrac{\Delta v}{\Delta t}$ 表示電容上電壓的變化率。因此只要 I_{C1} 是常數，則所建立電壓的速率 $\Delta v / \Delta t$ 就是常數，如圖 8-42(c) 所示。

當採用回授信號是將圖 8-40 之 R_F 去掉後，更換為圖 8-41 之 npn 電晶體 Q_2 與電壓回授信號 V_F 時，就成為電壓回授式 UJT 觸發電路，其由電壓回授來控制 TRIAC 的激發延遲角之工作原理為由 Q_2 之基射極電路可得

$$V_F = I_{E2} \cdot R_3 + 0.6 \text{(V)} \tag{8-30}$$

其中之 I_{E2} 為電晶體 Q_2 的射極電流。假設電晶體的 β 值夠大，則可將其集極電流與射極電流視為相等，因此在上式可化簡為

$$I_{C2} \cong I_{E2} = \frac{V_F - 0.6}{R_3} \tag{8-31}$$

如將 Q_1 的基極電流忽略，則 I_{C2} 相當於流過 R_1 的電流，因此推動 Q_2 的電壓 V_{R1} 就可由 I_{C2} 來決定，即

$$V_{R1} \cong I_{C2} R_1$$

或　　　　$$V_{R1} \cong \frac{R_1}{R_3}(V_R - 0.6) \tag{8-32}$$

在其他的電路部份，其工作原理和前面之電阻式回授電路完全相同。即當 V_{R1} 愈大時，電容充電的速率就愈快，而使 UJT 與 TRIAC 會愈早導通；相反地，當 V_{R1} 愈小時，電容的充電速率就愈慢，而使 UJT 與 TRIAC 愈慢導通。由於在圖中之 Q_2 之射極端接有一大電阻，因此對 V_F 電源具有甚高的輸入阻抗，因此可將回授電源 V_F 輸入並不會造成負載效應。同時，由於 T_1 與 T_2 的存在，使回授電源 V_F 與交流電源間有完全的電氣隔離。此外，T_1 和 T_2 也使觸發電路和交流電路供應有完全的電氣隔離。

在電路中之Q_2是一射極隨耦器，因此Q_2的β值對溫度的穩定性是可以不用考慮。這是因為其本身有一電流回授控制。當Q_2因溫度效應而使其I_{C1}電流增大時，跨於R_3兩端的壓降也就隨之而增大，因此Q_2的實質V_{BE}減小，而使其基極電流減小，所以其集極電流也會減小，而維持於原先的電流值；相反地，當β值變小而使Q_2之I_{C2}電流不夠大時，則跨接於R_3上的電壓降減少。因此V_{BE}變大，使得Q_2的基極電流增大，使得I_C增大。因此Q_2的集極電流相當穩定，上式中之V_{R1}也不受電晶體Q_2之特性變化所影響。

· · · **例題 8-3** ·

如圖 8-40 所示之回授電阻R_F來控制UJT觸發TRIAC電路中，其電路參數為$R_1 = 5\text{k}\Omega$、$R_F = 10\text{k}\Omega$、$R_2 = 2.5\text{k}\Omega$、θ_1之$\beta = 150$、$c_1 = 0.2\mu\text{F}$、$\eta = 0.63$，試求

(1) V_{R1}之值為何？

(2) I_C之值為何？

(3) C_1的充電速率為何？

(4) TRIAC 由充電半週開始到導通，經歷多久？

(5) 其激發延遲角為何？

(6) 如要得到120°的激發延遲角，則R_F之值應為多少？

解

(1) 利用 $V_{R1} = V_s \cdot \dfrac{R-1}{R_1 + R_F}$

$$= 24 \times \frac{5 \times 10^3}{5 \times 10^3 + 10 \times 10^3} = 8(\text{V})$$

(2) 利用 $I_{C1} = \dfrac{1}{R_2}\left[\dfrac{V_s \cdot R_1}{R_1 + R_F} - 0.6\right]$

$$= \frac{1}{2.5 \times 10^3}\left[\frac{24 \times 5 \times 10^3}{5 \times 10^3 + 10 \times 10^3} - 0.6\right] = 2.96(\text{mA})$$

(3) 利用 $\dfrac{\Delta v_c}{\Delta t} = \dfrac{I_{C1}}{C_1} = \dfrac{2.96 \times 10^{-3}}{0.2 \times 10^{-6}} = 14.8 \times 10^3 \text{V/sec}$

(4) 當電容通電到V_p時，則 UJT 導通，故V_p為

$V_p = \eta V_{B2B1} + 0.6 = 0.63 \times 24 + 0.6 = 15.72(\text{V})$

因此將電容充電到V_p所需要的時間為

$$t = \frac{V_p}{\Delta v / \Delta t} = \frac{15.72}{14.8 \times 10^3} = 1.06 \times 10^{-3} (s)$$

(5)若以θ代表激發延遲角，則由於頻率 60Hz 的電源之週期爲 16.67ms，即 360°爲 16.67ms，因此激發延遲角爲

$$\frac{\theta}{1.06 \times 10^{-3}} = \frac{360°}{16.67 \times 10^{-3}}$$

$$\theta = 21.72°$$

(6)要得到120°的激發延遲角，則由零電壓點到通的時間爲

$$\frac{t}{120°} = \frac{16.67 \times 10^3}{360°}$$

$$t = 5.55 \times 10^{-3} (s)$$

由於UJT的V_p值仍爲 15.72V，因此在時間延遲爲5.55×10^{-3}s的情況下，電容的充電速應爲

$$\frac{\Delta v}{\Delta t} = \frac{15.72}{5.55 \times 10^{-3}} = 2.83 \times 10^3 \, V/s$$

由$\frac{I_{C1}}{C_1} = \frac{\Delta v}{\Delta t}$

$$I_{C1} = 2.61 \times 1063 \times 0.2 \times 10^{-6} = 0.522 \times 10^{-3} (A)$$

由$I_{C1} = \frac{1}{R_2} \left[\frac{V_s \cdot R_1}{R_1 + R_F} - 0.6 \right]$

故 $0.522 \times 10^{-3} = \frac{1}{2.5 \times 10^3} \left[\frac{24 \times 5 \times 10^3}{5 \times 10^3 + R_F} - 0.6 \right]$

故$R_F = 58 k\Omega$

因此若將回授電阻R_F改爲 54.55kΩ，則其激發延遲角便增加爲120°，而負載之平均電流也隨之下降。

功率電晶體之驅動元件及控制電路

功率電晶體的控制可分爲線性控制與切換控制。線性控制係使用功率電晶體做爲放大器的場合，其係藉基極電流的大小來改變輸出的方法。切換控制係依基極的信號之斷續動作來改變輸出者。在線性控制是使用於小信號放大或其類比信號之放

大部份。但應用在電動機或電力方面,主要是做為切換元件使用。在功率電晶體之使用及驅動元件中,必須要先知道其驅動基極電流應該為多少才是最佳值,是相當難以決定的。但有些重點及特性能了解,則可以設計符合其性能的基極驅動電路,其特性重點為 1. 基極驅動電流之設計為集極電流之最大值乘以 1.5～2 倍後,再除以直流放大率h_{FE},則此基極電流必能使功率電晶體導通。而一般如果考慮溫度之關係時,即功率電晶體之接面溫度多在 100℃～1200℃左右時,此時之基極電流I_B最好是設定為

$$I_B \geq \frac{I_{C(\max)}}{(0.8 - 0.7) \times h_{FE}} \tag{8-33}$$

在使用切換用途時,V_{CE}之值應該是小於 5V,則電力損失會小一點。同時如果V_{CE}比較低時,則h_{FE}自然就較小。在一般的單電晶體上,V_{CE}是 1 伏特左右,在達靈頓電晶體則會為 2 伏特。如果所使用之V_{CE}是以飽和電壓及上述情況來考慮時,並且加入溫度之考慮時,則基極電流I_B應該選擇為

$$I_B > \frac{1.5 I_{C(\max)}}{h_{FE}} \tag{8-34}$$

這個公式是驅動功率電晶體之最小基極電流。在集極電流I_C愈大時,則基極電流I_B就要愈大,亦即當I_B增加時,它可以延伸至大電流的區域。因此要控制大電流的場合,基極電流I_B愈大愈好,但是超過必要值時,會因過飽和增加切斷時間,或增大電源短路時之集極電流量,使得元件受破壞,故基極電流之上限值為

$$I_B \leq \frac{2 \times I_{C(\max)}}{h_{FE}} \tag{8-35}$$

即I_B之電流值是在範圍內,則實用上較能符合所願。 2. 是切斷時和切斷狀態之基極–射極所施加的逆向偏壓。因為集極–射極間的電壓會因基極–射極的偏壓狀態而有大變化。如加逆向偏壓於基極時,必會增加集極–射極間的耐壓。因此,基極之逆向偏壓,讓使用電壓所對應之元件耐壓有所餘裕,進而保護因dV/dt或雜訊所發生的問題。另外,在切斷時,如果增加基極–射極間的逆向偏壓,則可以增加集極–射極間的耐壓。如果將這種方式應用於開啟及切斷時間上,是愈短愈好,因為這樣的功率損失會降低,並且熱源也會減少。由實驗的結果可以得知,在基極–射極間加入逆向偏壓,使其切斷時間比未加任何逆向偏壓時縮短 2～5 倍的時間,這使得在效率上增加許多。但如果在基極–射極間的逆向偏壓過大時,切斷之下降時間會

變得更短，使得di/dt變得更高，因此突波電壓更易產生，且逆向偏壓之安全動作區也會降低，所以其值之大小是由經驗來決定的。但其可以根據頻率、安全動作區及切斷時間三方面之關係來求得一最佳值。3.理想之基極驅動電路應該是開啓時，過驅動；穩定時，飽和度較小；切斷時爲逆向偏壓。所謂之過驅動是使流入基極的電流較多，這樣可使開啓時間縮短，壓低切換損失。穩定時飽和度較小，即穩定時加入最小的基極電流而不致飽和，這就是切換用時的理想驅動條件。符合這些重點特性的驅動電路，便是最佳的功率電晶體驅動閘極電路。此電路如圖 8-43 所示。此電路即符合上述之重點條件。在圖 8-43 中之功率電晶體PTR ON時，信號由A點輸入。信號爲正時，則Tr_1爲ON，而Tr_2爲OFF，於是PTR的基極便有電流流入。而此電流是由電壓源之E_1經由Tr_1流入到CR並聯電路，再經過D_1後，流入 PTR 之基極。然後再由 PTR 之射極流入到接地端而回到E_1之負極接地端，以這種方式之路徑流動。此時基極電流靠電容C的放電，開啓時可出現如圖 8-43(c)的理想過驅動波形，此電容C被稱爲加連電容。其次，功率電晶體開路後，集極–射極間電壓跟隨飽和電壓$V_{CE(sat)}$，藉由集極–捕捉二極體(Collector-Catcher Diode)的動作，使得

$$V_{CE} + V_{CCD} = V_{BE} + V_{D1} \tag{8-36}$$

當　　　　$C_{CCD} \cong V_{D1}$時，

所以　　　$V_{CE} = V_{BE}$

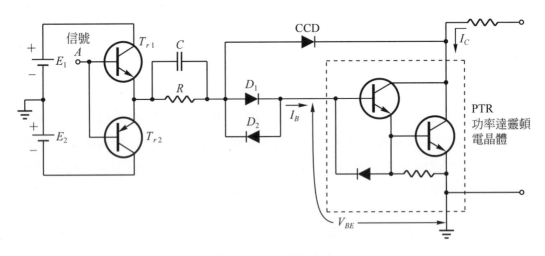

(a) 驅動功率電晶體電路圖

圖 8-43　驅動功率電晶體電路及其波形

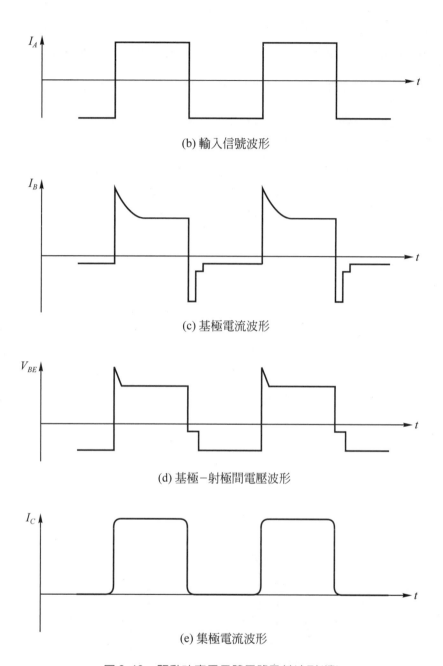

(b) 輸入信號波形

(c) 基極電流波形

(d) 基極−射極間電壓波形

(e) 集極電流波形

圖 8-43　驅動功率電晶體電路及其波形(續)

若V_{CE}無法跟隨於V_{BE}之下，則電晶體不會成為過飽和狀態。特別是換流器使用功率電晶體的場合，集極電流從零到額定電流前於廣範圍內做連續變化。若I_B設定為I_C的最大電流時，在此之下的小電流區域內也會變成過飽和，此時之 CCD 效果便顯現出來。此外，當 PTR OFF 時，A信號為負的，Tr_2變為 ON，而Tr_1變為 OFF，則電流會由電源電壓E_2流向 PTR 之射極，然後再流向 PTR 之基極，緊接著再流向電源E_2。此時 PTR 之基極–射極間為逆向偏壓。PTR 切斷後，基極逆電流流完時，如圖 8-43 之(d)所示之逆電壓施於 PTR 的基極–射極間，或以突波電壓、及$\dfrac{dV}{dt}$等對付 PTR，而 PTR 仍無誤動作產生，這就是此電路之特點。最後列出幾種較為常見之功率電晶體的基極驅動電路，如圖 8-44 所示，其中圖(a)為民生機器常用之方式，一個直流電源，並且電源電路很簡單且低成本，但逆向偏壓無安定性。圖(b)中為產業用的方式，使用二個直流電源，電源電壓變大時，逆向偏壓仍安定。圖(c)是最常用的方式，可高速切換，亦可以 TTL 做輸入驅動。圖(d)是基極電源可共通化，又可簡單地瞬間停止。

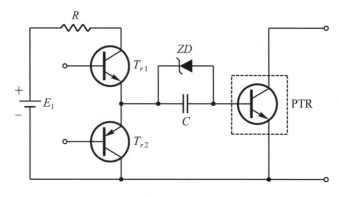

(a) 單電源方式電路

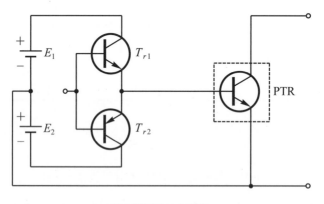

(b) 雙電源方式電路

圖 8-44　各種基極驅動電路

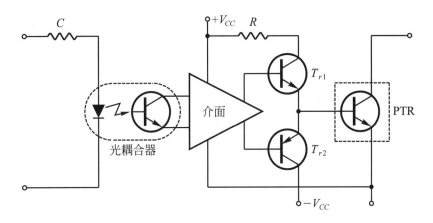

(c) 以光耦合器之絕緣方式驅動

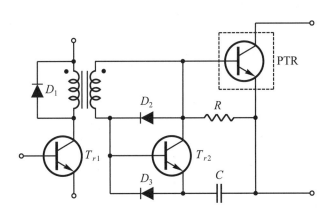

(d) 以脈衝變壓器之絕緣方式驅動

圖 8-44　各種基極驅動電路(續)

8-10 MOSFET 驅動元件及控制電路

　　MOSFET閘極元件的驅動動作與容量性電路動作相同。該於那個區域動作，完全由輸入容量之驅動或回授容量之驅動來決定。尤其是切換動作，元件之切換速度完全取決於回授容量與閘極電路阻抗。輸入容量或回授容量隨汲極–源極間(或集極–射極間)之電壓而變化，無法藉這些容量與驅動電路阻抗來算出充放電之時間常數。切斷與開啓時，閘極–汲極間電壓變化很大，必須以C_{GS}的充放電，加上C_{DG}的位移電流做考慮才行。MOSFET閘極元件之輸入阻抗之另一種方法是閘極電荷量。此特性為開啟與切斷過程時，供給閘極電荷量，而非算出切換速度或驅動電力，係比輸入容量更有用的資料。MOSFET閘極元件之閘極驅動電路設計要項為(1)閘極電荷特性；(2)閘極電壓之正、負；(3)閘極電阻；(4)閘極驅動電源容量。另外，MOSFET驅動的幾種基本設計電路為

1. 使用 TTL 之閘極驅動電路：MOSFET 可以採用開路集極(Open Collector)之 TTL 直接驅動。TTL 元件一般為 5 伏特電源，輸出電壓為 3 伏特～4 伏特左右。此切換動作驅動 MOSFET，也會形成閘極電壓不足，無法確保於電阻領域的動作。另外，TTL 之電流源也要限制，而 MOSFET 的輸入容量所必需之充電電流不足時，切換速度會降低。故再使用 TTL 時，可以另外加入 15 伏特之提升電源，這樣可確保充分的閘極電壓外，也可得到快速之切斷動作。其驅動電路如圖 8-45 所示。注意此電路有一缺點，即電路之開啟速度卻無法像切斷時的速度那樣快，所以可以將圖 8-45 改成圖 8-46 所示。利用電晶體之 ON 及 OFF 動作來加速 MOSFET 之 ON 及 OFF 動作。

2. 使用混合型IC(Hybrid IC，HIC)：一般在驅動大容量功率之MOSFET時，大都是使用市售之閘極驅動用混合IC，此混合IC之一例如圖 8-47 所示。此 IC 是採用 M57918L 型號，如果將此混合式 IC 應用到 MOSFET 之閘極驅動電路上之連接圖，如圖 8-48 所示。此電路可用於 MOSFET 之 $C_{iss} \leq$ 10nF 及 $V_{DSS} \leq$ 500V 的電路上。但在電路中之 C 及 C_{rev} 最好為 MOSFET 之 C_{iss} 之 200 倍以上，如果欲使MOSFET之切換速度加快則R_G的值是愈小愈好。但有一

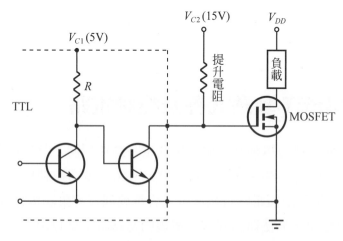

圖 8-45　TTL 所驅動 MOSFET 之閘極電路

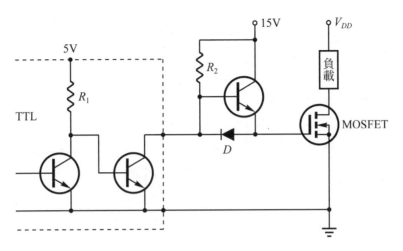

圖 8-46　可高速切換之 MOSFET 驅動電路

下限的限制，在齊納二極體可採用 12 伏特到 18 伏特之間的齊納電壓值。假如欲用此混合式 IC 來驅動大容量功率的 MOSFET，則可以將圖 8-48 之電路圖改成如圖 8-49 所示之電路圖，其中電晶體部份是為了增加集極電流以能順利驅動 MOSFET 之閘極。而兩個電晶體則使用在基極–射極間無逆向偏壓時，集極–射極間支持電壓必須是 50 伏特以上，$I_{C(\max)} \geqq 25/R_G$，$h_{FE} \geqq I_{C(\max)}$ /0.5 者為佳。而 C_1 及 C_2 為 MOSFET 之 C_{iss} 的 100 倍以上。

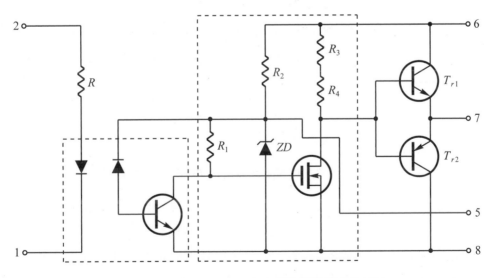

圖 8-47　混合式 IC(HIC) 之內部電路圖(M57918L)

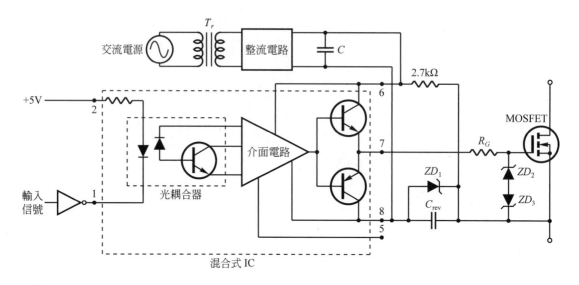

圖 8-48　混合式 IC 驅動 MOSFET 之閘極電路

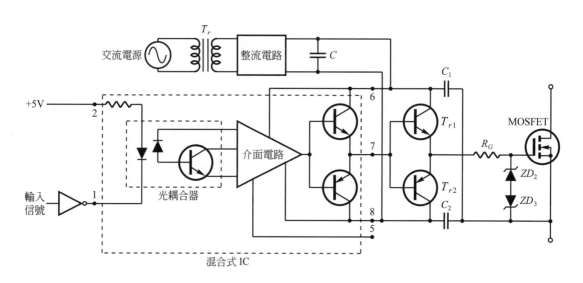

圖 8-49　混合式 IC 驅動大容量 MOSFET 之閘極電路

3.　改變個別零件之電路：以此方式所組成之電路可以依需求來改變個別元件
　　值，其電路如圖 8-50 所示。此電路中之光耦合器可依傳輸速度與同相之去
　　除能力來選定，一般的光耦合器之傳輸延遲時間比 MOSFET 的延遲時間還
　　長，故必須採用高速之光耦合器。另以同相之去除能力來說，因主電路的電
　　源電壓較高，故需要採用高能力者。例如 300 伏特～400 伏特之電源電壓用

於MOSFET之電路時，光耦合器之同相去除能力要在1500V/μs以上。其中之R_1之電阻值以光耦合器廠商推薦為主。以R_1與Q_3切換速度來選擇Q_3之C_{iss}值。再以Q_3之輸出電阻$R_2 \times Q_3$之C_{iss}所導引的Q_3切換速度等二者之關係，決定R_2的值，而Q_1和Q_2是以基極–射極間無逆向偏壓時，集極–射極間支持電壓必須50伏特以上，$I_{C(\max)} \geq (V_1 + V_3)/R_G$，$h_{FE}$以$R_2$為準之佳值為宜。另外，要加快驅動之開啟及切斷時間，可以將上述之電路圖改成圖 8-51 之電路，其中之光耦合器以採用非反向型之高速品為主，而$R_1 = R_2$、$C_3 = C_4$，且C_3及C_4要選擇比Q_1及Q_2之C_{iss}大的電容值。$R_1 \times C_3$之時間常數選擇10μs～50μs為佳。ZD_2與ZD_3選擇Q_1與Q_2可充分偏壓之值，並且儘可能選用較低一點之齊納電壓值為佳。另外在配線上，以力求電感最小為佳。

在 MOSFET 的驅動電路中，R_G的下限是一重要值。因為在開啟時，會因$\dfrac{dV}{dt}$而造成之破壞現象。在 MOSFET 之汲極–源極間常有一飛輪二極體(flywheel diode)。當有電流流入此飛輪二極體時，MOSFET上之寄生電晶體便會動作，二次打穿的緣故，遂會被破壞。所以要控制飛輪二極體的速度，以防止因恢復突波電壓之dV/dt的破壞。即MOSFET之開啟速度要能控制的好才行。開啟速度與R_G相依存，開啟速度的上限就是R_G值的下限值。其次是開啟突波電壓的界限。在 MOSFET 切斷時，元件之下降時間取決於

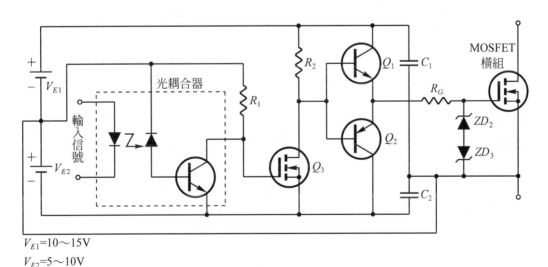

$V_{E1}=10\sim15V$

$V_{E2}=5\sim10V$

圖 8-50　以個別元件變化所組成之驅動 MOSFET 閘極電路

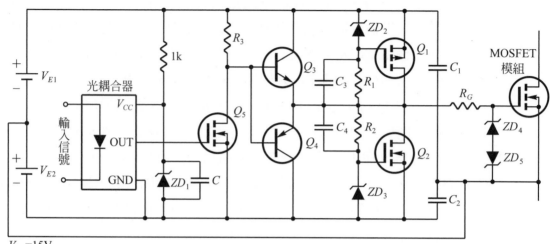

圖 8-51　高速驅動 MOSFET 閘極電路

$-di_D/dt$。又主電路之配線存有電感，因此二者同時發生$V=-Ldi_D/dt$的突波電壓。此突波電壓再加入電源電壓，一旦送入元件，則必超過其耐壓以上，所以必然被破壞。為能以R_G控制切斷時的突波電壓，故取突波電壓與元件耐壓二者為R_G之下限值。

　　MOSFET 和功率電晶體不同之處是其輸入特性。功率電晶體是可以低輸入阻抗電流驅動，而 MOSFET 則利用高輸入阻抗特性之電壓源來驅動，即可以非常小的電力來動作，且 MOSFET 閘極元件之輸入容量為充放電時所必需的容量。

8-11　IGBT 之驅動元件及控制電路

　　IGBT 與 MOSFET 皆是驅動型之開關元件，只是其閘極阻抗容量相當高，所以只要以設計 MOSFET 之閘極電路設計方式即可觸發 IGBT 之閘極。但有些在設計閘極驅動電路時，必須注意一些要點，首先是閘極正負電壓之決定。由於IGBT 的輸出特性與 MOSFET 最大不同點在自身的電阻區域內，對閘極正電壓之依存度很大。當閘極電壓不足與 ON 時電壓太高，則穩態損失將增大，且閘極電壓過高時，負載短路或故障時的短路，其短路電流會加大，所以對短路的保護很困難。因

此，在使用時需藉集極電流來決定閘極正電壓的上下限。一般在閘極之正電壓會比
MOSFET 要高些，常用為15±10％左右，以此值直接施加於閘極間。另外在閘極
採用負偏壓的必要性為壓制dV/dt之電流以及提升雜訊耐量。如圖 8-52(a)所示來說
明。在圖中Q_1為ON時，則有負載電流I_L流入負載。Q_1為OFF時，D_2飛輪二極體則
有電流流過。當Q_1再度被ON時，會有負載電流重疊D_2飛輪二極體之恢復電流。但
在閘極負偏壓不足的場合，需要加入dV/dt電流，此電流也是增加切換損失的部份。
另外，dV/dt電流與Q_2之閘極負偏壓有著密切關係。當負電壓超過某一定值以上，
便可視為不存在。一般而言，IGBT 的負電壓升至2～3伏特以上，則dV/dt電流就
幾乎沒有了，因此 IGBT 的負電壓能在2～3伏特以上，則是很高。但是太高了，
在此電壓下作切換動作，會因閘極配線的電感導致重疊之突波電壓，以致超過額定
值(一般為20伏特)，一般為5到10伏特最適當。再其次是閘極電阻之決定。因為
閘極電阻會影響切換時間或切換損失。另外，其也會影響切斷突波電壓或恢復突波
電壓，故閘極電阻以製造廠商所提供型錄上之閘極電阻值作為基準選定的方法是最
好的方法之一。其次是閘極電路的電源容量。其在IGBT模組中的輸入容量更大。
因此在計算 IGBT 的閘極驅動電力時，以使用閘極之電荷特性為佳，如圖 8-52(b)
所示之閘極電荷特性，其中之閘極電壓為±15 伏特，而切換頻率為f，驅動所需要
之電力P_G為

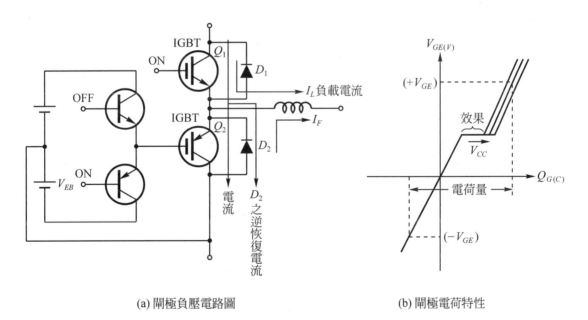

(a) 閘極負壓電路圖　　　　　　　　　　(b) 閘極電荷特性

圖 8-52　IGBT 之閘極負壓電路圖與電荷特性曲線

$$P_G = P_{G(\text{ON})} + P_{G(\text{OFF})} = f \times Q_1 \times 15 + f \times Q_2 \times 15 \tag{8-37}$$

而　　　$P_{G(\text{ON})} = P_{G(\text{OFF})}$　　　　　　　　　　　　　　　　　　(8-38)

故　　　$P_G = 2 \times f \times 15 \times (Q_1 + Q_2)(\text{W})$　　　　　　　　　(8-39)

其中　　$P_{G(\text{ON})}$為開啓時的驅動電力

　　　　$P_{G(\text{OFF})}$為切斷時的驅動電力

　　　利用混合式 IC 來驅動 IGBT 之閘極電路如圖 8-53 所示，其中 IGBT 之閘極正電壓為 15 伏特±10 %，而負電壓為 5～10 伏特為佳，這是以短路耐量與功率損失兩者折衷後之值。另外閘極–射極之配線宜短為佳，這才不易感應雜訊。

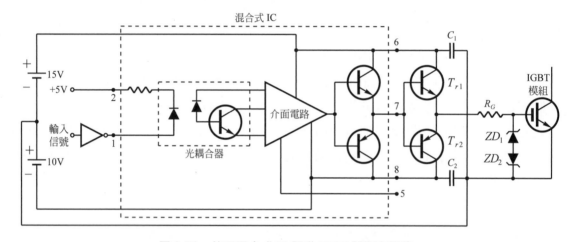

圖 8-53　使用混合式 IC 驅動 IGBT 閘極之電路

習 題

1. 試述 SCR 之動作原理。

2. 試述 SCR 之閘極控制電路之種類有哪些？並敘述工作原理。

3. 試述 TRIAC 之動作原理。

4. 試述 TRIAC 之四種工作模式，並列出哪一種模式較不易觸發導通。

5. 試述功率電晶體動作原理。

6. 試述功率電晶體之特性。

7. 試述 MOSFET 之動作原理。

8. 試述 MOSFET 之特性。

9. 試述 IGBT 之動作原理。

10. 試述 IGBT 之特性。

11. 試述 SUS 和 SBS 之工作特性。

12. 試繪出 DIAC 的電路符號和特性曲線，並說明其動作原理。

13. 試繪出 UJT 之電路符號和特性曲線，並說明其動作原理。

14. 試繪出 PUT 之電路符號和特性曲線，並說明其動作原理。

15. 如圖 8-32(a)之弛張振盪器，若 $R_E = 10\text{k}\Omega$，$C_E = 0.05\mu\text{F}$，$\eta = 0.63$，則振盪頻率為多少？若 η 大於 0.63，則對頻率的影響如何？若 η 小於 0.63，則對頻率的影響如何？

16. 如圖 8-40 所示，若 $R_1 = 10\text{k}\Omega$，$R_2 = 1.5\text{k}\Omega$，$C_1 = 0.5\mu\text{F}$，$\eta = 0.56$，$\beta = 100$，$R_F = 36\text{k}\Omega$，試求(1) V_{R1} 之值，(2) I_{C1} 之值，(3) TRIAC 由充電半週開始導通，歷時多少？(4)其觸發延遲角為何？(5)如果觸發延遲角為90°時，則 R_F 之值應該為多少？

17. 如圖 8-41 所示之電路，若 $R_1 = 10\text{k}\Omega$，$R_2 = 1\text{k}\Omega$，$R_3 = 15\text{k}\Omega$，$C_1 = 0.7\mu\text{F}$，且 $\eta = 0.65$ 試求

    (1)若 $V_F = 3.5\text{V}$，則觸發延遲角為若干？

    (2)若 $V_F = 8.5\text{V}$，則觸發延遲角為若干？

18. 試繪出驅動功率電晶體之基極電路圖，並說明其動作原理。

19. 試繪出大容量 MOSFET 之驅動電路圖，並說明其動作原理。

20. 試繪出驅動 IGBT 之閘極電路圖，並說明其動作原理。

9

電動機的驅動電路及控制

9-1　　前　言

9-2　　直流電動機之控制

9-3　　三相感應電動機之控制

9-4　　單相感應電動機的控制

9-5　　同步電動機的控制

9-6　　步進電動機的控制

9-7　　伺服電動機的控制

9-1　前　言

　　由於近年來電力用半導體元件之發展神速，加上 VLSI 之技術及微處理機的顯著進步，使得電動機的控制變得是很容易實現化及商品化。而電動機之控制也成為工業化社會中所不可或缺的一環。在可變速驅動系統中，由於直流電動機的可變範圍廣，且速度與位置的控制精密之故，已廣泛地應用於各種場合及用途上。但直流發電機伴隨著電刷及整流子的磨耗，並產生火花的現象，需要維護的關係，所以不得不進行構造簡單且堅固的交流電動機之可變速驅動系統的實用化。而交流電動機從頻率控制開始後，已能成為實現商品化的目標。基於這種技術，進行更複雜的向量控制，此種控制方式是代表交流電動機的高性能控制技術，並且已實用化。加上近代控制方法及技術的發展，智慧型控制、強健型控制等等技術，皆已應用在交流電動機的向量控制上，此皆是由基本的理論及控制方式所推演的。在本章中，將由基本的電動機控制方式來解說，進而再逐漸的深入較複雜的控制方式，來說明電動機之控制。

9-2　直流電動機之控制

　　由於電力半導體元件之開發，並應用於轉換器(Converter)及截波器(Chopper)上，使得在直流電動機的控制功能，更為提高。此半導體元件應用於電動機控制上具有(1)體積小、重量輕及設備費用低；(2)操作簡單、可靠性高及維護費低；(3)閘流體本身消耗功率小；(4)效率高達 95 ％ 以上等優點。但具有(1)過載容量低；(2)電源側之輸入功率因數低；(3)轉換器之輸出為高漣波電流，導致電動機溫升較高，並造成換向困難，因此必須在電路上串接電抗器，以使漣波電流較為平滑；(4)閘流體之ON及OFF動作造成交流電源電壓的畸變外，並產生諧波對外干擾等缺點。這是在電動機控制上，以半導體元件來驅動所無法避免的。

　　由第七章之直流電動機之特性得知，直流電動機之轉速是和外加電樞電壓之大小成正比。從交流電源轉換為直流電源電壓大小之方式有三種，即相位控制、整數波控制及截流波控制等三種。其中之相位控制法中，閘流體在每一週波中都有ON及 OFF 的動作，而整數波控制法中之閘流體，則是讓某幾個半波導通，而幾個半波截止。另外截波器控制法中的閘流體，則是將整流濾波過後的定值直流電壓作快速的開閉動作，截割後的平均電壓值是依導通時間和截止時間長短而定的。在相位控制法中之輸出直流電壓大小是隨著閘流體激發角的改變而變化，所以也稱為相控轉換控制，其所組成之電路稱為相位轉換器，簡稱為轉換器。使用此轉換器來控制直流馬達時，除了可做開迴路控制外，也可配合電樞電壓或轉速發電機做反饋控制，使轉速控制更為精確。一般轉換器可分為單相轉換器與三相轉換器。單相轉換器適用於小容量馬達的驅動，而三相轉換器可做為大容量馬達的驅動。根據所使用的閘流體數目，單相轉換器及三相轉換器可再區分為半波整流控制和全波整流控制。若整流電路中，有一半是用閘流體，一半是整流二極體，則稱為半控式轉換器(Semi-Controlled Converter)，其輸出電壓值隨著閘流體的激發角而變，此轉換器的直流輸出電壓極性和電流方向是不能改變的，故稱為單象限轉換器。如果在整流電路中，全部都為閘流體元件，則稱為全控式轉換器(Full-Controlled Converter)，其輸出的電流方向雖不能改變，但其電壓極性是可變，所以此種方式之功率流向可從交流電源流到直流負載，也可從直流負載流向交流電源，此可稱為功率再生(Regenation)，此種轉換器可稱為兩象限轉換器。如果欲使直流電動機做正逆轉向的控制，則可將兩組的全控式轉換器背向連接，稱為對偶轉換器(Dual Converter)，這樣功率不僅可以雙向流動，而且電動機也可做正逆轉控制，此轉換器稱為四象限轉換器。

9-2-1 單相轉換器之控制

單相轉換器可分為半波整流器及全波整流器二種。其中半波整流器如圖9-1所示。由於其只能提供半波的負載電流，所以負載電流常為不連續，易造成較大的噪音，並且此負載電流為不連續的電流，使得電源側形成一不對稱的直流成份，造成電源側之變壓器鐵心飽和，而影響效率。另外，也使電動機之速率調整變大，所以此電路已經很少使用。

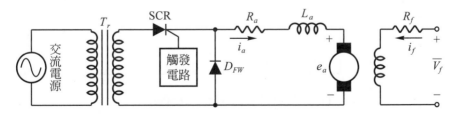

圖 9-1　半波整流器控制電路

　　全波整流器之轉換器，可分為具有中間抽頭變壓器的全波整流器，以及橋式全波整流器。其中之中間抽頭變壓器之全波整流電路如圖 9-2 所示。在電源為正半週時，由一次側耦合到二次側之電壓，再由二次側之$\overline{V}_{X1}$電壓使SCR$_1$順向偏壓，當SCR$_1$之閘極受到觸發後，i_a輸入直流電動機，而SCR$_2$為逆向偏壓，故SCR$_2$不導通。當在電源為負半週時，變壓器之二次側提供$\overline{V}_{X2}$電壓，使SCR$_2$順向偏壓，而SCR$_2$之閘極受到觸發後，i_a輸入直流電動機，SCR$_1$為逆向偏壓，故SCR$_1$截止。此電路雖然只用了二個閘流體，但變壓器二次側之中間抽頭卻使閘流體的逆向峰值為$2\sqrt{2}V_x$，增加了閘流體逆向耐壓。如果採用橋式整流器則變壓器二次側只要一半的繞組，並且閘流體的逆向峰值為$\sqrt{2}V_x$，降低了閘流體逆向耐壓之成本。

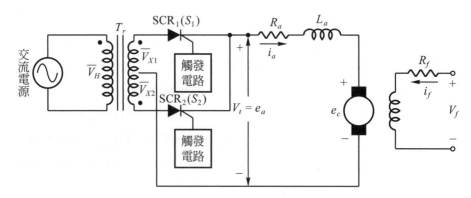

圖 9-2　具中間抽頭變壓器之全波整流器控制電路

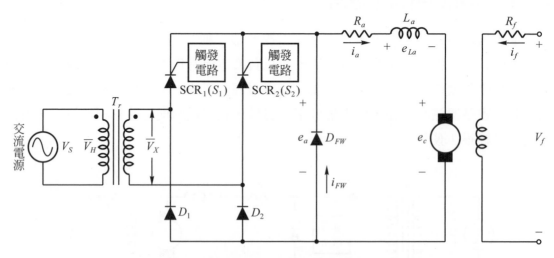

(a) 全波整流半控式轉換器之控制電路

圖 9-3　全波整流半控式轉換器電路及波形

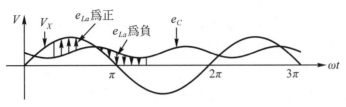

(b) 電源電壓V_X

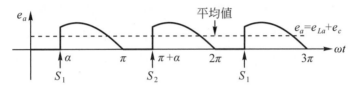

(c) 轉換器輸出電壓e_a

(d) 電樞反電勢e_c

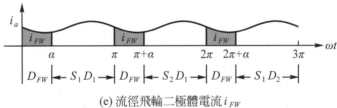

(e) 流徑飛輪二極體電流i_{FW}

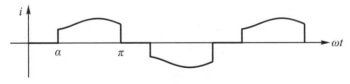

(f) 電源輸入電流i

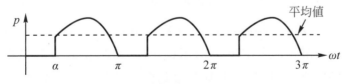

(g) 電動機之功率p

圖 9-3　全波整流半控式轉換器電路及波形(續)

橋式全波整流器電路根據控制的方式之不同，可分爲半控式轉換器和全控式轉換器。其中半控式轉換器電路如圖9-3(a)所示。此電路只允許功率從電源電流流向直流電動機。在此圖中之動作原理爲

1. 電源電壓爲正半週時，若激發角爲α，則在正半週之$\alpha < \omega t < \pi$期間內，電源由SCR$_1$流入到直流電動機之電樞，再由D$_2$回到電源，此時直流電動機之電樞端電壓e_a等於二次側繞組之電源電壓V_x(假設SCR$_1$和D$_2$之導通壓降忽略不計)。當超過π之後，電源電壓爲負電壓時，SCR$_1$自然截止，此時電樞電流i_a會經過飛輪二極體D_{FW}繼續導通，直到下一半週之SCR$_2$被激發導通爲止。在此期間，因爲電感性電流不可能突然消失(能量守恆原理)，故電樞電流會流過D_{FW}，此時之e_a電壓幾乎爲零(不考慮二極體壓降)。

2. 電源電壓爲負半週時，若激發角也爲α(負半週爲$\pi + \alpha$)，則在$\pi + \alpha < \omega t < 2\pi$期間內，電源由SCR$_2$流入到直流電動機之電樞，由於再加上前半週流經電樞的電流量，故電樞電流不是由零開始，而是由某一定值逐漸增加，然後再由D$_1$回到電源。當超過2π時，電源電壓爲正電壓，SCR$_2$自然截止，此時之電樞電流i_a會經過飛輪二極體D_{FW}繼續導通，直到下一半週之SCR$_1$被導通爲止。此原理相同 *1.*，故電樞電流i_a是連續，其中之電源電壓V_x轉換器之輸出電壓e_a、電樞之反電勢e_c、電樞電流i_a、電源電流i及電功率p之波形，如圖9-3(b)、(c)、(d)、(e)、(f)及(g)所示。

橋式整流器全控式轉換器之功用，是允許功率可在交流電源及直流電動機間雙向流動，即電動機可以做再生制動的功能。其連接電路圖如圖9-4(a)所示。在此圖中之動作原理爲在SCR$_1$及SCR$_3$於α時，將閘極觸發，使SCR$_1$及SCR$_3$導通，並且控制其導通時段在$\alpha < \omega t < \pi + \alpha$之間。因爲電路爲直流電動機是電感性，所以在$\pi$及$2\pi$時，電樞電流並不等於零。而電樞電壓$e_a$在$\alpha$到$\pi$期間，電壓爲正的，此時電樞電流$i_a$爲正，所以此時之直流電動機爲吸收電功率，而電動機爲正常的驅動運轉。在π到$\pi + \alpha$期間，電樞電壓e_a爲負的，此時電樞電流i_a也爲正，所以此時之直流電動機爲釋放電功率，即爲發電模式，但電樞電流i_a是逐漸的減少，所以此時是產生制動。其爲電動機模式或再生制動模式，以激發角α之大小而定。即激發角α小於90°時，直流電動機之端電壓e_a之電壓平均值爲正(即電壓正值大於電壓負值許多)，此時能提供電動機做正常的運轉，其中之電動機端電壓e_a、反電勢e_c、電樞電流i_a、電源提供電流i及輸入到電動機之功率p的波形如圖 9-4(c)、(d)、(e)、(f)及(g)所示。當激發角α大於90°時，直流電動機端電壓e_a之電壓平均值爲負值。如i_a電流仍

為正時，此時之電動機的淨平均功率為負值，即電動機的能量將被送回電源，此時
產生制動的情形。如果要再生制動，則可以將磁場的電源反向，使電動機完成一部
發電機，將機械能變成電能送回交流電源，同時亦具有制動作用。其中之電動機端
電壓e_a、電樞電流i_a、電源提供電流i及電功率p的波形如圖 9-4(h)、(i)、(j)及(k)所
示。

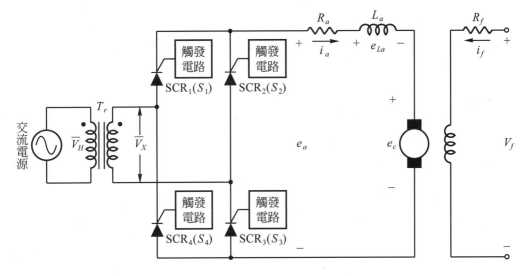

(a) 全波整流全控式轉換器之控制電路

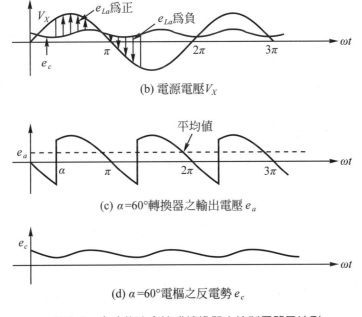

(b) 電源電壓V_X

(c) $\alpha = 60°$轉換器之輸出電壓 e_a

(d) $\alpha = 60°$電樞之反電勢 e_c

圖 9-4　全波整流全控式轉換器之控制電路及波形

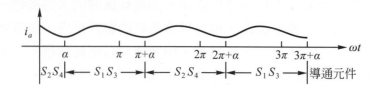

(e) $\alpha=60°$電樞電流 i_a

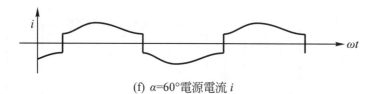

(f) $\alpha=60°$電源電流 i

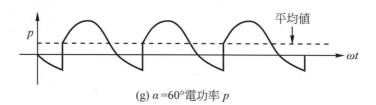

(g) $\alpha=60°$電功率 p

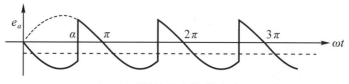

(h) $\alpha=120°$轉換器之輸出電壓 e_a

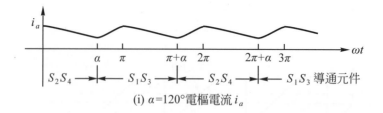

(i) $\alpha=120°$電樞電流 i_a

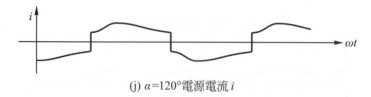

(j) $\alpha=120°$電源電流 i

圖 9-4　全波整流全控式轉換器之控制電路及波形(續)

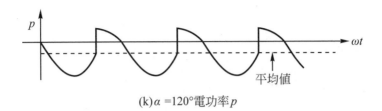

(k)$\alpha = 120°$電功率p

圖 9-4　全波整流全控式轉換器之控制電路及波形(續)

　　全波式轉換器能提供再生操作，而半控式轉換器則由於e_a電壓永遠為正，故無法提供再生操作。由上列之波形可知，當激發角α相同時，全波式轉換器的輸出電壓平均值小於半波式轉換器，而電源電流i每半週流動情形是半控式轉換器導通時間為α到π之間。全控式轉換器之α角為多少，其導通時間均為$180°$，即α到$\pi+\alpha$之間。在半控式轉換器之輸出電壓平均值E_a之值為

$$E_a = \frac{1}{\pi}\int_{\alpha}^{\pi}\sqrt{2}V_x\sin\theta d\theta = \frac{\sqrt{2}V_x}{\pi}(1+\cos\alpha)\ \ (\text{V}) \tag{9-1}$$

全控式轉換器之輸出電壓平均值E_a之值為

$$E_a = \frac{1}{\pi}\int_{\alpha}^{\alpha+\pi}\sqrt{2}V_x\sin\theta d\theta = \frac{2\sqrt{2}V_x}{\pi}\cos\alpha\ \ (\text{V}) \tag{9-2}$$

其中假設輸入到轉換器之交流電壓為$\sqrt{2}V_x\sin\theta$。

　　上面所討論之情形均假定電樞電流是連續的。但如果轉換器之激發角α較大時，或者電動機是無載運轉時，電樞電流就可能會變成不連續，其電壓及電流波形，在半控式轉換器之電路如圖 9-5 所示。在全控式轉換器之電路中如圖 9-6 所示。其中可看出電樞電流在β和α之間有一小段降為零安培。由於電樞電流的不連續，使得電動機的運轉特性變差了，而且轉動時，也會有脈動現象，其轉速之速率調整率更差。故一般採用抗流圈和電樞相串聯或利用飛輪作用，以增加電路的時間常數，即$\tau = L/R$，以使電樞電流能保持連續。在圖 9-5 及圖 9-6 中，電樞電流於β時降為零，於半控轉換器電路上。在π到β期間，電樞電流會流經D_{FW}，故$e_a = 0$。在β到$\pi+\alpha$期間，D_{FW}不再有電流流過，故e_a電壓就等於反電勢e_c。於全控式轉換器電路上，在π到β期間，因電樞電流仍流經S_1和S_3，故e_a電壓等於電源電壓V_x，而在β到$\pi+\alpha$期間，e_a電壓亦等於反電勢e_c。由於電樞電流不連續時，要計算轉換器的輸出電壓平均值就變得相當困難，而電動機之轉矩及轉速的計算也變得更麻煩多。

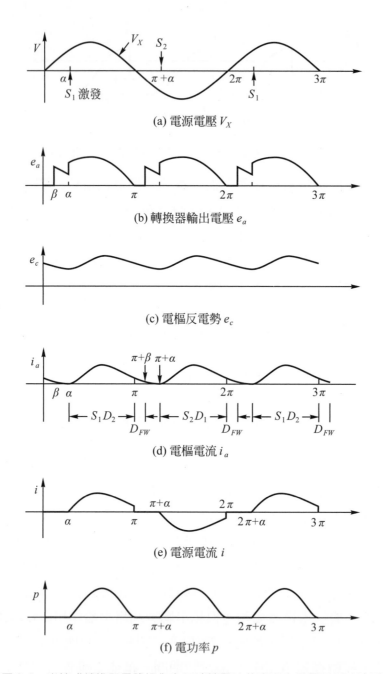

(a) 電源電壓 V_X

(b) 轉換器輸出電壓 e_a

(c) 電樞反電勢 e_c

(d) 電樞電流 i_a

(e) 電源電流 i

(f) 電功率 p

圖 9-5　半控式轉換器電路操作在不連續電流效應下之電壓及電流波形

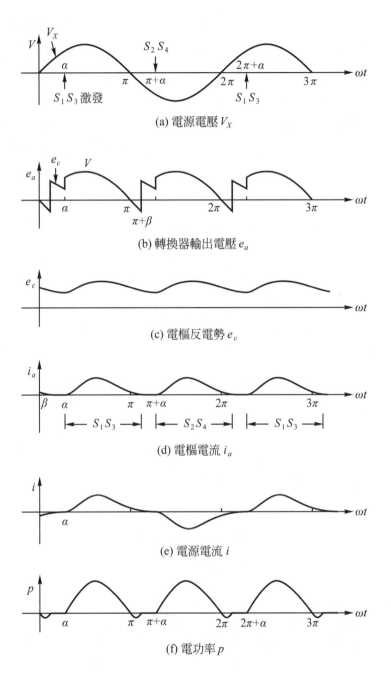

圖 9-6　全控式轉換器電路操作在不連續電流效應下之電壓及電流波形

　　在轉換器之輸出電壓較低時，即觸發角較大時，電源側之功率因數將變得很低，因此有二種改善功因的方法，即為全控式轉換器做半控操作及強制換向二種。其中之全控式轉換器做半控操作方法，即在圖9-7之(a)所示的閘流體SCR$_3$及SCR$_4$，其觸發角控制在0°，則SCR₃及SCR₄只要順向偏壓，就可以隨時導通，如同二極體，這樣電路功能就相同於圖 9-7 的(a)所示。此種方式有下列缺點，即⑴偶次諧波電流會出現在電源線上；⑵第三諧波會出現在輸出端；⑶有換向失敗的危險。因此雖有提高功率因數，但一般皆不鼓勵使用。其中之二的強制換向是以加上輔助電路，使閘流體在任意時刻換向，即在任何時刻導通或關閉。加上輔助電路是以改變觸發角方式來使閘流體換向，其方法有⑴截止角控制法，即在閘流體SCR₁於0°時導通，而在γ時截止，所以其平均輸出電壓E_a會隨著γ而變。而波形如圖 9-7(a)所示，在圖中可知，電流的基波成份i_1超前電壓，功率因數超前，正可補償線路之壓降。⑵對稱角控制，即閘流體SCR₁在α時導通，在π−α時截止，其波形如圖9-7(b)所示。由圖中可知，電流的基本波成份i_1和電壓同相位，功率因數等 1。⑶脈寬調變，即採用一三角波和脈動直流之電源電壓波形比較。如果電源電壓值大於此可調變之三角波之波幅時，則閘流體導通。電源電壓值小於此可調變之三角波之波幅時，則 SCR 截止，其波形如圖9-7(c)所示。此可調變之三角係為高頻的三角波信號，故在半週內會有數個電流脈波，這樣低次諧波便會消失，故總諧波量會降低。另外調整三角波之波幅，就可改變輸出脈波的寬度，也就是可調整輸出電壓的大小。這是前二種控制方式所無法達成的，並且前述二種之控制方式的最低次諧波是三次諧波，比較不容易濾掉，而此種方式較容易處理低次諧波，使其消失。

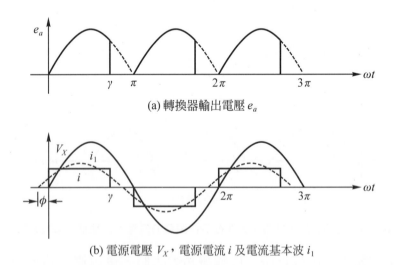

(a) 轉換器輸出電壓 e_a

(b) 電源電壓 V_X，電源電流 i 及電流基本波 i_1

圖 9-7　強迫換向改變功率因數⑴截止角控制(a)、(b)，⑵對稱角控制(c)、(d)，⑶脈寬調變控制(e)、(f)、(g)

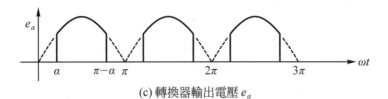

(c) 轉換器輸出電壓 e_a

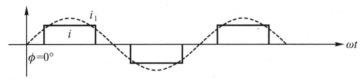

(d) 電源電流 i 及電流基本波 i_1

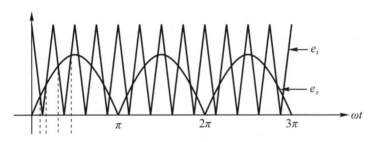

(e) 和轉換器輸出電壓同步之信號及高頻之角波信號

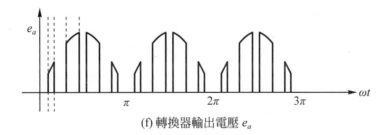

(f) 轉換器輸出電壓 e_a

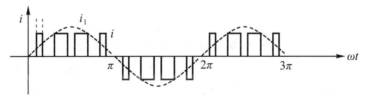

(g) 電源電流 i 及電流基本波 i_1

圖 9-7　強迫換向改變功率因數(1)截止角控制(a)、(b)，(2)對稱角控制(c)、
(d)，(3)脈寬調變控制(e)、(f)、(g)(續)

9-2-2　三相電源轉換器

　　一般而言，大容量之直流驅動系統，都採用三相電源之相位控制轉換器。因為三相轉換器的輸出漣波頻率比單相轉換器高，亦即漣波電壓較小，所以可使用較小之平滑抗流圈，且三相轉換器的輸出電流又大部份是連續的情況，故電動機的運轉特性將優於單相轉換器的驅動。其方式可分為半波整流電路和全波整流電路。半波整流電路之電路圖如圖 9-8 所示。圖中三相電源之每相都接有一閘流體，即三相皆接有閘流體。當 S_1 激發時，電壓 V_{an} 直接地跨接於電樞的兩端。當 S_2 激發時，電壓 V_{bn} 直接地跨接於電樞兩端。當 S_3 激發時，電壓 V_{cn} 直接跨接於電樞的兩端，但不可能有二個以上的閘流體同時導通。因為最高電壓的那一相會對其他閘流體產生反向偏壓而截止。其次是全波整流電路，而此電路相同於單相轉換器也可分為半控式三相轉換器及全波式三相轉換器二種。在半控式三相轉換器的電路如圖 9-9(a) 所示，圖中之 D_1、D_2 及 D_3 二極體導通的時間，分別為它所連接之相電壓最小的時段，即 t_4 到 t_6、t_6 到 t_8 及 t_2 到 t_4。如果閘流體 S_1、S_2 和 S_3 也換成二極體，則將分別於該相電壓最大的時段導通，即 t_1 到 t_3、t_3 到 t_5 以及 t_5 到 t_7。因此三個閘流體的激發角就分別以 t_1、t_3 及 t_5 為參考點，這些正是相電壓 v_A、v_B 及 v_C 的交點，也是線電壓為零伏特的點。當 $\alpha = 60°$ 時，閘流體是從 90° 時開始導通，即 $\pi + \alpha$ 時開始導通。S_1 和 D_1 就在 $\pi/6 + \alpha$ 到 t_4 期間導通，這期間 X 點電壓為 v_A，而 Y 點電壓為 v_C，所以電樞電壓 $e_a = v_A - v_C = v_{AC}$。在 t_4 以後 V_{AC} 變為負值，但此時 D_{FW} 導通，故電動機電流流過 D_{FW}，直到下一個閘流體 S_2 激發導通為止，其波形圖如圖 9-9(b)、(c) 所示。對此連續的電樞電流而言，半控式轉換器的輸出電壓平均值 E_a 為

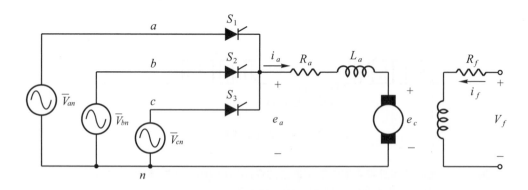

圖 9-8　三相半波整流電路

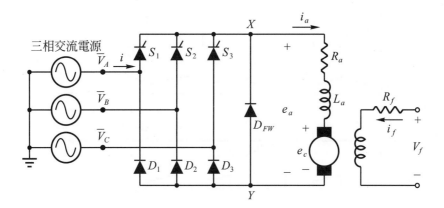

(a) 三相半控式轉換器之電路

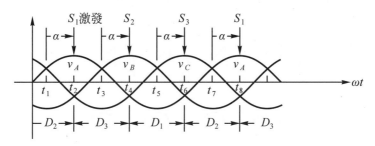

(b) 三相電源電壓波形及激發

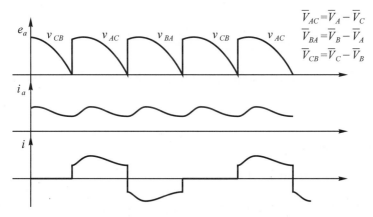

$$\overline{V}_{AC} = \overline{V}_A - \overline{V}_C$$
$$\overline{V}_{BA} = \overline{V}_B - \overline{V}_A$$
$$\overline{V}_{CB} = \overline{V}_C - \overline{V}_B$$

(c) 在$\alpha = 60°$，i_a為連續時，電樞反電勢 e_a，
電樞電流 i_a 及電源線電流 i 之波形

圖 9-9　三相半控式轉換器控制直流電動機基本電路及波形

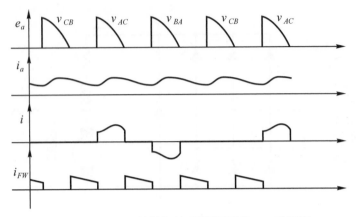

(d) 在 $\alpha = 120°$，i_a 為連續時，電樞反電勢 e_a，電源線
　　電流 i 之波形及流經飛輪二極體電流 i_{EW}。

(e) 在 $\alpha = 120°$，i_a 為不連續時，電樞反電勢 e_a，
　　電樞電流 i_a 及電源線電流 i 之波形。

圖 9-9　三相半控式轉換器控制直流電動機基本電路及波形(續)

令三相電壓為

$$V_A = \sqrt{2}\, V_x \sin\omega t \tag{9-3}$$

$$V_B = \sqrt{2}\, V_x \sin(\omega t - 120°) \tag{9-4}$$

$$V_C = \sqrt{2}\, V_x \sin(\omega t + 120°) \tag{9-5}$$

故　　$$E_a = \frac{3}{2\pi} \int_{\frac{\pi}{6}+\alpha}^{\frac{\pi}{6}+\alpha+\frac{2\pi}{3}} (v_A - v_C)\,d\omega t$$

$$= \frac{3\sqrt{6}\, V_x}{2\pi}(1 + \cos\alpha)(V) \tag{9-6}$$

在圖 9-9(b)、(e)圖中同時示出了 $\alpha = 120°$ 時，電樞電流連續與不連續的情形。

全控式三相轉換器之電路圖如圖 9-10(a)所示，其中六個閘流體的激發角分別以t_1到t_6為參考點。因為全控式轉換器的輸出漣波頻率為電源頻率的 6 倍，所以電樞電流大部份情況為連續的。在圖(c)$\alpha = 60°$之情況而言，在t_2到t_3期間，閘流體S_1和S_6導通，故e_a電壓等於v_{AB}。在t_3時，S_2受到激發，而此時使S_6承受反向偏壓自然截止，電樞電流變成流經S_2，所以e_a電壓等於v_{AC}，以此類推。在圖(d)$\alpha = 90°$時，e_a電壓的平均值等於零伏特。當$\alpha = 120°$時，e_a的平均值為負的，如果再配合將磁場反向，就可以做再生制動，其波形如圖 9-10(e)所示。在全控式轉換器的輸出電壓平均值可以表示為

$$E_a = \frac{3}{\pi} \int_{\frac{\pi}{6}+\alpha}^{\frac{\pi}{6}+\alpha+\frac{\pi}{3}} (v_A - v_B) d\omega t$$

$$= \frac{3\sqrt{6}}{\pi} \cos\alpha (\text{V}) \tag{9-7}$$

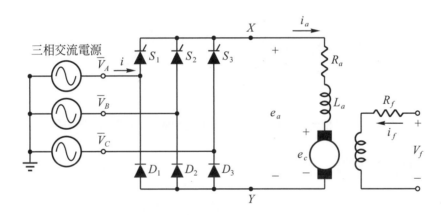

(a) 三相全控式轉換器之電路

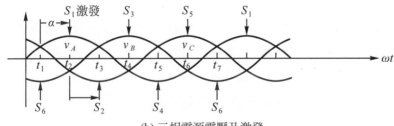

(b) 三相電源電壓及激發

圖9-10　三相全控式轉換器控制直流電動機基本電路及波形

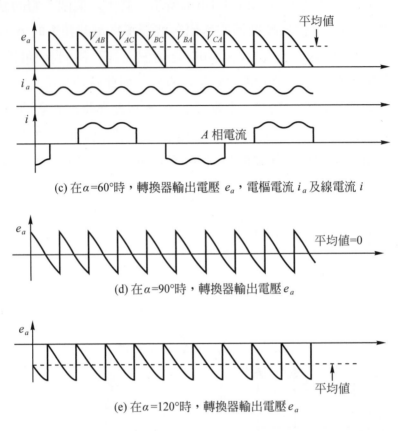

(c) 在 $\alpha = 60°$ 時，轉換器輸出電壓 e_a，電樞電流 i_a 及線電流 i

(d) 在 $\alpha = 90°$ 時，轉換器輸出電壓 e_a

(e) 在 $\alpha = 120°$ 時，轉換器輸出電壓 e_a

圖 9-10　三相全控式轉換器控制直流電動機基本電路及波形(續)

9-2-3　對偶轉換器

　　由於前述之全控式轉換器只能在二象限內提供驅動及制動的操作，即提供相反極性的端電壓及單方向的電流。為了要能提供四象限的操作，即能讓電壓及電流都可以反向，而使電動機可以正逆方向的運轉，則可將兩組之全控式轉換器作背對背的連接，這就是一個對偶轉換器(Dual Converter)，其電路圖如圖 9-11(a)所示。在圖(a)之轉換器皆假設為理想狀態，即直流輸出端不含有漣波成份，則由全控式轉換器的輸出平均電壓 E_a 得知，其和 $\cos\alpha$ 成正比變化。因對偶轉換器是將兩組轉換器的輸出端反向接在一起，故兩組轉換器的輸出電壓必須相等，否則會造成嚴重短路。假設兩組轉換器的激發角分別為 α_1 及 α_2，則輸出電壓為

$$E_{a1} = \frac{3\sqrt{6}V}{\pi}\cos\alpha_1$$

$$E_{a2} = \frac{3\sqrt{6}\,V}{\pi}\cos\alpha_2$$

且　　　　$E_a = E_{a1} = -E_{a2}$

故　　　　$\cos\alpha_1 = -\cos\alpha_2$

即　　　　$\alpha_1 + \alpha_2 = 180°$　　　　　　　　　　　　　　　　　　　(9-8)

由上述可知，兩組轉換器的激發角必須符合$\alpha_1 + \alpha_2 = 180°$，其激發信號之方式如圖9-11(b)所示。因為閘流體之激發角是以兩相電壓之交點為參考點，此時之另一相電壓為最大值，故對閘流體S_{11}和S_{21}，可以利用一直流控制電壓E_{ct}和V_B及其反相電壓V'_B相比較，就能得到α_1和α_2的兩個激發脈波，而且不論E_{ct}電壓調大或調小，始終能保持$\alpha_1 + \alpha_2 = 180°$。其餘閘流體的激發方式也採相同的方式即可獲得。但由於上述之理想狀態並不存在，故兩組之輸出平均電壓雖相等，但瞬間電壓並不相等，結果產生了環流之問題。環流會在兩組轉換器中流動，但不流過電樞電路。為克服環流問題可採用兩種方式，其一為控制激發脈波，一次只讓一組轉換器動作，而另一組轉換器截止，即無環流操作。其二為兩組轉換器同時激發動作，但只利用一抗流圈連接於兩組轉換器之間，只作為抑制環流之用，即為有環流之操作方式。前面第一種方式，在電動機穩態運轉時，才會無環流發生。但在電動機改變旋轉方向之際時，即E_{ct}由正轉成負，或負變成正時，環流便產生了。因為其中一組轉換器尚未完全關閉時，另一組轉換器又導通了，而形成重疊現象。解決方法為緩慢調整控制電壓E_{ct}之值，或用具有死帶(Dead Band)的轉移特性，如圖 9-11(d)所示。這樣電動機的響應便無法獲得良好的特性。所以一般在採用上皆允許有環流存在，即兩組轉換器同時激發控制，並使用抗流圈連接在兩組轉換器之間來限制環流。其優點為(1)無論電樞電流是連續或不連續，兩組轉換器在可能的控制範圍內，均可保持導通；(2)負載電流能夠很平滑的往一方向流通；(3)由於轉換器為連續導通狀態，故響應時間很快。在允許環流存在的對偶轉換器之各電壓與電流波形，如圖9-12所示。圖中之$\alpha_1 = 60°$、$\alpha_2 = 120°$，在圖中可看出e_{a1}和e_{a2}的平均值是相等的，而瞬間值是不相等的，電樞電壓e_a為e_{a1}和e_{a2}的平均值，i_a為i_1和i_2之差值。

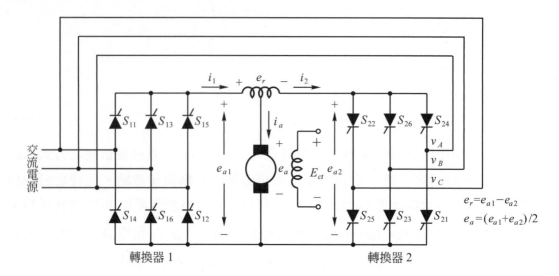

(a) 對偶轉換器之電路

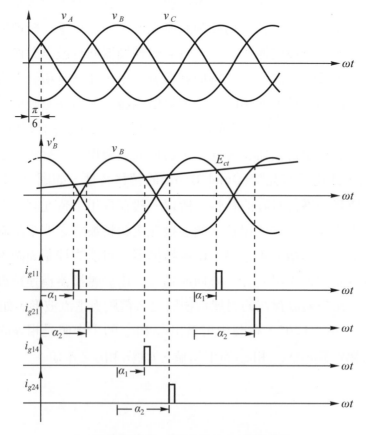

(b) 電源電壓波形、控制電壓 E_{ct} 及激發波形

圖 9-11 對偶轉換器之電路、波形及電壓轉移特性曲線

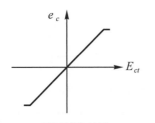

(c) 電壓轉移特性

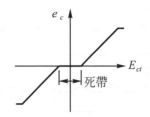

(d) 具有死帶之電壓轉移特性

圖 9-11 對偶轉換器之電路、波形及電壓轉移特性曲線(續)

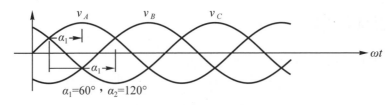

(a) 三相電源波形及激發角 α_1 及 α_2

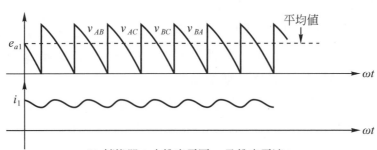

(b) 轉換器 1 之輸出電壓 e_{a1} 及輸出電流 i_1

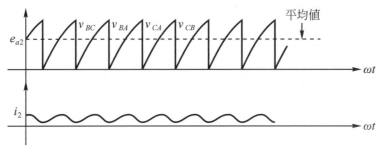

(c) 轉換器 2 之輸出電壓 e_{a2} 及輸出電流 i_2

圖 9-12 三相電源電壓之激發角、轉換器 1、轉換器 2 及電樞電壓、電流波形

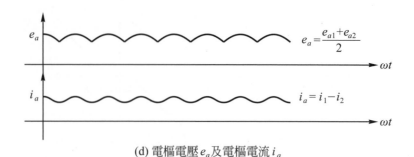

(d) 電樞電壓 e_a 及電樞電流 i_a

圖 9-12　三相電源電壓之激發角、轉換器 1、轉換器 2 及電樞電壓、電流波形(續)

9-2-4　直流截波器

所謂截波器(Chopper)是指一定值之直流電源變為一可調電壓的直流電源。只要將此截波器和電動機連接，即可控制電動機的轉速。一般而言，截波器的控制電路較為複雜，但其效率高、響應快及可連續控制，並可做再生制動，所以使用得非常普遍。截波器的種類，一般分為昇壓型截波器及降壓型截波

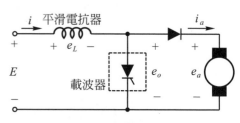

圖 9-13　昇壓型截波器電路圖

器兩種。其中之一的昇壓型截波器之電路連接圖如圖 9-13 所示。當截波器導通時，電源電流會流經電感器 L，當截波器截止時，電感電流被迫流入二極體及負載，此時之電感電壓 e_L 變為負值，故貯存於電感器內的能量此時便釋放到負載，而 e_0 電壓為 E 和 e_L 之和。為了方便分析，假設沒有漣波電流，則輸入到電感器的能量為

$$W_1 = EIt_{ON} \tag{9-9}$$

在截止期間，電感器釋放的能量為

$$W_D = (E_o - E)It_{OFF} \tag{9-10}$$

如忽略電路之損失，則

$$EIt_{ON} = (E_o - E)It_{OFF}$$
$$E_o = E\frac{t_{ON} + t_{OFF}}{t_{OFF}} = E\frac{T}{T - t_{ON}}$$
$$= \frac{E}{1-D} \tag{9-11}$$

其中D爲截波器之工作週期，即$D = \dfrac{t_{ON}}{T}$，且其範圍爲$0 \le D \le 1$，所以E_o電壓值介於E到無限大之間。此昇壓的作用正可使用於電動機的再生制動。其中之二的是降壓型截波器，其連接之電路圖如圖 9-14(a)所示。當截波器導通時，e_o電壓即等於電源電壓E，電流流經平滑電抗電抗器和電樞，截波器通常都必須連接平滑電抗器，以降低電流漣波。當截波器截止時，電樞電流流經飛輪二極體D_{FW}，故e_o電壓等於零伏特，而截波器的輸出電壓平均值E_o爲

$$E_o = E \cdot \frac{t_{ON}}{t_{ON} + t_{OFF}} = E \cdot D \tag{9-12}$$

由上式知，截波器的工作頻率不可太低，否則電動機將產生脈動轉矩，一般其工作頻率都在 400Hz 以上。其工作波形如圖 9-14(b)所示。其中之圖(b)爲i_a是不連續時，電壓輸出波形e_o，而圖(c)是i_a爲連續時電壓輸出波形e_o。

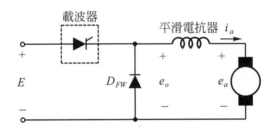

(a) 降壓型截波器電路圖

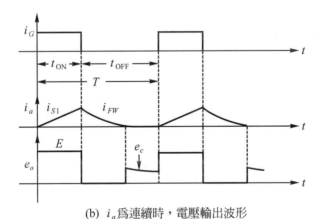

(b) i_a爲連續時，電壓輸出波形

圖 9-14　降壓型截波器電路、i_o爲連續及不連續之電壓波形

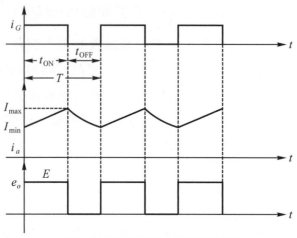

(c) i_a 為不連續時，電壓輸出波形

圖 9-14　降壓型截波器電路、i_o 為連續及不連續之電壓波形(續)

　　為了改變截波器之輸出電壓值，其控制方式可分為兩種方式，即變頻控制及定頻控制。其中變頻控制是改變截波週期，但是保持 t_{ON} 的時間或 t_{OFF} 的時間固定。這種方法也可稱為脈波頻率調變 PFM(Pulse Frequency Modulation)，其中之二的定頻控制是以截割週期(或截割頻率)保持固定，而改變 t_{ON} 的時間。這種方法也可稱為脈寬調變 PWM(Pulse Width Modulation)。在前者部份的方法是為了能得到大範圍的輸出電壓，頻率變化範圍就必須很大，所以濾波器的設計上較為困難。其次是輸出電壓較低時，OFF 時間很長，因而造成負載電流的不連續，故一般頻率控制方式很少被採用。

　　由於在操作上截波器皆被考慮成理想狀態，但所使用之SCR開關是導通容易，截止難，故電路上皆包含一些換向(Commutation)電路。而其換向方法有二種方式，即負載換向及強制換向。其中之一的負載換向，是使流經閘流體的負載電流自然降到零安培，其電路如圖 9-15(a)所示。其中之二是強制換向，以強迫流經閘流體的電流為零，使閘流體截止。而強制換向又可分為以下二種，即電壓換向及電流換向。而電壓換向是利用一個充過電的電容器偏壓到SCR的陽極與陰極使其截止，如圖 9-15(b)所示。另外之電流換向是利用電流脈波反向流過正在導通的SCR，當SCR的淨電流為零時，也就截止，如圖 9-15(c)所示。

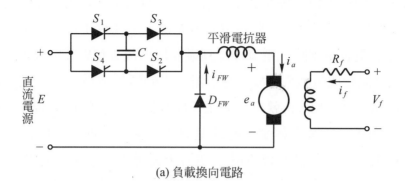

(a) 負載換向電路

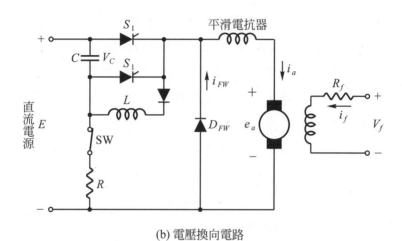

(b) 電壓換向電路

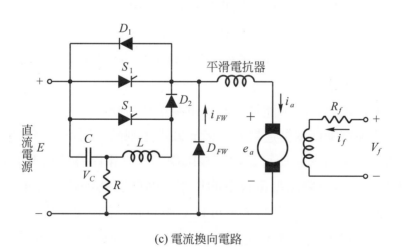

(c) 電流換向電路

圖 9-15　截波器之各種換向電路

現就負載換向之工作原理來說明。在圖 9-15(a)中，若首先激發S_1和S_2，電流便經由S_1、電容器、S_2到負載，此時電容器充電，上端為正電。當電容器充電達到V_C時，並且等於電源電壓時，電流即降到零安培，故S_1和S_2自然截止。其次，當激發S_3和S_4時，電流變成流經S_3和S_4，電容器充電的極性成為下端正電。同理，當電容器充電達飽和時，S_4和S_3也就自然截止。此種換向電路的結構簡單，但在每次閘流體導通的一開始，負載大約承受電源電壓的二倍大，即$E + V_C$。然後以電壓換向之工作原理來說明，在圖 9-15(b)中，電容未充電之前，先將SW開關投入，讓電容充電上端正電，此時$V_C = E$，然後再將開關切斷。當主閘流體S_1激發導通時，負載電流馬上流入電動機，同時電容器也經S_1、D和L構成一放電路徑，由於電路上LC元件的作用。使得電容器因超過量(Overshoot)的關係，變成充電至下端帶正電。而電路上接有二極體，故電容無法再放電。最後是當要關掉主閘流體S_1的時候，則是激發S_2。S_2一旦導通後，即順向壓降都很小，V_C的電壓即跨於S兩端。對S_1而言為逆向偏壓，強迫S_1截止。並且有一電流路徑，從電源經C、S_2和平滑電抗器到負載，故在S_1截止之同時，電容器亦充電成上端正電。當$V_C = E$時，S_2亦自然截止，等待下一循環的動作。在圖 9-15(c)中，換向動作是當電路的起始狀態為電容器，經由R_1充電成左端正電，即$V_C = E$。然後當主閘流體S_1激發導通時，負載電流即流入電動機。最後在需要關掉S_1的時候，S_1和S_2是被激發而導通，電容器便經由S_2和L構成放電路徑，因超越量的關係，電容器變成右端正電，然後電容器又找尋放電路徑，首先將S_2截止，而後再經D_2將S_1截止，電容器多餘的能量，再經D_1放掉。在截波器截止後的短暫期間，C經由R和經由L、D_2及電動機，又充電成左端正電，等待下次循環的動作。

由於之前所使用之電路，能量只能從電源送到電動機。如果要能實現之前之二象限操作，即能使電動機驅動運轉外，尚能做再生制動，則可以將昇壓型截波器及降壓型截波器互相組合。這便可實現二象限操作，其電路圖如圖 9-16(a)所示。在圖(a)中，Q_1和D_1是執行降壓型截波器的作用，而Q_2和D_2則執行昇壓型截波器之功能。當中之Q_1和Q_2是交互動作的，不可以二個同時導通，否則將造成嚴重短路。當Q_1導通的時間比Q_2長時，電路可以做再生操作。在圖(b)中是電動機操作在輕載或低轉速時的波形。其情況為電流從電源經Q_1流到電抗器及電樞，然後在Q_1截止後，電樞電流就流經D_1，此時之電抗器釋放出所貯存的能量。當電源下降到零以後，反而變成反向流動，即$-i_a$，這是因電樞及電勢的緣故。此時電流通過Q_2，直到Q_2截止後，逆向i_a電流就經過D_2流向電源，貯存於電抗器及電樞的能量，這時又釋放能量回到電源。即每一週期中，電動機會向電源吸收能量，同時也送回能量各一次。當電動機之負載加重時，或轉速欲增高時，則Q_1之導通時間必須加長，而其波形如圖9-16(c)所示，此時電樞電流i_a便往上提升，即增加。如果要煞車制動，則必須將Q_1的導通時間調整到小於Q_2，如圖9-16(d)所示。在電動機煞車過程中，電動機之轉速逐漸降低時，電樞反電勢e_c亦在下降中，為了使電動機能繼續將能量送回電源，就必須加大Q_2之導通時間，即減少Q_1之導通時間。除了採用圖9-16(a)的兩象限電路圖外，尚可將電路圖改接成圖9-17所示之電路圖，同樣具有兩象限

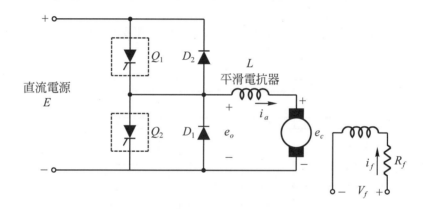

(a) 兩象限截波器電路圖

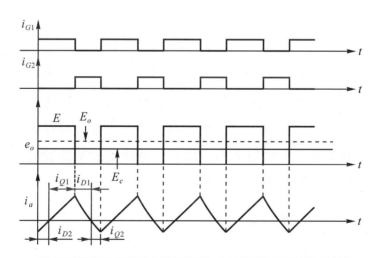

(b) 電動機低速運轉時之激發電流、電樞電壓及電樞電流波形

圖 9-16　兩象限截波器電路及在各種情況下之波形

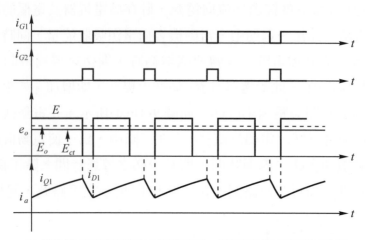

(c) 電動機在高速運轉時之激發電流、電樞電壓及電樞電流波形

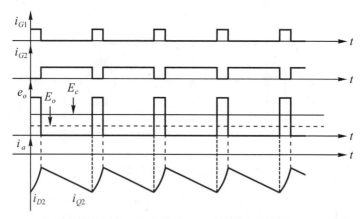

(d) 電動機在制動時之激發電流、電樞電壓及電樞電流波形

圖 9-16　兩象限截波器電路及在各種情況下之波形(續)

操作的特性。其作用原理為當Q_1及Q_2兩個閘流體導通時，電流從電源經Q_1、電抗器、電樞、Q_2回到電源，$e_o = E$。當閘流體截止時，電樞電流就經由D_1和D_2流回電源，$e_o = -E$。負載電壓的平均值是為正或負，則決定於閘流體的導通時間長或截止時間長，負載平均電壓則為

$$E_o = \frac{1}{T}\Big[\int_0^{t_{ON}} E\,dt - \int_{t_{ON}}^T E\,dt \Big]$$

$$= \frac{1}{T}[Et_{ON} - E(T - t_{ON})]$$

$$= \frac{1}{T}E \cdot (2D - 1) \tag{9-13}$$

其中$D = t_{ON}/T$代表閘流體之工作週期。因為電路上的電流為單向流動，而電壓極性又可正、可負，故電動機可以正常的運轉，亦可作再生制動，只是再生制動必須改變磁場方向而已。在前述之方式，皆只限於兩象限的操作，如果要作四象限操作，則必須更改電路圖，如圖 9-18 所示。其中之負載端電壓極性和電流方向均可改變，故電動機可以做正向及反向控制，也可以做再生制動。在圖中，如果使Q_3截止而Q_4導通後控制Q_1和Q_2，則電路的動作情形就如圖 9-17 所示之兩象限操作，即電壓為正，而電流之方向可變。如果將Q_1保持截止，而Q_2保持導通，然後控制Q_3和Q_4，則電壓就變成負，電流方向可變。

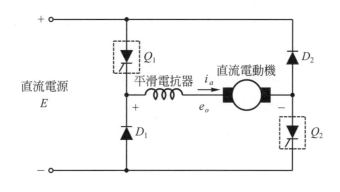

圖 9-17　雙象限截波器電路

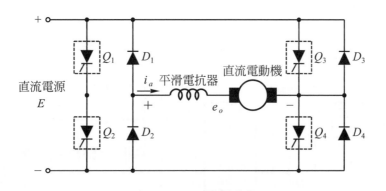

圖 9-18　四象限截波器電路

　　考慮具有回授電路及採用定頻式控制方式之截波器的直流電動機控制方塊圖，如圖 9-19(a)所示。此截波器只能作單相操作，即只有電源提供電源及電流，而電動機並不提供回送之電流。此電路中主閘流體為S_1，負責在導通時供應電流到電動機電樞。如果要截止，則必須觸發S_2，其動作情況為(1)在電容器C經電感器L和電

樞繞組充電到飽和，左端則帶正電。(2)激發主閘流體S_1，電源提供了電樞所需要的
負載電流，但電容器電壓不變。(3)激發輔助閘流體S_2時，C經過S_2和L構造放電路
徑，並因為超過量的關係，導致電容器反向充電，且其電壓值比電源電壓還高。(4)
當電容器在反向充電而到達最高電壓時，亦即充電電流為零時，此時S_2自然截止。
此外，電容器又尋找其放電路徑，這時候C會沿著L、S_1和S構成放電路徑。當流過
S_1的放電電流把負載電流抵消後，S_1也就截止了。在此圖中之截波器換向方式屬於
電流換向，故必須注意電容器經由S_1的放電電流必須大於負載電流，同時此放電時
段也必須比主閘流體S_1的截止時間長才可以，否則主閘流體將不會被截止，電路
的動作也變成失控現象，因此電路上換向用電容值C和電感值L必須適當的計算才
行。在圖中的電路為閉迴路控制系統，其中包括速度迴授、電樞電流回授。回授信
號與設定值比較及放大後，成為一直流控制電壓E_{ct}。再將此控制電壓和鋸齒波相
比較後，以產生激發S_1和S_2所需要的脈波，而此電路採用定頻式之脈寬調變 PWM
控制方式。當E_{ct}愈大時，截波器的導通時間愈長，輸出電壓的平均值E_o也就愈大，
而電動機轉速就轉得愈快，如圖9-19(b)所示。如將圖9-19(a)以轉換函數方塊圖及
不考慮負載的變動情形，則可以圖9-20來表示。其圖中之Z_e是代表電氣時間常數，
為L_a/R_a之值。Z_m代表機械時間常數，為R_aJ_m/K_EK_T。而L_a為電樞電感值，R_a為電樞
電阻值，J_m為轉子的轉動慣量，K_E為轉速係數，K_T為轉矩係數。此方塊圖之組成
皆由電路方程式及機械方程式，以取拉氏轉換後而得到。

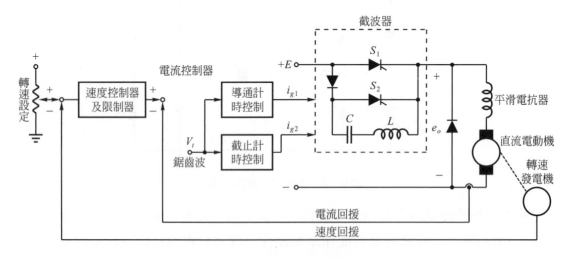

(a) 閉迴路截波控制電路

圖 9-19　固定頻率式截波控制

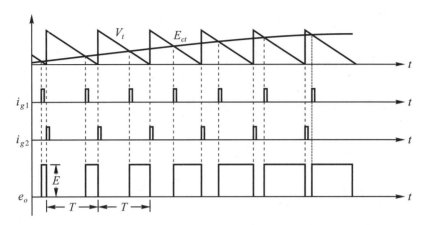

(b) 激發信號及輸出電壓波形

圖 9-19　固定頻率式截波控制(續)

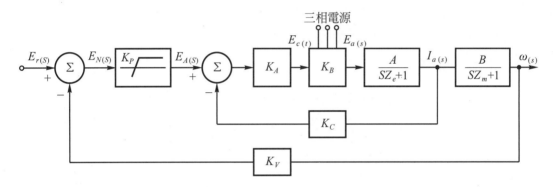

圖 9-20　含內部流控制迴路的比例轉速控制函數方塊圖

　　在此電路由於係為轉速控制，為了方便控制採用比例控制方式，以三相全控式轉換器來驅動，並利用餘弦激發方式，便可使電樞電壓E_a和控制電壓E_c間呈線性關係，即

$$\frac{E_a(s)}{E_c(s)} = K_B = \frac{3\sqrt{2}\,V_{\text{rms}}}{\pi E_o} \tag{9-14}$$

其中V_{rms}為交流電壓之有效值，E_o為激發角為0°時的E_{ct}值。在電流內迴路有一比例放大關係K_c和速度外迴路比例放大關係K_v。在電路之設計上，如果電壓E_r突然改變，將造成極大誤差電壓，而可能導致電動機過流，因此必須以電流回授來限制最大電流值，因而以限制E_A之值，電動機電流就不能過大。為設計簡化起見，電流回授的轉移函數可寫成

$$\frac{I_a(s)}{E_A(s)} = \frac{K_A K_B \cdot \dfrac{A}{S\tau_e + 1}}{1 + K_A K_B K_C \cdot \dfrac{A}{S\tau_e + 1}} \tag{9-15}$$

一般 $K_A K_B K_C A/(sZ_e + 1) \gg 1$，故上式可簡化為

$$\frac{I_a(s)}{E_A(s)} = K_{AB} = \frac{1}{K_C} \tag{9-16}$$

而簡化後之轉移函數為

$$\frac{\omega(s)}{E_r(s)} = \frac{K_p K_{AB} B/(S\tau_m + 1)}{1 + K_p K_v K_{AB} B/(S\tau_m + 1)} \tag{9-17}$$

　　上式中不考慮負載變化，其簡化方塊圖如圖 9-21 所示。如果將前述之比例控制改成比例積分控制器，則在 K_p 的方塊圖中，改成 $K_p(1 + S\tau_I)/S\tau_I$，即為比例積分控制，如圖 9-22 所示。因為 PI 控制具有濾波功能，所以回授電流不需加任何之濾波器，其轉移函數為

$$\frac{\omega(s)}{E_r(s)} = \frac{K_p K_{AB} B \dfrac{(1 + S\tau_I)}{S\tau_I(1 + S\tau_m)}}{1 + \dfrac{K_v K_p K_{AB} B(1 + S\tau_m)}{S\tau_I(1 + S\tau_m)}} \tag{9-18}$$

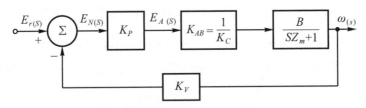

圖 9-21　含內部流控制迴路的比例轉速控制簡化函數方塊圖

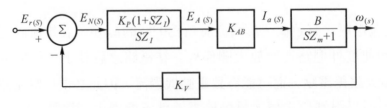

圖 9-22　含有比例積分控制器的轉速控制函數方塊圖

若 $K + K_s B \gg 1$，則

$$\frac{\omega_s}{E_r(s)} = \frac{(1 + S\tau_s)}{K_v(1 + S\tau_s + S^2\tau_s\tau_m / K_v K_p K_{AB} B)}$$

在採用比例積分控制器後，其對應於步階電壓 E_{st} 的轉速和電流響應曲線如圖 9-23 所示。

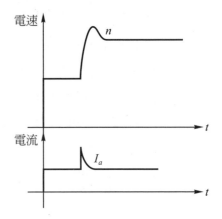

圖 9-23　比例積分控制的步階轉速響應
及電流變化波形

・・ 例題 9-1 ・・・・・・・・・・・・・・・

有一部 330 伏特、30 馬力的直流他激電動機，無載時為 1200rpm，電動機的設定電樞電流為 75 安培，電樞電阻為 $R_a = 0.25$ 歐姆，若交流側之電壓為 380 伏特，試求

⑴若由一單相半控式轉換器來驅動，並假設電樞電流為連續且無漣波，則在 $\alpha = 30°$ 及額定電流下運轉之轉速、轉矩、交流側功率因數？

⑵若由一單相全控式轉換器來驅動，並假設電樞電流為連續且無漣波，則在 $\alpha = 30°$ 及額定電流下運轉之轉速、轉矩、交流側功率因數？

解

⑴在 $\alpha = 30°$，$E_a = \dfrac{\sqrt{2}\,V_{\mathrm{rms}}}{\pi}(1 + \cos\alpha) = \dfrac{\sqrt{2} \times 380}{\pi}(1 + \cos 30°) = 319(\mathrm{V})$

$E_c = E_a - I_a R_a = 319 - (75 \times 0.25) = 300(\mathrm{V})$

因無載時，電樞電流非常小，故電樞反電勢約為 330V，因此所得

轉速 $n = \dfrac{300}{330} \times 1200 = 1091\mathrm{rpm}$

轉矩 $T = \dfrac{P}{\omega} = \dfrac{300 \times 75}{2\pi \times \dfrac{1091}{60}} = 196.94(\mathrm{Nm})$

因為導通角為 150°，所以交流電源側電流均方根值為

$$I_{\text{rms}} = \sqrt{\left(\frac{1}{\pi} \times 75^2 \times \frac{150° \times \pi}{180°}\right)} = 68.47(\text{A})$$

因此交流電源的輸出功率為

$$S = V_{\text{rms}} I_{\text{rms}} = 380 \times 68.47 = 26018.6(\text{VA})$$

假設不計算轉換器之損失，則電源送出的有效功率為

$$P = E_a I_a = 300 \times 75 = 22500(\text{W})$$

故功率因數

$$PF = \frac{22500}{26018.6} = 0.865$$

(2)在 $\alpha = 30°$ 時，$E_a = \frac{2\sqrt{2} V_{\text{rms}}}{\pi} \cos\alpha = \frac{2\sqrt{2} \times 380}{\pi} \cos30° = 296.3(\text{V})$

$$E_c = E_a - I_a R_a = 296.3 - 75 \times 0.25 = 277.55(\text{V})$$

因無載時電樞電流非常小，故電樞反電勢約為330V，因此可得

轉速 $n = \frac{277.55}{330} \times 1200 = 1009\text{rpm}$

轉矩 $T = \dfrac{277.55 \times 75}{2\pi \times \dfrac{1009}{60}} = 197(\text{Nm})$

不計轉換器之損失，則功率因數 PF 為

$$PF = \frac{P}{S} = \frac{E_a I_a}{V_{\text{rms}} I_{\text{rms}}} = \frac{296.3 \times 75}{380 \times 75} = 0.78$$

- - - **例題 9-2** -

有一部200伏特、10馬力、1800rpm的直流電動機，$R_a = 0.2$ 歐姆，電樞額定電流為40安培，其中 $K\phi = 0.15$ 伏特／rpm，若由三相半控式轉換器來驅動，交流電源為3相220伏特60Hz，若不計算轉換器的損失，試求

(1)$\alpha = 0°$ 及 $\alpha = 60°$ 時之無載轉速？(假定無載電樞電流為額定之10％且連續)

(2)電動機於滿載下，欲獲得1800rpm的激發角為若干？電源功率因數為若干？

解 (1)電源相電壓 $V_{\text{rms}} = \frac{220}{\sqrt{3}} = 127(\text{V})$

而反電勢 E_a 為 $E_a = \frac{3\sqrt{6}V}{2\pi}(1 + \cos\alpha) = \frac{3\sqrt{6} \times 127}{2\pi}(1 + \cos\alpha) = 148.5(1 + \cos\alpha)$

當 $\alpha = 0°$ 時，$E_a = 148.5(1 + \cos 0°) = 297(\text{V})$

$E_c = E_a - I_a R_a = 297 - (40 \times 0.1 \times 0.2) = 296.2(\text{V})$

無載轉速為 $n = \dfrac{E_c}{K\phi} = \dfrac{296.2}{0.15} = 1974.7(\text{rpm})$

⑵滿載運轉，轉速為 1800rpm 時，反電勢為

$E_c = K\phi n = 0.15 \times 1800 = 270(\text{V})$

$E_a = E_c + I_a R_a = 270 + (40 \times 0.2) = 278(\text{V})$

另外 $E_a = 148.5(1 + \cos\alpha)$

故 $\cos\alpha = \dfrac{E_a}{148.5} - 1 = \dfrac{278}{148.5} - 1 = 0.872$

激發角 $\alpha = \cos^{-1} 0.872 = 29.3°$

滿載時，電樞電流可忽略漣波不計，而且 α 小於60°，所以電源電流為振幅40安培及寬度為120°的方波，其均方根值為

$I_{\text{rms}} = \sqrt{\left(\dfrac{1}{\pi} \times 40^2 \times \dfrac{2\pi}{3}\right)} = 32.66(\text{A})$

電源送出的功率為 $S = 3 \times V_{\text{rms}} \times I_{\text{rms}} = 3 \times 127 \times 32.66 = 12443.46(\text{VA})$

因轉換器不消耗功率，故電源的輸出有效功率等於電動機輸入功率

$P_e = E_a I_a = 278 \times 40 = 11120(\text{W})$

故功率因數 $PF = \dfrac{P_e}{S} = \dfrac{11120}{12443.46} = 0.893$

例題 9-3

有一部 300 伏特之直流他激式電動機，其電樞電阻 $R_a = 0.25$ 歐姆，電感值 $L_a = 20\text{mH}$，無載轉速為2000rpm，滿載電流為60A，今以一降壓截波器來驅動，直流電源電壓為 300 伏特，試求

⑴滿載工作時轉速為 1600rpm 及 1000rpm 的截波器工作週期？

⑵滿載工作且負載為定轉矩負載之截波器工作週期範圍？

解 ⑴定轉速之工作週期，因無載運轉時，電樞電流很小，故反電勢可視為 300 伏特，如欲得到1600rpm之反電勢應為

$E_c = \dfrac{1600}{2000} \times 300 = 240(\text{V})$

$$E - a = E_c + I_a R_a = 240 + (60 \times 0.25) = 255 \text{(V)}$$

由公式 $E_a = E \cdot D \Rightarrow D = \dfrac{E_a}{E} = \dfrac{255}{300} = 0.85$

如在 1000rpm 之反電勢為

$$E_c = \frac{1000}{2000} \times 300 = 150 \text{(V)}$$

$$E_a = E_c + I_a R_a = 150 + (60 \times 0.25) = 165 \text{(V)}$$

由公式 $E_a = E \cdot D$

故 $D = \dfrac{E_a}{E} = \dfrac{165}{300} = 0.55$

(2)在滿載且轉速為零時，$E_c = 0$

$$E_a = E_c + I_a R_a = 0 + 60 \times 0.25 = 15 \text{(V)}$$

由公式 $E_a = E \cdot D$

故 $D = \dfrac{E_a}{E} = \dfrac{15}{300} = 0.05$

所以截波器之工作週期範圍為 $0.05 < D < 1$

9-3 三相感應電動機之控制

　　當三相感應電動機之定子繞組接上三相電源後，即在氣隙中產生旋轉磁場，此旋轉磁場的速度稱為同步速度 n_s，而 $n_s = \dfrac{120f}{P}$。轉子繞組切割此旋轉磁場後，產生感應電壓及電流，而轉子電流亦產生磁場，此磁場和定子磁場相互作用後，產生電磁轉矩，以此轉矩驅動轉子轉動，轉子的轉動方向和旋轉磁場同方向。而轉子的速度 $n_r = (1-s)n_s$，小於旋轉磁場速度，兩者之間有轉差，轉子才有感應電壓，這才能夠轉動。感應電動機之轉差率隨著負載的大小而自動調節，即負載增加時，轉差率變大。負載降低時，轉差率變小。三相感應電動機的轉速控制分成定子方面控速方法及轉子方面的控速方法。在前者方面以改變極數、改變外加電壓及改變電源頻率三種方式為主。在後者方面，則以串接轉子電阻器為主。

在改變極數控制法上，以利用$n_s = \dfrac{120f}{P}$及$n_r = (1-s)n_s$兩個式子的改變極數方法，達到轉速控制的目的。變更定子繞組極數的方法有兩種，即雙繞組法及單繞組變極法。在雙繞組法之電動機定子必須有兩組不同極數的繞組，兩繞組各自獨立。當兩種極數繞組分別通入電流時，就會得到不同的轉速。一般高速繞組置於槽內底部，低速繞組置於槽內之頂部，並且有一組繞組通電激磁時，另一組必須開路，否則有變壓器之耦合作用。其繞組一般皆採用 Y 形連接，以簡化控制電路。在單繞組法上是以改變繞組結線的方式，以達到改變極數的目的。如圖 9-24(a)、(b)所示，有兩種不同的接法，分別可得到8極和4極。一般極數一定是差2倍，這也是單繞組變極法的缺點。此外，改變繞組接線的控制方法，依其排列情況分為三種，其⑴為定轉矩接法，此法又可分為串△連接方式之低速運轉及雙並 Y 連接方式之高速運轉，如圖 9-25(a)、(b)所示。⑵為定功率接法，或稱為定馬力接法，此接法又可分為雙並 Y 低速運轉及串△高速運轉，當中低速運轉之最大轉矩約為高速之二倍。其接線如圖 9-26(a)、(b)所示。⑶變轉矩接法，此接法又可分為串Y低速運轉及雙並 Y 高速運轉。在此低速運轉之最大轉矩比高速時為低，其適用於小轉矩之負載，其接線圖如圖 9-27 所示。以上三種改變繞組接線的控制方法之特性曲線圖如圖 9-28 所示。

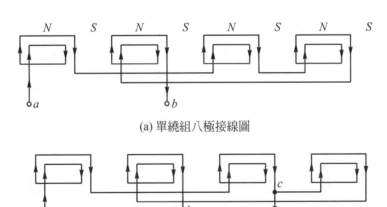

(a) 單繞組八極接線圖

(b) 單繞組四極接線圖

圖 9-24　極數變換法

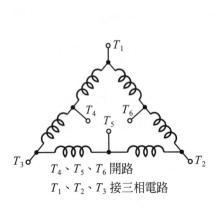

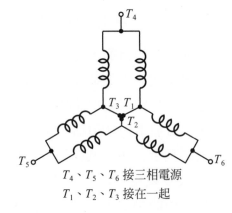

T_4、T_5、T_6 開路
T_1、T_2、T_3 接三相電路

(a) 低速運轉接線圖

T_4、T_5、T_6 接三相電源
T_1、T_2、T_3 接在一起

(b) 高速運轉接線圖

圖 9-25　定轉矩接線法

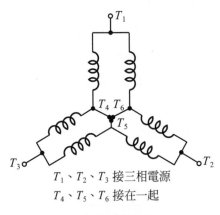

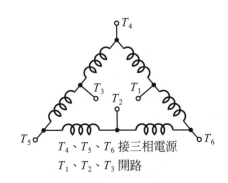

T_1、T_2、T_3 接三相電源
T_4、T_5、T_6 接在一起

(a) 低速運轉接線圖

T_4、T_5、T_6 接三相電源
T_1、T_2、T_3 開路

(b) 高速運轉接線圖

圖 9-26　定功率接法

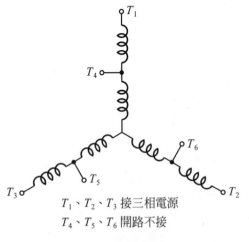

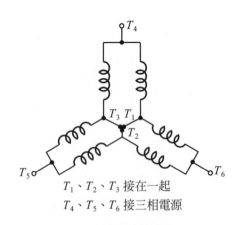

T_1、T_2、T_3 接三相電源
T_4、T_5、T_6 開路不接

(a) 低速運轉接線圖

T_1、T_2、T_3 接在一起
T_4、T_5、T_6 接三相電源

(b) 高速運轉接線圖

圖 9-27　變轉矩接法

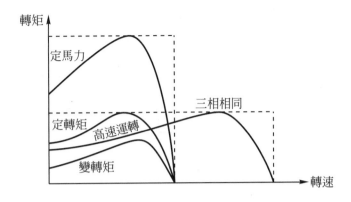

圖 9-28 轉矩-轉速特性曲線

　　因為感應電動機的轉矩和外力電壓的平方成正比，又由於轉矩之大小直接關係著轉速之快慢，所以只要連續改變電壓值，就可獲得無段變速控制。改變電壓的傳統作法是在電源和電動機之間串聯可調變之外部電阻器或電抗器，就可以降低電動機定子繞組的端電壓，或使用自耦變壓器也可以控制其二次側電壓，但目前幾乎是被閘流體電路或功率晶體電路所取代。將閘流體應用於單相交流電壓控制器的觀念可延伸到三相電路上，如圖 9-29 所示，其必須注意各相的激發脈波要有120°的相位差。為了降低使用閘流體之個數以節省成本，可以改用二極體來替代，如圖 9-30 所示，其中是將反向並聯的 SCR 之一用二極體來替代。此電路稱為三相交流電壓半波控制器，此電路不會像單相電路造成直流成份。但由於開關之動作會使線電流引入比全波控制器更多的諧波，這是其主要的缺點。將此電路再改良後，可以減少一個分支的控制元件，如圖 9-31 所示。如果三相感應電動機是連接成△型時，可以接成如圖 9-32 所示的形式之控制電路，只是此SCR之激發次序為 1-4-5，4-5-2，5-2-3，2-3-6，3-6-1，6-1-4，此方式可以降低SCR的電流額定。如果將△連接改成 Y 連接方式的三相感應電動機，則可接成圖 9-33 所示，此可以減少閘流體之個數。在閘流體之激發方法上，可採用三種方式，即窄脈波閘控、寬脈波閘控及高頻載波閘控。其中之窄脈波閘控是在半週內採用單一窄脈波閘控方式，可改善單脈閘控之缺點。但此方式對以脈波變壓器來傳送激發信號的電路，更容易造成脈波變壓器的磁飽和問題，而影響負載之特性。所以改高頻載波閘控方式，正可解決上述問題，則所施加之激發信號，改成一串窄脈波的方式，此脈波之頻率為 30kHz，正可以降低磁飽和問題，其三種閘控信號的波形，如圖9-34所示，其中(a)圖是單脈波閘控之波形，(b)圖是寬脈波閘控之波形，(c)圖是高頻載波閘控之波形。

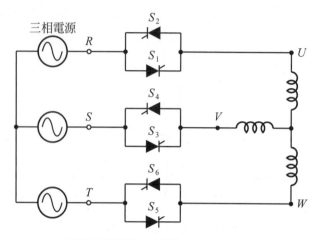

(a) 全波控制器接於 Y 連接三相感應電動機電路

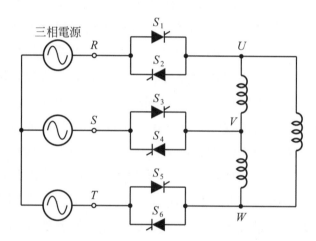

(b) 全波控制器接於Δ連接三相感應電動機

圖 9-29　三相交流電壓全波控制器電路

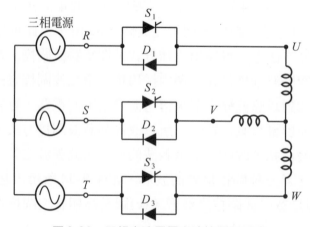

圖 9-30　三相交流電壓半波控制器電路

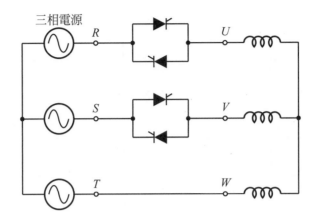

圖 9-31　少一分支之三相交流電壓控制器電路

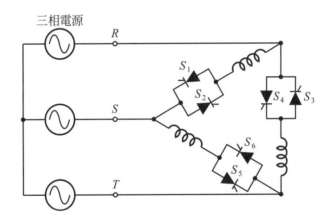

圖 9-32　將 SCR 移入△型連接中來控制三相感應電動機的端電壓

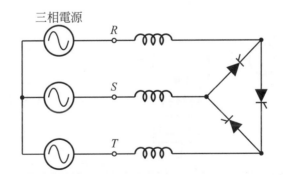

圖 9-33　利用三個 SCR 來控制 Y 形連接之三相感應電動機

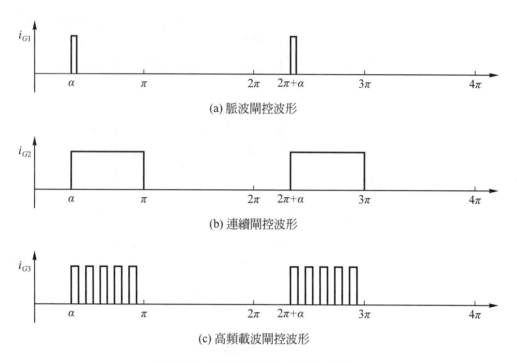

(a) 脈波閘控波形

(b) 連續閘控波形

(c) 高頻載波閘控波形

圖 9-34　利用各種閘控方法之波形

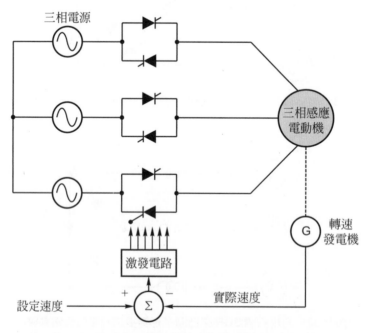

圖 9-35　利用定子電壓做速度控制之感應電動機閉迴路系統

　　利用改變電壓控制轉速的方法，是以閉迴路控制為大多數，其電路圖如圖 9-35 所示。此圖中之三相感應電動機的負載增加時，轉速就變慢，此時之直流轉速發電機所送出的電壓信號，亦跟著降低。此電壓和參考電壓比較之後，誤差的電壓信號變大了，這使得閘流體之激發角提前，讓電動機定子電壓變大而轉速便升高。相反地，當電動機的負載減輕時，直流轉速發電機所送出的電壓信號亦跟著升高。此電壓和參考電壓比較之後，誤差的電壓信號變小了。這使得閘流體之激發角延後，讓電動機定子電壓變小而轉速降低，直到電動機的轉速接近設定值為止。

　　在改變頻率控制轉速的方法中，有使用旋轉變頻機、靜態變頻器等方式，其中變頻機除了定子繞組也加入三相 60Hz 的電源外，轉子尚必須利用另外一部電動機來帶動。如果轉子的速度被驅動成和定子旋轉磁場一樣快且同方向，則轉子就沒感應電壓和頻率。如果轉子速度為零，則產生 60Hz 的輸出頻率。如果轉子以反方向被驅動利用步速度則產生 120Hz 的輸出頻率。輸出頻率和電源頻率之關係為

$$f_2 = f_1 \left(1 - \frac{n}{n_s} \right)$$

其中 f_2 為轉子的輸出頻率，f_1 為電源頻率。當轉子轉向和旋轉磁場方向相同時，n 為正，當轉子轉向和旋轉磁場方向相反時，n 為負。一般旋轉變頻機的輸出為純正弦波電壓，故常使用於實驗室。另外，靜態的變頻器主要是以閘流體元件所組成的電路，其輸出頻率只和閘流體之激發電路中的振盪器有關，與交流電源和負載的變動無關，因此可得到精確性高、穩定性好的頻率輸出。同時靜態變頻器具有下列之優點(1)體積小及噪音低；(2)效率高、響應快及維護費低；(3)輸出電壓和頻率可單獨控制，而且很容易做閉迴路之回授控制。這些都是旋轉變頻機所難以達成的，故旋轉變頻機現已較少使用。在靜態變頻器中可分為兩大類，即(1)整流–換流器及(2)迴旋變換器(Cycloconverter)。當中的整流–換流器是將交流電源整流成直流後，再轉變成可調整頻率的交流輸出。另外的迴旋變換器是直接將交流電源變換為一種頻率較低的交流輸出。其方式是將輸入之交流電壓波形，分成多個片段的組合，而使輸出為低頻之交流電壓波形。一般而言，其輸出頻率為輸入頻率的 $\frac{1}{3}$ 倍以下，所以極適合作低速運轉之電動機應用。

　　為了避免鐵心的磁飽和，當在變頻控速時，頻率降低，則響應電動機之端電壓也應該降低，即保持電壓／頻率為一定值。為了顯示在電壓／頻率為定值時之轉矩和電流之特性，以圖 9-36 所示來表現。其中轉矩 $T = K\phi I\cos\theta$ 是與頻率無關。所以

電動機在穩定運轉時，在相同的電流即產生相等的轉矩。同時在降頻起動時，也可使電動機的起動電流較低，而起動轉矩卻比定頻式的起動轉矩高。

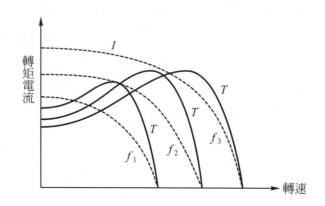

圖 9-36　感應電動機在不同頻率下之轉矩和電流特性曲線

　　此外，在繞線式感應電動機之轉子上串接電阻器時，亦可以做為轉速控制，此種方式之串接電阻功率損大，故較少使用此方式。

　　三相感應電動機在固定電壓及固定頻率下之轉矩-轉速特性曲線，可分為三大部份，即堵轉操作區、電動機操作區及發電機操作區。其特性曲線圖如圖 9-37 所示，圖中在轉差率大於 1 部份，即是將任二條電源線反接而使轉子方向和旋轉磁場方向相反，具有煞車作用，即所謂的堵住制動。而轉差率為負，即表示轉子轉速大於旋轉磁場是為發電機作用，可將電流反送回交流電源，如調低變頻器之輸出頻率做減速煞車時，具有再生制動的功能。

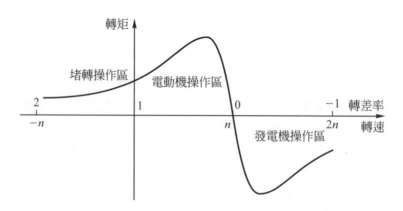

圖 9-37　三相感應電動機在固定電壓及固定頻率下之轉矩-轉速特性曲線

由於感應電動機之轉矩–轉速特性曲線和轉子電阻有密切關係，即高電阻轉子之起動轉矩大，而正常運轉時，轉差率和功率損失比較大。低電阻轉子之起動轉矩小，而正常運轉時，轉差率和功率損失爲較小。如以變頻器驅動電動機，則因在降低頻率下起動，以提高電動機的起動轉矩，所以低電阻轉子之缺點就沒有。

變頻器基本上是包括整流-換流器兩部份。而整流–換流器的基本功能是將交流電整流成直流電，再將此直流電經換流器變爲可變頻率的交流電。依換流器之控制型態來分類，可分爲電壓型及電流型兩種型式。在電壓型換流器的輸出電壓波形，由於功率元件的切換而產生步階之方波波形，且其電源阻抗較小，因此在直流鏈(DC Link)電源部份常裝有濾波電容器，並且在線路上亦裝有平滑的電抗器，以降低突波電流。在電流型換流器的電源阻抗高於一般電流源，經功率元件切換後，可得到方形波電流。

電壓型換流器之基本架構圖如圖 9-38(a)所示，其輸出波型如圖 9-38(b)所示，依據輸出波形之型式，分爲步階式方波換流器及脈寬調變換流器。在電路上由於直流鏈連接上一個大容量電容器及平滑電抗器，所以無論負載爲何種特性，其輸出電壓值均不易受到影響，因而稱爲電壓型換流器。此外，如果欲做再生操作時，則需要另外一組換流器。在換流器所接的負載由於是三相感應電動機，所以爲功率因數落後的負載，故在換流器上的功率元件皆必須採用強迫換向。在電壓型換流器電路

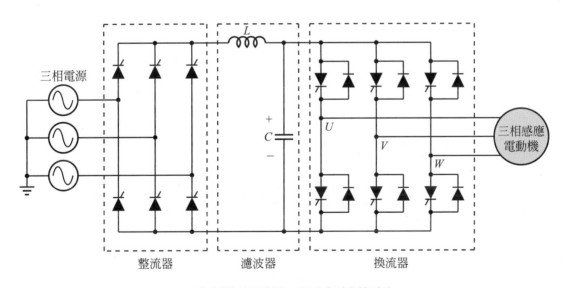

(a) 電壓型換流器驅動三相感應電動機電路

圖 9-38　電壓型換流器之驅動電路及其輸出波形

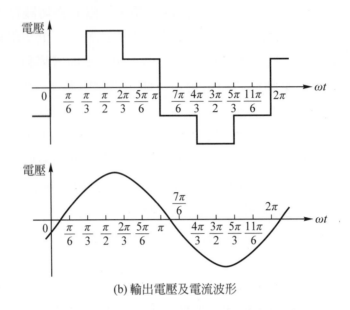

(b) 輸出電壓及電流波形

圖 9-38　電壓型換流器之驅動電路及其輸出波形(續)

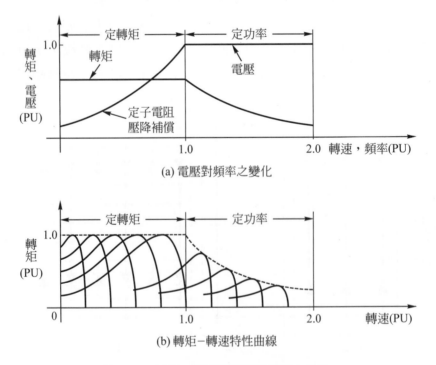

(a) 電壓對頻率之變化

(b) 轉矩－轉速特性曲線

圖 9-39　電壓、轉矩對頻率及轉速之曲線

中，可以操作在可變電壓及可變頻率的情況下，故其控制下的特性曲線圖如圖 9-39 (a)所示。在圖(a)中是以基準頻率 1.0PU 以下，採用固定之電壓／頻率比值(V/f)控

制，故電動機之氣隙磁通及轉矩應保持定值。這相同於直流電動機之改變電壓控制方式的特性，而當在基準頻率以上時，輸出電壓值則保持固定。當頻率增加時，電動機的氣隙磁通與轉矩均下降，故電動機是在定功率或稱為定馬力之下運轉，此種特性相同於直流電動機之弱磁場控制轉速特性。在圖(b)為其對應於圖(a)中之轉矩–轉速特性曲線。

電流型換流器之電路上，在直流鏈的部份連接上一個很大的抗流圈，使換流器可以提供定值的電流，其電路圖如圖 9-40(a)所示。而其所控制的負載的相電流及相電壓波形，如圖 9-40(b)所示，此電壓波形接近於正弦波形，且在電壓波形中之波尖是由於閘流體之切換所造成的。在固定頻率下及不同電流驅動下的特性曲線，如圖 9-41 所示。在圖中可知，電動機在額定電流驅動下，其起動轉矩將遠小於以額定電壓驅動時的起動轉矩。當電動機的轉速增快時，由於電動機的阻抗變大了，所以端電壓變大，最後氣隙磁通與轉矩亦隨之增大。

在將電壓型換流器和電流型換流器比較，電流型換流器之換向可靠度較高、控制電路較簡單且切換功率損失較小。此外，在再生操作時，電流型換流器不需要增加其他的換流器電路，故成本上較低廉。但電流型換流器亦有其缺點，即換流器之操作頻率範圍較小；不能在無載下工作；需要有大容量的抗流圈；換向時，造成電壓突波以及只能對單一電動機做控制。

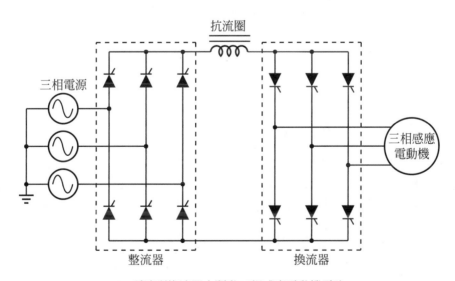

(a) 電流型換流器之驅動三相感應電動機電路

圖 9-40　電流型換流器驅動電路及其輸出波形

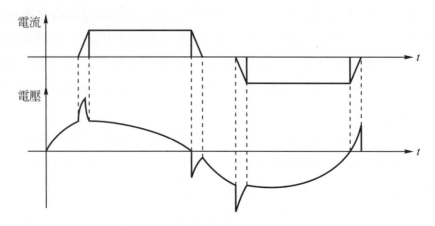

(b) 輸出電壓及電流波形

圖 9-40　電流型換流器驅動電路及其輸出波形(續)

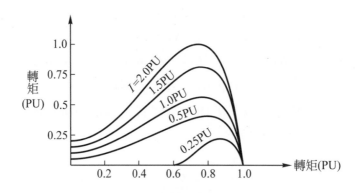

圖 9-41　不同電流的轉矩-轉速特性曲線

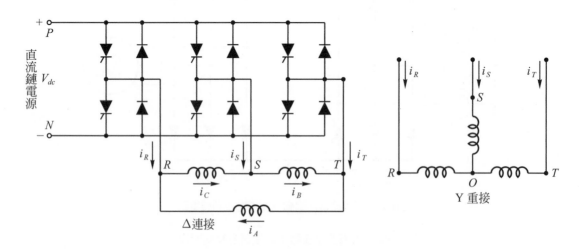

圖 9-42　三相全橋換流器

在換流器之操作原理上，其電路上之閘流體均採用強迫換向的方式工作。現以電壓源換流器接上一三相感應電動機的負載，其電動機採用△型連接時之電路圖，如圖9-42所示。其中閘流體之編號就代表激發順序，而直流鏈之正端以P表示，負端以N表示，並以N為參考點，則v_{RN}、v_{SN}、v_{TN}之電壓波形如圖9-43(b)所示。線電壓之波形如圖9-43(c)所示，此電壓為方波或稱為步階波，其傅立葉分析式為

$$V_{RS} = \frac{2\sqrt{3}\,V_{dc}}{\pi}\left\{ \sin\omega t - \frac{1}{5}\sin 5\omega t - \frac{1}{7}\sin 7\omega t - \frac{1}{11}\sin 11\omega t + \cdots \right\} \tag{9-19}$$

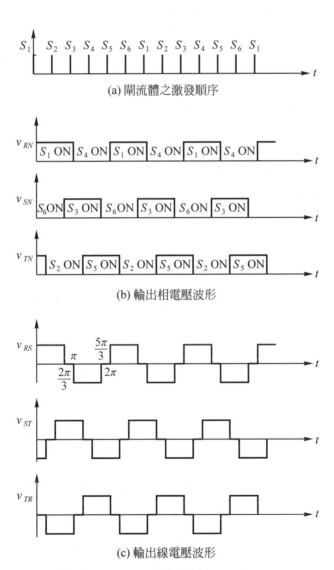

(a) 閘流體之激發順序

(b) 輸出相電壓波形

(c) 輸出線電壓波形

圖 9-43　六步方波換流器之激發及電壓波形

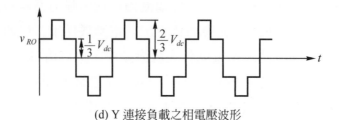

(d) Y 連接負載之相電壓波形

圖 9-43　六步方波換流器之激發及電壓波形(續)

其中電壓的有效值為 $\sqrt{2/3}\,V_{dc}$ 或 $0.816V_{dc}$，而基本波之有效值為 $\sqrt{6}\,V_d/\pi$ 或 $0.78V_{dc}$。如果將電動機之繞組接成 Y 型連接，則中心點為 O，那麼線對中性點 O 的相電壓之波形如圖 9-43(d)所示，其電壓方程式為

$$v_{RO} = \frac{3V_d}{\pi}\left\{\sin\omega t - \frac{1}{5}\sin 5\omega t - \frac{1}{7}\sin 7\omega t - \frac{1}{11}\sin 11\omega t + \cdots\right\} \qquad (9\text{-}20)$$

在上面的電壓波形通稱為六步方波，這是在每週波中，閘流體共經過六次換向所得到。在負載的三相感應電動機，其繞組接成△型連接時，則電動機的相電流 i_A、i_B 及 i_C 及線電流如圖 9-44 所示。其中之 i_1 部份代表向電源吸取的電流，i_2 部份為繞組電流經過某一閘流體及二極體的自然衰減現象。由圖可知閘流體之控制方式是每次均有 3 個閘流體在導通。如果採用每次只有二個閘流體在導通，並且是應用在三相感應電動機的繞組為 Y 型連接上，其激發信號如圖 9-45(a)所示，而負載電壓之相電壓波形如圖 9-45(b)所示，負載之線電壓波形如圖 9-45(c)所示。

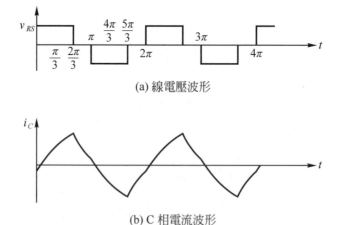

(a) 線電壓波形

(b) C 相電流波形

圖 9-44　三相六部方波換流器供應△型接三相感應電動機之電壓及電流波形

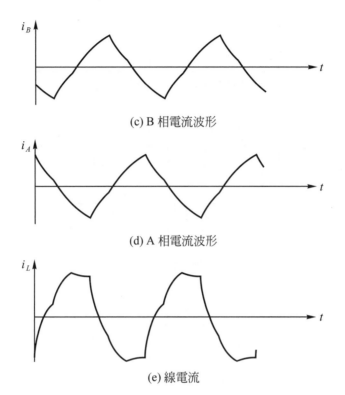

(c) B 相電流波形

(d) A 相電流波形

(e) 線電流

圖 9-44　三相六部方波換流器供應△型接三相感應電動機之電壓及電流波形(續)

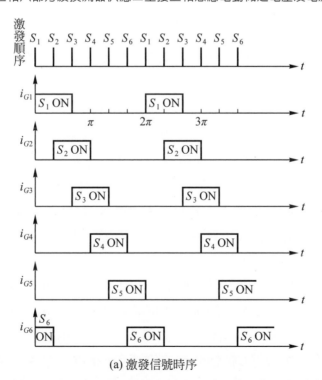

(a) 激發信號時序

圖 9-45　僅有二個閘流體導通之換流器供應 Y 接負載之激發信號及電壓波形

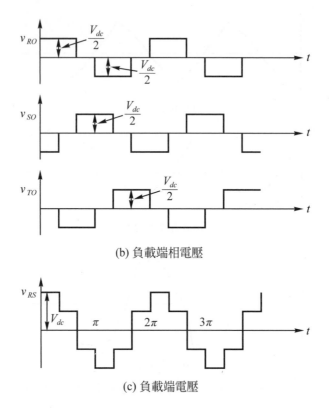

(b) 負載端相電壓

(c) 負載端電壓

圖 9-45　僅有二個閘流體導通之換流器供應 Y 接負載之激發信號及電壓波形(續)

　　在換流器之操作上，由於換流器的電源為直流，故閘流體必須採用強制換向，其方法有電容換向及輔助電源換向。而電容換向如圖 9-46 所示，圖中利用並聯電容來換向。若S_1和S_4導通，則電容器充電靠S_1端為正電壓。然後再激發S_2和S_3時，電容器沿著兩條並行路徑放電。由電容器之放電電流抵銷了原先的負載電流，且S_1和S_4為反向偏壓，故S_1和S_4截止，而電容器更進一步充電成靠S_3端為正電壓，以為下一循環激發S_1和S_4時，使S_2和S_3截止。在此電路由於沒有回授二極體，故能量無法送回直流電源，但能量會儲存在電感器L和電容器C上，因此需要增加這二個元件的容量，同時負載電壓波形也會隨負載大小而變。因而此方法並不實用，所以所有換流器皆裝有回授二極體，使負載能量可以送回電源，這樣電感器和電容器的容量可以降低，且負載有所變動，其電壓波形也不會改變。另外尚有一種換向方式為輔助電源換向，此方法是使全部的閘流體同時產生換向作用，而電路上需使用輔助直流電源，此種換向方式也稱為輸入電路換向或直流側換向，如圖 9-47 所示。在圖中當S_B被激發後，電容器C經輔助直流電源和L充電，並產生超越量使V_C電壓大於V_B且上端為負電,則S_B自然截止。在主要部份的閘流體需要換向時,只要激發S_A即可。因電容器電壓會對所有的閘流體反向偏壓。電路上之L_A和L_B是阻隔V_d和V_A之用,否則V_d和V_A之間會發生嚴重短路。電路上之六個回授二極體之功用為鉗住負載電壓,使其不會超過電源電壓V_{dc}。另外電容器對六個主閘流體的反向偏壓須有足夠長的時間,以保證主閘流體能完全開閉,然後電容器開始反向充電,直到等於電源電壓、由於D_A和D_B的作用,所以充電電壓不會超過V_d值,待充電完畢時,S_A自然截止,至此完成一次換向。緊接著又回到開始狀態,輪回激發S_B,電容器充電,等待下一次之換向。

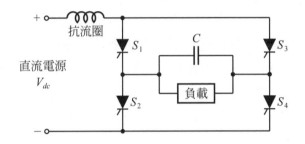

圖 9-46 使用電容器換向之單相橋式換流器

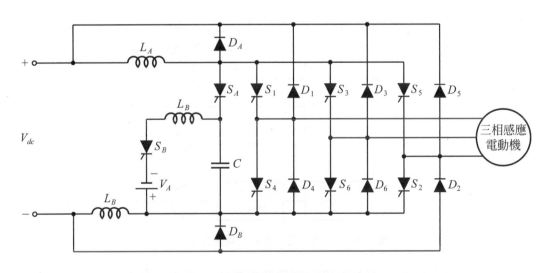

圖 9-47 採用輔助電源換向之換流器電路

換流器的輸出波形,由於非正弦波的緣故,因此含有諧波。諧波除了會增加功率損失外,並影響電源品質,故必須設法消除諧波或抑制它。其方式可利用更多的閘流體來組成較複雜的電路,則電壓波形的階數會較多,使更接近於理想的正弦波形，因而諧波量也會降低。另減低諧波量的另一種方式為正弦脈寬調變法，此方法為讓輸出電壓在每個半波中，快速的開閉數次，使諧波降低。

　　換流器的輸出頻率是依據閘流體的激發頻率而定，而激發信號的頻率主要是由振盪器所控制，因此換流器的輸出頻率只與振盪器的頻率有關，而與負載的大小或電源電壓值無關。只要振盪器之頻率保持穩定，則電路可不需要閉迴路控制，而換流器的輸出頻率就可以獲得極佳的穩定性。

　　以變頻器驅動的三相感應電動機，為了維持固定值的磁通密度，其端電壓必須隨著頻率做正比例變化，改變輸出電壓的方法有三種，即改變換流器輸出端的交流電壓、改變換流器輸入端的直流電壓，及改變換流器的切換技術。當中之改變換流器輸出端的交流電壓方法，係在輸出端連接一可調變壓器，如圖 9-48 所示。其利用一簡單的閉迴路系統來自動調整電壓器之匝數比。振盪器之設定頻率經頻率／電壓轉換成電壓信號後，和回授電壓比較與放大，再利用輔助電動機來調整變壓器之匝數比，此方法可獲得固定值之電壓／頻率輸出，誤差值在±1 ％以內。此種控制交流電壓方法的缺點是動態響應較差，這是因機械式的時間較長，所以不適合於需要快速響應的控制。

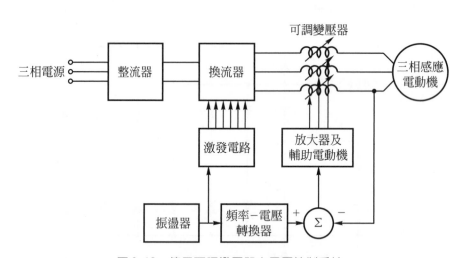

圖 9-48　使用可調變壓器之電壓控制系統

　　在改變直流電壓的方法，也是控制換流器輸出電壓的一種方法，此方法常使用於脈寬振幅調變 PAM 控制系統中。在改變直流電壓的方法可分為三種，即改變輸入變壓器之匝數比、相位控制整流器及利用截波器控制。其中改變輸入變壓器之匝數比係在全波整流器之前連接一可調變壓器和三相交流電源之間，只要改變變壓器之匝數比，整流後之直流電壓值亦受到控制。其中之二的相位控制整流器，是如前幾節所述之方法，其響應較前兩種都快，而此電路可採用半控式或全控式。如以閉迴路的相位控制電路，則如圖9-49所示。其中之振盪器所產生的頻率，經頻率–電壓轉換器轉換為參考電壓後，與直流回授電壓相比較，並放大之後，再去控制相控整流器之激發角，如此便可以得到固定值的電壓–頻率輸出。其中之三為利用截波器控制，此方法即利用六個二極體做全波整流後，再利用前幾節所敘述之截波器來控制其直流輸出電壓。

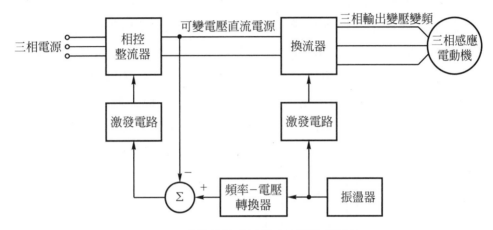

圖 9-49　利用相控整流器之電壓控制系統

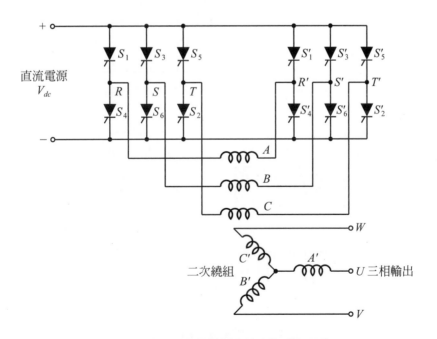

圖 9-50　移相電壓控制之基本換流器電路

改變換流器的切換技術有兩種方法，即移相控制及脈寬調變PWM方式。其中在移相控制上需要使用兩組完全相同的換流器，換流器之輸出再經由變壓器耦為合到負載。當兩組換流器的激發角相同時，則輸出電壓為 0 伏特。如果激發相位差180°，則輸出電壓最大，其電路連接圖如圖 9-50 所示。此電路不適於做低頻操作，因為閘流體使用率低且諧波量大，將導致電動機溫升過高。

另外，以脈寬調變PWM的控制方法，在此對交流電動機的脈寬調變控制做介紹。交流的脈寬調變技術有很多種，其中較優越的脈寬調變之波形，中央的脈波較寬，兩側較窄，稱為正弦脈寬調變SPWM波形，如圖 9-51 所示。由於最低次的諧波與每半週內的脈波有關，故電路皆在高頻脈波下工作。激發信號的產生方式為利用正弦波信號與三角波信號相比較，而三角波可為單極性如圖 9-52(a)所示，也可以是雙極性如圖 9-52(b)所示。當三角波成正弦波之振幅改變時，所有輸出脈波的寬度都會變化，因此輸出電壓值就可獲得控制，其電路方塊圖如圖 9-53 所示。輸出電壓之大小取決於正弦波之振幅大小A_s和載波振幅大小A_c之比值，即$M = A_s/A_c$，

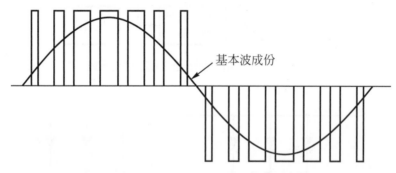

基本波成份

圖 9-51　正弦 PWM 控制的輸出電壓波形

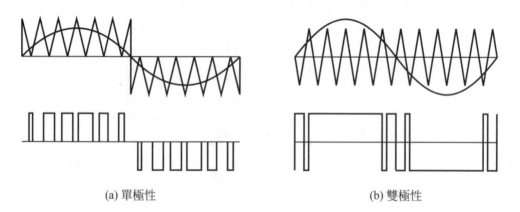

(a) 單極性　　　　　　　　　　　　(b) 雙極性

圖 9-52　三角波之 PWM 波形

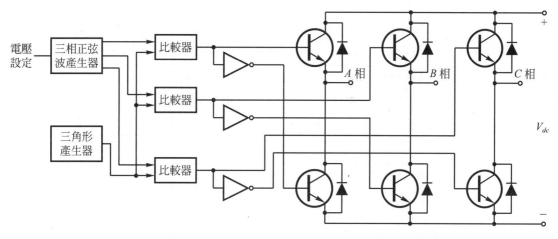

圖 9-53　正弦波 PWM 控制電路方塊圖

此值可稱為調變因數(Modulation factor)。當M愈大，輸出電壓愈大。相反地，則愈小。在正弦波脈寬調變 SPWM 的輸出電壓和電流所含的總諧波量很小，因此可減低電動機低速運轉時的轉矩脈動。尤其是每半週的脈波數愈多時，其低次諧波量就會大幅降低，故需要的濾波器容量便較小。但脈波數多了之後，換流器的換向損失也隨著換向次數的增加而變大。

　以閉迴路控制而言，如果採用電壓型換流器之閉迴路控制系統，以驅動三相感應電動機的方塊圖如圖 9-54 所示。圖中之轉速誤差信號除了做為換流器的頻率控制之外，也經由增益放大器電路的放大，加上低頻補償用電壓V_o的作用，作為固定電壓／頻率的控制。假如加入一轉速的步級命令ω_r^*，則電動機在定轉矩情況下，起動加速，直到電動機達到穩定運轉為止。當電動機轉速超過基準轉速以上時，則換流器之頻率可以繼續增加，但整流器之輸出電壓卻只能維持最大值，此時之電動機即進入弱磁之定馬力輸出控制。另外以轉差率為基準的定電壓／頻率控制之轉速控制方塊圖如圖 9-55 所示。其中之轉差頻率ω_{se}是與轉矩成正比，且其值是由速度控制迴路的誤差而得到的。在轉差頻率ω_{sl}和轉速信號ω_r相加後，即為換流器的控制頻率ω_s^*。至於電壓的控制是利用ω_s^*經由補償電路後的V_s^*信號來控制的。此外，如以轉矩及磁通為基準的轉速控制方塊圖，如圖 9-56 所示，其中磁場及轉矩都各有自己的閉迴路控制，而轉差頻率ω_{sl}是由轉矩迴路的誤差信號所得到的。參考電流I_s^*是由磁通迴路的誤差信號所得到的。氣隙磁通ψ_g可維持固定值或隨轉矩變化，以獲得最佳效率運轉。氣隙磁通亦可直接利用感測元件裝入電動機內來檢測出。

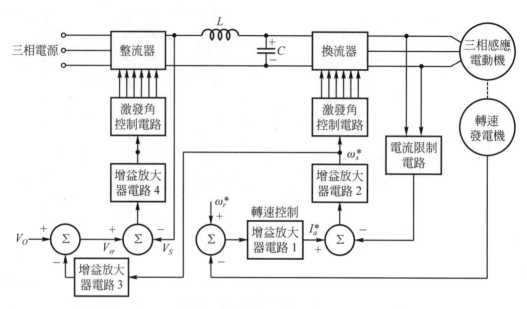

圖 9-54　電壓型換流閉迴路控制方塊圖

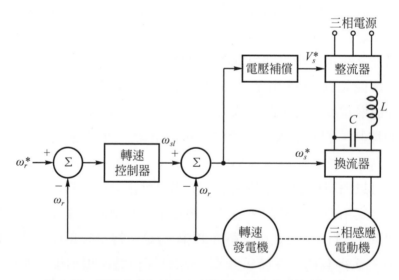

圖 9-55　以轉差率為基準之定電壓／頻率轉速控制方塊圖

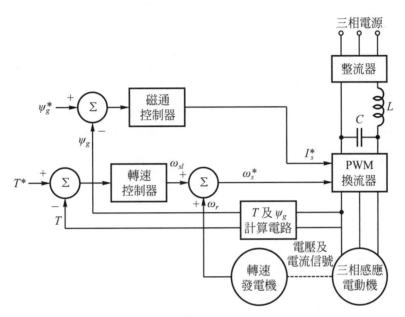

圖 9-56　以轉矩及磁通為基準的轉速控制方塊圖

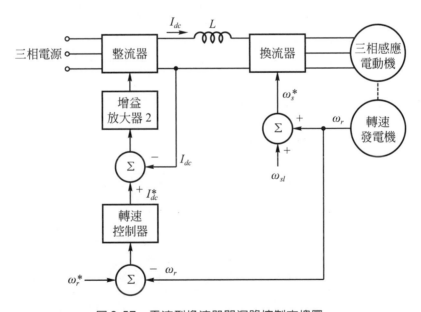

圖 9-57　電流型換流器閉迴路控制方塊圖

　　除了可以利用電壓型之換流器來做轉速控制，另外亦可利用電流型的換流器來做轉速控制。而其以電流型換流器來做控制的閉迴路方塊圖如圖 9-57 所示。其中之轉差頻率ω_{se}為一固定值，而轉矩之部份係由直流電流I_{dc}來加以控制。如轉速設定值$\omega_r{}^*$是呈步階變化時，電動機即開始加速，直到電動機達到穩定運轉為止。此種控制系統的缺點為氣隙磁通不固定於一點，而呈大範圍的變化，故驅動特性不佳。另外，電流型驅動系統具有不能在開迴路下工作的缺點。此外，如以轉差率為基準之轉速控制方塊圖如圖 9-58 所示。其中之轉差頻率ω_{sl}為I_{dc}之函數，以使氣隙磁通能保持定值。如以轉矩和磁通為基準之轉速控制方塊圖如圖 9-59 所示，其中之轉矩及氣隙磁通係直接利用閉迴路來控制的。轉矩雖由外部電路來設定，但主要是由I_{dc}來控制的。系統並將轉矩與氣隙磁通間設計成固定的關係，以提高電動機的運轉效率。

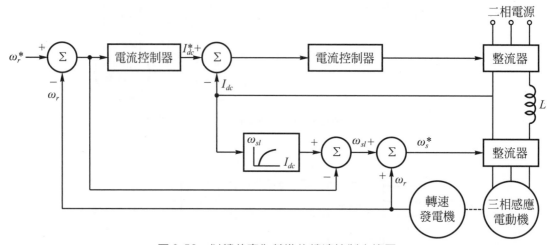

圖 9-58　以轉差率為基準的轉速控制方塊圖

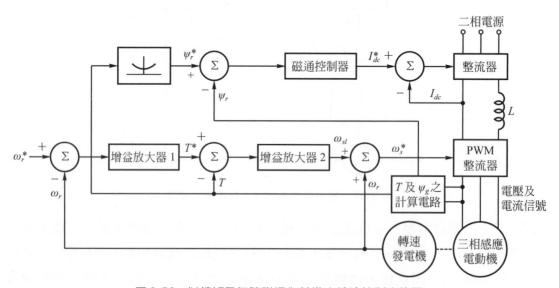

圖 9-59　以轉矩及氣隙磁通為基準之轉速控制方塊圖

　　迴旋變換器(Cycloconverter)是將交流電源直接轉換成較低頻率的交流電源。其動作以三相全控式轉換器，並且假設負載電流為連續，及閘流體為理想元件來說明其動作原理。如果相控整流器之激發角如圖 9-60 所示，慢慢變化，並於A點時平均輸出電壓最大。於B點時，電壓稍小。於C、D、E點時，電壓逐漸減小。而到F點時，平均電壓等於零。由圖知，其激發角是由$\alpha = 0°$到$\alpha = \dfrac{\pi}{2}$之間。而當激發角在$\dfrac{\pi}{2}$到π之間時，平均輸出電壓則為負的，如圖 9-60 所示之F點到K點所示。在K點時，輸出電壓為負最大值。另外當激發角為π到0°時之輸出情形如圖 9-61 所示之波形。在激發角由0°變到π，再由π回到0°時，即構成一低頻輸出電壓的一週波，它的頻率只與激發角α的變化率及電源頻率有關。在圖 9-62 所示為完整一週的輸出電壓波形，可以發現低頻輸出電壓波形，當輸出頻率對輸入頻率的比值愈小或電源相數增加時，輸出電壓之總諧波量均會降低。在圖中所顯示是電感性負載的電流波形。在T_1期間平均功率為正，表示負載向電源吸收功率。在T_2期間平均功率為負，表示負載將功率送回。

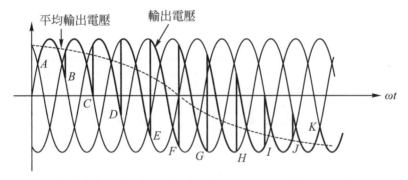

圖 9-60　相控轉換器激發角0°＜α＜π的輸出電壓波形

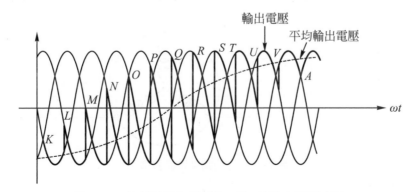

圖 9-61　相控轉換器激發角π到 0 的輸出電壓波形

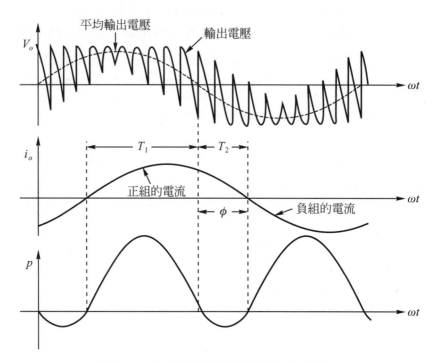

圖 9-62　迴旋變換器輸出電壓電流及功率

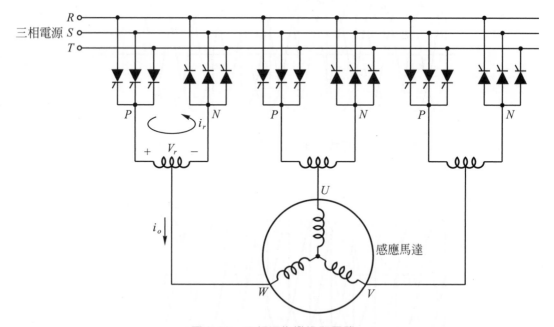

圖 9-63　三相迴旋變換器電路

在一三相迴旋變換器之電路連接圖，如圖 9-63 所示。此電路為使用最簡單之三相半波整流電路所構成，共需要 18 個閘流體。假設使用三相橋式整流電路或六相電路時，就需要 36 個閘流體。在迴旋轉換器可以作升頻的轉換，但輸出容量有限，且電路損失較大。但實際上迴旋轉換器比較適合做降頻控制，而一般輸出頻率為輸入頻率的 $\frac{1}{3}$ 以下。在輸出之電壓漣波對電動機之干擾，並不會造成太大的干擾，因為電動機的繞組對此項頻率之漣波之阻抗相當大，所以電路上不需要抗流圈，其負載電流即接近正弦波。另外，在電路上之環流問題解決方式，可採用電抗限流法，由於工作原理較複雜，在此不再敘述，可參照 9-2-3 節之對偶轉換器解決環流問題的方式來解決。

9-4　單相感應電動機的控制

單相電動機之轉速控制方法有三種，即(1)改變主繞組的電壓；(2)改變極數；(3)改變頻率。其中感應電動機之轉矩和外加電壓成平方正比，即 $T = KV^2$，所以改變外加電壓，即可使轉矩變化，進而控制電動機的轉速。在任何單相感應電動機均可以利用改變電壓來控制轉速。但分相式電動機及電容起動式電動機，因為都具有離心開關，當轉速下降時，離心開關就會閉合，使輔助繞組通上電流，輔助繞組長時間通電，會有燒毀之虞。如果非要控制轉速不可，那麼也必須限制在使離心開關跳脫的轉速以上到額定轉速之間的範圍。在採用閘流體控制電動機之轉速，可將閘流體和電動機串接如圖 9-64 所示。只要控制閘流體的導通角，就可改施加於電動機的端電壓，這樣的方式是以閘流體的固態控制方法，使電動機能做連續性無段變速。由於閘流體之輸出電壓不是正弦波，所以電動機之振動及噪音現象皆非常大，故使用時，應設法抑制諧波，否則也會造成通訊設備的干擾。若以兩個反向並聯之 SCR 所組成之交流電壓控制器，則如圖 9-65(a)所示。其和上述之由 TRIAC 組成之交流電壓控制器相比，圖 9-65(a)之電路用於大容量電流及高頻控制的電動機，而其操作波形如圖 9-65(b)所示。由於交流電動機含有電阻及電感性負載，故在電源電壓降到零時，電流並未降到零，會延遲一段時間之後，才會使 SCR 截止。在上述電路中的缺失是沒有共陰極接點，所以 SCR 的激發電路必須隔離，在製作上比較麻煩。如果將圖 9-65(a)改良成如圖 9-66 及圖 9-67 所示，則可以改善。但無論如何，上述之四種電路之交流電壓控制器會產生大量的諧波成份，而諧波成份中以第三次諧波的值最大。當激發角α由0°增大到90°時，諧波量亦隨之增加，到90°時達到最大。然後α由90°增大到180°時，諧波量反而減少。如果欲改善上述缺點，並可以改善功率因數的一種方法，則可接成如圖 9-68(a)所示之電路，其不僅可降低諧波，並可改善功率因數。在圖中如在正半週開始時，S_3先激發導通到α角時，再激發S_1，此時S_1受到逆偏壓截止。在負半週時，S_4先激發導通，經過α角以後，再激發S_2，此時之S_4同樣受到逆偏壓截止，其輸出電壓與電流波形如圖 9-68(b)所示。如果S_3和S_4隨時提供激發信號，其動作將形同二極體，而輸出電壓V_o為$V \leq V_o \leq 2V$。如果將S_1和S_2的激發信號選擇不用，只控制S_3和S_4，則輸出電壓V_o為$0 \leq V_o \leq V$。上述方法中，適合負載轉矩以一條曲線表示的負載，如送風機。對於負載會變動者就不適用。如把轉速調低時，如圖 9-69 所示之n_4，則當負載變輕時，負載轉矩降到零，轉速將大幅上升。此外，調於低速運轉時，因電動機的起動轉矩也下降，所以電動機可能無法起動。

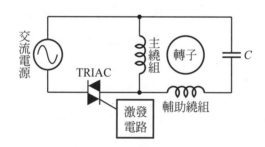

圖 9-64　使用 TRIAC 控制的交流電動機電路

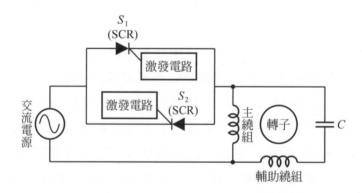

(a) 使用兩個反向連接之 SCR 控制交流電動機之電路

圖 9-65　使用 SCR 的控制電路及電壓、電流波形

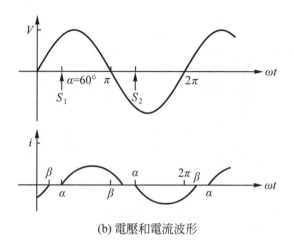

(b) 電壓和電流波形

圖 9-65 使用 SCR 的控制電路及電壓、電流波形(續)

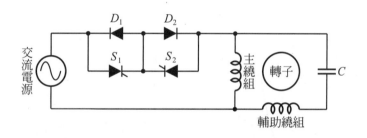

圖 9-66 SCR 共陰極式之交流電動機控制電路

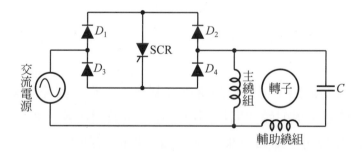

圖 9-67 使用一個 SCR 的交流電動機控制電路

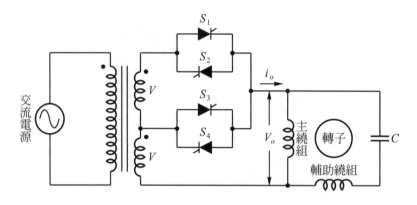

(a) 單相中間抽頭變壓器

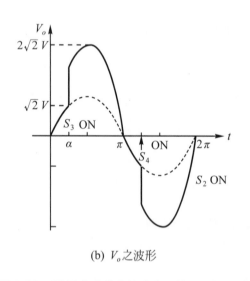

(b) V_o 之波形

圖 9-68　降低諧波並改善功率因數的單相馬達
　　　　　控制法

圖 9-69　利用電壓控制轉速

　　為了改良上述的缺點，可以自動電壓控制來改善它，其控制電路如圖 9-70(a)
所示。其方法為將電動機的轉速回授到與轉速設定值相比較，然後以此誤差量的值
來控制閘流體的激發角。即如原來以某轉速運轉的電動機，現以加重電動機的負
載，則電動機轉速會下降，此時回授電壓信號變小。然後與設定值比較後，所得誤
差值加大，於是閘流體的激發角提前，使電源電壓加大在電動機上，因此產生較大
轉矩，並提高轉速，以達接近設定轉速值。當負載減輕時，回授電壓信號增大，與
設定值比較後，誤差值變小，於是閘流體的激發角後移，使輸出電壓降低，以減小
轉矩及轉速。此方法之轉速特性曲線如圖 9-70(b)所示。

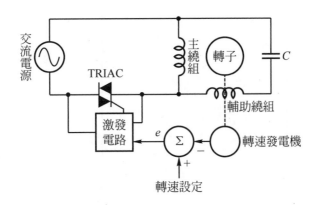

(a) 自動電壓控制電路

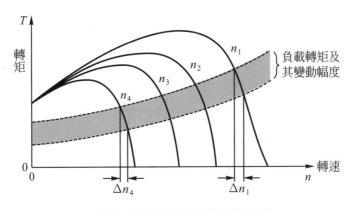

(b) 自動電壓控制法的轉矩−轉速特性

圖 9-70　自動電壓控制交流電動機之電路及轉矩-轉速特性曲線

　　前述之方法皆以改變電壓的方式來控制電動機的轉速，另外以改變電源之頻率的方式，也是控制電動機轉速的一種方法。在很早以前皆採用旋轉變頻機來控制，到目前為止，已幾乎被靜態的變頻裝置所取代。此變頻裝置的換流器(Inverter)電路，在單相半橋式換流器之電路如圖 9-71(a)所示，其中之S_1及S_2絕不能同時導通，否則會造成短路。由於電動機是電感性負載，故此負載電流和負載電壓不會相同相位，所以必須提供路徑給無效電功率送回直流電源。在圖中與閘流體並聯的二極體是用來提供此路徑，而其激發波形和輸出電壓波形如圖 9-71(b)所示。在半橋式換流器最大的缺點，是需要兩個直流電源，所以使用的並不普遍。一般皆採用全橋式換流器電路如圖 9-72(a)所示，它只需要一組直流電源即可，其工作原理相同於四象限截波器的電路。在圖 9-72(b)為電動機端電壓V_{AB}的波形，雖然它不是理想的正弦波，但總是正負交變的交流電壓。

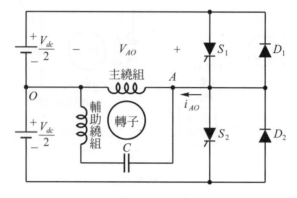

(a) 單相半橋式換流器電路

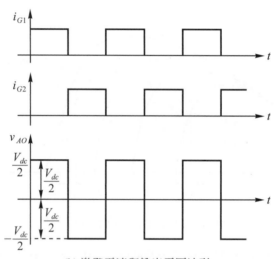

(b) 激發電流與輸出電壓波形

圖 9-71　單相半橋式換流器電路及波形

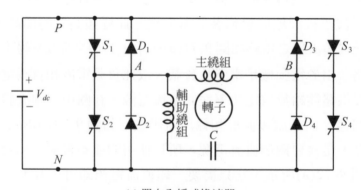

(a) 單向全橋式換流器

圖 9-72　單相全橋式換流器電路及波形

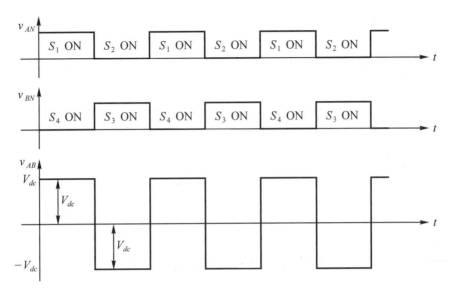

(b) 激發導通波形及電動機端電壓波形

圖 9-72　單相全橋式換流器電路及波形(續)

當電源頻率降低時，由於電動機的阻抗亦隨之減低，故為了維持電動機有固定的電流和磁場強度，電壓就必須成比例下降，即V/f為定值。否則電動機電流會增大，導致於鐵心過飽和，此種控制方式稱為可變電壓可變頻率控制VVVF(Variable Voltage Variable Frequency)。改變輸出電壓的方法之一就是利用脈寬調變PWM方式，如圖 9-73 所示。其保持電壓的幅度不變，而將S_3及S_4的導通時間往前移，也可以看成S_1及S_2的導通時間往後移，這樣便可改變V_{AB}的脈波寬度。在圖9-73中是每一個半波只含一個脈波。如果欲在每一個半波含有多重脈波的調節方式，則如圖 9-74 所示，這種方式在每一個半波皆是含有等脈寬調變之多重脈波。由於脈波寬度改變時，其正弦基波及各諧波間的關係也會產生變化。但諧波成份對基波的比值，卻會隨著δ的減少而變大。在圖 9-74 所表示之控制方式，稱為等脈寬調變方式。如果採用前一節所使用之正弦波寬調變 SPWM，則其諧波量會甚低。為了保持電壓／頻率之固定值，也可以使用脈波振幅調變 PAM 方式，其方法如前一節所敘述，而必須特別注意的是改變頻率控制轉速的方法，雖然可行，但是對電容器式電動機，由於電容抗值會隨著電源頻率而變，所以其頻率控制範圍不可太大，否則電動機無法啟動。

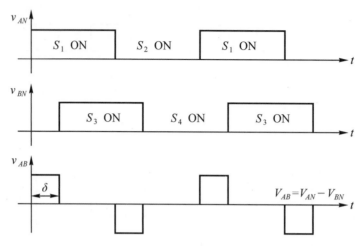

圖9-73　單相脈寬調變方式控制電壓

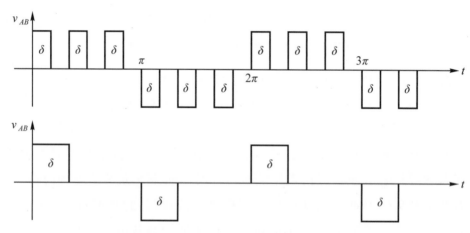

圖9-74　多重脈波控制之輸出電壓波形

9-5　同步電動機的控制

　　由前一節所敘述之感應電動機的速度控制方法有，在定子方面是為可改變端電壓、改變極數及改變電源頻率方式。但對同步電動機而言，轉子之速度和同步旋轉磁場一樣快，故沒有所謂的轉差問題，所以改變電源的方法是不可行的。至於改變磁場極數的方法，也因為轉子磁極數一般是固定不變，故改變定子磁極數的方法也是不行。改變頻率控制同步電動機轉速的方法相同於前一節之三相感應電動機的方

式，可以採用旋轉變頻機、整流–換流器和迴旋變換器三種。當使用變頻方式控制
電動機時，為了防止電動機鐵心過飽和，故當頻率降低時，電壓也必須跟著降低。
如果以整流器–換流器控制的轉速–轉矩特性曲線，電動機也可以工作於兩個象限，
如圖 9-75 所示。如果改變換流器中閘流體的激發次序，則同步電動機也會反向轉
動。在整流器–換流器之控制轉速–轉矩上有二種方式，即利用電壓型換流器驅動
同步電動機的電路圖，如圖 9-76 所示。以及利用電流型換流器驅動同步電動機的
電路圖，如圖 9-77 所示。其中換流器的控制可採用步階波驅動或 PWM 驅動。而
功率元件則可使用功率電晶體，閘流體，MOSFET 或 IGBT 等。以此所控制之同
步電動機之轉矩–轉速特性曲線如圖 9-78 所示，垂直線代表轉矩大小，水平線代表
轉速。由圖中得知，當由 A 點開始時，電樞電流增大，則轉矩便增大，直到脫出轉
矩 B 點為止。在垂直線上分割為好幾條，每一條皆代表其對應到不同的端電壓及頻
率。在任何情況下，均可藉由磁場電流的大小來調整改變功率因數。如果採用頻率
控制方式，並且只是開迴路方式，則可如圖 9-79 所示。此電路中，由於換流器的
輸出頻率只和外部振盪頻率有關。當電動機的負載變動時，則容易發生失步或追逐
現象。如欲改善上述問題，則可將電路改成如圖 9-80 所示。其方式為在檢出轉子
位置以後，再去激發換流器中的功率元件，藉由功率元件激發角的改變，可以做定
功率因數的控制。在直流鏈的直流電壓達到最大值之後，氣隙磁通 ψ_{ag} 的大小就藉
由磁場電流 I_f 來控制，使得電動機能做固定馬力的輸出。如果以電源型換流器之方
式來控制同步電動機，則可以不使用轉子位置感測器，而以根據電動機的端電壓相
角位置來激發換流器中的功率元件。其電路方塊圖如圖 9-81 所示，在圖中電動機
的定子端電壓和電流間的角度為 δ_1，其可以利用相鎖控制迴路 PLL(Phase-Locked
Loop) 來維持兩者之間的固定關係，而電動機之轉矩則可以利用 I_q 來控制它。

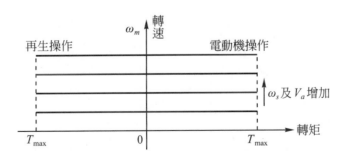

圖 9-75　同步電動機的轉速-轉矩特性曲線

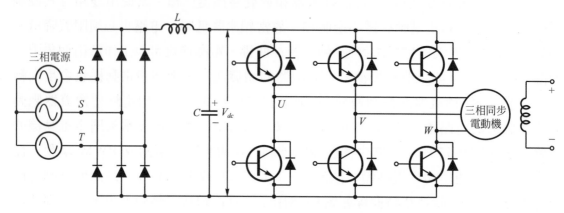

圖 9-76　電壓型換流器驅動三相同步電動機電路

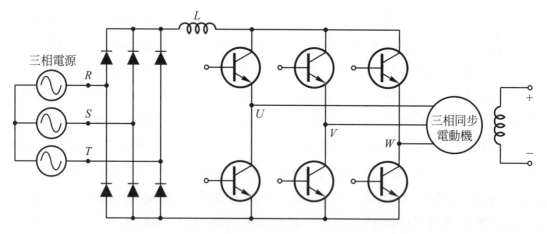

圖 9-77　電流型換流器驅動三相同步電動機電路

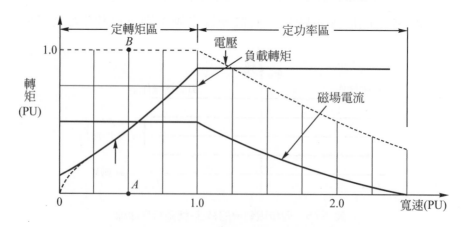

圖 9-78　三相同步電動機之轉矩-轉速特性曲線

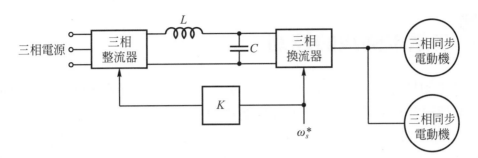

圖 9-79 固定V/f控制方塊圖

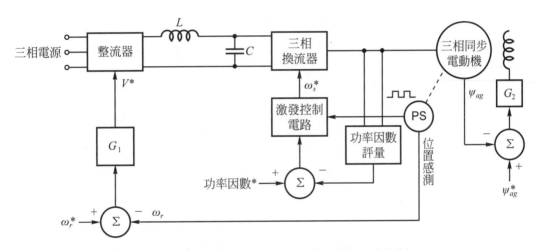

圖 9-80 以氣隙磁通為基礎的功率因數閉迴路控制

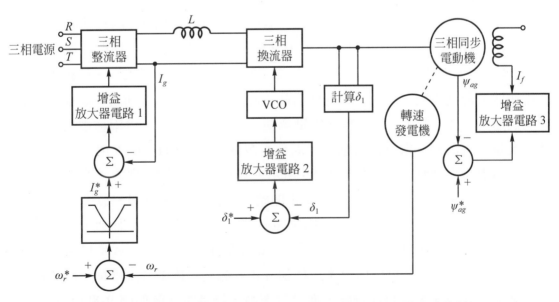

圖 9-81 以 PLL 方式之截止角為基準之電流型換流器功因閉迴路控制

9-6　步進電動機的控制

　　步進電動機以電源的控制方式之不同，可分為三種方式，即(1)定電壓驅動控制；(2)雙值電壓驅動控制；(3)定電流驅動控制。其中的定電壓驅動控制之電路圖如圖 9-82 所示。此種方式是使用最多的一種。在此電路中加入限流電阻的目的，是因為電源電壓比步進電動機的額定值還大時，加入此電阻是為使電流不超過額定值，不致於使步進電動機燒毀。另外，加入串聯電阻的驅動方式，可以減低電路的時間常數，即L/R。這樣可使線圈的激磁電流更早到達穩定值，以提高電動機的高速度響應性。而由於串聯了電阻器，故電壓電源可以相對地提高，但其也增加了功率的消耗，故整體效率差。一般在使用上，所外加之電阻值以不超過線圈電阻值的 4 倍為佳。在前面所敘述的串聯電阻可以解決激磁電流的問題，但在激磁電流截止時，則有更大的問題存在。即在電晶體截止時，因線圈電感的關係，在線圈的兩頭將會有大的反電動勢產生，因此電晶體的集極和射極之間的電壓，如果太大，而導致電晶體被燒毀，如果將電路改成如圖 9-83(a)所示，在線圈兩端接上二極體，則在電晶體截止時，原來在線圈中的電流就會流向二極體，又為了讓電流能快速下降，所以電路上也可連接上電阻R_2，以減少時間常數。當改變R_2之電阻值時，線圈電流和電晶體集極電壓V_{CE}之變化情形如圖 9-83(b)所示。另外，尚有解決電晶體截止的其他方法，如圖 9-84 所示。即在線圈中串聯二極體，並且在線圈間並接上電容器。在此電路中，若電路依 2 相激磁方式動作，則 Tr_1 和 Tr_3 的導通時間剛好相反，Tr_2 和 Tr_4 也是相反。因此當 Tr_1 導通時，C_1即被充電為右邊帶正電，緊接著Tr_1變成截止，而 Tr_3 變為導通狀態。線圈 1 的電流就經過C_1和 Tr_3，使線圈 1 的電流能快速下降到零值。其次當 Tr_3 變為截止時，而 Tr_1 變為導通時，線圈 3 的電流亦能快速的下降。其中之二為變值電壓驅動，其方式有兩種，為兩種電源方式來驅動，及單一電源和一電阻器來驅動。兩種電源驅動方式如圖 9-85 所示。而單一電源和一電阻器來驅動之方式如圖 9-86 所示。無論如何，這兩種方式的切換控制方式又可分為二種，其中之一種是由停止開始，然後再低速運轉，最後達到高速運轉，如圖 9-87 所示。其中之二是採用在輸入脈波的前段以高速驅動，後段再改以低壓驅動，如圖 9-88 所示。最後一種為定電流驅動方式，此方式是以保持步進電動機的電流為定值，其可分為類比式控制方式及截波式控制方式兩種。截波式定電流控制器，其高速響應特性較好，而且效率高，控制電路圖如圖 9-89(a)所示。在此圖中之電源電壓須為電動機額定電壓的 5 倍以上，才能得到良好的控制效果，其輸出電壓和電流波形如圖 9-89(b)所示。

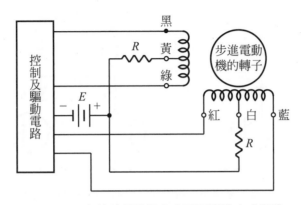

圖 9-82　串接外部電阻之定電壓驅動方式電路

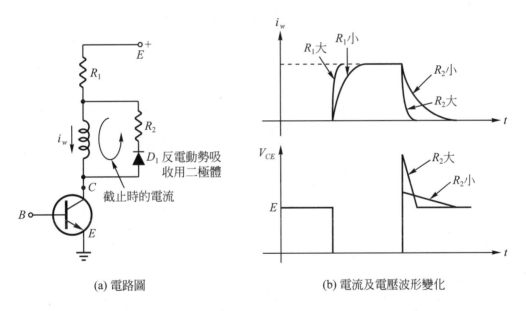

(a) 電路圖　　　　　　　　　　　　(b) 電流及電壓波形變化

圖 9-83　並接電阻及二極體之改進步進電動機之響應電路及波形

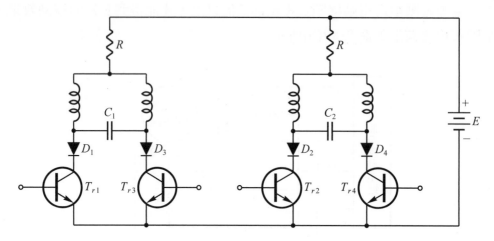

圖 9-84　串接二極體及並接電容之改進步進電動機之響應電路

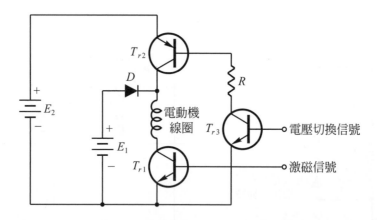

圖 9-85　變電壓雙電源切換驅動電路

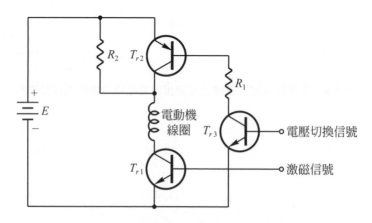

圖 9-86　變電壓單一電源切換驅動電路

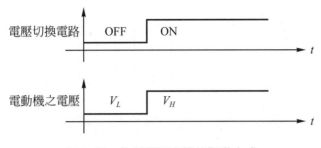

圖 9-87 先低壓再高壓的驅動方式

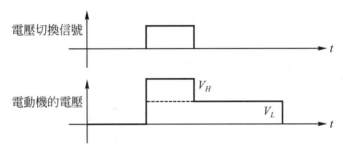

圖 9-88 先高壓再低壓的驅動方式

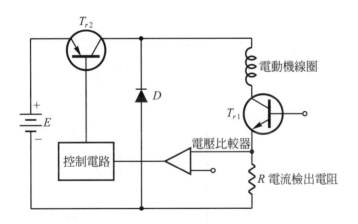

(a) 定電流截波器基本電路方塊圖

圖 9-89 定電流截波器電路及電壓及電流波形

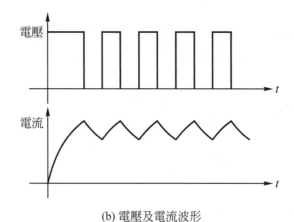

(b) 電壓及電流波形

圖 9-89　定電流截波器電路及電壓及電流波形(續)

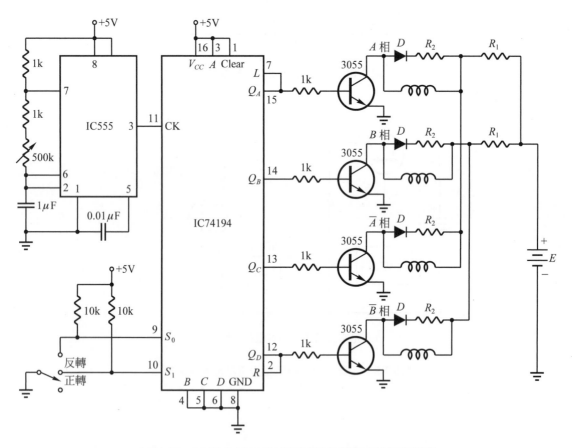

圖 9-90　以 IC 74194 組成控制驅動步進電動機之電路

　　由於步進電動機被廣泛的使用在自動化機器上，因此在簡化控制電路，以及加強控制電路的功能上，已有多種步進電動機驅動用的 IC 在市面販賣。如三洋之 PMM8713、PMM8714、富士通之 MB8713 等等。此些驅動 IC 所提供的電源有＋5V 及 4V～18V，並有正逆轉控制，且可適用於 3 相、4 相、5 相的步進電動機。除了上列驅動 IC 外，如果以 TTL IC 來控制驅動步進電動機，則可以如圖 9-90 所示之以移位暫存器 IC 74194 所組成之控制電路來驅動步進電動機，其中之 S_0 及 S_1 的接腳狀態可改變 IC 74194 之輸出端 Q_A、Q_B、Q_C 及 Q_o 輸出脈波作左移或右移，達成轉向的控制。在圖中，如果欲以 1 相激磁方式控制，只要將 74194 的任一資料輸入端接到高電位，其餘接地即可；若欲 2 相激磁方式控制，則只要將四條資料輸入端的相鄰二條接到高電位，其餘接地即可。

　　除了上述之脈波控制外，尚可以做角度控制及加、減速控制。在角度控制上是以開迴路的方式來完成。因為輸入若干個脈波，步進電動機即可轉動相對應的步數。如採用此位置控制的電路圖如圖 9-91 所示。在圖中如欲使步進電動機轉動多少步數，可由在計數器部份中所連接的指撥開關來設定好步進電動機欲轉動的步數。當啟動開關 PB 按下時，即產生一信號經由 PE 腳到計數器，讀入指撥開關預置的數目，同時由 IC 555 組成的振盪器開始倒數。而當計數器為 0 時，BR 腳為 0 狀態，故振盪器停止動作，電動機停止轉動。圖中之 IC 555 組成之振盪電路，其動作情形為第 4 腳輸入為高電位時，振盪器開始動作。當第 4 腳輸入信號為低電位時，振盪器停止作用。另外在加、減速控制上，可以如圖 9-91 所示的梯形運轉模式來驅動，此為一般加減速運轉模式，其中之 f_L 為在自起動運轉頻率的範圍內。在圖 9-92 中之低頻控制頻率 f_L，可以由圖 9-93 所示之電路方塊圖中，運轉模式產生電路中的積分電路所接的啟動信號時開始。從低頻開始慢慢上升到最高頻率 f_H，然後保持這個頻率。最後，當接到減速信號時，才開始減低脈波頻率。另外，在圖中之主計數器是計算全部脈波數目，副計數器計算產生減速信號開始的時間。當啟動信號被輸入信號時，主計數器和副計數器便開始計數，而當運轉模式產生電路的輸出電壓高到 V_H 時，輸出保持信號便使副計數器停止計數，這時時間相當於圖 9-92 之 t_1 時間點，而主計數器繼續倒數計數，一直到 t_2 時，主計數器的內容和副計數器的內容相等時，由比較器產生減速信號。運轉模式產生電路接收到減速信號後，即開始減速到停止為止。

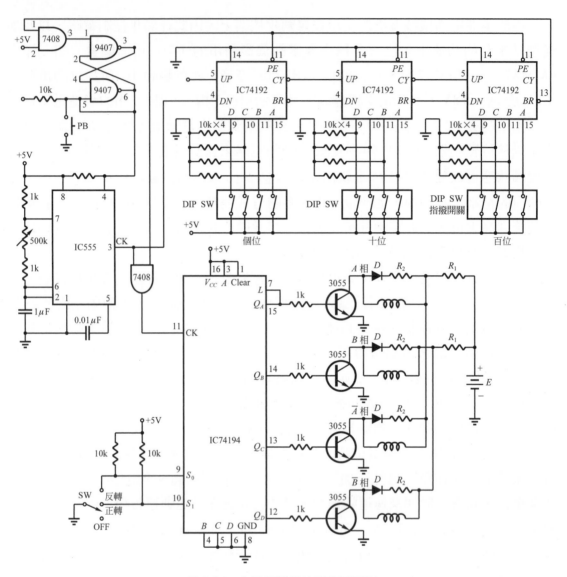

圖 9-91　步進電動機位置控制電路

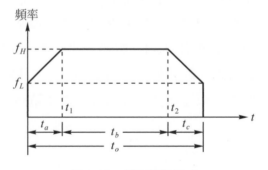

圖 9-92　梯形運轉模式

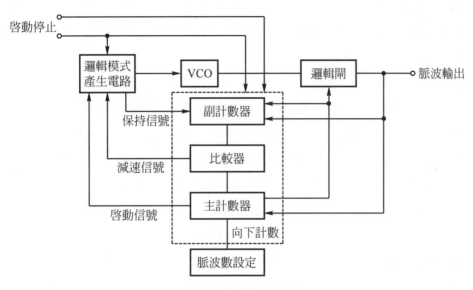

圖 9-93　位置控制方塊圖

9-7　伺服電動機的控制

　　無論採用那一種型式的伺服電動機，其一般性的控制方塊圖如圖 9-94 所示。系統中的電路可為類比電路或數位電路，可分別稱為類比伺服與數位伺服。在方塊圖中可分為幾個部份如下：

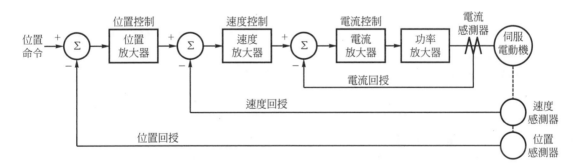

圖 9-94　伺服電動機控制方塊圖

1. 功率放大器：功率放大器部份是由功率元件所構成功率元件，如第八章所敘述之功率電晶體、閘流體、功率 MOSFET 和 IGBT 等。其中功率電晶體切換速度較慢、功率損失大、價格較低。閘流體的耐壓及電流密度均高。

MOSFET 切換速度快、功率損失小，但電流密度低。IGBT 具有 MOSFET 和閘流體之特點，但速度較MOSFET慢一些，輸出短路時的容許時間較短，因此必須注意其過電流保護。

2. 電流控制迴路：在電流控制迴路一般具有(1)可以降低電動機的電氣時間常數；(2)而電源電壓或電勢變動時，可以抑制電動機電流的變化；(3)可以減小功率轉換器的不靈敏帶；(4)限制電流指令值，就可以抑制流入電動機的最大電流，以防止功率放大器和電動機發生過電流。一般是以負載電流和設定值作比較後，以誤差電壓經比例–積分控制器後，再送到功率放大器即驅動電動機。電流控制之方法可採用磁滯比較器，如圖 9-95 所示。其動作原理為電流之目標值分為上限和下限值。當實際電流低於下限值時，則功率元件導通。而當電流上升到上限值時，功率元件又截止。其中之電流感測回授實際電流可以採用霍爾元件來檢測，這樣才不致於造成主電路之壓降，並可以使主電路同相位。另外，在同步型之伺服電動機和感應型伺服電動機的控制上，由於電動機電流必須為交流正弦波，所以電流控制可以修改如圖 9-96 所示。圖中將轉子位置檢測信號P經 ROM 資料庫或其他方式轉換為正弦波形，然後再和電流之設定值$I*$相乘後，成為命令值$i*_a$。在圖中只檢測A相電流，B相電流之檢出也是相同的，但不需要另設ROM資料庫，因B相電流和A相電流相位固定相位120°，而C相電流則由$i_c = -(i_a + i_b)$來決定即可。在電流放大器，則相同於直流控制方式，可採用比例積分控制器或磁滯比較器。

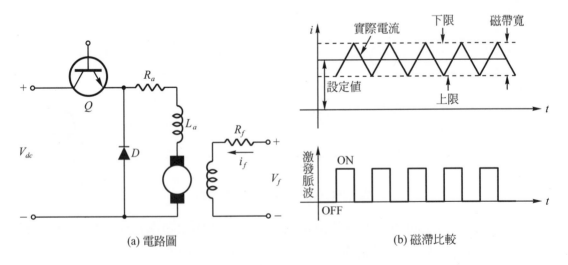

(a) 電路圖　　　　　　　　　(b) 磁滯比較

圖 9-95　利用磁滯比較器之電流控制

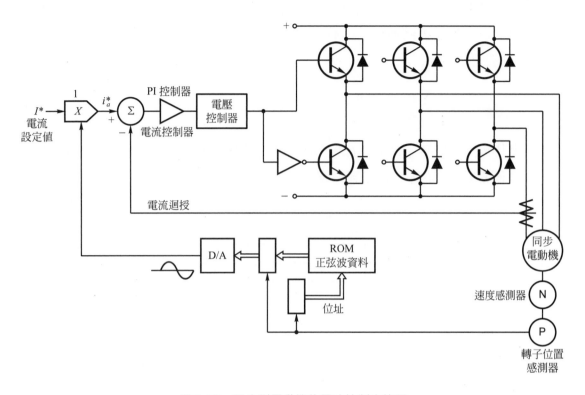

圖 9-96　同步型電動機的電流控制方塊圖

3. 速度控制迴路：在速度控制迴路中必須具有(1)可以降低電動機的機械時間常數；(2)電源電壓或反電勢變動時，可以抑制轉速的變化；(3)負載轉矩變動時，可以抑制轉速的變化。一般此迴路採用之控制器為比例積分控制的方式，其控制方塊圖如圖 9-97 所示。其中K_p為速度迴路中之比例控制常數，K_I為速度迴路中之積分控制常數，τ_E為電氣時間常數，J_m為轉子慣量，B_m為摩擦係數，K_T為慣量常數。

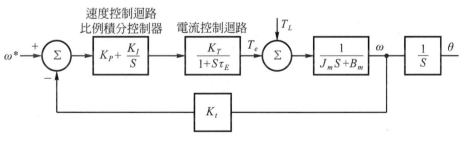

圖 9-97　速度控制方塊圖

4. 位置控制迴路：在此迴路是位於最外的迴路上，若位置放大器採用比例積分控制器，轉速控制迴路以G_ω代表，則整個控制系統的方塊圖如圖9-98所示，其轉移函數為

$$\frac{\theta_r}{\theta_m^*} = \frac{G_\omega K_{pp} S + G_\omega K_{PI}}{S^2 + G_\omega K_{pp} S + G_\omega K_{PI}} \tag{9-21}$$

其中θ_r為實際轉子位置，θ_m^*為命令轉子位置，K_{pp}為位置控制迴路中之比例控制常數，K_{PI}為位置控制迴路中之積分控制常數。

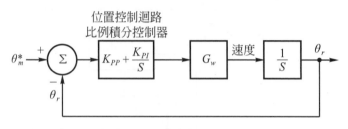

圖9-98　位置控制方塊圖

5. 轉速及位置感測電路：伺服電動機所使用的感測器，主要是有速度感測器、位置感測器、電流感測器及電壓感測器。其中速度感測器有直流轉速發電機、頻率發電機、轉動編碼器。在位置感測器元件中，有磁式增量型編碼器、光式增量型編碼器、光式絕對型編碼器、電磁式電位器及電磁式分解器。在電流感測器方面，有霍爾型比流器及電阻器。在電壓感測器方面，有霍爾型比壓器及電阻器。直流轉速發電機有電刷壽命的問題，故在交流伺服電動上不適合使用，所以一般常採用無刷式轉速發電機。頻率發電機之輸出信號一般為正弦波，必須將其整形成方波或脈波形式，才可供控制上的應用，故一般使用的較不普遍。轉動編碼器不只可以做轉速感測，亦可以做位置感測，非常適合於數位的處理，故廣泛的被使用。依其信號型態可分為增量型轉動編碼器及絕對型轉動編碼器，此感測的方式又可分為光學式及磁式兩種。光學式轉動編碼原理係在附有細縫轉盤的兩側，分別裝置發光元件及受光元件，如果只有一組光電感測元件，則輸出信號就只有一相的脈波信號，而此裝置又稱為脈波產生器(Pulse Generator)。磁式轉動編碼器係在轉子上裝置多極磁鐵，並利用兩個霍爾元件做為感測器，以兩個霍爾元件對磁極相差90°的位置角來輸出感測信號。

9-7-1 直流伺服電動機的控制

在直流伺服電動機之基本控制電路分成兩種，即定電壓控制型電路及定電流型控制電路。其中之定電壓型控制電路係利用一個射極隨耦器來驅動電動機，如圖9-99所示。若忽略基極−射極電壓，則電動機的端電壓會等於輸入電壓，此時電流之大小是依負載而定。因此若負載太大，則電流過大，電晶體就會被燒毀，需要有限流裝置。上述電路中電動機之端電壓一定是小於輸入的控制電壓，在實用上是較不可行。若將電路修改成圖9-100所示之有電壓增益的控制電路。此電路中，輸入電壓V_{in}出現在R_2電阻兩端。當不計$Tr1$之基極−射極電壓，則電動機之端電壓為$V_{in}(R_1 + R_2)/R_2$。其中之二是定電流控制型電路，如圖9-101所示。此電路適用於額定電壓高的電動機，並且具有電流限制作用的功能。如果要具有溫度補償特性的電路，如圖9-102所示。其中是利用運算放大器組成的定電流控制電路，其回授包含了電晶體V_{BE}的電壓。電路中$E_1 = E_2$，$I_a \cong E_2/R_E$。上述之控制方法只是針對電動機只能在單一方向轉動。為了使電動機能正逆轉，則電路可改成如圖9-103所示，此圖中只需要一對互補型電晶體。此電路結構很容易取得電壓和電流回授信號，電路之動作情況為當輸入電壓V_{in}為正時，$Tr1$導通，電動機正轉。相反地，當輸入電壓V_{in}為負時，$Tr2$導通，電動機反轉。如果電動機的額定電壓較大時，可採用如圖9-104所示之電路圖。此電路具有電壓增益的控制電路。如果電動機的額定電流較大時，可以將$Tr3$及$Tr4$改接成達靈頓接法。在此電路的唯一缺點是需要兩組電源，此會增加成本。如果只考慮單一電源，則可以採用圖9-105所示之電路，即可工作在單一電源之下。其中控制信號A及控制信號B為控制正逆轉使用，並且兩者之信號不可同時為高電位。

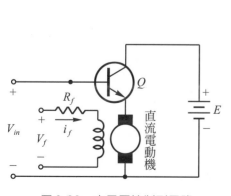

圖 9-99　定電壓控制型電路

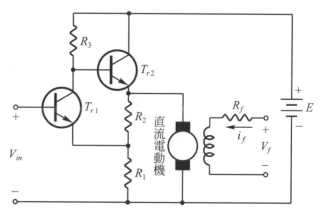

圖 9-100　具有電壓增益的定電壓控制型電路

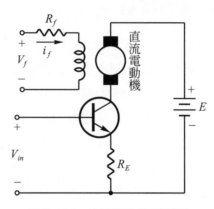

圖 9-101　定電流控制型電路

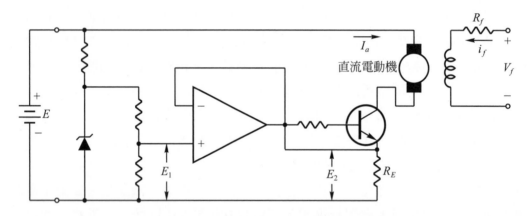

圖 9-102　使用運算放大器之定電流控制電路

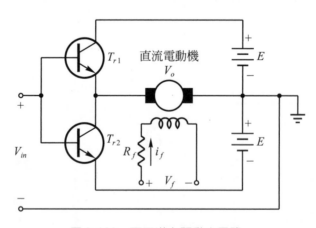

圖 9-103　可正逆主驅動之電路

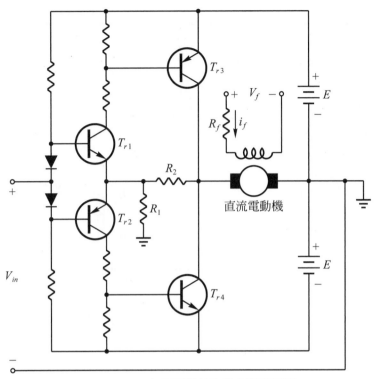

圖 9-104　具有電壓增益的雙向驅動電路

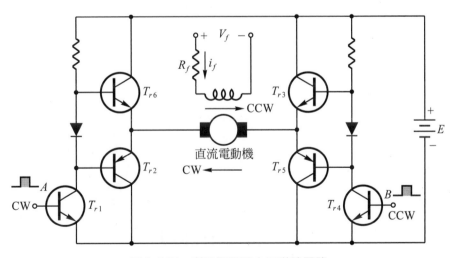

圖 9-105　利用單電源之正逆轉電路

　　在電流限制電路上必須有適當的電源限制，其原因是當電樞電流太大時，會造成磁場被減磁，同時可以防止功率電晶體被燒毀，並且可以防止電動機繞組被燒毀。在電路分為定電壓控制電路的電流限制法如圖 9-106 所示，及定電流控制型的雙向驅動電流限制法，如圖 9-107 所示。

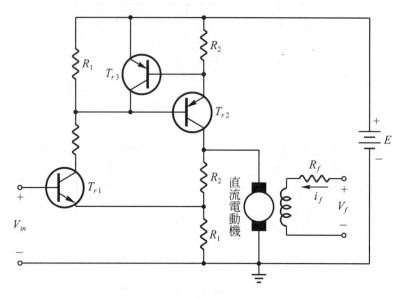

圖 9-106　定電壓控制電路之電流限制法

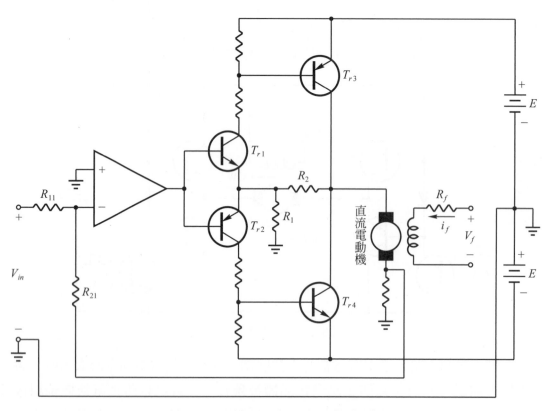

圖 9-107　定電流控制型之雙向驅動電路

上述之電動機控制所使用之功率電晶體皆操作於作用區，故功率消耗很大，且整體效率不高。改進方式為觸發信號改為脈波列來控制，使其操作在開關之動作，即非完全導通便完全截止。只要控制脈波之工作週期，即可改變電動機之轉向及轉速。依脈波控制方式之不同分為脈波頻率調變法 PFM 和脈寬調變法 PWM。由於 PFM 電路設計較不容易外，並且在低頻時，會造成電流不連續，故一般皆採用 PWM 方法較多。其控制電路如圖 9-108(a)所示。其波形如圖(b)所示。在圖(b)中之脈波是由三角波或鋸齒波信號和控制電壓相比較後所產生，故只要改變控制電壓

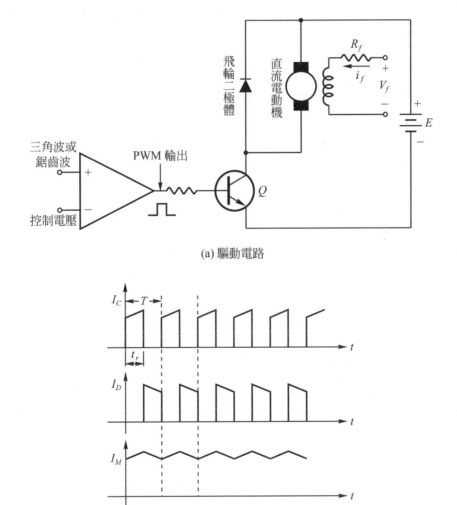

(a) 驅動電路

(b) 電流波形

圖 9-108　脈寬調變 PWM 控制電路及波形

準位，即可改變脈波的工作週期，進而可以控制電樞電流。在脈寬調變PWM的控制方式，當電晶體Q截止的瞬間，由於電動機之繞組的兩端會感應一反電勢，此時反電勢加上電源電壓之後，出現在電晶體Q的C、E兩端，而將使電晶體Q受到破壞，故在電路上之電動機繞組的兩端皆反向並聯一個二極體，用以釋放繞組內之磁能。

9-7-2　直流伺服電動機之轉速控制

由於伺服系統皆爲閉迴路控制，故在轉速控制上有採用轉速發電機做爲回授的轉速控制電路，其以運算放大器所組成之控制電路如圖9-109所示，而其對應之控制方塊圖爲如圖9-110所示。在使用轉速發電機做爲回授信號及電壓比較方式均爲類比式的，故在控制轉速的精確度和穩定度上，並不理想，所以有採用以頻率發電機或者脈波產生器來作爲回授裝置的伺服控制。頻率發電機之輸出端爲正弦電壓波形，其頻率正比於電動機的轉速。在控制上，皆將此正弦波整形成脈波型態，故逐漸被光學式的脈波產生器和轉動編碼器所取代。而使用頻率發電機爲伺服的控制方塊圖及部份電路如圖9-111所示。此圖中將頻率電機的頻率輸出後，經由史密特整形電路和單諧振電路，將其轉換爲寬度很窄的脈波，再利用電路和電晶體產生和脈波頻率相同的鋸齒波，以此鋸齒波和直流控制電壓作比較，以產生脈寬調變PWM的方式來控制並驅動伺服直流電動機。在上列的轉速控制方式之電動機轉速，並無法要求正確且穩定，如果欲達到此要求，可以利用相鎖迴路控制 PLL 來實現，其控制方塊圖如圖9-112所示，此圖中之控制方式是令轉動編碼器的回授脈波相位和基準脈波的相位是一致的，當兩者相位相同時，其頻率也必定相等。如果基準脈波的振盪器頻率穩定。則電動機的轉速也必定穩定，故爲相位比較的相鎖迴路控制。但如果倍數頻率的誤同步發生時，則此相位比較的功能便大大打折。故除了相位比較，尚必須作頻率的比較，以防止上述之倍頻率誤同步之發生，其控制方塊如圖9-113所示。

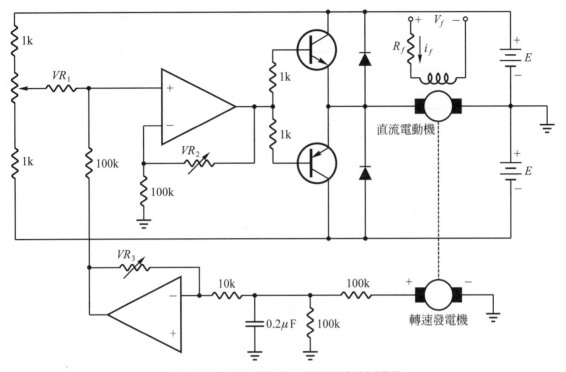

圖 9-109　使用運算放大器的轉速控制電路

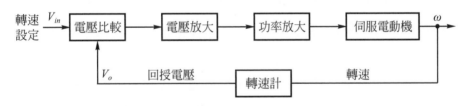

圖 9-110　使用轉速計的轉速控制方塊圖

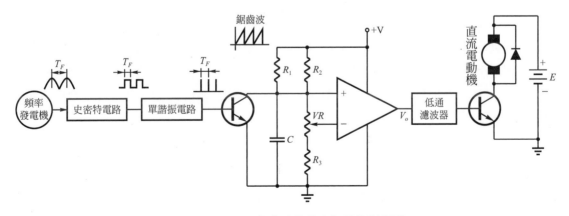

圖 9-111　利用頻率發電機之伺服控制電路

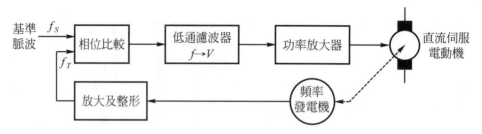

圖 9-112 相位比較的相鎖迴路控制系統

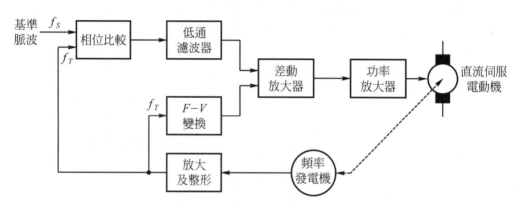

圖 9-113 具有相位及頻率比較功能的相鎖迴路控制系統

9-7-3 直流伺服電動機的位置控制

在直流伺服電動機的位置控制上,最簡單之位置感測元件是採用電位計作為位置的感測元件,其控制之方塊圖如圖 9-114 所示。圖中之電位計的輸出電壓是隨著轉子的角度而變。如果電位計的輸出類比電壓值比設定值低時,經過比較器和放大器之後,驅動伺服電動機轉動某些位置,以使電位計的輸出電壓更接近目標命令值。在此方塊圖中可預見,當電動機之旋轉角度快接近目標時,轉子之轉速已相當快。因轉子慣量之關係,所以轉子會超過目標值,然後再以相反方向轉動修正,如此產生擺動現象,故可以在電路中加入轉速回授信號,以抑制此種不穩定現象。其作用係利用轉速發電機做負回授,在轉子快到目標值且轉速很快時,使電動機端電壓降低,這樣電動機即具有減速作用,使轉子不致超過目標值太大,其控制方塊圖如圖 9-115 所示。

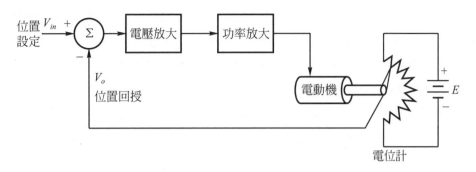

圖 9-114 利用電位計的位置控制

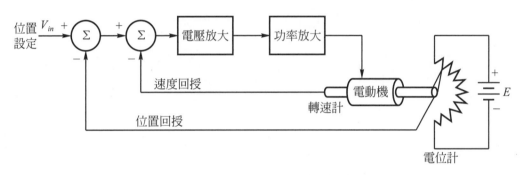

圖 9-115 利用電位計和轉速計的位置控制電路

　　另外以一種增量型編碼器回授的位置控制，也常應用於伺服電動機的位置控制。其控制方塊圖如圖 9-116 所示。圖中之 S 端為輸入時脈信號端，脈波驅動電路的控制方式可採用前述之各種方法。在圖中之電動機轉軸上是利用光感測器作為回授元件，以便產生與轉速成正比的脈波信號來和輸入脈波作比較，而誤差計數器具有記憶功能向上、向下計數器。利用此種控制方式，雖不斷地輸入脈波信號，電動機也不會失步，並可停於所定的位置上。

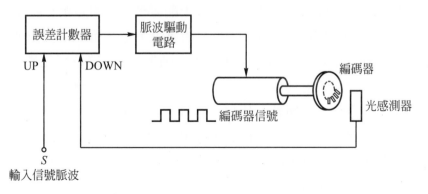

圖 9-116 利用增量型編碼器回授的定位控制

此外尚有利用極限開關來作為位置控制的元件。其中之極限開關的種類繁多，如有接點的極限開關和以光或磁為媒介的無接點式開關，如圖9-117所示之工作平台位置控制。由於負載的慣性、速度、摩擦及工作台的影響，故每次位置之精度皆不同，故可以利用二個極限開關來做定位控制，便可以改善上述之缺點。圖中當工作台碰到LS_1開關時，先讓電動機轉速降低，等碰到LS_2開關時，再將電動機煞住，如此高速移動的物體也能迅速停止於固定位置上。

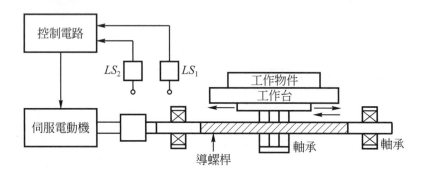

圖9-117 利用極限開關作位置控制

9-7-4 同步伺服電動機的控制

由於同步伺服電動機的轉子是由永久磁鐵所構成，故在控制上只要考慮定子之繞組的控制即可。由感測元件感測出轉子的位置以後，再來控制定子的激磁，使定子繞組所產生的磁場方向與轉子磁場方向相垂直，而得到與直流伺服電動機相同的特性，因此這種伺服電動機也稱為直流無刷伺服電動機。其最基本的控制方式是以電晶體組成的橋式電路來向繞組線圈激磁，並且一方面感測出轉子的位置，一方面控制電晶體的開關動作，其電路方塊圖如圖9-118所示。當中轉子位置之感測方式是使用光學式元件來感測。在電動機之面板上配置有6個間隔相等的光電元件，再利用遮光板的轉動，使光電元件順次受光。如果圖上電晶體的編號和光電元件的編號相對應，則目前是Tr_1、Tr_4、Tr_5導通，故電動機U和W端電壓正端相通，V端和電源負端相通。此時定子磁場就如圖 9-119(a)所示。又假定轉子磁極也如圖(a)所示，則轉子會依順時針方向轉動，使轉子磁極與定子磁場方向一致。在轉動約30°時，光電元件OPT_5變為OFF，而OPT_6變為ON，使定子磁場順時針方向轉動60°，如圖(b)所示，則轉子也會順時針方向進一步轉動。依此不斷地轉動，電晶體不斷交互動作，使轉子可以連續運轉。

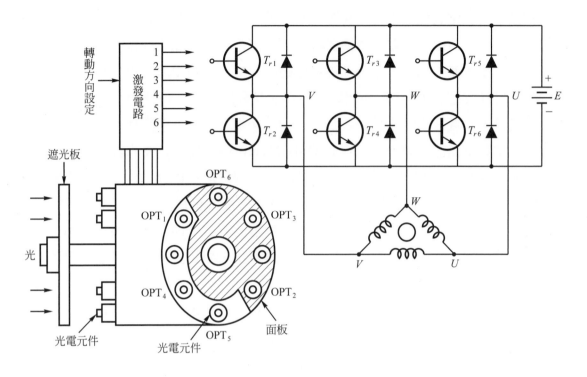

圖 9-118　具有 6 個光學元件之同步伺服電動機控制

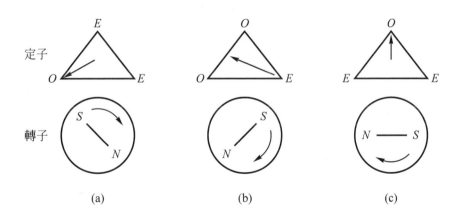

(a)　　　　　　　　　　(b)　　　　　　　　　　(c)

圖 9-119　定子磁場和轉子轉動情形

　　在同步伺服電動機如果採用轉動編碼器的檢出信號，則如圖 9-120 所示之控制方塊圖，一方面經由頻率電壓轉換器轉變成直流電壓作為速度回授，一方面經由位置感測出正弦波產生電路，作定子繞組激磁的依據。在圖中所採用的正弦波調變的 PWM 控制方式已在 9-8-3 節介紹過，其作法是利用正弦波信號和高頻三角波作比較，以獲得不同寬度的脈波。而正弦波信號的產生方式有下列幾種方式，其一為編碼方式，即以唯讀記憶體 ROM(Read Only Memory) 存放正弦波的數值資料，然後根據絕對型編碼器所取得的轉子位置信號，將它轉換成 ROM 的位址，然後再到 ROM 取出數值化的三相弦波資料，再經過 D/A 轉換就可以成為相位差 120° 的三相弦波電壓信號。其中之二是採用同步器或分解器的方式，即在電動機之轉軸上裝置小型同步器，當電動機轉動時，即帶動同步器產生三相弦波，這樣可省略轉子位置感測及 ROM 的設計。

　　在三相定子繞組的電壓和電流可直接用三相方程式來分析，也可以用二相交流方程式來分析，另外，也可以用 $d-q(Q)$ 軸方式來分析。一般在同步型伺服電動機的控制方式，大都採用 $d-q(Q)$ 座標控制和三相交流控制方式，如圖 9-121 所示之簡單三相交流控制方塊圖。其控制電路是以電流的回授為主。電流命令值產生方式是由速度控制器的輸出 q 軸電樞電流 i_q*，經座標轉換成 i_a*、i_b*、i_c*，實際上只要 i_a* 和 i_b* 就可以了。而其轉換式為

$$\begin{bmatrix} i_a* \\ i_b* \\ i_c* \end{bmatrix} = \sqrt{\frac{2}{3}} \begin{bmatrix} \cos\theta_s & -\sin\theta_s \\ \cos\left(\theta_s - \dfrac{2\pi}{3}\right) & -\sin\left(\theta_s - \dfrac{2\pi}{3}\right) \\ \cos\left(\theta_s + \dfrac{2\pi}{3}\right) & -\sin\left(\theta_s + \dfrac{2\pi}{3}\right) \end{bmatrix} \begin{bmatrix} i_d* \\ i_q* \end{bmatrix} \tag{9-22}$$

為了簡化控制，令 $i_d* = 0$，則

$$i_a* = -\sqrt{\frac{2}{3}}\sin\theta_s - i_q* \tag{9-23}$$

$$i_b* = -\sqrt{\frac{2}{3}}\sin\left(\theta_s - \frac{2\pi}{3}\right)i_q* \tag{9-24}$$

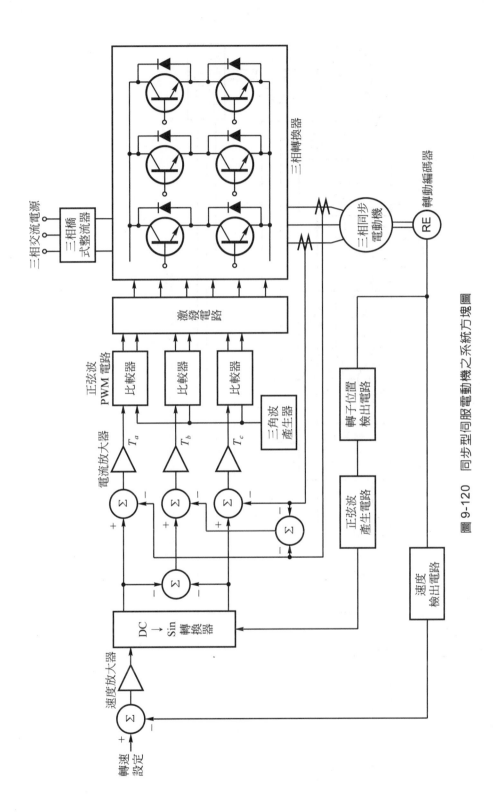

圖 9-120 同步型伺服電動機之系統方塊圖

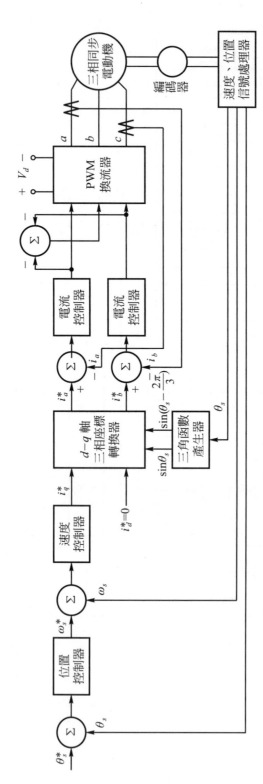

圖 9-121 同步型伺服電動機之三相交流控制方塊圖

9-7-5 感應伺服電動機的控制

　　一般在中小型之伺服電動機上以採用同步型伺服電動機為多，在中、大容量之伺服電動機以採用感應型伺服電動機為主。這是因為在同步型之伺服電動機的轉子皆使用永久磁鐵，在大容量的製造上，由於必須將大的磁鐵裝入電動機中，強大磁場使裝置較為困難，故在大型容量上皆採用感應型伺服電動機為主。在直流伺服電動機及同步型伺服電動機之磁場是固定的，故只要控制電樞電流或定子電流就可以控制電動機的轉矩。在感應伺服電動機中，則必須控制流入定子電流的磁場電流分量和轉矩電流分量就可以控制轉速及轉矩，而這種方式就是所謂的磁場導向控制 (Field Oriented Vector Control)，簡稱為向量控制，其控制電路一般皆相當複雜。在實現伺服控制必須要了解感應電動機的動態數學模式，其模式可以靜止軸之 $as-bs-cs$ 軸來描述，其三相電壓及三相電流間有120°的相位差，且定子和轉子間有電感耦合之關係，並含有轉子位置的變數，因此數學模式為一非線性時變的數學式，其分析較為複雜且困難。如果引用 $d-q$ 軸理論，並假設電源為三相平衡，則可以消去含有時變項的變數。而 $d-q$ 軸的動態模式可使用靜止參考軸或旋轉參考軸來表示。靜止軸是指 $d-q$ 軸固定於定子上，而旋轉參考軸是在旋轉的，其旋轉速度可為轉子速度或同步速度。如果使用同步旋轉軸之方式，則三相弦波的變數就可以在穩態下，轉換成直流成份，而分析、模擬及實作均較為簡單。

　　當使用磁場導向控制於伺服感應電動機的控制上，其轉矩與電流間的關係就如同直流他激式電動機一樣，即在自流他激式電動機之轉矩公式為

$$T_{dc} = K + I_a I_f \tag{9-25}$$

上述公式是忽略電動機之電樞反應及磁飽和現象，而 I_a 為電樞電流，I_f 是磁場電流，兩者是相互垂直，即無耦合作用。如果感應伺服電動機使用磁場導向控制的方法，則利用 $d-q$ 軸理論，並將旋轉座標轉換，則可以得知轉子磁通鏈 λ_r 是由 i_{ds} 所產生，並且落後於交軸電流 i_{qs} 為 90°，故感應伺服電動機的轉矩可表示為

$$T_{IM} = K\lambda_r i_{qs} = K' i_{ds} i_{qs} \tag{9-26}$$

於磁場電流分量 i_{ds} 決定後，轉矩大小只和 i_{qs} 成正比，故只要控制 i_{qs}，即可控制電動機轉矩。在此控制中最重要的部份是如何得知轉子的磁場位置，使得 i_{ds} 能在 d 軸上產生應有的磁通鏈 λ_r，則有直接式及間接式兩種。其中之直接式又可分為兩種方

法，當中之一為將磁性元件裝置在電動機內，直接取得磁場資料，但在轉速較低時，感測量易受雜訊影響，故一般較少使用。當中之二為測量電動機之端電壓及端電流，然後再配合感應電動機的$d-q$靜止軸模擬式子以計算出磁場大小及位置，但此方法所需計算較為繁複，故也甚少採用。在間接式中，是利用$d-q$軸同步旋轉軸動態模式之轉子電壓方程式，並假設磁場導向在d軸上，求得轉子磁場位置及大小。此種方式要使用到轉子時間常數和定子電流來計算轉差頻率ω_{se}，並且回授轉子轉動頻率ω_r，則旋轉磁場的位置，即為轉差角度和轉子角度的和。將此方式應用在感應伺服驅動的磁場導向控制上，可稱為間接磁場導向控制，其控制電路及系統之方塊圖如圖 9-122 所示。在此控制系統中分為四大部份即

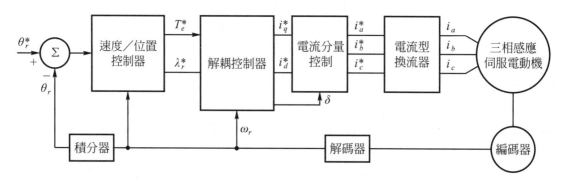

圖 9-122　感應伺服電動機之間接磁場導向控制系統方塊圖

1. 速度／位置伺服控制器：此部份是由速度控制器及位置控制器所組成的。在速度控制器主要是在比較速度命令值與回授信號。將此誤差信號以比例積分微分控制來送出控制信號，即此部份通常是由比例積分微分控制器所組成。

2. 解耦控制器：此部份主要是將T_e^*和λ_r^*解耦成二個相互垂直的電流分量，即轉矩電流分量i_q^*和磁場電流分量i_d^*，並且計算轉差速率ω_{sl}^*，將其與轉子實際速率ω_r相加後，成為旋轉磁場速率ω_s^*，再將其積分後可得到磁通向量角δ。

3. 電流分量控制器：此部份的功用是作座標轉換及相位變換。將旋轉座標變換到靜止座標的電流向量i_d^{s*}和i_q^{s*}為

$$i_d^{s*} = i_d^* \cos\delta - i_q^* \sin\delta \tag{9-27}$$

$$i_q^{s*} = i_d^* \sin\delta + i_q^* \cos\delta \tag{9-28}$$

然後再轉換為三相平衡電流

$$i_a* = i_q^s*$$ (9-29)

$$i_b* = -\frac{\sqrt{3}}{2}i_d^s* - \frac{1}{2}i_q^s*$$ (9-30)

$$i_c* = \frac{\sqrt{3}}{2}i_d^s* - \frac{1}{2}i_q^s*$$ (9-31)

4. 電流型換流器：此部份是由於磁場導向控制法中，轉矩及磁場都與定子電流有直接關係。因此採用電流型換流器較為適合，並以正弦波調變的脈寬調變PWM來控制。

9-7-6 二相伺服電動機的控制

　　二相伺服電動機的定子部份是由二相定子繞組所組成的，其可以做轉向控制、轉矩控制。在轉向控制上，由於轉子的轉動方向是隨著旋轉磁場的方向而定，所以只要改變固定相和控制相的相角關係，便可以改變轉動方向。其次是轉矩控制，在二相伺服電動機的轉矩，可由控制相的電壓大小，或控制相，或固定相電壓間的相位差來控制。在電壓控制方面，由於固定繞組的電源電壓是固定由交流電源來供給的，所以只能由控制相的電壓來改變，電動機轉矩約與控制相的電壓成正比。其次是相位控制方面，以不改變任何電壓值，而改變固定相與控制相電壓間的相位角來改變轉矩大小，此轉矩大小和兩繞組間的電流相角差$\sin\theta$成正比。相位控制法需要用到移相變壓器或電容器等移相電路，因此電路較複雜。在控制電路上如圖9-123所示，其中之固定相和控制相的繞組是相同規格，以利用TRIAC來控制二相的導通角，這樣便可控制電動機的轉速和轉向。

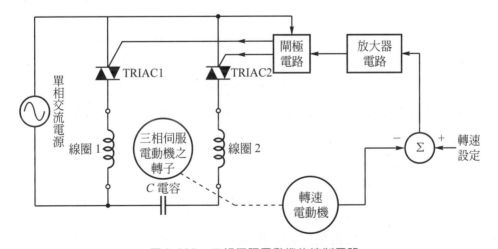

圖 9-123　二相伺服電動機的控制電路

習題

1. 使用半控式轉換器和全控式轉換器於直流電動機之轉速控制上,在電路構造上有何差別?為何半控式轉換不能做再生制動?

2. 假設交流電壓為 110 伏特,分別求出單相全控式轉換器及單相半控式轉換器在激發角 α 為 (1)30°,(2)60°,(3)120° 時之直流側電壓值。

3. 有一部 200 伏特,10 馬力的直流他激電動機,其無載轉速為 1200rpm,電動機額定電樞電流 40 安培,電樞電阻 $R_a = 0.3$ 歐姆,若由單相全控式轉換器來驅動,其交流側電壓為 280 伏特,並假定電樞電流為連續且無漣波,求在激發角 $\alpha = 60°$ 及額定電流下之電動機 (1)轉速,(2)轉矩,(3)交流電源側功率因數?

4. 有一部 280 伏特、20 馬力、1800rpm 的直流電動機,其電樞電阻 R_a 為 0.2 歐姆,電樞額定電流為 60 安培,$K_\phi = 0.15$ 伏特／rpm,由三相半控式轉換器來驅動,交流電源為 3 相 220 伏 60Hz,若不計轉換損失,試求
   (1)激發角 $\alpha = 30°$ 及 $\alpha = 60°$ 時之無載轉速?(假定無載電樞電流為額定值之 10％且為連續)
   (2)電動機於滿載下,欲獲得 1800rpm 之激發角 α 為多少?電源功率因數為若干?

5. 有一部 220 伏特直流他激式電動機,其電樞電阻為 $R_a = 0.4$ 歐姆,電樞電感 $L_a = 15$mH,無載轉速為 2000rpm,滿載電流為 40 安培,今以一降壓截波器來驅動,直流電源電壓為 200 伏特,試求
   (1)滿載工作時轉速為 1800rpm 及 1200rpm 的截波工作週期
   (2)滿載工作且負載為定轉矩負載之截波器工作週期範圍

6. 為了改善功率因數而採用的強制換向法可分為哪三種?

7. 比較截波器的變頻控制與脈寬調變控制有何差別?各有何優缺點?

8. 試比較截波控制和轉換器控制對於直流電動機控制有何差別?

9. 三相感應電動機的轉速控制法有哪些?

10. 換流器中之閘流體是如何換向?

11. 換流器的輸出電壓通常含有諧波,如何抑制?

12. 換流器為了保持固定電壓／頻率的輸出,其端電壓控制方式有哪幾種?

13. 脈寬調變的控制方式有何優點？

14. 變頻控制的感應電動機，在基準頻以下和以上區域，其端電壓應如何變化？

15. 單相感應電動機之轉速控制方法有哪三種？

16. 在單相感應電動機之控制上為降低諧波及改善功率因數的方法有哪幾種？

17. 單相感應電動機之改變頻率控制轉速之方式有哪幾種？

18. 在同步電動機的轉速控制有哪幾種？

19. 在同步電動機為何不能以改變端電壓和改變極數來控制轉速？

20. 步進電動機之單極性驅動和雙極性驅動各有何優缺點？

21. 步進電動機之定電流驅動有何特色？

22. 說明步進電動機之梯形運轉模式。

23. 步進電動機之定電壓驅動有何特色？

24. 試比較直流伺服電動機之電壓型控制型和電流控制型驅動電路的優缺點。

25. 說明相鎖迴路控制 PLL 轉速控制的原理。

26. 為何以轉動編碼器所做轉速控制比使用直流轉速發電機為優越？

27. 正弦波的 PWM 控制方式中，一般正弦波的取得方式有哪幾種？

28. 同步型伺服電動機的驅動器控制和普通換流器之控制有何不同？

29. 同步型伺服電動機及感應電動機同屬交流伺服電動機，為何控制方式不一樣？

30. 試比較步進電動機和伺服電動機各有何特色。

10

變壓器

10-1　變壓器的原理和構造

10-2　變壓器的等效電路

10-3　變壓器的特性

10-4　變壓器的繞組連接

10-5　特殊變壓器

變壓器在工業上的用途是將一電壓位準的電能轉移至另一電壓位準，並且不影響能量的供應。當然此變壓器如果是將電壓提高，則電流必定會減小，以維持輸入功率與輸出功率是相同。因此由發電廠所送出來之交流電，皆將其電壓提高，然後再經長距離之輸電線路傳送，最後在負載端上再將電壓降低。一般而言，輸電線路上的能量損失與線路電流的平方成正比。若將輸電電壓提高為原來的 10 倍，則線路電流將降為原來的 $\frac{1}{10}$ 倍，此時線路損失將變為原來的 $\frac{1}{100}$ 倍。為了滿足上述的要求，唯有使用變壓器才可達成。故本章將著重於變壓器之原理、構造、特性及連接方式的說明。

10-1　變壓器的原理和構造

10-1-1　變壓器的原理

變壓器之作用是接受某一交流電力，然後藉由電磁感應的作用，將其轉移至另一電路上，亦即負責電能的傳遞任務。又變壓器的損失非常小，且電能的傳遞效率非常高，故變壓器之應用範圍，非常廣泛。但在電力工程上，主要是用於電壓的提高或降低。而變壓器之線路圖如圖 10-1 所示，圖中包含兩組獨立的繞組及一條共同的磁路。與交流電源連接之繞組，稱為一次側繞組，與負載端連接之繞組稱為二次側繞組。

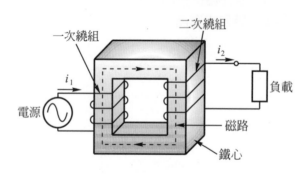

圖 10-1　變壓器之線路圖

在上圖中，當一次側繞組加入交流電 i_1 時，則在共同磁路上將會產生一交變的磁通，此交變之磁通經由鐵心再與二次側繞相互交鏈，使二次側繞組產生一感應電勢。此感應電勢的頻率和 i_1 相同,並且可對二次側的負載提供電能。假若在一次側繞組加入直流電源,則磁路中之磁通變化率為零,使得二次側之感應電勢為零。因此,變壓器較適用於交流電路上。

10-1-2 變壓器的構造

變壓器的基本構造,大致上可分為五大部份,即鐵心、線圈繞組、絕緣套管、絕緣油及防止其劣化的裝置等部份。上述五大部份分述如下:

1. 鐵心部份:變壓器的鐵心係由薄矽鋼片疊製而成的,且此薄矽鋼片之材料為導磁係數非常高的材質所組成,這樣才可降低因磁通變化所產生之磁滯損失及感應磁通所產生之渦流損失。依薄矽鋼片所疊製成的形狀可分為幾種形式,即 E 型、H 型、I 型及 L 型。一般薄矽鋼片的標準厚度有 0.3mm 及 0.35mm 兩種。另外,依據上列之形狀組合之後的鐵心形狀,可區分為兩種形式的變壓器構造,即內鐵式及外鐵式。將此兩種鐵心構造分述如下:

(1) 內鐵式鐵心:此型式之變壓器,其一次側繞組和二次側繞組分別繞製於鐵心之兩側,這樣的繞組較易於散熱,並且在絕緣上較容易處理,故較適合於高電壓的場合,其形式如圖 10-2(a) 所示。

(2) 外鐵式鐵心:此型式之變壓器,其一次側繞組和二次側繞組均夾置在中間鐵心內。此型之變壓器之繞組絕緣較不易處理且散熱較慢,但其特點是可容許較大的機械應力,故適用於低電壓的場合,其形式如圖 10-2(b) 所示。

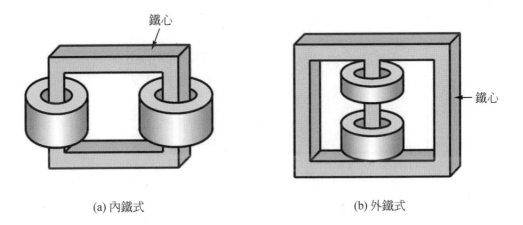

(a) 內鐵式   (b) 外鐵式

圖 10-2 內鐵式與外鐵式之變壓器

2. 線圈繞組部份：變壓器的繞組導線應具備有較高的導電率、良好的耐蝕性及壓軋展延加工容易等特性，且繞組通常是由銅導線繞製而成。而此銅導線可分為圓銅線及扁平銅帶等兩種。銅導線之外表是以棉線包紮起來，並塗上絕緣油，再分層逐次繞製而成。另外，為了增加繞組之絕緣能力，在每層繞組間加入絕緣紙及雲母片，如圖 10-3 所示。

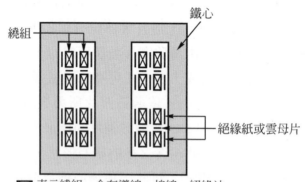

⊠ 表示繞組，含有導線、棉線、絕緣油

圖 10-3　變壓器的繞組

3. 絕緣套管部份：將上列之變壓器繞組接至外接電路時，若是引接裝置之絕緣不良，則將會發生漏電現象，故引接裝置必須具備有相當的絕緣強度及機械強度等特性。同時為了滿足上述的特性，作為變壓器繞組的引接裝置之絕緣套管，通常採用絕緣能力較為良好之陶瓷作為材料。如圖 10-4 所示。

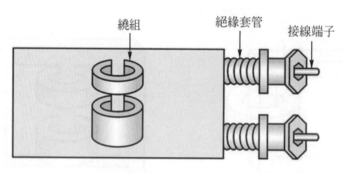

圖 10-4　絕緣套管

4. 油槽部份：絕緣油對變壓器之作用有二，即一為冷卻作用；二為絕緣作用。而良好之絕緣油必須具備有高度之絕緣耐力、安全又可靠、品質安定、又不容易變質、以及具有充分的冷卻特性。在一般小型的變壓器，在使用中所產生之熱量，是透過空氣之對流作用而到達散熱的目的。但在大型的變壓器所產生之熱量較多。通常直接在油槽內填入絕緣油，一方面可以增加其絕緣能力，另一方面又可利用油之流動與外界接觸，以增加散熱面積及增強冷卻效果。變壓器油槽之構造圖如圖10-5所示。

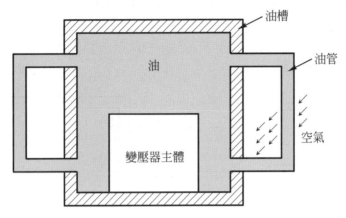

圖 10-5　變壓器油槽構造

　　上圖中之變壓器的絕緣油溫度昇高時，則絕緣油會產生膨脹現象，如果溫度降低時，則會造成收縮。因此絕緣油的體積會隨油溫的升降而增減，此種現象可稱為呼吸作用。但變壓器之呼吸作用將會使其內部產生較高的壓力，而造成危險，故必須採取適當的方法，使變壓器內外之氣壓相同，並且防止水份或空氣進入到油槽內部，以避免造成絕緣油的劣化，因而降低其絕緣能力。因此，為了防止空氣及水份進入油槽內部，一般使用裝有矽膠等脫水劑之呼吸器，並利用儲油器使空氣僅與小面積之絕緣油接觸，以防止絕緣油的劣化，此儲油系統如圖10-6所示。

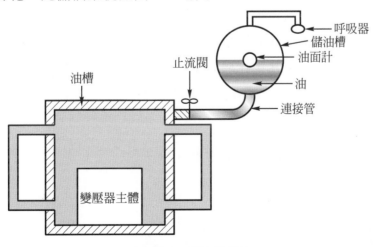

圖 10-6　儲油器系統

10-1-3 變壓器之工作原理

變壓器之工作原理，首先以理想變壓器來加以說明，其電路符號及接線圖如圖 10-7 所示。在圖中可知，重要的是由N_1匝及N_2匝的兩磁耦合線圈及鐵心等部份所組成的。

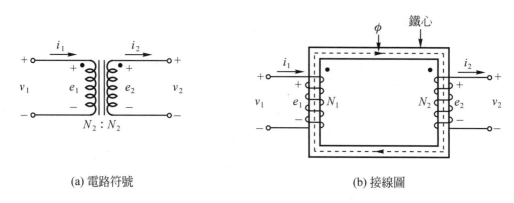

(a) 電路符號   (b) 接線圖

圖 10-7 變壓器之電路符號及接線圖

上圖中之v_1爲一次側的外加電壓 [V]，v_2爲二次側負載的端電壓[V]，e_1爲一次側繞組所感應之電勢[v]，e_2爲二次側繞組所感應之電勢[V]，i_1爲流入一次側繞組的電流[A]，i_2爲流出二次側繞組的電流[A]，N_1爲一次側繞組之匝數，N_2爲二次側繞組之匝數，ϕ爲一次側繞組電流所產生之磁通，並可耦合到二次側繞組的交連磁通[Wb]。一般而言，如以理想變壓器來表示時，其應具備的條件如下：

1. 一次側及二次側的繞組電阻應該爲零。
2. 鐵心部份之磁阻應該爲零，且無任何的漏磁。
3. 鐵心部份之磁滯損失及渦流損失均應該爲零。

當具備上列之條件後，其工作原理可由法拉第電磁感應定律得知，v_1之值爲

$$v_1 = N_1 \frac{d\phi}{dt} \tag{10-1}$$

同理應用法拉第定律，二次側負載端電壓v_2爲

$$v_2 = N_2 \frac{d\phi}{dt} \tag{10-2}$$

上兩式之$d\phi/dt$是相同的，所以v_1和v_2之關係式爲

$$\frac{v_1}{v_2} = \frac{N_1}{N_2} \tag{10-3a}$$

或是 $\quad \dfrac{v_1}{N_1} = \dfrac{v_2}{N_2} \tag{10-3b}$

定義變壓器匝數比為a，即

$$a \triangleq \frac{N_1}{N_2} \tag{10-4}$$

故v_1與v_2之關係式，利用(10-4)式可改寫為

$$\frac{v_1}{v_2} = a \tag{10-5}$$

在理想變壓器之假設條件下，並且根據能量守衡原理得知，輸入到一次側的電能等於二次側負載端所吸收的電能，所以$v_1 i_1 = v_2 i_2$，即

$$\frac{v_1}{v_2} = \frac{i_2}{i_1} \tag{10-6}$$

將(10-5)式代入(10-6)式後，可得知

$$\frac{i_1}{i_2} = \frac{1}{a} \tag{10-7}$$

若以相量形式來表示，則(10-5)式及(10-7)式可表示為

$$\frac{\overline{V_1}}{\overline{V_2}} = a \tag{10-8}$$

及 $\quad \dfrac{\overline{I_1}}{\overline{I_2}} = \dfrac{1}{a} \tag{10-9}$

上列兩式中之$\overline{V_1}$、$\overline{V_2}$、$\overline{I_1}$、$\overline{I_2}$分別為v_1、v_2、i_1、i_2之相量式。當中$\overline{V_1}$和$\overline{V_2}$為同相位，$\overline{I_1}$和$\overline{I_2}$為同相位，即為相同的相角。換言之，匝數比僅會影響電壓及電流之大小，對相角並沒有影響。故可以用電壓大小及電流大小來表示，所以(10-8)式及(10-9)式可改寫為

$$\frac{V_1}{V_2} = \frac{|\overline{V_1}|}{|\overline{V_2}|} = a \tag{10-10}$$

及　　　　$\dfrac{I_1}{I_2} = \dfrac{|\overline{I_1}|}{|\overline{I_2}|} = \dfrac{1}{a}$　　　　　　　　　　　　　　　　　(10-11)

上兩式中之V_1及V_2分別為$\overline{V_1}$和$\overline{V_2}$之電壓大小，I_1及I_2分別為$\overline{I_1}$和$\overline{I_2}$之電流大小。

　　在圖10-7中之一次繞阻及二次繞阻所做的黑點記號是用來說明$\overline{V_1}$與$\overline{V_2}$，$\overline{I_1}$與$\overline{I_2}$之相位關係，此轉換關係如下：

1. 若一次側之$\overline{V_1}$在有標黑點的線圈端為正(負)電壓，則二次側$\overline{V_2}$在有標黑點的線圈端為正(負)電壓，即有標黑點的線圈端具有相同的電壓極性。在圖10-7中的$\overline{V_1}$和$\overline{V_2}$為同相位。

2. 若一次側$\overline{I_1}$由有標黑點的線圈端流入，則二次側$\overline{I_2}$將從有標黑點的線圈端流出。在圖10-7中之$\overline{I_1}$和$\overline{I_2}$是同相位。

　　由上述的$\overline{V_1}$是外加在一次側的繞阻電壓，而繞組上之感應電勢大小可以由法拉第電磁感應定律來求得。首先，假設變壓器上之公共磁通ϕ為一正弦波變化的函數，其數學表示式為

$$\phi(t) = \phi_m \sin\omega t = \phi_m \sin 2\pi f t \qquad\qquad (10\text{-}12)$$

其中之ϕ_m為磁通之最大值[Wb]，而ω為角頻率[rad/sec]，且$\omega = 2\pi f$，f為電源頻率[Hz]。

　　假若磁通ϕ通過一次側之繞組N_1，則由法拉第定律可得知感應電勢為

$$e_1 = -N_1 \dfrac{d\phi}{dt} \qquad\qquad (10\text{-}13)$$

其中"$-$"之負號表示感應電勢係反抗磁通之變化。將(10-12)式之$\phi(t)$代入(10-13)式，則感應電勢e_1為

$$e_1 = -N_1 \dfrac{d(\phi_m \sin 2\pi f t)}{dt}$$

$$= -2\pi f N_1 \phi_m \cos 2\pi f t$$

定義　　　$E_{1m} = 2\pi f N_1 \phi_m$，故

$$e_1 = -E_{1m} \cos 2\pi f t \qquad\qquad (10\text{-}14)$$

由於正弦波之有效值$E_{1\text{rms}}$為其最大值E_{1m}的$\dfrac{1}{\sqrt{2}}$倍，故其一次側之感應電勢的有效值$E_{1\text{rms}}$為

$$E_{1rms} = \frac{1}{\sqrt{2}} E_{1m} = \frac{1}{\sqrt{2}} 2\pi f N_1 \phi_m = 4.44 f N_1 \phi_m \tag{10-15}$$

同理，應用法拉第定律到二次側繞組N_2，則感應電勢e_2為

$$e_2 = -N_2 \frac{d\phi}{dt} \tag{10-16}$$

其中"－"之負號表示感應電勢係反抗磁通之變化。將(10-12)式之$\phi(t)$代入(10-16)式，則感應電勢e_2為

$$e_2 = -N_2 \frac{d(\phi_m \sin 2\pi ft)}{dt}$$

$$= -2\pi f N_2 \phi_m \cos 2\pi ft$$

定義　　$E_{2m} = 2\pi f N_2 \phi_m$，故

$$e_2 = -E_{2m} \cos 2\pi ft \tag{10-17}$$

由於正弦波之有效值E_{2rms}為其最大值E_{2m}的$\frac{1}{\sqrt{2}}$倍，故其二次側之感應電勢的有效值E_{2rms}為

$$E_{2rms} = \frac{1}{\sqrt{2}} E_{2m} = \frac{1}{\sqrt{2}} 2\pi f N_2 \phi_m = 4.44 f N_2 \phi_m \tag{10-18}$$

一般來說一次側及二次側感應電勢，均以有效值之形式表示，故一次側感應電勢可以用E_1來表示E_{1rms}，而二次側感應電勢可以用E_2來表示E_{2rms}。

　　至於感應電勢的極性，其決定之方法步驟如下：

1. 首先決定磁通量的變化方向，即根據電流流入繞組之方向，然後利用右螺旋及安培右手定則可得知磁通之方向是向上的，如圖10-8(a)所示。

2. 其次再應用右螺旋及安培右手定則以反磁通方向比式，則可以得知感應電流之方向，如圖10-8(b)所示，其中拇指是指向反磁通方向，而其他四指則為感應電流方向。

3. 然後假設感應電流所流出的方向，在流出端即為感應電勢的正極性端或＋端。

　　在理想變壓器中，一次側電路供應到變壓器之實功率$P_1[W]$及虛功率$Q_1[VAR]$之數學表示式為

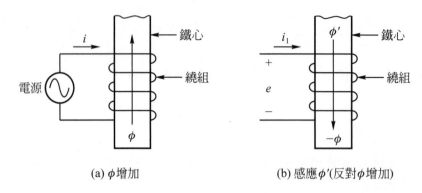

(a) ϕ增加　　　　　　　(b) 感應ϕ'(反對ϕ增加)

圖 10-8　感應電勢之極性判定

$$P_1 = |\overline{V}_1| \, |\overline{I}_1| \cos\theta_1 \tag{10-19}$$

$$Q_1 = |\overline{V}_1| \, |\overline{I}_1| \sin\theta_1 \tag{10-20}$$

其中之θ_1為一次側電壓$\overline{V}_1$和電流$\overline{I}_1$之間的相角差。而二次側提供給負載的實功率P_2[W]及虛功率Q_2[VAR]之數學表示式為

$$P_2 = |\overline{V}_2| \, |\overline{I}_2| \cos\theta_2 \tag{10-21}$$

$$Q_2 = |\overline{V}_2| \, |\overline{I}_2| \sin\theta_2 \tag{10-22}$$

其中之θ_2為二次側繞組端電壓$\overline{V}_2$和電流$\overline{I}_2$之相角差。在理想變壓器並不會影響電壓和電流的相角，所以$\theta_1 = \theta_2 = \theta$，即在理想變壓器的一次側和二次側具有相同的功率因數，故

$$\cos\theta_1 = \cos\theta_2 = \cos\theta \tag{10-23}$$

由(10-10)式及(10-11)式得知，$|\overline{V}_2| = \dfrac{|\overline{V}_1|}{a}$及$|\overline{I}_2| = a|\overline{I}_1|$，再代入(10-21)式，則

$$P_2 = \frac{|\overline{V}_1|}{a} \cdot a|\overline{I}_1| \, \overline{\cos\theta} = |\overline{V}_1| \, |\overline{I}_1| \cos\theta = P_1$$

故　　　$P_2 = P_1$ $\tag{10-24}$

同理，將$|\overline{V}_2| = \dfrac{|\overline{V}_1|}{a}$及$|\overline{I}_2| = a|\overline{I}_1|$代入(10-22)式，則

$$Q_2 = \frac{|\overline{V_1}|}{a} a |\overline{I_1}| \sin\theta = |\overline{V_1}||\overline{I_1}| \sin\theta = Q_1$$

故　　　$Q_2 = Q_1$　　　　　　　　　　　　　　　　　　　　　　　　　　(10-25)

而一次側之視在功率S_1為

$$S_1 = |\overline{V_1}||\overline{I_1}|$$　　　　　　　　　　　　　　　　　　　　　　(10-26)

二次側之視在功率S_2為

$$S_2 = |\overline{V_2}||\overline{I_2}|$$　　　　　　　　　　　　　　　　　　　　　　(10-27)

將$|\overline{V_2}| = \dfrac{|\overline{V_1}|}{a}$及$|\overline{I_2}| = a|\overline{I_1}|$代入上式，則

$$S_2 = \frac{|\overline{V_1}|}{a} a |\overline{I_1}| = |\overline{V_1}||\overline{I_1}| = S_1$$　　　　　　　　　　　　　(10-28)

　　對理想變壓器而言，無論是實功率、虛功率及視在功率，其一次側與二次側之值均完全相同。

　　如在負載端上連接上一阻抗元件時，當欲將此元件之阻抗值經由變壓器的阻抗轉換過程，將其換算到一次側，則其轉換之過程為如圖 10-9 所示。首先假定二次側端電壓為$\overline{V_2}$，而二次側電流為$\overline{I_2}$，則負載阻抗值Z_L為

$$Z_L = \frac{\overline{V_2}}{\overline{I_2}}$$　　　　　　　　　　　　　　　　　　　　　　(10-29)

因一次側電壓$\overline{V_1} = a\overline{V_2}$，一次側之電流$\overline{I_1} = \dfrac{\overline{I_2}}{a}$，故由一次側所看到之

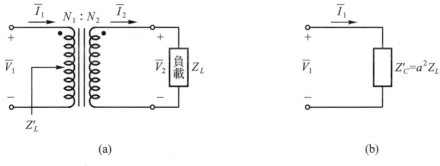

(a)　　　　　　　　　　　　　　　　　　　　　(b)

圖 10-9　理想變壓器之阻抗轉換

$$Z'_L = \frac{\overline{V_1}}{\overline{I_1}} = \frac{a\overline{V_2}}{\dfrac{\overline{I_2}}{a}} = a^2\frac{\overline{V_2}}{\overline{I_2}} = a^2 Z_L$$

即　　　　$Z'_L = a^2 Z_L$ 　　　　　　　　　　　　　　　　　　　(10-30)

由此得知，一次側所看到的阻抗，是將二次側所得知之阻抗值乘以匝數比的平方而得到。這可清楚地得知，當二次側阻抗換算到一次時，其間有著匝數比平方的關係，亦即是阻抗有放大的效果。這是在阻抗換算中所必須注意及了解的。

例題 10-1

有一單相變壓器，其一次側之繞組匝數 N_1 為 2000 匝，而二次側繞組匝數 N_2 為 200 匝，並且在一次側之輸入電壓 $v_1 = 200\sin 377t$ (V)，輸入電流 $i_1 = 20\sin(377t + 30°)$ (A) 試求

(1)匝數比 a

(2)二次側之電壓 v_2 及二次側之電流 i_2 為何？

解

(1)匝數比 $= \dfrac{N_1}{N_2} = \dfrac{2000}{200} = 10$

(2)二次側電壓 $v_2 = \dfrac{v_1}{a} = \dfrac{200\sin 377t}{10} = 20\sin 377t$ (V)

　二次側電流 $i_2 = ai_1 = 10 \times 20\sin(377t + 30°) = 200\sin(377 + 30°)$ (A)

例題 10-2

有一單相變壓器，其電路圖如下

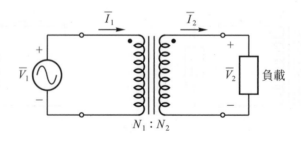

其中$N_1 = 2000$(匝)，$N_2 = 200$(匝)，$\overline{V_1} = 200 \angle 0°$(V)，$\overline{I_1} = 10 \angle -60°$(A)，
試求：

(1)電壓$\overline{V_2}$與電流$\overline{I_2}$為何？

(2)一次電路供應至變壓器之實功率、虛功率及視在功率之值為何？

解

匝數比$a = \dfrac{N_1}{N_2} = \dfrac{2000}{200} = 10$

(1)$\overline{V_2} = \dfrac{\overline{V_1}}{a} = \dfrac{200 \angle 0°}{10} = 20 \angle 0°$(V)

$\overline{I_2} = a\overline{I_1} = 10 \cdot 10 \angle -60° = 100 \angle -60°$(A)

(2)$\overline{V_1} = 200 \angle 0°(V)\therefore V_1 = 200$(V)，$\theta_{V_1} = 0°$

$\overline{I_1} = 10 \angle -60°(A)\therefore I_1 = 10$(A)，$\theta_{I_1} = -60°$

功因角$\theta = \theta_{V_1} - \theta_{I_1} = 0° - (-60°) = 60°$

實功率$P = |\overline{V_1}||\overline{I_1}|\cos\theta = 200 \times 10 \times \cos 60° = 1000$(W)

虛功率$Q = |\overline{V_1}||\overline{I_1}|\sin\theta = 200 \times 10 \times \sin 60° = 1732$(VAR)

視在功率$S = |\overline{V_1}||\overline{I_1}| = 200 \times 10 = 2000$(VA)

例題 10-3

某一單相變壓器，若其一次繞組$N_1 = 2000$
匝，二次繞組$N_2 = 200$匝，當$\overline{V_1} = 1000 \angle$
$0°$(V)，$\overline{I_1} = 2 \angle -60°$(A)，此時有負載阻
抗Z_L接於二次側，如右圖示，試求：

(1)負載阻抗Z_L為何？

(2)由變壓器一次側所看到的視在阻抗Z'_L
為何？

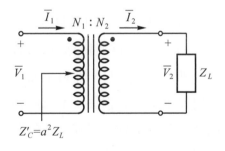

解

匝數比$a = \dfrac{N_1}{N_2} = \dfrac{2000}{200} = 10$

(1)先計算$\overline{V_2} = \dfrac{\overline{V_1}}{a} = \dfrac{1000 \angle 0°}{10} = 100 \angle 0°$(V)

再計算 $\overline{I_2} = a\overline{I_1} = 10 \times 2 \angle -60° (\text{A})$

$$\overline{Z_L} = \frac{\overline{V_2}}{\overline{I_2}} = \frac{100 \angle 0°}{20 \angle -60°} = 5 \angle 60° (\Omega)$$

(2) $Z'_L = a^2 Z_L = (10)^2 \times 5 \angle 60° = 500 \angle 60° (\Omega)$

例題 10-4

某一單相變壓器，其一次側加入頻率 f 為 60Hz 之電源，其最大磁通為 0.002Wb，一次側匝數為 2000 匝，二次側匝數為 200 匝，試求一次側及二次側感應電壓有效值的大小為何？

解 一次側感應電壓之有效值 E_1 為

$E_1 = 4.44 f \phi_m N_1 = 4.44 \times 60 \times 0.002 \times 2000 = 1065.6 (\text{V})$

二次側感應電壓之有效值 E_2 為

$E_2 = 4.44 f \phi_m N_2 = 4.44 \times 60 \times 0.002 \times 200 = 106.56 (\text{V})$

10-2 變壓器的等效電路

當變壓器二次側為無載時，則一次繞組內僅有很小的電流，一般約為額定之 3％～5％，此電流稱為無載電流。無載電流 $\overline{I_o}$ 可分為鐵損電流 I_c 及磁化電流 I_m 兩部份，即 $\overline{I_o} = I_c + jI_m$，而鐵損電流 I_c 是無載電流 I_o 的有效成份，即 $I_c = I_o \cos\theta$，其作用是用以供給鐵心損失。而激磁電流 I_m 則是 I_o 的無效成份，即 $I_m = I_o \sin\theta$，此電流是用以產生公共磁通，且磁通 ϕ 與電流 I_m 同相位。通常鐵損電流甚小，故變壓器之無載電流有時亦稱為激磁電流，即 $I_o = I_c + jI_m \cong jI_m$，其向量圖如圖 10-10 所示。變壓器在無載時之功率因數為 $\cos\theta$。

實際上變壓器的結構中包括有變壓器繞組本身的電阻損失，如一次繞組及二次側繞組。而鐵心部份，則有磁滯損失及渦流損失，況且激磁電流所產生的磁通並未完全的交鏈到所有的繞組上，而有漏磁通存在，故實際上的變壓器之等效電路，如圖 10-11 所示。

在上圖中之符號代表意義爲

R_1：一次繞組電阻(Ω)

R_2：二次繞組電阻(Ω)

X_1：一次繞組之漏電抗(Ω)

X_2：二次繞組之漏電抗(Ω)

g_c：鐵心損失之等效電導(℧)

b_m：激磁之等效電納(℧)

$\overline{V_1}$：外加一次側之端電壓(V)

$\overline{V_2}$：二次側之端電壓(V)

$\overline{E_1}$：一次側感應電壓(V)

$\overline{E_2}$：二次側感應電壓(V)

$\overline{I_1}$：一次側電流(A)

$\overline{I_2}$：二次側電流(A)

$\overline{I_o}$：一次側無載電流(A)

I_c：一次側鐵損電流(A)

I_m：一次側激磁電流(A)

$\overline{I'_2}$：一次側負載電流(A)

N_1：一次側繞組匝數

N_2：二次側繞組匝數

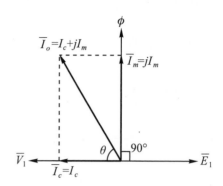

圖 10-10　無載電流

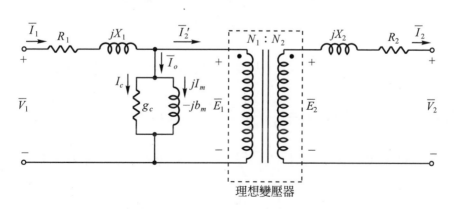

圖 10-11　實際變壓器之等效電路

利用理想變壓器之條件，其關係如下：

$$\frac{\overline{E}_1}{\overline{E}_2} = \frac{N_1}{N_2}$$

$$\frac{\overline{I}_2'}{\overline{I}_2} = \frac{N_2}{N_1}$$

再利用克希荷夫電流定律，則

$$\overline{I}_1 = \overline{I}_2' + \overline{I}_o$$

$$\overline{I}_o = I_c + jI_m$$

並利用克希荷夫電壓定律，則

$$\overline{V}_1 = \overline{E}_1 + \overline{I}_1 \cdot (R_1 + jX_1)$$

$$\overline{E}_2 = \overline{V}_2 + \overline{I}_2 \cdot (R_2 + jX_2)$$

使用理想變壓器之電壓、電流、阻抗及導納等轉換情況，如圖 10-12 所示，其關係式說明如下：

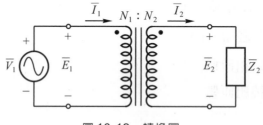

圖 10-12　轉換圖

1.　電壓部份，因 $\dfrac{\overline{E}_1}{\overline{E}_2} = \dfrac{N_1}{N_2} = a$，故 $\overline{E}_1 = a\overline{E}_2$ 或 $\overline{E}_2 = \dfrac{\overline{E}_1}{a}$，其中 a 為匝數比。

2.　電流部份，因 $\dfrac{\overline{I}_1}{\overline{I}_2} = \dfrac{N_2}{N_1} = \dfrac{1}{a}$，故 $\overline{I}_1 = \dfrac{\overline{I}_2}{a}$ 或 $\overline{I}_2 = a\overline{I}_1$。

3.　阻抗部份，因 $\overline{Z}_1 = \dfrac{\overline{E}_1}{\overline{I}_1} = \left(\dfrac{N_1}{N_2}\right)^2 \dfrac{\overline{E}_2}{\overline{I}_2} = a^2\overline{Z}_2$，故 $\overline{Z}_1 = a^2\overline{Z}_2$ 或 $\overline{Z}_2 = \dfrac{\overline{Z}_1}{a^2}$。

4.　導納部份，因 $\overline{Y}_1 = \dfrac{1}{\overline{Z}_1} = \dfrac{1}{a^2\overline{Z}_2} = \dfrac{\overline{Y}_2}{a^2}$，故 $\overline{Y}_1 = \dfrac{\overline{Y}_2}{a^2}$ 或 $\overline{Y}_2 = a^2\overline{Y}_1$。

在上列之換算式子中，如果欲得到一次側的等效電路，則必須將二次側之所有阻抗乘以a^2倍，電壓乘以a倍，電流乘以$\dfrac{1}{a}$倍，導納乘以$\dfrac{1}{a^2}$。如此則可得到如圖10-13之變壓器換算到一次側的等效電路。

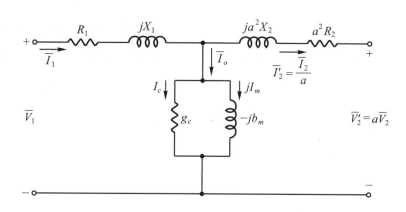

圖 10-13　變壓器換算到一次側的等效電路

若是將一次側所有阻抗除以a^2倍，電壓除以a倍，導納值乘以a^2倍，電流乘以a倍，則可得到在二次側的等效電路，如圖10-14所示。

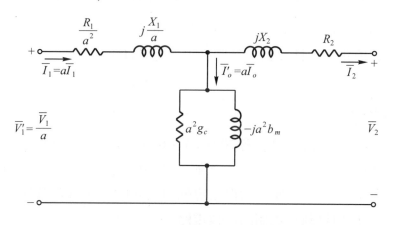

圖 10-14　變壓器換算至二次側的等效電路

如欲將上列之變壓器等效電路做進一步簡化，則可將鐵損電流之等效電導及激磁電流之等效電納省略不計，亦即忽略鐵損電流及激磁電流。在實際變壓器之無載電流$\overline{I}_o$，是僅佔二次側負載電流$\overline{I}'_2$之3％～5％，故不會使變壓器之特性分析產生太大的誤差。因此可將上列圖示改繪成圖10-15之(a)及(b)所示，經簡化後之等效電阻及等效電抗為

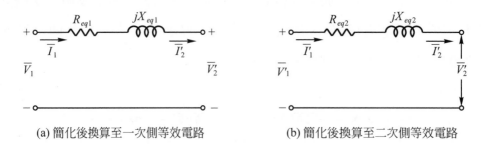

(a) 簡化後換算至一次側等效電路　　　　(b) 簡化後換算至二次側等效電路

圖 10-15　變壓器之簡化等效電路

$$R_{eq1} = R_1 + a^2 R_2 \tag{10-31}$$

$$X_{eq1} = X_1 + a^2 X_2 \tag{10-32}$$

$$R_{e2} = \frac{R_1}{a^2} + R_2 = \frac{R_{eq1}}{a^2} \tag{10-33}$$

$$X_{q2} = \frac{X_1}{a^2} + X_2 = \frac{X_{eq1}}{a^2} \tag{10-34}$$

其中　　R_{eq1}為簡化後，換算到一次側之等效電阻(Ω)。

　　　　R_{eq2}為簡化後，換算到二次側之等效電阻(Ω)。

　　　　X_{eq1}為簡化後，換算到一次側之等效電抗(Ω)。

　　　　X_{eq2}為簡化後，換算到二次側之等效電抗(Ω)。

例題 10-5

某一配電用變壓器其額定為200kVA、6000V/600V、60Hz，其一次側之繞組阻抗值為$0.8 + j0.6\Omega$，其二次側之繞組阻抗為$0.008 + j0.006\Omega$，當電壓為額定值時，由二次側所測得之導納值為$0.003 - j0.022\Omega$試求：

(1)由二次側換算到一次側的等效電路

(2)由一次側換算到二次側的等效電路

解　　匝數比$a = \dfrac{6000}{600} = 10$

(1)換算到一次側之繞組電阻$R'_2 = a^2 R_2 = 10^2 \times 0.008 = 0.8(\Omega)$

　　換算到一次側之繞組電抗$X'_2 = a^2 X_2 = 10^2 \times 0.006 = 0.6(\Omega)$

換算到一次側之鐵損等效電導$g_c = \dfrac{1}{a^2}g'_c = \dfrac{1}{10^2} \times 0.003 = 3 \times 10^{-5}(\mho)$

換算到一次側之激磁等效電納$b_m = \dfrac{1}{a^2}b'_m = \dfrac{1}{10^2} \times 0.022 = 2.2 \times 10^{-4}(\mho)$

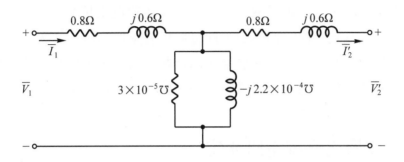

(2)換算到二次側之繞組電阻$R'_1 = \dfrac{R_1}{a^2} = \dfrac{1}{10^2} \times 0.8 = 0.008(\Omega)$

換算到二次側之繞組電抗$X'_1 = \dfrac{X_1}{a^2} = \dfrac{1}{10^2} \times 0.6 = 0.006(\Omega)$

換算到二次側之鐵損等效電導$g'_c = 0.003(\mho)$

換算到二次側之激磁等效電納$b'_m = 0.022(\mho)$

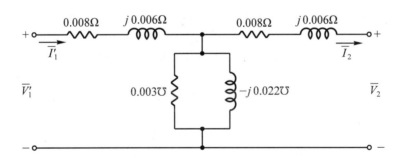

10-3 變壓器的特性

　　由上節中得知，變壓器之等效電路中共有六個電路參數，包括一次繞組電阻 R_1、二次繞組電阻 R_2、一次繞組漏電抗 X_1、二次繞組漏電抗 X_2、鐵損等效電導 g_c 及激磁等效電納 b_m。既知有此六個參數，即可分析變壓器的特性。因為這些參數資料是分析變壓器特性之基本資料，而欲量測出這些參數值，可以經由變壓器之直流電阻測定方法、開路試驗方法及短路試驗方法等操作，就可以決定這些參數值。茲將欲使用之方法，分述如下：

10-3-1 變壓器之直流電阻測定

　　量測直流電阻的目的是為了計算出繞組的電阻，並且因而可計算出繞組的銅損。如果在不同之電流下，更可藉由量測電阻之方式來計算出繞組的溫升，以及了解阻抗之特性。由於所測量出的直流電阻，並非是交流電路中所需要的交流電阻，因此必須將所量測到的直流電阻乘上 1.1～2.0 倍，才是在交流電路中所需要的電阻值。這是因為在交流的電路中，銅導體具有集膚效應，才會使得電阻值增加。一般以此方法所量測到直流電阻再乘上一倍率係數，即為交流電阻值。一般較常採用的方式是以電壓降法來量測直流電阻，其接線方式如圖 10-16 所示。圖中之 Ⓥ 是為伏特表，其指示 V_{DC}[V]直流電壓值。Ⓐ 為安培表，其指示 I_{DC}[A]直流電流值，因此直流電阻 $R_{DC} = \dfrac{V_{DC}}{I_{DC}}[\Omega]$，而交流電阻 $R_{AC} = R_{DC} \times (1.1 \sim 2.0)$。為了求精確之直流電阻，可重複多測量幾次後，再取其平均值，另外，不可將安培表及伏特表的前後位置互換，且避免過大電流，而使溫度昇高。一般以不超過額定值的 15％為原則，且時間愈短愈好，以避免產生過大的誤差。

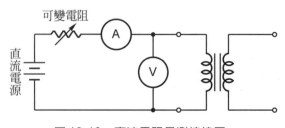

圖 10-16　直流電阻量測接線圖

10-3-2 變壓器之開路試驗

開路試驗之主要目的是為了測得變壓器之激磁等效電路上之鐵損等效電導g_c和激磁等效電納b_m、變壓器的鐵損以及無載時之功率因數等項目。其電路之接線圖如圖 10-17 所示，此接線圖是採用在高壓側開路，而低壓側加入電源的測定方式。在圖中之 Ⓦ 為瓦特表，H_1與H_2為高壓側之兩端，而X_1和X_2為低壓側之兩端，a為匝數比。一般為了安全起見，皆是在高壓側開路，而在低壓側加上額定電壓來測定。此時，在低壓側所加的電流約為額定值之 2 ％～10 ％，且銅損與電流之平方成正比，故銅損所佔之比例非常小，一般可忽略不計，所以瓦特表所指示之值可視為鐵損。當使用這些量測儀器時，Ⓦ瓦特表所顯示的是電功率P_{OC}[W]，Ⓥ伏特表所顯示的值是V_{OC}[V]電壓值，Ⓐ安培計所顯示的記錄值是I_{OC}[A]之電流值，根據這些量測值來計算變壓器之相關參數如下：

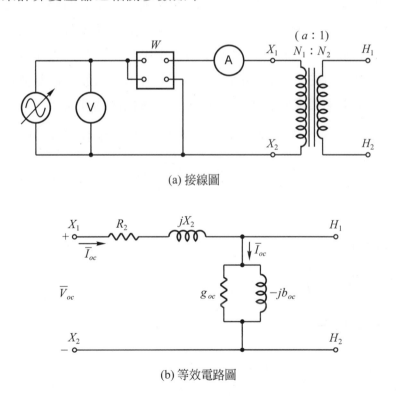

(a) 接線圖

(b) 等效電路圖

圖 10-17　變壓器開路試驗

鐵損為P_{OC}

$$激磁電納 y = \frac{1}{a^2}y_{OC} = \frac{1}{a^2} \cdot \frac{I_{OC}}{V_{OC}} \tag{10-35}$$

$$激磁電導 g_c = \frac{1}{a^2}g_{OC} = \frac{1}{a^2}\frac{P_{OC}}{V_{OC}^2} \tag{10-36}$$

$$激磁電納 b_m = \sqrt{y^2 - g_c^2} \tag{10-37}$$

$$無載功率因數 \cos\theta = \frac{P_{OC}}{V_{OC}I_{OC}} \tag{10-38}$$

10-3-3 變壓器短路試驗

上列之開路試驗是為了量測變壓器之鐵損、激磁電導、'激磁電納及導納。在短路試驗中是為了量測繞組的銅損、阻抗值，故也可以稱為阻抗特性試驗，其目的就是要了解線路上之銅損及阻抗特性。而此試驗中皆以高壓側接上外加電源，而低壓側短路的形態來加以測定。這是因為高壓側所加入之電源電壓只需要很低的值。一般是在高壓側之額定值的 3 ％～10 ％範圍內，就可以使低壓側的短路電流到達低壓側的額定電流值。一方面是因為需要輸入電壓較少，故比較不會造成危險；另一方面能達到量測的目的，其接線圖如圖 10-18 所示。由於在高壓側所加入之電源電壓非常小，而鐵損又與電壓之平方成正比，故鐵損僅佔非常小，可以忽略不計，所以瓦特表所指示的電功率值幾乎可視為滿載銅損。圖中之 Ⓦ 是記錄電功率值 P_{sc}[W]，Ⓥ 伏特表是記錄V_{sc}[V]電壓值，Ⓐ 安培表是記錄I_{sc}[A]電流值，相關參數之計算如下：

滿載銅損為P_{sc}

$$等效阻抗 Z_{eq} = \frac{V_{sc}}{I_{sc}} \tag{10-39}$$

$$等效電阻 R_{eq} = \frac{P_{sc}}{I_{sc}^2} \tag{10-40}$$

$$等效電抗 X_{eq} = \sqrt{Z_{eq}^2 - R_{eq}^2} \tag{10-41}$$

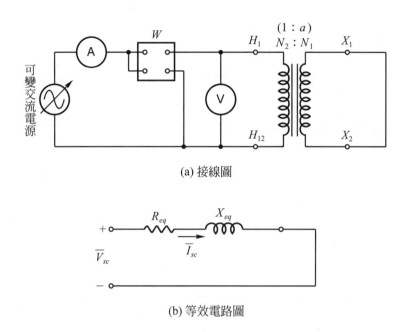

(a) 接線圖

(b) 等效電路圖

圖 10-18　變壓器短路試驗

10-3-4　變壓器的損失、效率及全日效率

　　在上述之兩種試驗方式，目的是為了量測鐵損及銅損，這也是變壓器兩個的重要損失，即無載損失及負載損失。因此無載損失可視為鐵損，此鐵損即磁滯損失與渦流損失之和，其損失與負載無關，但和電壓的平方成正比，所以當電壓固定時，則鐵損可視為定值。至於負載損失，則幾乎可視為銅損，且銅損與負載電流的平方成正比。因此變壓器之損失P_{Loss}可視為鐵損P_c和銅損P_r之和，即

$$P_{\text{Loss}} = P_c + P_r \tag{10-42}$$

　　一般變壓器的效率非常高，但在無載時，其效率是最低。當鐵損等於銅損時，其效率為最高。變壓器之效率是可利用此損失及輸出功率P_o來計算，其計算效率η為

$$\eta = \frac{P_o}{P_o + P_{\text{Loss}}} \times 100\% \tag{10-43}$$

如果輸出功率P_o以變壓器之輸出額定容量之百分比來計算，則其計算方式為設變壓器之額定容量是$m[\text{kVA}]$，鐵損為$P_c[\text{kW}]$，滿載銅損為$P_r[\text{kW}]$，負載功率因數為$\cos\theta$，則變壓器的滿載效率η為

$$\eta = \frac{m\cos\theta}{m\cos\theta + P_c + P_r} \times 100\% \tag{10-44}$$

如變壓器是使用在額定電流容量之$\frac{1}{n}$載時,則輸出電能將變為$\frac{m}{n}\cos\theta$,銅損也將

變為$\left(\frac{1}{n}\right)^2 P_r$,因銅損和負載電流的平方成正比,但鐵損$P_c$為固定值,因鐵損和負載

電流無關。所以在$\frac{1}{n}$載時之效率η為

$$\eta = \frac{\frac{1}{n}m\cos\theta}{\frac{1}{n}m\cos\theta + \left(\frac{1}{n}\right)^2 P_r + P_c} \tag{10-45}$$

當銅損等鐵損時,變壓器可得到最大效率。因此在$\frac{1}{n}$載時,當$\left(\frac{1}{n}\right)^2 P_r = P_c$,其

最大效率$\eta_{\max}$為

$$\eta_{\max} = \frac{\frac{1}{n}m\cos\theta}{\frac{1}{n}m\cos\theta + 2P_c}$$

且　　　$$\frac{1}{n} = \sqrt{\frac{P_c}{P_r}} \tag{10-46}$$

在全日 24 小時內,無論變壓器是滿載、半載、無載或者其它負載等等,必須全部統計其使用之時間輸出電能及輸入電能。輸入電能W_{in}為輸出電能W_{out}與損失電能W_{Loss}之和。故變壓器之全日效率η_{all}為

$$\eta_{\text{all}} = \frac{W_{\text{out}}}{W_{\text{in}}} \times 100\%$$
$$= \frac{W_{\text{out}}}{W_{\text{out}} + W_{\text{Loss}}} \times 100\% \tag{10-47}$$

其中W_{in}、W_{out}以及W_{Loss}之單位為仟瓦小時(kWH)或瓦特小時(WH)。損失電能可分為銅損與鐵損兩大部份,其關係式如下:

$$W_{\text{Loss}} = 鐵損 \times 24 小時 + 銅損 \times 實際使用時數 \tag{10-48}$$

10-3-5 變壓器的電壓調整率

電力系統中的電壓大小穩定與否，是衡量供電品質的一項重要指標，因此電壓不宜隨著負載的變動而產生很大的變動。況且各種電器在非額定電壓下使用，其效率亦不高，造成電費增加。因此電壓的變動範圍應該是愈小愈好。所謂電壓調整率 VR 係指在負載端的無載電壓 V_o 與滿載電壓 V_f 之差值，除以滿載電壓，即

$$VR = \frac{V_o - V_f}{V_f} \times 100 \% \tag{10-49}$$

如電壓調整率之值愈小，則愈能表示電力系統之供電品質愈佳。如應用在變壓器上，則以將二次側的電路參數換算到一次側近似等效電路來計算其電壓調整率。變壓器之近似等效電路如圖 10-19(a)所示，其電壓調整率 VR 為

$$VR = \frac{V_1 - aV_2}{aV_2} \times 100 \% \tag{10-50}$$

若負載之功率因數為 $\cos\theta$，並且落後時，其計算 V_1 的電壓值為

$$\overline{V_1} = a\overline{V_2} + \overline{I_1}(R_{eq1} + jX_{eq1}) \tag{10-51}$$

而 $$V_1 = \sqrt{(aV_2\cos\theta + I_1 R_{eq1})^2 + (aV_2\sin\theta + I_1 X_{eq1})^2} \tag{10-52}$$

以相量圖來表示其電壓值，如圖 10-19(b)所示。如果是將變壓器之一次側換算到二次側的方式來得到等效電路，以便計算電壓調整率，則其近似等效電路圖如圖 10-20(a)所示，而電壓調整率 VR 為

$$VR = \frac{\frac{V_1}{a} - V_2}{V_2} \times 100 \% \tag{10-53}$$

同樣，如負載之功率因數為 $\cos\theta$，並且落後時，其計算 V 之電壓值為

$$\frac{\overline{V_1}}{a} = \overline{V_2} + \overline{I_2} \cdot (R_{eq2} + jX_{eq2}) \tag{10-54}$$

$$\frac{V_1}{a} = \sqrt{(V_2\cos\theta + I_2 R_{eq2})^2 + (V_2\sin\theta + I_2 X_{eq2})^2} \tag{10-55}$$

以相量圖來表示其電壓值，如圖 10-20(b)所示。

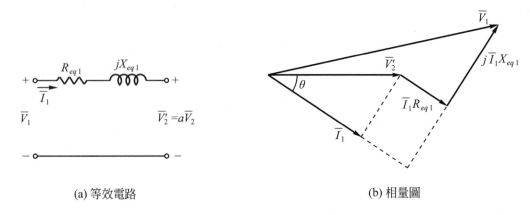

(a) 等效電路　　　　　　　　　(b) 相量圖

圖 10-19　二次側換算到一次側之等效電路及相量圖

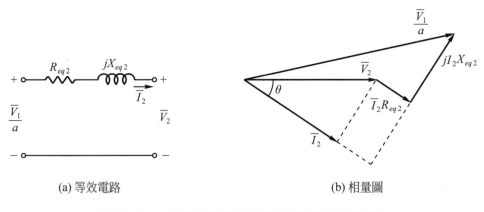

(a) 等效電路　　　　　　　　　(b) 相量圖

圖 10-20　一次側換算到二次側之等效電路及相量圖

例題 10-6

　　有某一單相變壓器額定容量為 100kVA、2200V/220V、60Hz，在做開路試驗時，高壓側開路，且低壓側加入電源測定。其數據如下：

$V_{OC} = 220(\text{V})$、$I_{OC} = 6.2(\text{A})$，$P_{OC} = 200(\text{W})$

在做短路試驗時，是低壓側短路，且在高壓側加入電源測定，其數據如下：

$V_{sc} = 80(\text{V})$、$I_{sc} = 45.45(\text{A})$，$P_{sc} = 950(\text{W})$

試求

⑴變壓器之鐵損及滿載銅損為何？

⑵變壓器換算至低壓側之激磁導納、電導及電納為何？

(3)變壓器換算至高壓側之激磁導納、電導及電納爲何？

(4)變壓器換算至高壓側之等效阻抗、電阻、電抗爲何？

(5)變壓器換算至低壓側之等效阻抗、電阻、電抗爲何？

解 (1)因在低壓側外加電壓額定電壓測量，即 $V_{OC} = 220$V，故鐵損爲 220(W)

因在高壓側外加電壓而高壓側爲額定電流值，故滿載銅損 $P_{sc} = 950$(W)

(2)在低壓側時，

$$激磁電導 g_2 = \frac{P_{OC}}{V_{OC}^2} = \frac{200}{(220)^2} = 0.00413(\mho)$$

$$激磁導納 y_2 = \frac{I_{OC}}{V_{OC}} = \frac{6.2}{220} = 0.0282(\mho)$$

$$激磁電納 b_{m2} = \sqrt{y_2^2 - g_2^2} = \sqrt{(0.0282)^2 - (0.00413)^2} = 0.0279(\mho)$$

(3)變壓器之匝數比 $a = \frac{V_1}{V_2} = \frac{2200}{220} = 10$

在高壓側時，

$$激磁電導 g_2' = \frac{g_2}{a^2} = \frac{1}{10^2} \times 0.00413 = 4.13 \times 10^{-5}(\mho)$$

$$激磁導納 y_2' = \frac{y_2}{a^2} = \frac{1}{10^2} \times 0.0282 = 2.82 \times 10^{-4}(\mho)$$

$$激磁電納 b_{m2}' = \frac{b_{m2}}{a^2} = \frac{1}{10^2} \times 0.0279 = 2.79 \times 10^{-4}(\mho)$$

(4)在高壓側時，

$$阻抗 Z_{eq1} = \frac{V_{sc}}{I_{sc}} = \frac{80}{45.45} = 1.76(\Omega)$$

$$電阻 R_{eq1} = \frac{P_{sc}}{I_{sc}^2} = \frac{950}{(45.45)^2} = 0.46(\Omega)$$

$$電抗 X_{eq1} = \sqrt{Z_{eq1}^2 - R_{eq1}^2} = \sqrt{(1.76)^2 - (0.46)^2} = 1.7(\Omega)$$

(5)在低壓側時

$$阻抗 Z_{eq1}' = \frac{Z_{eq1}}{a^2} = \frac{1.76}{10^2} = 0.0176(\Omega)$$

$$電阻 R_{eq1}' = \frac{R_{eq1}}{a^2} = \frac{0.46}{10^2} = 0.0046(\Omega)$$

$$電抗 X_{eq1}' = \frac{X_{eq1}}{a^2} = \frac{1.7}{10^2} = 0.017(\Omega)$$

例題 10-7

某一單相變壓器額定容量為 100kVA、2200V/220V，60Hz，在額定電壓時，其鐵損為 200W，在額定電流時，其銅損為 950W，負載功率因數為 0.8 且為落後，試求：

(1)滿載時，損失及效率為何？

(2)在半載時，損失及效率為何？

(3)在無載時，損失及效率為何？

(4)在一天 24 小時內，其負載使用情形如下：

① 在滿載時，使用 3 小時

② 在 $\frac{3}{4}$ 載時，使用 2 小時

③ 在 $\frac{1}{2}$ 載時，使用 1.5 小時

④ 在無載時，使用 12.5 小時，在此四種情形下之全日效率為何？

解 已知變壓器之鐵損 $P_c = 200(\text{W})$，滿載銅損 $P_r = 950(\text{W})$，負載功因 $\cos\theta = 0.8$

(1)在滿載時，鐵損 $P_c = 200(\text{W})$，銅損 $P_r = 950(\text{W})$

輸出功率 $P_o = m\cos\theta = 100 \times 0.8 = 80(\text{kW})$

故損失 $P_{\text{Loss}} = P_c + P_r = 200 + 950 = 1150(\text{W})$

效率 $\eta = \dfrac{P_o}{P_o + P_{\text{Loss}}} \times 100\% = \dfrac{80 \times 10^3}{(80 + 1.15) \times 10^3} \times 100\% = 98.58\%$

(2)在半載時，鐵損 $P'_c = P_c = 200(\text{W})$，

銅損 $P'_r = \left(\dfrac{1}{2}\right)^2 P_r = \left(\dfrac{1}{2}\right)^2 \times 950 = 237.5(\text{W})$

輸出功率 $P_o = \dfrac{m\cos\theta}{n} = \dfrac{100}{2} \times 0.8 = 40(\text{kW})$

故損失 $P_{\text{Loss}} = P'_c + P'_r = 200 + 237.5 = 437.5(\text{W})$

效率 $\eta = \dfrac{P_o}{P_o + P_{\text{Loss}}} \times 100\% = \dfrac{40 \times 10^3}{(40 + 0.4375) \times 10^3} \times 100\% = 98.92\%$

(3)在無載時，鐵損$P'_c = P_c = 200(\text{W})$，銅損$P'_c = 0(\text{W})$

輸出功率$P_o = \dfrac{m\cos\theta}{n} = 0 \times 100 \times 0.8 = 0(\text{W})$

故損失$P_{\text{Loss}} = P'_c + P'_r = 200 + 0 = 200(\text{W})$

效率$\eta = \dfrac{P_o}{P_o + P_{\text{Loss}}} \times 100\% = \dfrac{0}{0 + 200} \times 100\% = 0\%$

(4)在全日或 24 小時中，

$$\text{損失電能}\,W_{\text{Loss}} = 200 \times 24 + 950 \times 3 + \left(\dfrac{3}{4}\right)^2 \times 950 \times 2 + \left(\dfrac{1}{2}\right)^2 \times 950 \times 1.5 + 0$$
$$= 9075(\text{WH})$$

$$\text{輸出電能}\,W_{\text{out}} = 100 \times 10^3 \times 0.8 \times 3 + \left(\dfrac{3}{4}\right) \times 100 \times 10^3 \times 0.8 \times 2$$
$$+ \left(\dfrac{1}{2}\right) \times 100 \times 10^3 \times 0.8 \times 1.5$$
$$= 420(\text{kWH}) = 420 \times 10^3(\text{WH})$$

$$\text{全日效率}\,\eta_{\text{all}} = \dfrac{W_{\text{out}}}{W_{\text{out}} + W_{\text{Loss}}} \times 100\% = \dfrac{420 \times 10^3}{420 \times 10^3 + 9075} \times 100\%$$
$$= 97.88\%$$

例題 10-8

某一單相變壓器 100kVA、2200V/220V、60Hz，若變壓器換算至低壓側的等效電阻為 0.002Ω，等效電抗為 0.008Ω試求：

(1)負載功因為 1.0 時，其電壓調整率為何？

(2)負載功因為 0.8 且落後時，其電壓調整率為何？

解 匝數比$a = \dfrac{2200}{220} = 10$，等效電路圖如下所示：

因此低壓側之$R_{eq2} = 0.002(\Omega)$，$X_{eq} = 0.008(\Omega)$

在滿載時，$I_2 = \dfrac{100 \times 10^3}{220} = 454.545(\text{A})$

(1)在負載功因為 1.0 時，$\cos\theta = 1.0$，$\sin\theta = 0$

$$\frac{V_1}{a} = \sqrt{(V_2\cos\theta + I_2 R_{eq2})^2 + (V_2\sin\theta + I_2 X_{eq2})^2}$$

$$= \sqrt{(220 \times 1.0 + 454.545 \times 0.002)^2 + (220 \times 0 + 454.545 \times 0.008)^2}$$

$$= 220.939(\text{V})$$

故電壓調整率VR為

$$VR = \frac{\dfrac{V_1}{a} - V_2}{V_2} \times 100\% = \frac{220.939 - 220}{220} = 0.42\%$$

(2)在負載功因為 0.8 且落後時，$\cos\theta = 0.8$，$\sin\theta = 0.6$

$$\frac{V_1}{a} = \sqrt{(V_2\cos\theta + I_2 R_{eq2})^2 + (V_2\sin\theta + I_2 X_{eq2})^2}$$

$$= \sqrt{(220 \times 0.8 + 454.545 \times 0.002)^2 + (220 \times 0.6 + 454.545 \times 0.008)^2}$$

$$= 222.92(\text{V})$$

故電壓調整率VR為

$$VR = \frac{\dfrac{V_1}{a} - V_2}{V_2} \times 100\% = \frac{222.92 - 220}{220} = 1.33\%$$

10-4 變壓器的繞組連接

10-4-1 變壓器的極性試驗

在做變壓器之繞組連接前，必須先知道變壓器之極性，才能順利的連接。而所謂變壓器之極性，係指一次及二次繞組端在同一瞬間之相對相位關係。極性完全是由變壓器繞組的繞法與繞線端如何接出來決定。變壓器極性之表示方式有兩種，即一爲加極性，如圖 10-21(a)所示。另一爲減極性，如圖 10-21(b)所示 目前台灣電力公司所使用的變壓器皆採用減極性爲最多。一般在兩個變壓器並聯連接運轉時，其極性的連接方式是非常重要的，尤其是是由幾個變壓器連接成三相連接時。如果極性之連接有問題，則可能造成電壓的不平衡，嚴重者將發生短路而使變壓器燒毀。

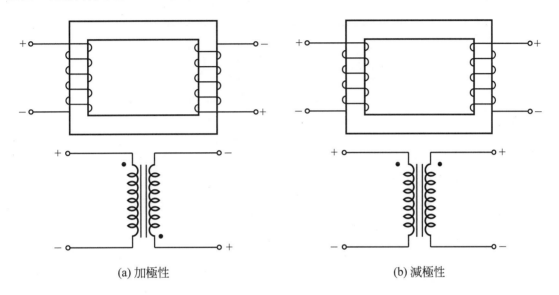

(a) 加極性   (b) 減極性

圖 10-21 變壓器之極性

在變壓器的極性判別法，有下列幾種方法：

1. 直流法：直流法的接線圖如圖 10-22 所示。當開關 SW 閉合瞬間，如檢流表 G 爲正轉，則變壓器爲減極性。若反轉，則爲加極性。

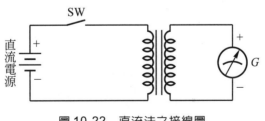

圖 10-22 直流法之接線圖

2. 交流法：此方法適用於交流電源之使用。交流法的接線圖如圖 10-23 所示。首先加入適當的外加交流電源，並用一交流伏特表 V_1 量測到的電壓值爲 V_1，然後再用伏特表 V_2 量測另外一端的電壓值爲 V_2，最後以伏特表 V

量測兩端間的電壓值為V。如V值大於V_1，即$V = V_1 + V_2$，則此變壓器為加極性。若V之值小於V_1，即$V = V_1 - V_2$，則為減極性。

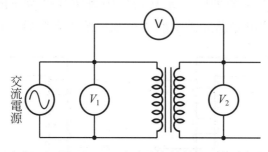

圖 10-23　交流法之接線圖

3. 比較法：此方法是利用一已知極性的變壓器，以比較電壓的方式來決定出另外一台未知極性變壓器的極性，其接線圖如圖 10-24 所示。注意此方法僅適用於兩台之匝數比大致相同的變壓器。首先將兩台之高壓側或低壓側的兩端並接在一起，且加入外加交流流電源。然後在另外一端分別用伏特表 (V_1) 及伏特表 (V_2) 量測兩台的端電壓，分別測量到V_1及V_2的電壓值，然後用另一伏特表 (V) 跨接兩台變壓器量測電壓值為V。如果此電壓值為零或近似為零時，則表示A、B兩台變壓器是同極性。即A台為加極性，B台則為加極性。A台為減極性，則B台為減極性。若V的電壓值為V_1和V_2之和，則表示A、B兩台變壓器之極性剛好相反，即異極性。

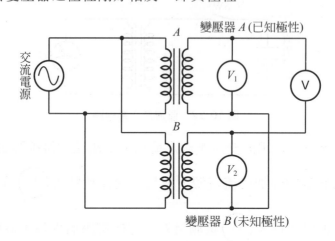

圖 10-24　比較法之接線圖

10-4-2 單相繞組器的連接

　　一般可以由兩台同極性同規格的變壓器接成單相 3 線式(1φ3W)的供電系統，其接線圖如圖 10-25 所示。此種接法，可使高壓配電的電壓降低為燈用及電器用的電壓，如高壓端為 11.4kV，而低壓端則為 110V 或 220V。一般家用電器如電燈、冰箱、電視機等小容量，皆採用 110V，而冷氣機、電動機及電爐等大容量皆以採用 220V 之電源。而當負載平衡時，中性線的電流為零，故皆用較細的導線，以節省用銅量。

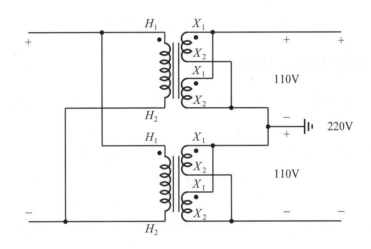

圖 10-25　單相 3 線之接線圖

　　為了提供較大的電流與功率，可以使兩台或多台變壓器的並聯運用，其作用是以共同分擔的方式來提供更多的功率及較大的電流。連接方式是將變壓器之一次側並聯於同一電源，且二次側亦並聯在一起。

　　在單相二線式(即1φ2W)之並聯運用，其接線圖如圖 10-26 所示。其中圖 10-26 (a)為同極性並聯連接方式，圖 10-26(b)為不同極性並聯連接方式，其中 H 為高壓側，X 為低壓側。另外，單相變壓器並聯運用，其條件為：

1. 電壓額定必須相同。
2. 電壓比(或匝數比)必須相同。
3. 極性必須正確。
4. 內部阻抗之大小與額定伏安成反比。

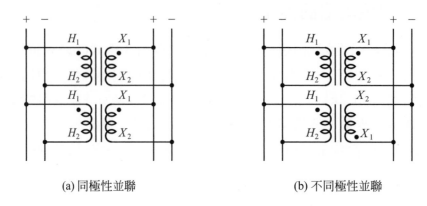

(a) 同極性並聯　　　　　　　　　(b) 不同極性並聯

圖 10-26　單相 2 線式並聯運用之接線圖

10-4-3　三相變壓器的連接

　　若使用三台單相變壓器接成三相變壓器，其容量、電壓、頻率及阻抗都必須相同，且極性必須正確。其連接方式有Y-Y、Y-△、△-Y及△-△等。此外，如欲提供三相電力到配電系統，也可以使用一只三相變壓器。還有另外一種方式，可以提供三相電力到系統中，即利用二台單相變壓器，將之接成 V-V、U-V 或 T-T 的連接方式，也可以供應三相電力。但無論如何，在三相的電路中，皆以三台單相變壓器連接成三相變壓器的形態為大部份，故以常用的連接方式來介紹及說明。首先介紹Y連接方式，其接線圖及特性，如圖 10-27 所示。此種連接方式可以使二次側送出較高的電壓，這是因為線電壓$|\overline{V}_L|$之大小等於相電壓$\overline{V}_\phi$的$\sqrt{3}$倍，而線電流$\overline{I}_L$之大小等於相電流$|\overline{I}_\phi|$，即

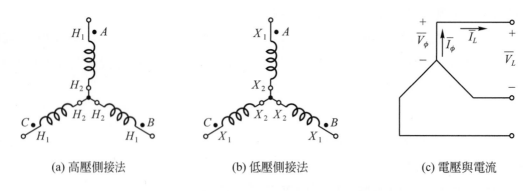

(a) 高壓側接法　　　　　　(b) 低壓側接法　　　　　　(c) 電壓與電流

圖 10-27　變壓器 Y 連接之接線圖及電壓–電流關係

$$|\overline{V}_L| = |\sqrt{3}\overline{V}_\phi| \tag{10-56}$$

$$|\overline{I}_L| = |\overline{I}_\phi| \tag{10-57}$$

如果變壓器的接法是使用△連接，則其接線圖及特性，如圖10-28所示。此種接法可以送出較大的電流，即線電流$|\overline{I}_L|$之大小為相電流$|\overline{I}_\phi|$的$\sqrt{3}$倍，而線電壓$|\overline{V}_L|$之大小則等於相電壓$|\overline{V}_\phi|$的大小，即

$$|\overline{I}_L| = |\sqrt{3}\overline{I}_\phi| \tag{10-58}$$

$$|\overline{V}_L| = |\overline{V}_\phi| \tag{10-59}$$

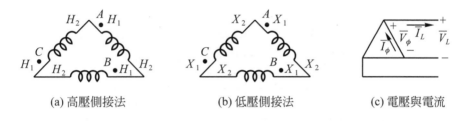

(a) 高壓側接法   (b) 低壓側接法   (c) 電壓與電流

圖10-28 變壓器△連接之接線圖及電壓-電流關係

將上列之 Y 連接方式正式接到輸電線上或配電線上，並且具有中性線，則可稱為Y-Y連接，其線路接法如圖10-29所示。在此圖中之變壓器均是採用減極性，且由單相三台變壓器所連接成。圖中之高壓側相電壓與線電壓，分別以$\overline{V}_{H\phi}$及$\overline{V}_{HL}$來表示，而$\overline{V}_{X\phi}$及$\overline{V}_{XL}$則分別代表低壓側之相電壓及線電壓。高壓側之相電流及線電流的大小，分別以$\overline{I}_{H\phi}$及$\overline{I}_{HL}$來表示，而$\overline{I}_{X\phi}$及$\overline{I}_{XL}$則分別表示低壓側之相電流及線電流之大小。由圖中得知，其間的電壓與電流的關係為

$$|\overline{V}_{HL}| = \sqrt{3}|\overline{V}_{H\phi}| \tag{10-60}$$

$$|\overline{V}_{XL}| = \sqrt{3}|\overline{V}_{X\phi}| \tag{10-61}$$

$$|\overline{I}_{HL}| = |\overline{I}_{H\phi}| \tag{10-62}$$

$$|\overline{I}_{XL}| = |\overline{I}_{X\phi}| \tag{10-63}$$

由圖中之 Y-Y 連接得知，其高壓側與低壓側的相電壓比與單相變壓器的匝數比(或電壓比)a相同，即

$$\frac{|\overline{V}_{H\phi}|}{|\overline{V}_{X\phi}|} = a \tag{10-64}$$

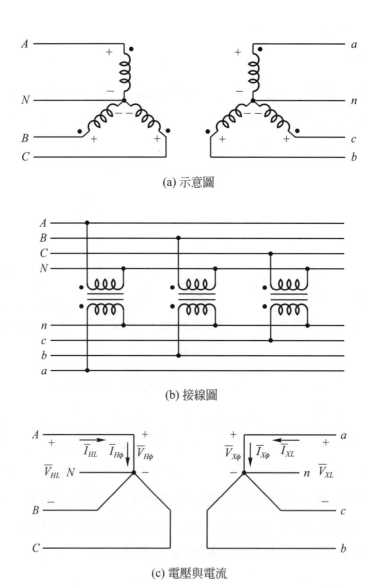

(a) 示意圖

(b) 接線圖

(c) 電壓與電流

圖 10-29　Y-Y 連接圖

而線電壓比亦與單相變壓器之匝數比相同,即

$$\frac{|\overline{V}_{HL}|}{|\overline{V}_{XL}|}=\frac{\sqrt{3}|\overline{V}_{H\phi}|}{\sqrt{3}|\overline{V}_{X\phi}|}=a \tag{10-65}$$

如果將上列之連接方式改為 Y-△ 連接,則是將三具相同額定的單相變壓器連接方式,在高壓側接成 Y 連接,低壓側接成 △ 連接,如圖 10-30 所示。在此圖中之單相變壓器均採用減極性。由圖中得知,其間的電壓與電流的關係為

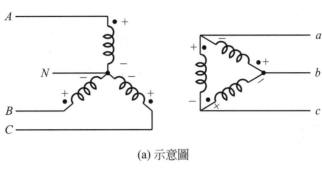

(a) 示意圖

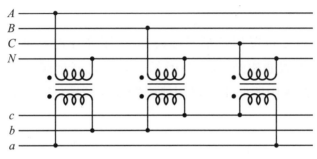

(b) 接線圖

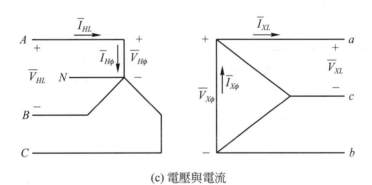

(c) 電壓與電流

圖 10-30　三相變壓器 Y-△ 連接圖

高壓側部份

$$|\overline{V}_{HL}| = \sqrt{3}|\overline{V}_{H\phi}| \qquad (10\text{-}66)$$

$$|\overline{I}_{HL}| = |\overline{I}_{H\phi}| \qquad (10\text{-}67)$$

低壓側部份

$$|\overline{V}_{XL}| = |\overline{V}_{X\phi}| \qquad (10\text{-}68)$$

$$|\overline{I}_{XL}| = \sqrt{3}|\overline{I}_{X\phi}| \tag{10-69}$$

由高壓側與低壓側的相電壓比與單相變壓器的匝數比a相同，即

$$\frac{|\overline{V}_{H\phi}|}{|\overline{V}_{X\phi}|} = a \tag{10-70}$$

而線電壓比為單相變壓器之匝數比的$\sqrt{3}$倍，即

$$\frac{|\overline{V}_{HL}|}{|\overline{V}_{XL}|} = \frac{\sqrt{3}|\overline{V}_{H\phi}|}{|\overline{V}_{X\phi}|} = \sqrt{3}a \tag{10-71}$$

另外，可以再將三具單相變壓器接成△-△連接方式，而這三具變壓器必須具有相同的額定，其接線圖如圖 10-31 所示。其中之高壓側繞組及低壓側繞組皆接成△連接，並且在此圖中所使用之單相變壓器均為減極性，其在高壓側之電壓及電流分別為

$$|\overline{V}_{HL}| = |\overline{V}_{H\phi}| \tag{10-72}$$
$$|\overline{I}_{HL}| = \sqrt{3}|\overline{I}_{H\phi}| \tag{10-73}$$

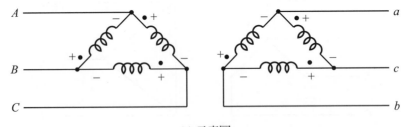

(a) 示意圖

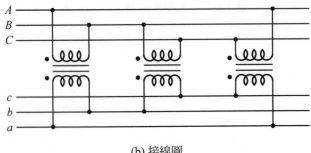

(b) 接線圖

圖 10-31　三相變壓器之△-△連接圖

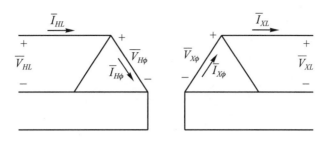

(c) 電壓與電流

圖 10-31　三相變壓器之△-△連接圖(續)

而低壓側之電壓與電流為

$$|\overline{V}_{XL}| = |\overline{V}_{X\phi}| \tag{10-74}$$

$$|\overline{I}_{XL}| = \sqrt{3}|\overline{I}_{X\phi}| \tag{10-75}$$

高壓側與低壓側的線電壓比與相電壓比，均與單相變壓器的匝數比a相同，即

$$\frac{|\overline{V}_{HL}|}{|\overline{V}_{\phi L}|} = \frac{|\overline{V}_{H\phi}|}{|\overline{V}_{X\phi}|} = a \tag{10-76}$$

　　當接成△-Y連接時，則將三具相同額定的單相變壓器，在高壓側部份連接成△型，而在低壓側連接成Y型，其連接圖如圖10-32所示。此圖中之三具單相變壓器均採用減極性。由圖中得知電壓與電流的關係為

高壓側部份

$$|\overline{V}_{HL}| = |\overline{V}_{H\phi}| \tag{10-77}$$

$$|\overline{I}_{HL}| = \sqrt{3}|\overline{I}_{H\phi}| \tag{10-78}$$

低壓側部份

$$|\overline{V}_{XL}| = \sqrt{3}|\overline{V}_{X\phi}| \tag{10-79}$$

$$|\overline{I}_{XL}| = |\overline{I}_{X\phi}| \tag{10-80}$$

由高壓側與低壓側的相電壓比與單相變壓器的匝數比a相同，即

$$\frac{|\overline{V}_{H\phi}|}{|\overline{V}_{X\phi}|} = a \tag{10-81}$$

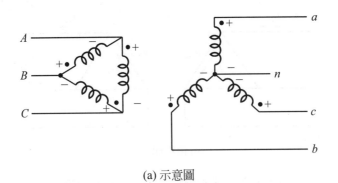

(a) 示意圖

(b) 接線圖

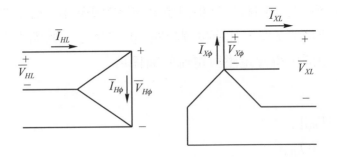

(c) 電壓與電流

圖 10-32　三相變壓器之△-Y 連接圖

而線電壓比為單相變壓器之匝數比的 $\dfrac{1}{\sqrt{3}}$，即

$$\frac{|\overline{V}_{HL}|}{|\overline{V}_{XL}|} = \frac{|\overline{V}_{H\phi}|}{\sqrt{3}|\overline{V}_{X\phi}|} = \frac{a}{\sqrt{3}} \tag{10-82}$$

無論三相變壓器為 Y-Y、Y-△、△-Y 或△-△連接，其額定伏安均為單相變壓器額定伏安的 3 倍。

· · · 例題 **10-9** · · · · · · · · · ·

某一單相變壓器連接成 Y-Y 連接，而每具變壓器之額定 20kVA、2200V/220V，
試求：

⑴單相變壓器之額定電流及其匝數比為何？

⑵三相變壓器之額定電壓、額定電流及其線電壓比為何？

解 ⑴單相變壓器之額定電流及其匝數比，
如下所示：

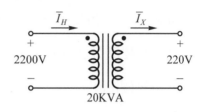

高壓側電流$|\overline{I}_H| = \dfrac{20 \times 10^3}{2200} = 9.09$(A)

低壓側電流$|\overline{I}_X| = \dfrac{20 \times 10^3}{220} = 90.9$(A)

匝數比$a = \dfrac{2200}{220} = 10$

⑵三相變壓器 Y-Y 連接之額定電壓、額定電流及線電壓比如下所示。

高壓側部份

相電壓$|\overline{V}_{H\phi}| = 2200$(V)

相電流$|\overline{I}_{H\phi}| = 9.09$(A)

線電壓$|\overline{V}_{HL}| = \sqrt{3}|\overline{V}_{H\phi}| = 2200 \times \sqrt{3}$
$\qquad = 3810.5$(V)

線電流$|\overline{I}_{HL}| = |\overline{I}_{H\phi}| = 9.09$(A)

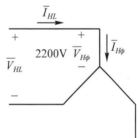

低壓側部份

相電壓$|\overline{V}_{X\phi}| = 220$(V)

相電流$|\overline{I}_{X\phi}| = 90.9$(A)

線電壓$|\overline{V}_{XL}| = \sqrt{3}|\overline{V}_{X\phi}| = 381.05$(V)

線電流$|\overline{I}_{XL}| = |\overline{I}_{X\phi}| = 90.9$(A)

線電壓比$= \dfrac{|\overline{V}_{HL}|}{|\overline{V}_{XL}|} = \dfrac{3810.5}{381.05} = 10$

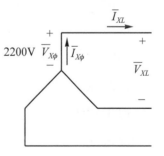

· · · 例題 **10-10** · · · · · · · · · ·

某一單相變壓器連接成 Y-△ 連接，而每具變壓器之額定 50kVA、2400V/240V，
試求：

(1)單相變壓器之額定電流及其匝數比為何？

(2)三相變壓器之額定電壓、額定電流及其線電壓比為何？

(3)相同於上述中之變壓器的額定容量及額定電壓值，如將變壓器接成△-△型式，試求三相變壓器之額定電壓、額定電流及其線電壓比為何？

(4)相同於上述中之變壓器的額定容量及額定電壓值，如將變壓器接成△-Y型式，試求三相變壓器之額定電壓、額定電流及其線電壓比為何？

(5)試求此三相變壓器之額定總伏安為何？

解 (1)單相變壓器之額定電流及其匝數比為

高壓側電流$|\overline{I}_H| = \dfrac{50 \times 10^3}{2400} = 20.83$(A)

低壓側電流$|\overline{I}_X| = \dfrac{50 \times 10^3}{240} = 208.3$(A)

匝數比$a = \dfrac{2400}{240} = 10$

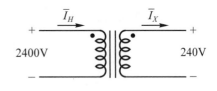

(2)三相變壓器連接成Y-△時之額定電壓、額定電流及線電壓比為

高壓側部份

相電壓$|\overline{V}_{H\phi}| = 2400$(V)

相電流$|\overline{I}_{H\phi}| = 20.83$(A)

線電壓$|\overline{V}_{HL}| = \sqrt{3}\overline{V}_{H\phi} = 2400 \times \sqrt{3}$
$\qquad = 4156.92$(V)

線電流$|\overline{I}_{HL}| = |\overline{I}_{H\phi}| = 20.83$(A)

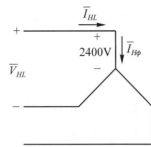

低壓側部份

相電壓$|\overline{V}_{X\phi}| = 240$(V)

相電流$|\overline{I}_{X\phi}| = 208.3$(A)

線電壓$|\overline{V}_{XL}| = |\overline{V}_{X\phi}| = 240$(V)

線電流$|\overline{I}_{XL}| = \sqrt{3}|\overline{I}_{X\phi}| = \sqrt{3} \times 208.3$
$\qquad = 360.8$(A)

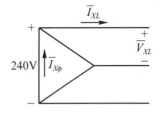

線電壓比$= \dfrac{|\overline{V}_{HL}|}{|\overline{V}_{XL}|} = \dfrac{4156.92}{240} = 17.32$

(3)三相變壓器連接成△-△時之額定電壓、額定電流及線電壓比為

高壓側部份

相電壓$|\overline{V}_{H\phi}| = 2400(V)$

相電流$|\overline{I}_{H\phi}| = 20.83(A)$

線電壓$|\overline{V}_{HL}| = |\overline{V}_{H\phi}| = 2400(V)$

線電流$|\overline{I}_{HL}| = \sqrt{3}|\overline{I}_{H\phi}| = \sqrt{3} \times 20.83$
$= 36.08(A)$

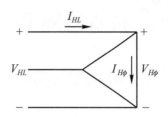

低壓側部份

相電壓$|\overline{V}_{X\phi}| = 240(V)$

相電流$|\overline{I}_{X\phi}| = 208.3(A)$

線電壓$|\overline{V}_{XL}| = |\overline{V}_{X\phi}| = 240(V)$

線電流$|\overline{I}_{XL}| = \sqrt{3}|\overline{I}_{X\phi}| = \sqrt{3} \times 208.3$
$= 360.8(A)$

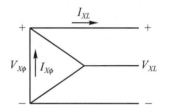

線電壓比$= \dfrac{|\overline{V}_{HL}|}{|\overline{V}_{XL}|} = \dfrac{2400}{240} = 10$

(4)三相變壓器連接成△-Y時之額定電壓、額定電流及線電壓比爲

高壓側部份

相電壓$|\overline{V}_{H\phi}| = 2400(V)$

相電流$|\overline{I}_{H\phi}| = 20.83(A)$

線電壓$|\overline{V}_{HL}| = |\overline{V}_{H\phi}| = 2400(V)$

線電流$|\overline{I}_{HL}| = \sqrt{3}|\overline{I}_{H\phi}| = \sqrt{3} \times 20.83$
$= 36.08(A)$

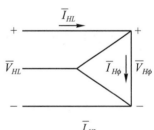

低壓側部份

相電壓$|\overline{V}_{X\phi}| = 240(V)$

相電流$|\overline{I}_{X\phi}| = 208.3(A)$

線電壓$|\overline{V}_{XL}| = \sqrt{3}|\overline{V}_{X\phi}| = \sqrt{3} \times 240$
$= 415.69(V)$

線電流$|\overline{I}_{XL}| = |\overline{I}_{X\phi}| = 208.3(A)$

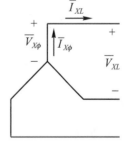

線電壓比$= \dfrac{|\overline{V}_{HL}|}{|\overline{V}_{XL}|} = \dfrac{2400}{415.69} = 5.77$

(5)三相總伏安$= 3 \times 50kVA = 150(kVA)$

10-5 特殊變壓器

10-5-1 自耦變壓器

上列之變壓器均為普通雙繞組變壓器，其一次側與二次側繞組是彼此互相隔離的。如果將變壓器一次側與二次側共同使用同一繞組，則此變壓器稱為自耦變壓器。若自耦變壓器是將電壓昇高者，則稱為昇壓型自耦變壓器。若自耦變壓器是將電壓降低者，則稱為降壓型自耦變壓器。而將普通繞組接成昇壓型自耦變壓器及降壓型自耦變壓器如圖 10-33 所示，其中之(a)圖為普通雙繞組變壓器，(b)圖為昇壓型自耦變壓器，(c)圖為降壓型自耦變壓器。由圖 10-33 之(a)圖是為普通雙繞組變壓器的電壓與電流為

$$|\overline{V}_1| = a|\overline{V}_2| \tag{10-83}$$

$$|\overline{I}_1| = \frac{|\overline{I}_2|}{a} \tag{10-84}$$

上式中之 a 為普通雙繞組變壓器的匝數比，$\overline{V}_1$ 與 $\overline{I}_1$ 分別為一次側電壓與電流，$\overline{V}_2$ 和 $\overline{I}_2$ 分別為二次側的電壓與電流。由圖 10-33 之(b)圖為昇壓型變壓器的電壓關係式為

$$|\overline{V}_X| = |\overline{V}_1| \tag{10-85}$$

$$|\overline{V}_H| = |\overline{V}_1| + |\overline{V}_2| \tag{10-86}$$

$$\frac{|\overline{V}_H|}{|\overline{V}_X|} = \frac{|\overline{V}_1| + |\overline{V}_2|}{|\overline{V}_1|} = 1 + \frac{1}{a} \tag{10-87}$$

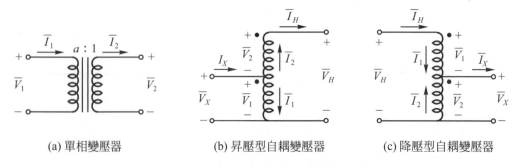

(a) 單相變壓器　　　　(b) 昇壓型自耦變壓器　　　　(c) 降壓型自耦變壓器

圖 10-33　自耦變壓器之接線圖

而兩側電流的關係式為

$$|\overline{I}_X| = |\overline{I}_1| + |\overline{I}_2| \tag{10-88}$$

$$|\overline{I}_H| = |\overline{I}_2| \tag{10-89}$$

將(10-88)式除以(10-89)式,可得

$$\frac{|\overline{I}_X|}{|\overline{I}_H|} = \frac{|\overline{I}_1| + |\overline{I}_2|}{|\overline{I}_2|} = 1 + \frac{|\overline{I}_1|}{|\overline{I}_2|} = 1 + \frac{1}{a} \tag{10-90}$$

上式中之$\overline{V}_H$和$\overline{I}_H$分別爲高壓側的電壓值與電流值,$\overline{V}_X$和$\overline{I}_X$分別爲低壓側的電壓值與電流值。

同理,由圖10-33之(c)圖得知,變壓器的電壓關係式爲

$$|\overline{V}_H| = |\overline{V}_1| + |\overline{V}_2| \tag{10-91}$$

$$|\overline{V}_X| = |\overline{V}_2| \tag{10-92}$$

將(10-91)式除以(10-92)式,可得

$$\frac{|\overline{V}_H|}{|\overline{V}_X|} = \frac{|\overline{V}_1| + |\overline{V}_2|}{|\overline{V}_2|} = 1 + \frac{|\overline{V}_1|}{|\overline{V}_2|} = 1 + a \tag{10-93}$$

而兩側的電流關係式爲

$$|\overline{I}_H| = |\overline{I}_1| \tag{10-94}$$

$$|\overline{I}_X| = |\overline{I}_1| + |\overline{I}_2| \tag{10-95}$$

將(10-95)式除以(10-94)式,可得

$$\frac{|\overline{I}_X|}{|\overline{I}_H|} = \frac{|\overline{I}_1| + |\overline{I}_2|}{|\overline{I}_1|} = 1 + \frac{|\overline{I}_2|}{|\overline{I}_1|} = 1 + a \tag{10-96}$$

若將普通變壓器接成自耦變壓使用時,則其額定的視在功率將比原先的額定值爲大。由上圖中之(b)圖可知,昇壓型自耦變壓器之兩側的視在功率關係式爲

$$低壓側部份 S_{XU} = |\overline{V}_X||\overline{I}_X| = |\overline{V}_1|(|\overline{I}_1| + |\overline{I}_2|) \tag{10-97}$$

$$高壓側部份 S_{HU} = |\overline{V}_H||\overline{I}_H| = (|\overline{V}_1| + |\overline{V}_2|)|\overline{I}_2| \tag{10-98}$$

上式中之S_{XU}為輸入之視在功率，S_{HU}為輸出之視在功率。因為$|\overline{V}_1||\overline{I}_1|=|\overline{V}_2||\overline{I}_2|$，所以再將(10-87)式和(10-90)式代入(10-97)式和(10-98)式，可以輕易地證明輸入視在功率等於輸出視在功率，即

$$S_{XU} = S_{HU} = S_A \tag{10-99}$$

上式中之S_A為自耦變壓器的輸入或輸出視在功率。

在自耦變壓器內繞組，或者普通變壓器之視在功率S為

$$S = |\overline{V}_1||\overline{I}_1| = |\overline{V}_2||\overline{I}_2| \tag{10-100}$$

所以輸入到自耦變壓器的功率與其繞組內真正功率的關係為

$$\begin{aligned}
S_A &= |\overline{V}_X||\overline{I}_X| = |\overline{V}_1|(|\overline{I}_1| + |\overline{I}_2|) \\
&= |\overline{V}_1|(|\overline{I}_1| + a|\overline{I}_1|) = (1 + a)|\overline{V}_1||\overline{I}_1| \\
&= (1 + a)S_\phi
\end{aligned}$$

即 $\qquad S_A = (1 + a)S_\phi \tag{10-101}$

易言之，自耦變壓器一次側或二次側的視在功率是經由繞組所傳送功率的$(1 + a)$倍，其中a為普通變壓器之匝數比或電壓比。而上式中之視在功率即為昇壓型自耦變壓器的額定視在功率，其值為單相變壓器之$(1 + a)$倍。

若將普通變壓器接成如圖 10-33 之(c)圖，即為降壓型自耦變壓器。在降壓型自耦變壓器兩側視在功率的關係式為

$$\text{高壓側部份}\ S_{HS} = |\overline{V}_H||\overline{I}_H| = (|\overline{V}_1| + |\overline{V}_2|)|\overline{I}_1| \tag{10-102}$$

$$\text{低壓側部份}\ S_{XS} = |\overline{V}_X||\overline{I}_X| = |\overline{V}_2|(|\overline{I}_1| + |\overline{I}_2|) \tag{10-103}$$

上式中之S_{HS}為輸入之視在功率，S_{XS}為輸出之視在功率。因為$|\overline{V}_1||\overline{I}_1|=|\overline{V}_2||\overline{I}_2|$，所以再將(10-93)式和(10-96)式代入(10-102)式及(10-103)式，可以輕易地證明輸入視在功率等於輸出視在功率，即

$$S_{HS} = S_{XS} = S_A \tag{10-104}$$

上式中之S_A為自耦變壓器之輸入或輸出視在功率。

在自耦變壓器內繞組或者普通變壓器之視在功率$S = |\overline{V}_1||\overline{I}_1| = |\overline{V}_2||\overline{I}_2|$，所以自耦變壓器的功率與其繞組內真正功率的關係為

$$S_A = |\overline{V}_H||\overline{I}_H| = (|\overline{V}_1| + |\overline{V}_2|)|\overline{I}_1| = \left(|\overline{V}_1| + \frac{1}{a}|\overline{V}_1|\right)|\overline{I}_1| = \left(\frac{1+a}{a}\right)|\overline{V}_1||\overline{I}_1|$$

$$= \left(\frac{1+a}{a}\right)S_\phi$$

即

$$S_A = \left(\frac{1+a}{a}\right)S_\phi \tag{10-105}$$

上式中之視在功率S_A，即為降壓型自耦變壓器的額定視在功率，其值為單相變壓器之$\left(1+\dfrac{1}{a}\right)$倍。

一般而言，使用自耦變壓的優點，大致可歸納如下：

1. 可以提高伏安容量，尤其是昇壓型自耦變壓器。
2. 用銅量及鐵心均可節省，製造成本可以降低。
3. 損失可減少，效率可以提高。
4. 激磁電流可以減小。
5. 漏磁可以減少。

至於自耦變壓器之缺點，大致上可歸納如下：

1. 絕緣處理不易。因為串聯繞組必須要和共同繞組具有相同的絕緣等級，如圖 10-34 所示。

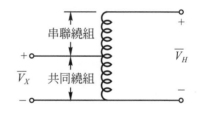

圖 10-34　昇壓型自耦變壓器之繞組

2. 電壓比($|\overline{V}_H|/|\overline{V}_X|$)很低，一般約為 1.05 至 1.25 之間。

10-5-2　三繞組變壓器

在普通雙繞組變壓器中，其二次側多了一個繞組，此變壓器即稱為三繞組變壓器，此種變壓器的連接圖如圖 10-35(a)所示。在三繞組變壓器的特點，大致可以歸納如下：

1. 可以同時供給兩種不同電壓之負載，即電源接於一次繞組，而負載可分別接於二次側繞組與三次側繞組。
2. 在第三繞組的電流可以供給越前電流，用來抵消落後電流，以提高或改善一次側(或電源側)的功率因數。

在圖 10-35 中，可以得知，其電壓與匝數的關係為

$$|\overline{E}_2| = \frac{N_2}{N_1}|\overline{E}_1| \qquad\qquad (10\text{-}106)$$

$$|\overline{E}_3| = \frac{N_3}{N_1}|\overline{E}_1| \qquad\qquad (10\text{-}107)$$

故 $\overline{E}_1$、$\overline{E}_2$ 和 $\overline{E}_3$ 均為同相位，而其電流與匝數的關係為

$$|\overline{I}_1| = \frac{N_2}{N_1}|\overline{I}_2| + \frac{N_3}{N_1}|\overline{I}_3|$$

其電流相量圖如圖 10-35(c)所示。

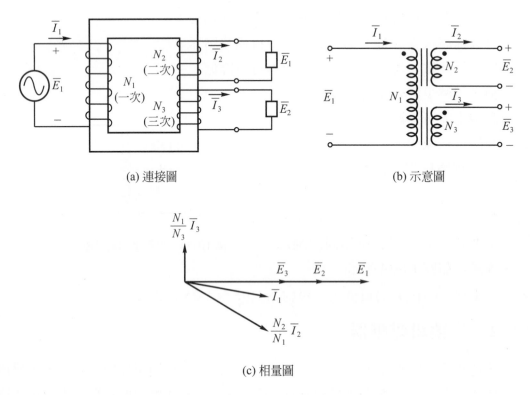

(a) 連接圖　　　　　　　　　　　(b) 示意圖

(c) 相量圖

圖 10-35　三繞組變壓器之連接圖及其向量圖

10-5-3　比壓器

為了能夠量測電路上之電壓，一般大都採用比壓器(Potential Transformer，PT)，又可稱電壓互感器。其作用是將高電壓轉換成低電壓，以便於能在低壓側得知電源端電壓的裝置。即在低壓側提供儀表、測量、控制及電驛等使用，而比壓器

的構造及原理均與普通變壓器相同，並且是一產生定變壓比的降電壓裝置。一般而言，其二次側額定電壓一般為110V。有關比壓器的各項定義，大致可歸納為

1. 變壓比，即比壓器高壓側電壓V_1對低壓側電壓V_2的變壓關係。即變壓比K為

$$K = \frac{|\overline{V}_1|}{|\overline{V}_2|} \times 100\ \% = \frac{V_1}{V_2} \times 100\ \% \tag{10-108}$$

2. 校正率，即實測變壓比K_1對額定變壓比K_2的校正關係，且校正率δ為

$$\delta = \frac{K_1 - K_2}{K_2} \times 100\ \% \tag{10-109}$$

3. 比誤差，即誤差電壓對實測變壓比的誤差關係，且此誤差ε為

$$\varepsilon = \frac{K_2 - K_1}{K_1} \times 100\ \% \tag{10-110}$$

4. 負擔，即二次側為額定電壓時之負載，以伏安或 VA 為單位，即

$$S_2 = \frac{|\overline{V}_2^2|}{|\overline{Z}_2|} \tag{10-111}$$

上式中之S_2為負擔，$|\overline{V}_2|$為二次側額定電壓，$|\overline{Z}_2|$為二次側之線路阻抗。通常比壓器的一次側是並聯在高壓電路上，二次側是直接與伏特表連接，或其它相關的電壓線圈等並聯連接，且比壓器的二次側必須有良好的接地，以確保人員及設備的安全。同時也必須在比壓器的一次側安裝保險絲，以保護比壓器本身的安全。至於比壓器的極性標示與連接方式，與普通變壓器大致相同。而比壓器在單相電路與三相電路的連接方式如圖 10-36 所示。當比壓器應用於電力系統中的目的，大致可歸納為

1. 將高電壓降為低電壓，以供應表及電驛使用。
2. 擴大伏特表的量測範圍。
3. 使儀表電路與高電壓電路，產生隔離作用。

另外，在使用比壓器時，應特別注意事項為

1. 比壓器二次側不可以短路，以免產生大電流而燒毀比壓器。
2. 比壓器二次側必須接地，以免發生靜電感應。
3. 比壓器一次側經一保險絲接於高壓電路上，以保護比壓器。

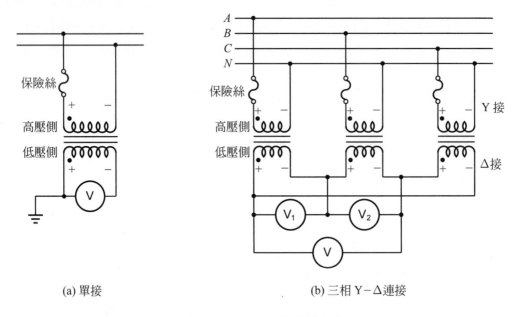

(a) 單接   (b) 三相 Y−△連接

圖 10-36   比壓器的連接方式

10-5-4 比流器

比流器(Current Transformer，CT)，其目的是專門將高電壓電路中的大電流轉換為小電流，以提供儀表、測量、控制及保護等電路使用，也可稱為電流互感器。一般而言，比流器是一產生固定變流比的降電流裝置，其二次側額定電流通常為 5A。而有關比流器的各項定義，大致可歸納為

1. 變流比，即比流器大電流I_1對小電流I_2的變流關係。變流比K為

$$K = \frac{|\overline{I_1}|}{|\overline{I_2}|} \times 100\,\% = \frac{I_1}{I_2} \times 100\,\% \tag{10-112}$$

2. 校正率，即實測變流比K_1對額定變流比K_2的校正關係。校正率δ為

$$\delta = \frac{K_1 - K_2}{K_2} \times 100\,\% \tag{10-113}$$

3. 比誤差，即額定變流比對實測變流比的誤差關係。此誤差ε為

$$\varepsilon = \frac{K_2 - K_1}{K_2} \times 100\,\% \tag{10-114}$$

4. 負擔，即二次測為額定電流時之負擔，以伏安或 VA 為單位，即

$$S_2 = |\overline{I}_2^2||\overline{Z}_2|$$

上式中 S_2 為負擔，$|\overline{I}_2|$ 為二次側額定電流，$|\overline{Z}_2|$ 為二次側線路阻抗。若依極性來分類，比流器可分為加極性與減極性兩種，如圖 10-37 所示。圖中之 K 與 k 相當於正端，L 和 l 相當於負端。若 K 和 k 在同一端，則此比流器稱為減極性，如圖 10-37(a)所示。若 K 和 k 在不同一端，則此比流器稱為加極性，如圖 10-37(b)所示。而關於比流器的極性試驗，其接線方式如圖 10-38 所示，其中 $|\overline{I}_1|$、$|\overline{I}_2|$、$|\overline{I}_3|$ 為安培表 Ⓐ 之指示值。若 $|\overline{I}_1| > |\overline{I}_2|$，或 $|\overline{I}_1| = |\overline{I}_2| + |\overline{I}_3|$，則此比流器為減極性。如 $|\overline{I}_1| < |\overline{I}_2|$，或 $|\overline{I}_2| = |\overline{I}_1| + |\overline{I}_3|$，則此比流器為加極性。

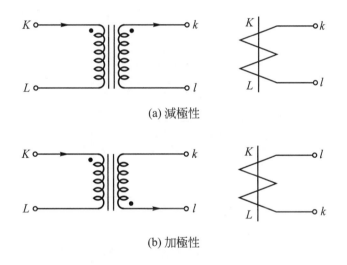

(a) 減極性

(b) 加極性

圖 10-37　比流器之加極性減極性

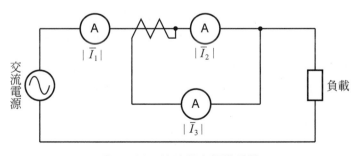

圖 10-38　比流器之極性試驗

將比流器應用於電力系統中，大致可歸納為

1. 將高電壓電路中之大電流降為小電流，以提供儀表使用。

2. 擴大安培計之測量範圍。

3. 使儀表電路與高電壓電路產生隔離作用，以確保人員及設備的安全。

在使用比流器時，應特別注意的事項為

1. 比流器必須接地，以免發生靜電感應作用，以確保安全，如圖10-39所示。

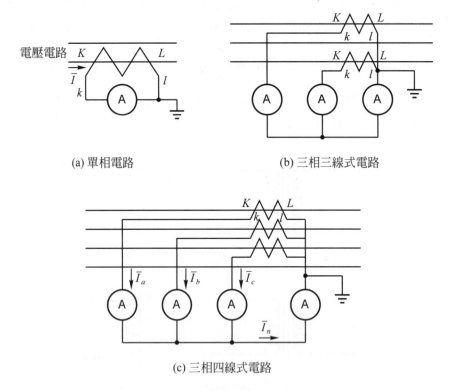

(a) 單相電路　　　　　　　　　　　(b) 三相三線式電路

(c) 三相四線式電路

圖 10-39　比流器在單相及三相電路之連接方式

2. 比流器二次側不可以開路，以免感應高電壓而造成危險。因此在裝卸電表之前，必須先將其二次側短路，才可動手裝卸安培表等設備，以確保安全。

比流器在單相電路與三相電路的連接方式，其接線圖如圖10-39所示。圖中所用之比流器為減極性。一般而言，比流器一次側是串接在高壓電路上，二次側直接與安培表，或其它相關之電流線圈等串聯連接。

例題 10-11

某一普通雙繞組變壓器 20kVA、2200V/220V，試求

(1) 普通雙繞組變壓器高壓側與低壓側之額定電流為何？

(2) 如改接成昇壓自耦變壓器，其一次側電壓為 2200V，而二次側電壓為 2420V，則自耦變壓器之一次側電流、二次側電流及其視在功率之額定值為何？

(3) 如改接成降壓自耦變壓器，其一次側電壓為 2420V，而二次側電壓為 220V，則自耦變壓器之一次側電流、二次側電流及其視在功率之額定值為何？

解 (1) 普通雙繞組變壓器

高壓側電流 $|\bar{I}_H| = \dfrac{20 \times 10^3}{2200} = 9.09(A)$

低壓側電流 $|\bar{I}_X| = \dfrac{20 \times 10^3}{220} = 90.9(A)$

(2) 昇壓自耦變壓器

一次側電流 $|\bar{I}_1| = |\bar{I}_H| + |\bar{I}_X| = 9.09 + 90.9 = 100(A)$

二次側電流 $|\bar{I}_2| = |\bar{I}_X| = 90.9(A)$

視在功率 $S_A = |\bar{V}_1||\bar{I}_1| = 2200 \times 100 = 220(kVA)$

或視在功率 $S_A = |\bar{V}_2||\bar{I}_2| = 2420 \times 90.9 = 220(kVA)$

(3) 降壓自耦變壓器

一次側電流 $|\bar{I}_1| = |\bar{I}_H| = 9.09(A)$

二次側電流 $|\bar{I}_2| = |\bar{I}_H| + |\bar{I}_X| = 9.09 + 90.9 = 100(A)$

視在功率 $S_A = 2420 \times 9.09 = 22(kVA)$

或視在功率 $S_A = 220 \times 100 = 22(kVA)$

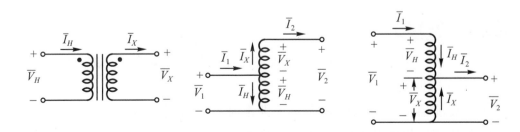

• • • **例題 10-12** •

某一單相三繞組變壓器的容量為 50kVA，電壓值分別為 2200V/220V/110V，若二次繞組與三次繞組分擔之負載為 4：1，試求滿載時，各電流為何？

解 設二次側與三次側繞組所分擔之負載分別為 S_2 及 S_3，則其滿載電流分別為 $|\overline{I}_2|$ 及 $|\overline{I}_3|$，故

$$S_2 = 50 \times \frac{4}{4+1} = 40(\text{kVA})$$

$$S_1 = 50 \times \frac{1}{4+1} = 10(\text{kVA})$$

$$|\overline{I}_2| = \frac{40 \times 10^3}{220} = 181.82(\text{A})$$

$$|\overline{I}_1| = \frac{10 \times 10^3}{110} = 90.91(\text{A})$$

且一次繞組的滿載電流 $|\overline{I}_1|$ 為

$$|\overline{I}_1| = \frac{50 \times 10^3}{2200} = 22.727(\text{A})$$

• • • **例題 10-13** •

某一比壓器的二次線路阻抗為 10Ω，當二次電壓為 110V(即額定值)及 55V，其負擔分別為何值？

解 因為比壓器之負擔是隨二次線路阻抗大小及二次額定電壓而變，故二次電壓為 110V 或 55V，兩者的負擔均相同，即

$$S_2 = \frac{|\overline{V}_2^2|}{|\overline{Z}_2|} = \frac{110^2}{10} = 1210(\text{VA})$$

• • • **例題 10-14** •

某一平衡三相電路，利用 200/5A 之比流器來測量線路電流的大小，其線路電流為 120A，試求：

(1)若比流器接線圖如圖(a)所示，則電流表之讀值為何？

(2)若比流器接線圖如圖(b)所示，則電流表之讀值為何？

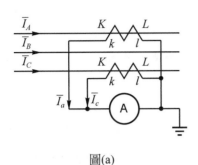

圖(a)

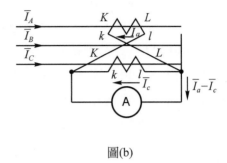

圖(b)

解 比流器變流比 $a = \dfrac{200}{5} = 40$，一次電流 $|I_1| = 120(A)$

(1)二次側電流之相量圖如右所示：

因為三相平衡，所以 $\overline{I_a} + \overline{I_b} + \overline{I_c} = 0$

，即 $\overline{I_a} + \overline{I_c} = -\overline{I_b}$

以取絕對值 $|\overline{I_a} + \overline{I_c}| = |-\overline{I_b}| = I_b$

又 $|\overline{I_a}| = |\overline{I_b}| = |\overline{I_c}| = \dfrac{I_1}{a} = \dfrac{120}{40} = 3(A)$

故安培表之讀值 $= |\overline{I_b}| = 3(A)$

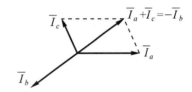

(2)二次側電流之相量圖如右所示

因為 $|\overline{I_a}| = |\overline{I_b}| = |\overline{I_c}| = \dfrac{120}{40} = 3(A)$

又因 $|\overline{I_a} - \overline{I_c}| = \sqrt{3}|\overline{I_a}|$

故安培表之讀值 $= \sqrt{3} \times 3 = 5.2(A)$

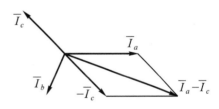

習題

1. 試述變壓器之短路試驗及開路試驗。

2. 試述變壓器之極性試驗。

3. 試述變壓器之構造及原理。

4. 某一單相變壓器其額定為 100kVA，2200V/220V，60Hz。其一次側繞組的繞組電阻為 0.6Ω，一次側繞組的繞組電抗為 1.6Ω，其二次側繞組的繞組電阻為 0.006Ω，二次側繞組的繞組電抗為 .016Ω，試求：

　⑴　換算到一次側之等效電阻及電抗為何？

　⑵　換算到二次側之等效電阻及電抗為何？

5. 某一單相變壓器之額定為 50kVA，2400V/240V，60Hz。在額定電壓時，鐵損為 280W；在額定電流時，滿載銅損為 800W。負載的功率因數為 0.8 且落後，試求：

　⑴　在滿載時的總損失及其效率為何？

　⑵　在半載時的總損失及其效率為何？

6. 某一三相變壓器是由三具單相變壓器連接而成，且高壓側接成 Y 連接，低壓側為 △ 連接，此單相變壓器之規格為 100kVA、2400V/240V、60Hz，試求：

　⑴單相變壓器的額定電流為何？

　⑵三相變壓恰的額定伏安、額定線電壓及額定線電流為何？

7. 某一單相變壓器的規格為 100kVA、2200V/220V、60Hz。在做開路試驗時，高壓側開路，低壓側外加電源並測定之。其數據為

　$V_{OC} = 220(V)$、$I_{OC} = 4.8(A)$、$P_{OC} = 280(W)$，

　在做短路試驗時，低壓側短路，且高壓側外加電源並測定其數據為

　$V_{sc} = 60(V)$、$I_{sc} = 45.45(A)$、$P_{sc} = 800(W)$，

　試求：

　⑴變壓器之鐵損及滿載銅損為何？

　⑵換算到高壓側之等效電阻、阻抗及電抗為何？

　⑶換算到低壓側之等效電阻、阻抗及電抗為何？

8. 某自耦變壓器是由單相變壓器改接而成，且高壓側的電壓為 2640V，低壓側為 240V。此單相變壓器之的額定為 100kVA、2400V/240V、60Hz。試求自耦變壓器高低壓側的額定電流及其額定伏安為何？

參考文獻

1. B.K.Bose,"Power Elctronics and AC Drives", Prentice Hall,1996。

2. Mohan, Unodeland, Robbins, "Power Electronics Converter, Application and Design", John Wiley and Sons, Inc., 1995。

3. S.B.Dewan and A. Stroughen, "Power semiconductors circuits", John Wiley and Sons, Inc., 1977。

4. T.J. Maloney, "Industrial Soid-State Electronics devices and system", John Wiley and Sons, Inc., 1986。

5. 葉振明，"工業電子學"，1998，全華科技圖書。

6. 洪彥村，"電動機電力電子控制入門"，1995，全華科技圖書。

7. 李賢仁，"工業電子控制電路設計"，1996，全華科技圖書。

8. 許溢適，"電動機控制"，1994，全華科技圖書。

9. 劉昌煥、許溢適，"變頻器驅動技術"，1996，文笙書局。

10. 劉昌煥、許溢適，"變頻器實用電路設計與驅動軟體"，1996，文笙書局。

11. 陳文耀，"電動機控制工程"，1998，復文書局。

12. 黃盟仁、黃文良、蕭盈璋，"電動機械"，1994，全華科技圖書。

13. 許辰，"電動機控制"，1983，中央圖書出版社。

14. W. Leonhard, "Control of Electrol of AC Machines",Springer-Verlag, 1996。

15. S.A. Nasar and I. Boldea, "Linear Electric Motors: Theory, Design, and Practical Applications", Prentice-Hall, 1987。

16. I.Boldea and S.A.Nasar, "Linear Electric Actuator and Generators" Cambrige University Press, 1997。

17. D.W.Novotny and T.A. Lipo, "Vector Control and Dynamics of AC Drives", Clerendon Press, 1996。

18. 吳克強，"閘流體控制交流電動機的運轉與維護"，1996，文笙書局。

19. A.E.Fitzerald, etc,"Electric Machinery",1995, McGraw-Hilll Inc.。

20. M.S. Sarma, Electric Machines: Steady-State Theory and Dynamic Performance", West publishing Co., 1994。

國家圖書館出版品預行編目資料

電機學 / 顏吉永, 林志鴻編著. -- 五版. --
新北市：全華圖書, 2016.03
　　面　；　公分
　ISBN 978-986-463-186-5(平裝)
　1.CST：電機工程　2.CST：發電機
448　　　　　　　　　　　　105004107

電機學

作者／顏吉永、林志鴻

發行人／陳本源

執行編輯／楊智博

出版者／全華圖書股份有限公司

郵政帳號／0100836-1 號

印刷者／宏懋打字印刷股份有限公司

圖書編號／0518703

五版一刷／2023 年 1 月

定價／新台幣 540 元

ISBN／978-986-463-186-5(平裝)

全華圖書／www.chwa.com.tw

全華網路書店 Open Tech／www.opentech.com.tw

若您對本書有任何問題，歡迎來信指導 book@chwa.com.tw

臺北總公司(北區營業處)
地址：23671 新北市土城區忠義路 21 號
電話：(02) 2262-5666
傳真：(02) 6637-3695、6637-3696

南區營業處
地址：80769 高雄市三民區應安街 12 號
電話：(07) 381-1377
傳真：(07) 862-5562

中區營業處
地址：40256 臺中市南區樹義一巷 26 號
電話：(04) 2261-8485
傳真：(04) 3600-9806(高中職)
　　　(04) 3601-8600(大專)

歡迎加入 全華會員

● 會員獨享

會員享購書折扣、紅利積點、生日禮金、不定期優惠活動…等。

● 如何加入會員

掃 QRcode 或填妥讀者回函卡直接傳真 (02) 2262-0900 或寄回，將由專人協助登入會員資料，待收到 E-MAIL 通知後即可成為會員。

如何購買 全華書籍

1. 網路購書

全華網路書店「http://www.opentech.com.tw」，加入會員購書更便利，並享有紅利積點回饋等各式優惠。

2. 實體門市

歡迎至全華門市（新北市土城區忠義路 21 號）或各大書局選購。

3. 來電訂購

(1) 訂購專線：(02) 2262-5666 轉 321-324
(2) 傳真專線：(02) 6637-3696
(3) 郵局劃撥（帳號：0100836-1　戶名：全華圖書股份有限公司）
※ 購書未滿 990 元者，酌收運費 80 元。

OpenTech 全華網路書店.com.tw

全華網路書店 www.opentech.com.tw
E-mail: service@chwa.com.tw

※ 本會員制如有變更則以最新修訂制度為準，造成不便請見諒。